Verbesserte Körper – gutes Leben?

Praktische Philosophie
kontrovers

Herausgegeben von Rudolf Rehn
und Christina Schües

Band 5

PETER LANG

Frankfurt am Main · Berlin · Bern · Bruxelles · New York · Oxford · Wien

Miriam Eilers / Katrin Grüber /
Christoph Rehmann-Sutter (Hrsg.)

Verbesserte Körper –
gutes Leben?

Bioethik, Enhancement und die Disability Studies

PETER LANG
Internationaler Verlag der Wissenschaften

Bibliografische Information der Deutschen Nationalbibliothek
Die Deutsche Nationalbibliothek verzeichnet diese Publikation in
der Deutschen Nationalbibliografie; detaillierte bibliografische
Daten sind im Internet über http://dnb.d-nb.de abrufbar.

Gedruckt mit Förderung
des Deutschen Bundesministeriums
für Bildung und Forschung (BMBF).

ISSN 1610-157X
ISBN 978-3-631-63065-5

© Peter Lang GmbH
Internationaler Verlag der Wissenschaften
Frankfurt am Main 2012
Alle Rechte vorbehalten.

www.peterlang.de

Inhaltsverzeichnis

III. Normativität

IV. Ethik von Enhancement

Einleitung

Dieses Buch geht davon aus, dass die Debatte über die Ethik verbessernder biotechnologischer Eingriffe in den menschlichen Körper („human enhancement") durch den systematischen Einbezug der Perspektive und der Erfahrungen von Menschen mit Behinderungen konkreter wird, Grund gewinnt und inhaltlich bereichert wird. Es möchte die bisher in einem oft sehr abstrakten Raum geführte bioethische Enhancement-Debatte[1] auf den Boden von im weiteren Sinn anthropologischer Forschung stellen. Zudem möchte es den Zusammenhang zwischen den Themenbereichen Enhancement und Disability Studies genauer erklären. Auf den ersten Blick erscheinen Enhancement im Sinne von Funktionszuwachs und Behinderung als Funktionsverlust konträr oder gar spiegelbildlich. Schaut man aber genauer hin, so erweist sich das Verhältnis als wesentlich komplexer.

Der Band versammelt Beiträge zu diesen Fragen aus verschiedenen Disziplinen, insbesondere der Philosophie, Sozial- und Kulturwissenschaften mit einem Bezug zu den Disability Studies. Mit der These aus den Disability Studies, dass biomedizinische Interventionen ambivalent für Menschen mit Behinderungen sind, und dass zum Verständnis dieser Ambivalenz Erfahrungen von Betroffenen nötig sind, wird die ethische Sensibilität verfeinert, die nötig ist, um zur Ethik von Enhancement umsichtig Stellung zu nehmen. Die Diskussion um Enhancement soll gewissermaßen vom Kopf der Spekulation auf die Füße der Erfahrung gestellt werden.

Im ersten gemeinsamen Bericht der Weltgesundheitsorganisation und die Weltbank über die Lage von Menschen mit Behinderungen[2] wird das Phänomen einer Behinderung als eine „dynamische Interaktion" zwischen gesundheitlichen Bedingungen einerseits, z.B. körperlichen Funktionseinschränkungen, und kontextuellen Faktoren anderseits aufgefasst. Zu letzteren gehören sowohl persönliche als auch Umweltfaktoren. Behinderung wird also weder auf die körperlichen Funktionseinschränkungen zurückgeführt (das „medizinische Modell" der Disability Studies), noch nur auf die

---

1 Einen Überblick gibt Andreas Woyke: Human Enhancement und seine Bewertung – eine kleine Skizze. In: Christopher Coenen et al. (Hrsg.): Die Debatte über „Human Enhancement". Historische, philosophische und ethische Aspekte der technologischen Verbesserung des Menschen. Bielefeld: Transcript 2010, S. 21-38.

2 World Health Organization and The World Bank: World Report on Disability. Genf: WHO 2011.

gesellschaftlichen Rahmenbedingungen (das „soziale Modell" der Disability Studies), sondern Behinderung wird durch eine Interaktion zwischen verschiedenen internen und externen Faktoren verstanden. Jemand ist also nicht „behindert" und damit an der Teilhabe an der Gesellschaft eingeschränkt, nur weil sie oder er eine bestimmte körperliche Einschränkung hat (z.b. gehörlos oder blind ist), sondern diese Einschränkungen wirkt im Zusammenspiel mit baulichen Verhältnissen, vorhandenen oder abwesenden Kommunikationsmitteln, sozialer Unterstützung oder deren Fehlen, mit der Einstellung von Menschen ohne Behinderung, die mit dem „Behinderten" interagieren, mit verschiedenen technischen Hilfsmitteln, medizinischer Unterstützung und finanziellen Bedingungen.

Dieses interaktive Modell von Behinderung kann als eine Folie gelesen werden, um entsprechende Fragen auch an die Projekte des „Enhancement" zu stellen. Denn wie sich anhand von Behinderung zeigt, wird die Qualität von Lebensverhältnissen nicht nur durch Körperfunktionen bestimmt. In der Debatte um Enhancement wird dagegen häufig ein Körper, der durch biomedizinische Interventionen verändert wurde, für sich betrachtet und entweder als etwas Verwerfliches oder als etwas grundsätzlich Positives dargestellt. Wie aber kommt es, dass im ethischen Diskurs um Enhancement eine Verstärkung oder Erweiterung von körperlichen Funktionen (z.B. die die „Verschönerung" der Körperform, die Stärkung von sportlicher Leistungsfähigkeit, die Schärfung von Sinneswahrnehmung, die Erweiterung des Erinnerungsvermögens oder eine Verzögerung des Alterungsprozesses) selbstverständlich und unhinterfragt als eine Verbesserung des Lebens von Menschen aufgefasst wird, selbst wenn dies zum Teil aus moralischen Gründen abgelehnt wird? Zu fragen ist vielmehr zuerst, warum Verbesserungen überhaupt als wünschbar oder dringend erscheinen und welche gesellschaftliche Rahmenbedingungen dazu ausschlaggebend sind. Schließlich entstehen die Vorstellungen des „guten" oder „erfüllten" Lebens innerhalb von Gesellschaften, innerhalb einer Kultur. Die gesellschaftlich und kulturell hervorgebrachten Wünsche können einer „Verbesserung" erst einen Rahmen und einen Maßstab geben.

Eine andere Frage ist die nach den gesellschaftlichen Auswirkungen von Enhancement. Wären im Fall von funktionssteigernden Eingriffen die „Gesteigerten" oder die „Nichtgesteigerten" Ziele von Diskriminierungen? Gibt es mögliche Diskriminierungseffekte auf Grund von funktionssteigernden Eingriffen, so wie es heute zweifellos erhebliche Diskriminierungseffekte auf Grund von behindernden Funktionseinschränkungen gibt? Gäbe es sogar auch eine Abweisung von Menschen mit Enhancement durch Menschen ohne Enhancement, wie es auch eine gewisse Abweisung von Menschen ohne Behinderung durch Menschen mit Behinderungen geben kann? Bosteels und Blume berichten in diesem Buch über die Schwierigkeiten, wenn Eltern von gehörlosen Kindern als Hörende Anschluss an die Gehörlosengemeinschaft finden möchten, die sich über die Gebärdensprache identifiziert. Diese Form der Diskriminierung der Nichtbehinderten ist ein seltenes Phänomen moderner Biosozialität und, wenn sie auftritt, milde. Aber es ist nicht unwahrscheinlich, dass erheblich größere Inklusionsprobleme gegenüber denjenigen auftreten können, die über biotechnisch gesteigerte Funktionsfähigkeiten verfügen.

Eine der wichtigsten Erkenntnisse, die der Bericht der WHO und der Weltbank zugänglich macht, ist die Diskriminierung in der Gesundheitsversorgung, die Menschen mit Behinderungen weltweit erleiden: Die Ressourcen, auch die medizinischen Ressourcen sind extrem ungleich verteilt. Auch in Deutschland wird Menschen mit Behinderungen die medizinisch optimale Behandlung oder das optimale Hilfsmittel verwehrt. Enhancement verwirklicht sich in real vorliegenden Gesellschaften, nicht im leeren Raum. Deshalb gibt es bei der Thematik Enhancement zwei „moralische" Zugänge. Die Frage ist nicht nur: Darf man im verbessernden Sinn in den menschlichen Körper eingreifen? sondern auch: Warum will man überhaupt im funktionssteigernden Sinn in den menschlichen Körper eingreifen?

Die Diskussion unter den Autorinnen und Autoren dieses Buches beginnt mit einem generellen Misstrauen gegenüber dichotomen Abgrenzungen wie sie z.B. bereits mit der Definition von „Enhancement" durch die Abgrenzung zwischen Therapie und Verbesserung Einzug halten:[3] zwischen gesund und krank, normal und behindert oder natürlich und künst-

---

3 Eric Juengst rekapitulierte die übliche Definition des Begriffs Enhancement als „Bezeichnung solcher Eingriffe ..., die die menschliche Gestalt oder Leistungsfähigkeit über das Maß hinaus verbessern sollen, das für die Erhaltung oder Wiederherstellung von Gesundheit erforderlich ist." (Was bedeutet Enhancement? In: Bettina Schöne-Seifert, Davinia Talbot (2009) (Hrsg.): Enhancement. Die ethische Debatte. Paderborn: Mentis, S. 25-45, hier S. 25.) Gordjin und Chadwick stellen die Diskussion als Debatte über die Ausweitung der Medizin über das Ziel der restitutio ad integrum hinaus zur transformatio ad optimum dar (Bert Gordjin, Ruth Chadwick (2008) (Hrsg.): Medical Enhancement and Posthumanity. Berlin: Springer). Die Skepsis gegenüber der Auffassung, dass die Therapie-Enhancement-Differenz nicht nur zu analytischen Zwecken, sondern auch zur moralischen Bewertung brauchbar sei, ist allerdings in der Diskussion verbreitet. Vgl. Boris Eßmann, Uta Bittner, Dominik Baltes (2011): Die biotechnische Selbstgestaltung des Menschen. Neuere Beiträge zur ethischen Debatte über das Enhancement. Philosophische Rundschau 58, S. 1-21.

lich. Was wäre nämlich beispielsweise die Messlatte, um einen funktionalen Zustand oder eine Körperform als "normal" zu identifizieren? Ist es der Durchschnitt der Spezies oder die bestmögliche Funktion unter den "natürlich" vorkommenden Individuen? Ist "normal" ein individueller Bezugspunkt, der davon abhängt, was jemand für sich selbst als normal empfindet, unabhängig davon, ob es irgendwelchen Gruppen- oder Speziesnormen entspricht? Dieses Misstrauen wird auch gestärkt durch die Erfahrungen von Menschen mit Behinderungen. Sie kennen Ambivalenzen, Übergänge und die Relativität von Festlegungen. Zudem sind sie alarmiert durch die Tendenz in manchen Gesellschaften, Definitionen des Normalen und Abnormalen wiederum für diskriminatorische Zwecke zu benutzen. Wenn in der Bioethik eine Spezies-Norm als Maß genommen wird, um moralisch akzeptable von inakzeptablen medizinischen Eingriffen zu unterscheiden, kann dies soziale Nebeneffekte für diejenigen haben, deren Körper von der Norm abweichen. Die Aufmerksamkeit für diese gesellschaftlichen Effekte der moralischen Debatte auf die gesellschaftliche Wirklichkeit hat bei der Ausarbeitung der hier vorgelegten Beiträge eine wichtige Rolle gespielt.

Eine dichotome Unterscheidung würde zwischen medizinischen Eingriffen zur Wiederherstellung eines „normalen" Zustandes einerseits und Eingriffen, die darüber hinaus einen bestmöglichen Zustand herstellen, andererseits unterscheiden. Stattdessen wird von den Autorinnen und Autoren hier ein eher kontinuierliches Verhältnis von medizinischem Eingriff und seiner Beurteilung hinsichtlich Therapie oder Enhancement vorgeschlagen. Dies hat den Vorteil, dass die Debatte nicht abstrakter, sondern konkreter wird. Erst dann fällt auf, dass jede medizinische Intervention, wo auch immer sie auf dem Therapie-Enhancement-Kontinuum angesiedelt ist, Wirkungen und Nebenwirkungen hat. Prothesen zum Beispiel stellen nicht das ganze Spektrum der Funktionen einer verlorenen Gliedmaße wieder her, sondern sie befördern einige Funktionen. Das verlorene Bein, das durch eine Prothese ersetzt wird, konnte sich beugen, gehen, laufen, der Person ein bestimmtes Erscheinungsbild geben usw., aber es konnte auch spüren, berühren und begehrt werden. Prothesen können meistens nur funktionelle Äquivalente in einigen Bereichen herstellen, nicht in allen. Sie können aber eine Funktion der Extremität sogar auf ein Niveau heben, das weit über dem der „natürlichen" Funktionalität liegt, oder sie können Funktionen hinzufügen, die vorher nicht vorhanden waren. Auch Therapien können selektiv sein: Eine Therapie wählt oft aus einer Vielzahl von Symptomen einige aus. Manche Symptome werden behandelt, andere nicht, manche Fähigkeiten werden zurückerlangt, andere nicht. Menschen wie Aimee Mullins (die mit einer Fibulaaplasie zur Welt kam, seit frühester Kindheit Bein-Orthesen trägt und als Model und Sprinterin bekannt ist) haben gelernt, wie sie mit Prothesen umgehen können: sie wissen die „Extras" verschiedener austauschbarer Prothesen situationsgerecht zu nutzen und spielen mit den spezifischen Stärken und Erscheinungsbildern. Sie wissen, wie man sie zeigt, aber auch wie man sie verbirgt. Wenn heilende und wiederherstellende Hilfsmittel funktionell selektiv sind und auf Grund dessen immer eine Interpretation der menschlichen Möglichkeiten (und damit ein Konzept des guten Lebens) beinhalten, dann muss zum Thema werden, in welchen Hinsichten Enhancements selektiv sind. Auch sie werden sich einer Interpretation möglicher Körperschemata (und Konzepten des guten Lebens) bedienen. Das Konzept „Enhancement" enthält die oft unausgesprochene Prämisse, dass mehr auch besser ist. Deswegen ist es unausweichlich mit Wertvorstellungen verbunden, die in einer Ethik über Enhancement reflektiert werden müssen.

Könnte die Wertung, die mit dem Wertbgriff der Verbesserung eingeführt wird, durch eine neutralere Terminologie vermieden werden? Wir haben in der Vorbereitung dieses Bandes verschiedene Alternativen ausprobiert. Man könnte z.B. einfach von „verändernden" Technologien sprechen. Damit wären medizinische Eingriffe gemeint, die nicht dazu gedacht sind zu heilen, was krank ist, sondern den gegebenen Status des Körpers zu verändern. Wenn die Intention die Veränderung ist, liegt die Frage offen da: zu welchem Zweck? Ist es ein Zweck, mit dem sich die betroffene Person selbst identifiziert? Oder ist es ein extern gesetzter Zweck, der möglicherweise verinnerlicht wurde und durch suggestive kulturelle Rahmungen verstärkt wird? Wir haben uns schließlich doch gegen eine durchgängige Verwendung dieses Begriffs entschieden, nicht nur weil „Enhancement" inzwischen international etabliert ist, sondern vor allem deshalb, weil „Enhancement" die Absicht deutlicher ausspricht, etwas am Körper besser zu machen. Es geht um Steigerung von etwas, gemessen an einem offenzulegenden Maßstab, im Hinblick auf irgendeinen zu debattierenden Zweck. Diese normative Rahmung von Enhancement-Projekten kann man dazu verwenden, die Fragen nach den Zielen und Werten diskursiv zu klären. „Veränderung" ist hingegen von vorneherein neutral in allen Belangen, wertet deshalb noch nicht, verlangt aber auch nicht so deutlich nach diskursiver Klärung der Werte, würde vielmehr die Wert- und Ziel-Fragen eher den Einzelnen überlassen, die dann nur je für sich klären müssen, weshalb ihnen eine Veränderung wünschenswert scheint, damit sich der Aufwand, die Risiken und die Belastungen des Eingriffs lohnen.

Es ist deutlich, dass sich hinter bestimmten Enhancement-Strategien eine Biopolitik verbirgt. Daraus stellen sich folgende kritischen Fragen: Welche Konsequenzen ergeben sich für die Gesellschaft, wenn Menschen mit Behinderungen mit anderen Personen zusammenleben, die nicht nur „normal" sondern „supernormal" wären? Oder wenn die „Normalen" auf andere Menschen treffen, deren Behinderung „Supernormalität" überhaupt erst ermöglicht? Die Autorinnen und Autorinnen dieses Bandes gehen davon aus, dass das Angedachte nicht in jedem Fall auch technisch möglich wird. Wie die Anwendung von Enhancementtechnologien das tägliche Leben beeinflussen würden, ist zudem, wenn man von einzelnen Beispielen absieht, heute noch kaum vorstellbar. Das liegt in der futuristischen Natur der Sache – zumindest in der Form, wie sie oft thematisiert werden. Wer weiß, ob die Betroffenen mit ihren verbesserten Körpern besser leben – wenn durch genetische Eingriffe in die menschliche Keimbahn um die Grenzen der zufälligen und blinden Evolution überschritten werden, wenn Gehirnchips implantiert, Mensch-Maschine-Schnittstellen entwickelt werden?

Die Abstraktheit der Diskussion führt zur Schwierigkeit, das Thema Enhancement in einem kulturellen und politischen Kontext zu verorten. Die Abstraktheit ist aber auch bedingt durch den argumentativen Stil so mancher bioethischer Debatten, die von Thesen über Normen, Werte, Prinzipien und deren Gründe beherrscht wird. Deshalb werfen mehrere Autoren in diesem Buch einen Blick in die Vergangenheit des Diskurses und beleuchten die Gegenwart von dort aus.

Ein Beispiel für den spekulativen Charakter der Bioethik-Debatte ist das Argument für Enhancement, das in der Debatte der letzten Jahre vorgebracht wurde, das lautet, wir seien moralisch verpflichtet, genetische und andere reproduktive Technologien zu nutzen, um die bestmöglichen Nachkommen zu erzeugen.[4] Diese Biotechnologien sind heute zwar grundsätzlich vorstellbar, stehen aber – mit Ausnahme der Selektionstechniken der Präimplantations- und Pränataldiagnsotik – nicht zur Verfügung. Innerhalb von vorgestellten Szenarien, dass es möglich wäre, den Kindern Extragene oder Extrachromosomen mitzugeben, könnten sich werdende Eltern, angeleitet durch die moralischen Prinzipien der Benefizienz und der Autonomie, verpflichtet fühlten, die genetische Ausstattung des Körpers ihrer

---

4   Vgl. Robert Sparrow: A Not-So-New Eugenics. Harris and Savulescu on Human Enhancement. The Hastings Center Report 41/1 (2011): 32-42, sowie die Beiträge von Harris und Savulescu im Band von Nick Bostrom, Julian Savulescu (2009) (Hrsg.): Human Enhancement. Oxford: Oxford University Press.

Kinder zu verbessern, um ihnen mehr Möglichkeiten zu geben, ihre eigenen Vorstellungen des Wohl zu verwirklichen, ohne ihnen damit ihre Wahlfreiheit zu nehmen. Dieses Argument kann allerdings nur dann glaubhaft sein, wenn folgende Annahme zutrifft: Es gibt einen direkten Zusammenhang zwischen Enhancement und Wohlergehen der Betroffenen. Diese Annahme ist aber nur dann evident, wenn man auf dem abstrakten Niveau bleibt und die ambivalente Natur realer biomedizinscher Interventionen ignoriert. Interventionen in Form von Enhancement mögen vielleicht in einer Hinsicht einen Beitrag zum Wohlergehen leisten, z.B. die Krankheitsresistenz erhöhen, aber sie haben wahrscheinlich auch körperliche und soziale Nebeneffekte. Die ethische Debatte um Enhancement bedarf deshalb der Erweiterung in einer kontextuellen und interaktiven Perspektive auf die Möglichkeit menschlichen Wohls.

Was bedeutet der Begriff des „menschlichen Wohls"? Es ist deutlich, dass es sich in diesem Zusammenhang nicht um eine einfache psychologische Größe wie die Lust als Gegensatz zum Schmerz handeln kann. Im Begriff des Wohls stecken vielmehr komplexe Bewertungsfiguren. Die aristotelische Idee des guten Lebens *(eudaimonia)* verbindet diese und ist deshalb vielleicht geeignet, der ethischen Diskussion um die Wünschbarkeit von Enhancements einen erweiterten Rahmen zu geben: Enhancement beansprucht einen positiven Einfluss auf das Wohlergehen derjenigen, deren Körper verbessert werden. Woran wird das aber gemessen? Einige Verfechter scheinen sich sehr sicher zu sein, dass die Steigerung des Wohls unkontrovers ist und auch tatsächlich eintritt. Behinderung wiederum wird von einigen als Einschränkung der körperlichen Möglichkeiten zum Wohlergehen gesehen. Die Disability Studies haben aufgezeigt, dass diese Sicht zu einfach ist. Wohlergehen hängt von den gesellschaftlichen Verhältnissen und den Einrichtungen des alltäglichen Lebens ab. Es kommt darauf an, welche gesellschaftlichen Möglichkeiten es gibt, um spezielle Bedürfnisse von Menschen mit andersartigen Körpern zu erkennen und auf diese - unter Berücksichtigung ihres besonderen körperlichen Zustandes - zu reagieren. Das Wohl kann auch nicht erklärt werden, ohne sich auf Ideen zu beziehen, die sich damit beschäftigen, was überhaupt das Gute im Leben ist. Aus der Frage nach dem Guten ergibt sich die Frage nach dem Wünschenswerten.

Die Ethik des guten Lebens ist seit Aristoteles eine Reflexion über die obersten Ziele des menschlichen Lebens, d.h. der Inhalte, die das Leben lebenswert, glücklich und sinnvoll machen. Behinderung und Enhancement sind gedankliche Anstöße, die den Blick für komplexe soziokulturelle Rahmenbedingungen öffnen. Diese Perspektive erlaubt es, Enhancement auf mehreren Ebenen zu diskutieren und seine aktuelle und potentielle Bedeutung in einem breiteren Kontext zu sehen. Jenseits der Suche nach moralischen Differenzierungen (Wie weit darf man gehen?) und staatlichen Regulierungen der Enhancement-Biotechnologien (Was soll erlaubt und was verboten werden?), sowie jenseits der Streitigkeiten über die richtige ethische Theorie, die möglicherweise die Antwort auf diese Fragen liefern kann, gibt es einen Klärungsbedarf hinsichtlich der Fragen des guten Lebens: Enhancement erfordert eine Verhandlung der Frage nach der Bedeutung verschiedenartiger Embodiments im Hinblick auf ein gutes Leben. Das stellt die Fragen nach Identität, nach dem Verhältnis von Kultur und Natur. Es geht um die Kohärenz der menschlichen Spezies und um die definierenden Faktoren sozialer Gruppen. Es geht um ein Ethos der körperlichen Bedingtheiten und um ein Ethos der Endlichkeit bzw. des Umgangs mit Grenzen.

Der erste Teil des Buches ist grundsätzlichen methodologischen Fragen gewidmet. Alfred Nordmann kritisiert aus technikphilosophischer Sicht eine Debatte der Technikbewertung, die von ausgedachten Szenarien ausgeht, weil sie die Aufmerksamkeit von den Prozessen der Techniksteuerung ablenkt, die in der Gegenwart wirksam sind. Christina Schües analysiert die anthropologischen Voraussetzungen der Enhancement-Debatte anhand einer Auslegung der Frage nach der Gestaltung der *conditio humana*. Sie kritisiert die Gegenüberstellung von Technik und menschlicher „Natur" als unzureichende Argumentationsvoraussetzung zur Klärung der Fragen nach dem guten Leben, die sich mit den Enhancement-Projekten stellen. Christoph Rehmann-Sutter versucht die Fragen nach den Zielen von Enhancement als Fragen nach dem Wünschen-Können zu reformulieren. Dazu identifiziert er Eckpunkte für eine Ethik des guten Lebens und formuliert die These, dass zur Diskussion von Enhancement im Kontext einer Ethik des guten Lebens die vielschichtigen Erfahrungen von Menschen mit Behinderung unverzichtbar sind.

Im zweiten Teil des Buches wird Behinderung als Erfahrungsraum ausgelotet. Katrin Grüber rekapituliert den Diskussionsstand in den Disability Studies und legt den Analysefokus auf konkrete Erfahrungen von Menschen mit Behinderungen im Umgang mit den neuen Technologien. Daraus formuliert sie Hinweise für eine Forschungspolitik mit Einbezug der Perspektive von Betroffenen, die – parallel zum sozialen Modell der Behinderung – die Abhängigkeit des Wohls von einzelnen Funktionsverbesserungen zurückweist und stattdessen von der grundsätzlichen Kontextualität des Wohls ausgeht. Stuart Blume hat in wegweisenden anthropologischen Forschungen die Einführung des Cochlea Implantats und die Entstehung der Gehörlosengemeinschaft untersucht. Sein Beitrag, der die technische Perspektive kritisch reflektiert, macht diese Forschungen zur medizinischen Therapie von Gehörlosigkeit im deutschsprachigen Raum erstmals greifbar. Der von Sigrid Bosteels gemeinsam mit Blume verfasste Aufsatz wendet sich sodann genauer der Situation von Eltern zu, deren Kinder von Gehörlosigkeit betroffen sind. Mit reichhaltigen Daten aus Interviews mit Eltern widmet sich das Kapitel den Fragen, wie Eltern gehörloser Kinder die beste Entscheidung hinsichtlich des Für und Wider eines Cochlea-Implantats stellvertretend für ihre Kinder und in ihrem besten Interesse treffen können.

Der dritte Teil des Buches widmet sich normativen Fragen im engeren Sinn. in einem mit den Herausgebern geführten Gespräch lotet Jackie Leach Scully den Zusammenhang zwischen Embodiment und ethischem Denken aus und stellt die provokante Frage, ob und inwiefern die moralische Beurteilung von Enhancement-Interventionen nicht auch davon abhängig ist, in welcher Form von Körper diejenigen Menschen leben, welche die Beurteilung machen. Miriam Eilers untersucht anhand der Kriegsversehrten aus dem Ersten Weltkrieg, denen damals mit neuen Prothesen der Eintritt in die industrielle Produktionsarbeit ermöglicht wurde, wie Prothesen zwar verlorene Funktionen teilweise wiederherstellen oder einzelne davon sogar verbessern können, wie die Prothetik aber gleichzeitig auch selektiv wirkt und so ein bestimmtes moralisches Menschenbild verkörpert. Diese Beobachtungen sind unmittelbar relevant für die differenzierte Bewertung von Enhancement-Interventionen. Birgit Stammberger untersucht die kosmetische Chirurgie und analysiert die bio- und körperpolitischen Dimensionen. Ihr Kapitel nimmt sowohl spektakuläre Beispiele wie Michael Jackson, Orlan und Maria Jose Cristerna unter die Lupe, als auch die schon fast alltägliche Schönheitschirurgie, die sich als „Wohlfühlchirurgie" anpreist. Der Normalisierung gewisser Enhancement-Praktiken steht die Definition von Enhancement über den Normalitätsbegriff entgegen. Trijsje Franssen setzt sich kritisch mit dem von John Harris vorgeschlagenen Enhancement-Begriff auseinander, der ohne Rekurs auf das „Normale" auskommen will, stattdessen aber Behinderung als unerwünschten und geschädigten Zustand definiert. Im Prometheus-Mythos findet sie überraschende Hinweise.

Im vierten Buchabschnitt geht es darum, welche ethischen Leitbegriffe für die Enhancementdebatte hilfreich sind. Lisa Forsberg untersucht zwei Argumentationsstränge im Bezug auf den Gebrauch von stimmungsverbessernden Medikamenten. Der eine Strang arbeitet mit der Kategorie der Authentizität und versucht, Erfahrungen, die unter Medikamenteneinfluss gemacht werden, als nicht-authentisch zu disqualifizieren. Der andere Strang arbeitet mit der Kategorie der Natürlichkeit und lehnt medikamenteninduzierte Gemütszustände als „unnatürlich" ab. Sie weist in beiden Argumentationssträngen erhebliche Mängel nach und plädiert für eine eher konsequenzialistische Bewertung. Annika den Dikken widmet sich der imaginativ-ästhetischen Ebene, wenn sie Körperbilder als Leitbilder untersucht. Der Begriff der Körperbilder umfasst Normen, wie wir unseren Körper wahrnehmen, welche Vorstellungen wir von ihm haben und welche Erwartungen wir an ihn stellen. Körperideale werden kulturell hervorgebracht und stehen hinter bestimmten als erstrebenswert bewerteten Körperveränderungen. Ihre spezielle Frage ist, welche Rolle darin der Kategorie der Vulnerabilität zukommt. Morten Bülow fragt in seinem Beitrag, wie die Sorgen um die Lebensqualität im durchschnittlich immer höher werdenden Alter mit den Ideen eines „erfolgreichen Alterns" interagieren, die als Wünsche und Hoffnungen aus den Neurowissenschaften kommen. Daraus ist eine für Verbesserung offene normative Perspektive entstanden, die das Verhältnis zum Altern verändert hat. Dem Transhumanismus liegt ein bestimmtes Menschenbild zugrunde, mit dem sich Nicolai Münch kritisch befasst. In seinem Beitrag untersucht er die Abwertung des Körpers, die den transhumanistischen Ideen des „uploading" und den dahinter stehenden computerfunktionalistischen Theorien des Geistes zugrunde liegt. Natasha Burns beschäftigt sich mit Regulierungsfragen und Biopolitik hinsichtlich der Anwendung von kognitiv leistungssteigernden Medikamenten und gibt Hinweise dafür, welche Möglichkeiten von Governance es für Enhancment gibt.

Dieser Band ist ein Schritt auf einem gesellschaftlichen und kulturellen Weg der Entscheidungsfindung im Hinblick auf den Umgang mit den Humanbiotechnologien. Wir beanspruchen nicht, diese Fragen zu beantworten, sondern möchten Impulse geben, die die Debatte weiterführen können.

Nicht alle Diskurse, die die Diskussion um Human Enhancement speisen, konnten bei der Erstellung dieses Bandes berücksichtigt werden. So liegt die Vermutung nahe, dass Medikamente und medizintechnische Produkte auch abgeschirmt von der Öffentlichkeit in Kontexten militärischer Forschung entwickelt und ausprobiert werden. Das Militär hat ein besonders hohes Interesse daran, die Leistungsfähigkeit von Soldaten in verschiedener Hinsicht zu steigern, z.B. Schlafphasen zu verkürzen, die Schmerzempfindlichkeit zu senken oder die Erinnerung an traumatische

Erlebnisse zu dämpfen oder auszulöschen[5]. Regierungen sind bereit, in diese Forschungszweige hohe Summen zu investieren. In der Natur militärischer Forschung liegt es, dass es schwierig ist, an valide Daten zu gelangen. Es liegt uns aber daran, diese militärische Dimension von Enhancement immerhin zu erwähnen, weil sowohl ein internationales Wettrüsten und die Extrembelastungen, die Kriege für die je eigenen Soldatinnen und Soldaten darstellen, besondere „Rechtfertigungen" für vorgeblich verbessernde Eingriffe schaffen können.

Der Band ist das Ergebnis eines einwöchigen Workshops „Good life better – anthropological, sociological and philosophical dimensions of enhancement", die im Oktober 2010 in Lübeck stattfand und vom Institut für Medizingeschichte und Wissenschaftsforschung der Universität zu Lübeck (IMGWF) gemeinsam mit dem Institut für Mensch, Ethik, und Wissenschaft in Berlin (IMEW) organisiert und ausgerichtet wurde. Die Idee, die Themen Enhancement und Disability in dieser Weise zu verbinden, geht auf die Anregung von Katrin Grüber vom IMEW zurück, die im Jahr 2009 in Linköping (Schweden) an einer Tagung mit diesem Thema für die European Science Foundation mitwirkte. Der Lübecker Workshop wurde vom Bundesministerium für Bildung und Forschung (BMBF) im Rahmen der ELSA-Klausurwochen gefördert. Die Herausgebenden danken dem BMBF und insbesondere auch allen Mitarbeitenden im Deutschen Zentrum für Luft und Raumfahrt (DLR), besonders Simone Mistry und Matthias von Witsch für eine außerordentlich angenehme und unkomplizierte Zusammenarbeit bei der Programmadministration. Wir danken Anja Bracke, Kathrin Hoffmann und Evelyn Österreich vom IMGWF für ihre praktische Unterstützung bei der Planung und Durchführung der Klausurwoche und Martina Steinig für die Buchhaltung. Wir danken ebenso den Übersetzerinnen, welche die englisch vorliegenden Manuskripte ins Deutsche übertragen haben. Sie sind jeweils am Ende der Kapitel erwähnt. Saskia Löbermann hat nicht nur das Layout des Bandes erstellt, sondern dabei immer noch zahllose Änderungswünsche des Autorenteams eingearbeitet. Für die Aufnahme in die Reihe „Praktische Philosophie *kontrovers*" danken wir Christina Schües und Rudolf Rehn, sowie Michael Rücker für eine kompetente Betreuung im Verlagshaus Peter Lang GmbH. Ganz besonders danken möchten wir aber allen 15 hoch motivierten und engagierten Teilnehmerinnen und Teilnehmern des Workshops, sowie den eingeladenen Refe-

---

5   Kenagy, D. N. B.; Bird, C. T.; Webber, C. M. & Fischer, J. R. (2004): Dextroamphetamine use during B-2 combar missions. Aviat Space Environ Med 75: 381-286.

rentinnen und Referenten, deren Beiträge entweder die Kapitel dieses Buches bilden, oder die ihre Beiträge für die (mehr kulturwissenschaftlich fokussierte) und gleichzeitig vorbereitete englischsprachige Buchpublikation ausgearbeitet haben.

Miriam Eilers, Katrin Grüber, Christoph Rehmann-Sutter

I.
Leitbegriffe

Die unheimliche Wirklichkeit des Möglichen:
Kritik einer zukunftsverliebten Technikbewertung

Alfred Nordmann

„Aber bedenken Sie die Probleme, die auf uns zukommen! Falls die Nanomedizin wirklich Erfolg hätte, stirbt niemand mehr an Krebs und wir müssen uns fragen, wie wir mit den daraus resultierenden demografischen Konsequenzen für unser gesamtes Sozialversicherungssystem umgehen."[1]

Diese Aussage mag zum Auftakt als eine Art Lackmustest dienen. Ich kann mir Leser vorstellen, die den eben zitierten Diskussionsbeitrag für ganz normal, leicht nachvollziehbar halten – ja, sie meinen, wer sich gedanklich, ethisch, politisch auf die Auswirkungen der neuen Technologien vorbereiten will, sollte derlei Erwägungen anstellen. Andere Leser werden zögern, sich jetzt schon Gedanken über Konsequenzen zu machen, deren Eintreten ganz und gar ungewiss ist, weil sie vom unsicheren Erfolg eines außerordentlich ehrgeizigen Forschungsprogramms abhängen. Ich selbst zähle mich entschieden zu der zweiten Gruppe.

Der folgende Text basiert auf dieser Einschätzung und versucht zweierlei. Den bereitwilligen Lesern will er grundsätzlich vorführen, dass derartige Überlegungen über zukünftige Auswirkungen auf uns zukommender Technologien völlig unangemessen sind – sie verzerren und verhindern eine konstruktive und kritische Auseinandersetzung mit den Problemstellungen und Verheißungen der neuen Technologien. Den skeptischen Lesern will dieser Text versichern, dass es durchaus möglich ist, auch ohne derartigen Zukunftsbezug über die Forschungsprogramme und Entwicklungsangebote der Neuen Technologien nachzudenken. Dabei sollen die folgenden Überlegungen über bereits vorgelegte Einzelargumente gegen eine spekulativ auf die Zukunft bezogene Ethik hinausgehen (z.B. Nord-

---

1 „if nanomedicine really works…" – dies ist ein frei übersetzter Redebeitrag aus einer halb-öffentlichen Diskussion des von der Europäischen Kommission geförderten Projekts NanoMed Roundtable am 16.11.2009 in Brüssel. Der Beitrag ist ein spätes Echo auf eine der frühesten Aussagen über gesellschaftliche Konsequenzen der Nanotechnologie: "Like any extremely powerful new technology, nanotechnology will bring with it social and ethical issues. [...] consider the claim that nanobiology will enable people to live longer, healthier lives. Longer average lifetimes will mean more people on Earth. But how many more people can the Earth sustain?" (Amato 1999, 8) Die Debatte um diesen Redebeitrag fand ihren Niederschlag in Nordmann und Kohl (2010).

mann 2005, 2007a, 2007b, 2010) und zumindest die Aufgabenstellung ihrer möglichst grundlegenden und allgemeingültigen Kritik verdeutlichen.

Das eingangs zitierte leidenschaftliche Plädoyer verlangt, dass wir uns schon jetzt auf die Folgen der Nanomedizin einstellen. Aber eben dies ist die Frage – ob wir jetzt schon ein Problem haben oder ob wir allenfalls dann eines hätten, wenn ein ganz bestimmtes Versprechen tatsächlich eingelöst worden sein sollte? Mit diesem Unterschied zwischen einer aus der angenommenen Zukunft abgeleiteten und einer im Konjunktiv hypothetisch bedachten Problemstellung befasste sich bereits eine frühere „critique of speculative ethics" (Nordmann 2007a). Durchaus legitime Gedankenexperimente wurden in dieser Analyse abgegrenzt von einer heute beliebten Übersprunghandlung, die mit einem bloß hypothetischen Szenario beginnt und es ruckzuck in eine ganz reale Technikfolge verwandelt, die es jetzt schon abzuschätzen gelte. Ein Auszug aus dieser Kritik hat daraufhin in den kleinen Kreisen der Nanobegleitforschung eine gewisse Berühmtheit erlangt, wobei sich die einmütige Reaktion jedoch auf die Forderung beschränkte, die hypothetischen Ausgangsszenarien für die Übersprunghandlung sollten möglichst plausibel und nicht allzu fantastisch sein (Nordmann und Rip 2009, Grunwald 2010, Selin 2011). Dies übersieht jedoch, dass auch plausibel klingende Zukunftsszenarien extrem voraussetzungsreich sein können. Beispielsweise heißt es in Bezug auf die medizinische Anwendung nanotechnisch stark verbesserter Analysefahren, dass sie den schon bestehenden Abstand zwischen diagnostischen und therapeutischen Möglichkeiten deutlich vergrößern werden. Daraus leiten prospektive Technikfolgenabschätzer ab, dass sich die Frage nach dem Recht auf Nichtwissen verschärft stellt. Wo es keine Therapien gibt, ist es vielleicht besser, diagnostische Auskünfte gar nicht erst zu erhalten. Plausibel klingt all dies, weil es durchaus wahrscheinlich ist, dass nanotechnische Verfahren sehr viel bessere, genauere, schnellere Messergebnisse erzielen werden. Trotzdem problematisch und voraussetzungsreich ist dies aber, weil einfach unterstellt wird, dass die schnellere Messung einer erhöhten Anzahl von Blutwerten schon zu neuen Diagnosemöglichkeiten führt, was entsprechende biomedizinische Forschungsergebnisse erfordert. Und wenn dies nicht ohne weiteres unterstellt werden kann, ist es dann nicht vorschnell, aus den angekündigten diagnostischen Möglichkeiten ein Recht auf Nichtwissen abzuleiten? Und würde es für den ethisch-rechtlichen Diskurs nicht vollkommen ausreichen, ohne Zukunftsbezug über den Wert medizinischer Information zu reflektieren und dabei zwischen den Fällen zu unterscheiden, in denen eine Therapie verfügbar ist und in denen sie es nicht ist?

Eine nur auf die Plausibilität von Zukunftsszenarien bedachte Reaktion auf die Kritik an spekulativer Ethik greift offenbar zu kurz. Die diagnostizierte Übersprunghandlung liegt immer vor, wenn zukünftige Ereignisse einer Technikfolgenabschätzung unterzogen werden. Das einzige Heilmittel dagegen besteht darin, Forschungsprogramme und die mit ihnen verbundenen Erwartungen, Hoffnungen, Wunschträume abzuschätzen, ohne Bezugnahme auf das, was uns in Zukunft angeblich bevorsteht – die Zukunft also nicht als Gestaltungsobjekt aufzufassen, das von uns jetzt schon geformt wird und welches sich nur noch verwirklichen oder in Erscheinung treten muss. Hier geht es also um eine Absage an alle Versuche, einer gewissen, wahrscheinlichen, „plausiblen" oder bloß möglichen Zukunft jetzt schon habhaft zu werden, sei es um gut vorbereitet zu sein, sei es um auf ihre Ausgestaltung noch einwirken zu können, oder sei es gar um sie in letzter Minute noch abzuwenden. Diese Absage bedeutet nicht, dass wir die Zukunft außer Acht lassen dürfen, dass wir nicht immer auf die Zukunft als Auftrag oder Aufgabe orientiert wären – sie bedeutet nur, dass wir Grenzen der Technik, der Politik, des Wunschdenkens, des auch geistes- und sozialwissenschaftlichen Gestaltungswillens anerkennen. Die von mir empfohlene Haltung findet ihren Ausdruck in einer berühmten Bemerkung Georg Christoph Lichtenbergs, der deutlich macht, dass er über die Zukunft nicht verfügen kann und dennoch auf die Zukunft setzt, auf dass klar benennbare und darum verfügbare Probleme der Gegenwart gelöst werden können:

> „Ich kann freilich nicht sagen, ob es besser werden wird wenn es anders wird; aber so viel kann ich sagen, es muß anders werden, wenn es gut werden soll."
> (1968, K 293)

In unserer zukunftsverliebten Zeit, die vor allem wissen will, ob es wirklich besser werden wird, wenn alles sowieso bald anders wird, fällt die Rückbesinnung auf Lichtenbergs qualifizierte Haltung nicht leicht. Das Zeitalter der Aufklärung und das historische Bewusstsein der Moderne scheinen unwiederbringlich zerronnen. Meine vor einigen Jahren veröffentlichte umfassende Kritik an einer spekulativen Nano- oder Bioethik bot zahlreiche, wenngleich heterogene Argumente in diese Richtung. Diese Argumente werden im Folgenden noch einmal aufgerufen, wobei der Fokus auf Technologien zur Erweiterung menschlicher Möglichkeiten (human enhancement) liegt.[2]

---

2   Im Folgenden präsentiere ich somit eine stark konzentrierte, auf die Aufgabenstellung einer stärker prinzipiengeleiteten Darstellung hin fokussierte deutschsprachi-

Falls und jetzt

Eine Falls-und-jetzt-Aussage greift zunächst eine mögliche technische Entwicklung auf und benennt dann eine unmittelbar zu beachtende Folge. Was im ersten Halbsatz wie eine unwahrscheinliche, bloß mögliche Zukunft aussieht, erscheint im zweiten als unausweichlich. Indem eine Hypothese durch eine vermeintliche Tatsache ersetzt wird, überformt eine imaginierte Zukunft die Gegenwart. Mit diesem Phänomen der Auflösung des Konditionalsatzes, bzw. des Verschwindens des Konjunktivs beschäftigt sich die nachfolgende Kritik. Sie setzt sich mit Falls-und-jetzt-Aussagen auseinander, wie sie derzeit insbesondere in den Debatten über Technologien zur Erweiterung menschlicher Möglichkeiten stattfinden.

Wenn Falls-und-jetzt-Aussagen bemüht werden, dann geht es nicht um die leistungssteigernden Wirkungen, die von gewöhnlichen Technologien auf ansonsten unveränderte, weiterhin eingeschränkte menschliche Körper ausgehen. Derartige Wirkungen sind uns vertraut und, für sie charakteristisch, nicht von Dauer: Wenn wir die Brille absetzen, hören wir auf, scharf zu sehen. Im Gegensatz dazu setzen die Vorstellungen von (unbegrenzter) Verlängerung der Lebenszeit, von Geist-Maschine Schnittstellen, von größeren geistigen Fähigkeiten oder neuen Formen sinnlicher Wahrnehmung bedeutende wissenschaftliche und technische Durchbrüche voraus. Alle diese Visionen postulieren die Beseitigung oder den Abbau physischer und geistiger Grenzen und das Auftreten eines neuen Menschen. Dem entsprechend greifen die folgenden Überlegungen dort, wo über das „falls" hinausgegangen wird, um die technische Konstruktion eines neuen Menschen in ethischer Hinsicht zu erörtern: Falls Technologien zur Verbesserung des Menschen verwirklicht werden würden, müssen wir beispielsweise entscheiden, ob Menschen das Recht auf Zugang dazu haben – vernachlässigen wir diese Frage, stehen wir dem Eintreten dieser Technologien womöglich unvorbereitet gegenüber (man beachte die Verdrängung des „falls"). Falls es möglich sein sollte, eine direkte Verbindung zwischen Maschine und Gehirn herzustellen, stellt diese Forschung einen Eingriff in die Privatsphäre dar, sofern Maschinen dazu benutzt werden, Gedanken zu lesen. Falls es innerhalb der nächsten 20 bis 50 Jahre molekulare Fertigungsmethoden geben sollte, müssen wir uns auf ein Zeitalter weltweiten Überflusses einstellen und damit auf eine neue Wirtschaftsordnung.[3] Falls

---

ge Fassung von Nordmann 2007a. Für die Übersetzung danke ich Christiana Goldmann, für redaktionelle Hilfe Daniel Schindler.

3   Das war einer der wesentlichen Grundsätze des sogenannten *Center for Responsible Nanotechnology* (www.crnano.org).

die Entwicklung von intelligenten Maschinen dazu führte, dass immer mehr Aufgaben von Maschinen erledigt werden, müssen wir in unserem Strafgesetz die Verantwortlichkeit von Maschinen regeln. Falls es schließlich, um ein letztes Beispiel zu nennen, möglich sein sollte, das menschliche Leben unbestimmt zu verlängern, dann kommen Bedenken gegen solche Forschungsprogramme letztlich einem Mord gleich oder zumindest der unterlassenen Hilfeleistung für einen Sterbenden (deGrey 2006, 54). Diese Beispiele folgen allesamt dem gleichen Muster. Der wahre und vollkommen berechtigte Konditionalsatz „Falls wir je imstande sein würden, den natürlichen Alterungsprozess abzuwenden und Unsterblichkeit zu erlangen, dann stünden wir vor der Frage, ob das Vorenthalten der Unsterblichkeit nicht einem Mord gleichkommt" wird verkürzt zu „Falls jemand die biomedizinische Forschung in Frage stellt, macht er sich des Mordes mitschuldig". Ungeachtet der Tatsache, dass die Erfolgsaussichten dieser Forschung fraglich sind und bestenfalls in weiter Ferne liegen, impliziert der Satz eine moralische Verpflichtung, die Forschung heute schon tatkräftig zu unterstützen. Vergleichen wir damit den Satz „Wenn der gegenwärtige Trend zur Erderwärmung anhält, werden die Niederlande in ein paar Jahrzehnten überflutet sein." Dieser Konditionalsatz unterscheidet sich vom Falls-und-jetzt-Satz darin, dass er keine Ethik für das Leben in einer holländischen Seelandschaft einfordert. Stattdessen will er uns nur daran erinnern, dass wir die Erde heute schützen müssen, denn unter den heutigen Bedingungen scheinen wir sie nicht bewahren zu können. Wir grübeln nicht über eine Zukunft, die aus dem Folgesatz oder Sukzedens folgen könnte, sondern sorgen uns darum, dass der Vordersatz, bzw. das Antezedens in absehbarer Zeit erfüllt sein könnte.

Taschenspielereien

Es könnte vollauf reichen, wenn sich unsere ethischen Überlegungen zu Wissenschaft und Technik auf Fragen beschränkte, die sich im Verlauf ihrer Entwicklung, also vor dem Auftreten einer neuen Technologie ergeben. Dies wären Fragen der intellektuellen Redlichkeit und der Mittelvergabe, etwa das ProblemVersprechungen abzugeben und einzugehen, das Problem der Anerkennung der Grenzen technischer Machbarkeit und gesellschaftlichen Wünschbarkeit, die Frage der Verteilungsgerechtigkeit bei der Zuwendung von Forschungsgeldern sowie der Einschätzung derjenigen Zukunftsvisionen, für die Förderprogramme und -anträge werben.

Im Gegensatz dazu befleißigt sich das Falls-und-jetzt-Syndrom der Strategie, irgendwann möglicherweise auftauchende Fragen so hinzustellen, als wären sie bereits unumgänglich. Die Strategie stützt sich auf sehr unterschiedliche Argumente, zum einen auf die Behauptung, ein beschleunigter Technikwandel würde bald zu einer Implosion oder so genannten Singularität führen (Kurzweil 2005) gekoppelt mit der Annahme, die Technik habe immer und überall im Dienst der Erweiterung menschlicher Möglichkeiten gestanden. Die These eines exponentiellen Wachstums beinhaltet eine kontroverse Sicht auf die Technikgeschichte. Darüber hinaus ist sie ein unverblümtes Mittel, um eine ansonsten ferne, spekulative Zukunft so zu präsentieren, als bedürfte sie schon heute unserer Aufmerksamkeit. Aber auch ein nur scheinbar gegensätzliches zweites Argument kann zum gleichen Ergebnis führen. Nach dem Motto, dass wir immer schon alles gemacht haben, was technisch möglich war, postuliert es eine kontinuierliche Technikentwicklung, die in Vergangenheit, Gegenwart und Zukunft immer dazu dient, menschliche Fähigkeiten zu steigern. Dabei wird der Unterschied eingeebnet zwischen Technologien, die behelfsmäßig funktionieren, und solchen, die über die Grenzen menschlichen Leistungsvermögens selbst hinausgehen (Harris 2006, Caplan 2006).

Der Kontrast zwischen vertrauten Leistungssteigerungen durch Technik und dem Techniktraum der Überwindung physischer und geistiger Grenzen bezieht sich nicht auf den graduellen Unterschied eines mehr oder weniger großen technischen Eingriffs, sondern auf ganz verschiedene Technikbegriffe (Hutchins 1995, 153ff.). Ohne Zweifel haben sich die Menschen im Laufe der Geschichte verändert, auch als Gattungswesen (vgl. Habermas 2005, 76). Der Unterschied ist der, dass nach dem vertrauten Technikbegriff der Mensch im Bewusstsein seiner Beschränkung daran geht, behelfsmäßige Verbesserungen für begrenzte Lebewesen zu schaffen, da es ja seine Beschränkung ist, die den Einsatz von Werkzeugen nötig macht und die Bemühung um gesellschaftliche Ordnung und technische Naturbeherrschung (Habermas 2005, 62f.): Technik ist der Einsatz von Findigkeit oder eine List der Erfindungskraft, um mit begrenzten Mitteln in einer begrenzten Welt mehr zu erreichen. Wo es dagegen um die Vorstellung einer grundsätzlichen Steigerung menschlicher Möglichkeiten geht, bestreitet der Mensch, dass Beschränkung sein unabänderliches Erbe ist. Er hält sie eher für einen bedauerlichen Umstand und die Technik soll das Mittel sein, die Begrenztheit des Menschen zu leugnen und zu überwinden, ihn im Idealfall zu einem unsterblichen, allwissenden, allgegenwärtigen und allmächtigen Wesen zu machen (Anders 1965, 1972). Entgegen diesem Wunschdenken entspricht die uns bekannte Technik einstweilen der vertrauten Technikauffassung und nur die Argumente, die sich dem „falls und jetzt" verdanken, vermitteln die Illusion, es könnte grenzüberschreitend anders sein.

Ein drittes Argument, um das „falls und jetzt" zu verteidigen, ist grundsätzlicher und vermeidet eine Bezugnahme auf die Geschichte der Technik. Sie verlagert vielmehr die Beweislast: Wer sich weigert, eine bloß theoretische Möglichkeit schon für technisch wahrscheinlich zu halten, könnte gegenüber dem Jetztstand oder Status quo voreingenommen sein. Solange es aber nicht sicher sei, ob der Jetztstand schon das letzte Wort in der Technikentwicklung darstellt, müsse die technische Machbarkeit selbst weithergeholter theoretischer Möglichkeiten ins Auge gefasst werden (Bostrom und Ord 2006). Genau einen solchen Schluss aus dem Fehlen von Gewissheit auf die Gleichwahrscheinlichkeit zieht Nick Bostrom:

> „[…] anzunehmen, dass künstliche Intelligenz unmöglich ist oder bis zu ihrer Entwicklung noch Tausende von Jahren vergehen werden, scheint zumindest ebenso unberechtigt zu sein wie die Annahme des Gegenteils. Wir müssen wenigstens anerkennen, dass jegliches Szenario über die Welt im Jahr 2050, das nicht die Möglichkeit einer künstlichen Intelligenz auf menschlichem Niveau zulässt, eine gewaltige Voraussetzung macht, die sich als falsch herausstellen könnte. Deshalb sollte man die alternative Möglichkeit in Betracht ziehen: Innerhalb der nächsten 50 Jahre werden intelligente Maschinen gebaut werden." (Bostrom 2006, 41)

Anders gesagt: Wenn wir uns nicht sicher sind, ob etwas unmöglich ist, dann ist dies ein hinreichender Grund, seine Möglichkeit ernsthaft zu erwägen.[4] Und wiederum werden Betrachtungen über die Gegenwart davon beherrscht, dass eine hochspekulativ ausgedachte Zukunft angeblich bevorsteht.

Kontingenz

Aus meiner Darstellung der drei Argumente für das „falls und jetzt" sollte deutlich hervorgegangen sein, dass sie mich nicht überzeugt haben. Daher

---

4   Rebecca Roache führt dieses Argument weiter, wenn sie behauptet, die Weigerung, bestimmte technische Möglichkeiten ernst zu nehmen, würde auf den Ethiker zurückfallen, der sich nicht auf die Verwirklichung dieser Möglichkeiten einstellt. Statt nur darzulegen, warum er bestimmte Szenarien erwägt, müsse er seine Weigerung rechtfertigen, über sehr unwahrscheinliche Szenarien nachzudenken, die womöglich doch eintreten (Roache 2008, 322ff.).

will ich die Grundlagen der „falls und jetzt" Argumente nun einer allge-
meineren Kritik unterziehen. Sie erhalten Zuspruch, weil sie die Gestaltbarkeit einer verheißungsvollen Zukunft behaupten und somit faszinieren-
de Fragen über den zukünftigen Menschen als Gestaltungsobjekt aufwer-
fen. Dabei wird stillschweigend die prinzipielle Hinfälligkeit und beschränkte Reichweite des Menschen geleugnet, obwohl uns gerade diese
zwingen, uns mit einer Welt herumzuschlagen, die wir nicht völlig beherr-
schen – und wir tun dies nicht nur mit Mitteln der Technik, sondern auch
mit denen der Ethik.

Günther Anders diagnostizierte schon unter dem Eindruck der Kern-
technik eine radikale Verkehrung des Verhältnisses von Geschichte und
Technik (1972, 73). Solange sie allmählich die höchsten Zielen und Bestrebungen der menschlichen Gesellschaft beförderten, pflegten technische
Entwicklungen im Horizont der Geschichte stattzufinden. Nun aber konfrontieren uns Atomwaffen und die Gefahr einer atomaren Vernichtung.
Insofern wir nun imstande sind, jederzeit die menschliche Gattung auszulöschen, sei Geschichte von nun an in dieser permanenten Bedrohung ge-
fangen und entwickle sich im Horizont der Technik. Dieser eingeschränk-
ten Rolle und diesem entleerten Sinn von Geschichte begegnen wir heute
in Fragen der Form: Welche Technologien bieten einen Ausweg aus der
Klimakatastrophe? Wie wird unsere wissenschaftlich-technische Zukunft
aussehen? Was wird mit dem Fortschritt der Nanotechnologie aus uns
werden? Vor welche gesellschaftlichen Probleme werden die Biotechnologien uns stellen, wie können wir sie vermeiden oder uns auf sie vorbereiten? Diesen im Horizont der Technologie formulierten Fragen ist zudem
gemeinsam, dass ihr Vertrauen in die Zukunft der Technik groß ist, dass
sie diesem Vertrauen Vorschub leisten und technischen Zukunftsbildern
Glaubwürdigkeit verleihen. Sie sind auch dann noch zukunftsverliebt,
wenn sie die erwarteten Früchte der Zukunft mit moralischer Empörung
zurückweisen. Wer auf das Kommende fixiert ist, dem bleibt letztlich nur
eine sehr begrenzte Wahl ethischer Haltungen: Wir können uns auf das,
was die Zukunft bringt, vorbereiten und einstellen, wir können paternalistisch festlegen, was die Menschen künftig haben oder nicht haben sollen,
was sie dürfen oder nicht dürfen, oder aber wir können uns im *Laissez-
faire* üben und darauf vertrauen, dass sich in der Zukunft schon alles richten wird.

Geht man freilich davon aus, dass die Technikentwicklung nicht festgelegt ist, sondern zu jedem Zeitpunkt historischer Kontingenz unterworfen ist, stellen sich ganz andere Fragen: Welchen Beitrag könnte die technologische Forschung zur Lösung gegenwärtiger Probleme leisten? Wie

setzen sich technische Forschungsvorhaben und Visionen mit der Welt von heute auseinander und drängen auf Veränderung? Wie stellen sie unsere Körper, unsere Lebens- und Handlungsweisen und die etablierten Beziehungen selbst, Gesellschaft und Natur in Frage? Warum sollte sich unsere Welt in diese oder jene Richtung verändern? Gemeinsam ist all diesen Fragen, dass sie nicht voraussetzen, die Technik werde die Zukunft wirklich so oder so verändern können, und auch nicht, dass die Zukunft bewusst von denjenigen gestaltet oder sogar entworfen wird, die dergleichen Fragen erörtern. Umgekehrt zeichnet alle diese Fragen aus, dass die technischen Vorhaben nach den Ansprüchen beurteilt werden, die sich aus Gegenwartsbefunden ergeben. Zwar bleiben ethische Diskurse auch in diesem Kontext noch schwierig und strittig, aber sie werden nicht durch die leichtgläubige Fixierung auf das Kommende eingeengt. In diesem Fall ermöglicht uns die unvermeidliche Kontingenz der Gegenwartssituation einen Standpunkt, den wir tatsächlich einnehmen können und nicht angestrengt imaginieren müssen. Wir sind hier, wie man so schön sagt, verpflichtet, nach bestem Wissen und Gewissen zu handeln, d. h. so gut es eben geht im Rahmen unseres begrenzten Wissens, Überblicks und Handlungsspielraums.

Wenn wir unter diesen Bedingungen aufgefordert werden, die Gepflogenheiten anderer Kulturen, Berichte über vergangene Ereignisse oder Forschungsanträge für Zukunftstechnologien zu beurteilen, dann fällen wir unser Urteil notwendigerweise in dem Bewusstsein, dass unsere Werte von diesen anderen Kulturen, vergangenen Geschlechtern oder zukünftigen Generationen nicht geteilt werden und nicht einmal von Belang sein müssen. Darin besteht gleichermaßen unser moralisches Dilemma und unser wohl bedachter Ausgangspunkt (Nordmann 2005) – nach bestem Wissen und Gewissen entscheiden wir den Ansprüchen und Bedingungen unserer Welt gemäß, das mag nicht gut genug sein, aber besser geht es nicht. Eine sich selbst bescheidende Ethik, die sich tapfer „durchwurstelt" und dabei gegenwärtige Fähigkeiten, Bedürfnisse, Probleme und Lösungsvorschläge berücksichtigt, wird ihren notwendig begrenzten Standpunkt nicht leichtfertig überspringen und imaginierte Zukunftsperspektiven einnehmen wollen. Sie wird daher zunächst die Vision selbst einschätzen, statt sich leichtgläubig auf die Zukunft zu stürzen (Grunwald 2004). Technologische Entwürfe werden hinsichtlich ihrer Folgelasten für die Gegenwart betrachtet, und nach der Wahrscheinlichkeit ihrer Verwirklichung und den für sie reklamierten Vorzügen beurteilt: Wie glaubwürdig ist das Behauptete, lösen diese Technologien anerkannte Probleme? Oder allgemeiner: Was sagen diese Entwürfe über die Gegenwart aus, in welcher Hinsicht kritisieren sie diese implizit, wie und warum legen sie uns eine Veränderung gegenwärtiger Verhältnisse nahe?

Was die erste Gruppe von Fragen betrifft – jene, in der unser Geschichtsverständnis in der Vorstellung aufgegangen ist, die Technik sei unser Schicksal – verschmelzen Technik und Ethik und verbünden sich darin, historische Kontingenz und menschliche Beschränkung zu negieren. Technik und Ethik ist gemeinsam und beide versuchen, sich der Zukunft zu bemächtigen, sie zu gestalten oder zu entwerfen: „Dass die Natur eine so erlesen wunderbare Schöpfung wie das menschliche Gehirn in ein so schwaches, ineffizientes, gebrechliches und kurzlebiges Gefäß sperrt, wie der menschliche Körper es darstellt, ist ebenso abscheulich wie grausam. Unsere Leiber mögen ja wunderschön sein, aber sie sind empörend vergänglich." (Treder 2004, 191)

Nehmen wir jedoch unsere historisch kontingente Situation zum Ausgangspunkt für ethische Überlegungen, dann erkennen wir die unentrinnbare Beschränktheit solcher Situationen und der Subjekte, die in ihnen nach Orientierung streben, an. An Stelle einer gestaltungsoptimistischen Allianz von Ethik und Technik ergibt sich jetzt eine andere Art der Gemeinsamkeit von Ethik und Technik, Literatur und Kunst. Sie gelten uns allesamt als Mittel, durch die der hinfällige, unfertige Mensch sich in der Welt zurechtzufinden sucht.[5] Ethik, Kunst und Technik akzeptieren und verstehen unser vergängliches Dasein, um Unterstützungsmaßnahmen und Prothesen, Begriffsschemata und Sozialstrukturen zu entwickeln, in denen unsere Traditionen, unsere Erfindungen und Gedanken fortdauern und wirken können, lange nachdem die einzelnen Individuen zu existieren aufgehört haben.

Abgesehen davon, dass uns die Vorstellung menschlicher Hinfälligkeit und Kontingenz erlaubt, einen passenden Standpunkt für die Ausübung unseres Urteilsvermögens nach bestem Wissen und Gewissen einzunehmen, haben wir noch einen weiteren Grund, diese Vorstellung als beschränkten und beschränkenden Ausgangspunkt zu wählen: Genau genommen sind wir außerstande, uns anders zu sehen, als wir sind.[6] Demzufolge können

---

5   Damit wird die Technik wieder in das Reich der Geschichte eingeführt und nicht bloß in das der Zeitlichkeit. Im Gegensatz zu einem zeitlichen Prozess in der Physik zeichnet sich ein historischer Prozess dadurch aus, dass historische Subjekte sich verändern und nicht als stets dieselben irgendwelchen linearen oder exponentiellen Bahnen der Verwirklichung, Intention und des technischen Fortschritts folgen.

6   Insofern historische Entwicklungen die Veränderung der historischen Subjekte beinhalten, kann das eigene zukünftige Selbst nur als anders gewordener Mensch

wir nicht einmal unsere zugegeben unbeständige Natur oder unser sich wandelndes Selbst als etwas denken, das jetzt noch mangelhaft ist, irgendwann aber vollkommen realisiert sein wird. Allenfalls können wir uns als ein technisches System vergegenständlicht denken und als etwas von uns selbst Losgelöstes betrachten. Dieser entfremdete Blick würde ermöglichen, so etwas wie menschliche Vollkommenheit als Verbesserung bezüglich diverser Parameter des so externalisierten technischen Systems „Mensch" vorzustellen. Der Diskurs über Technologien zur Steigerung der menschlichen Möglichkeiten nimmt erst dann Fahrt auf, wenn wir diesen Schritt vollziehen und den Menschen als technisches System aus dem Ort heraussetzen, an dem sich unsere Wünsche und Bedürfnisse ausgebildet haben und ausdrücken. Erst wenn dieser Schritt schon vollzogen wurde und sich das moralische Subjekt schon Gewalt angetan hat, beginnt der Disput zwischen konsequentialistischen und deontologischen Ethiken: Wer befindet darüber, ob eine Verbesserung der Parameter menschlicher Leistungen unter dem Strich gut oder schlecht ist? Lässt sich wirklich eine unveräußerliche Integrität für den als technisches System gedachten Menschen beanspruchen?

Um diesen Punkt vollständig zu entwickeln, wäre eine intensive Auseinandersetzung mit Jean-Pierre Dupuys Kritik einer derartigen bindungslosen, „algorithmischen" Auffassung der Natur und des Selbst nötig (Dupuy 2005). Zudem müsste die These, es sei unmöglich, uns anders zu sehen, als wir sind, ausführlicher begründet werden.[7] Eine mögliche Begründung würde sich darauf beziehen, in welcher Weise wir immer schon ein Teil des Blicks sind, den wir auf uns selber werfen. Sogar unglückliche Seelen, die wünschten, nicht mit diesem Körper oder diesem Leben behaftet zu sein, wollen etwas Besseres für sich selbst und nicht für den Menschen, der sie eines Tages vielleicht geworden sein könnten.

Dieser Sachverhalt lässt sich auch anders formulieren: Wenn wir uns Menschen als mehr oder weniger zusammenhängende Bündel aus Körper, Geist, Geschichten, Absichten usw. vorstellen, d.h. sie irgendwie holistisch betrachten, was verstehen wir dann unter der Steigerung des menschlichen

---

vorgestellt werden, dessen Standpunkt so wenig eingenommen werden kann wie der eines jeden anderen Menschen.

7   Natürlich können wir uns leicht vorzustellen, ein anderer zu werden, als man ist. Es ist uns sogar lieb und wichtig, dass Menschen sich verändern oder eine erstaunliche Wandlung durchmachen können – etwa indem sie sich verlieben, ins Theater gehen, sich einer Therapie unterziehen oder eine tiefe existentielle Erfahrung machen. Wir sind jedoch nicht imstande, uns vorzustellen, wer und wie wir nach einer solchen Erfahrung sind.

Leistungsvermögens? Hierbei könnte uns die Verbesserung des Menschengeschlechts vorschweben oder die der Individuen und in beiden Fällen würde man an die Grenzen der Vorstellungskraft und des Fassungsvermögens stoßen. Hinsichtlich der Verbesserung der Gattung ließe sich fragen, ob es der Menschheit besser gehen könnte als hin und wieder einen Galileo, einen Shakespeare oder Einstein hervorzubringen. Es ist jedoch absurd zu fragen, ganz zu schweigen davon es zu beurteilen, ob die Menschheit besser dastünde, wenn es sehr viel mehr Mahatma Gandhis oder Martin Luther Kings gäbe („würde in einer Versammlung lauter Ghandis und Kings eine Prügelei ausbrechen?"). Die Sache wird nicht leichter, wenn man sich vorstellt, dass dem eigenen mittelmäßigen Selbst eine Verbesserung willkommen wäre: Ach, könnte ich doch nur wie Beethoven komponieren und Klavierspielen wie Glenn Gould! Gar nicht schwer fällt uns die Vorstellung, dass uns bewährte „Optimierungs-„ strategien wie Bildung, intellektuelle Neugier und Vertiefung, musikalischer Ehrgeiz, Übung und Anstrengung geistig, künstlerisch und moralisch weiterbringen. Dagegen ist es aber unmöglich, uns selbst als das Produkt einer technischen Gestaltung zu betrachten, die einen musikalisch äußerst kompetenten Menschen erzeugt[8] Dazu müssten wir den distanzierten Standpunkt eines Ingenieurs einnehmen, der im menschlichen Körper und im menschlichen Geist mehr oder weniger gut konstruierte technische Produkte sieht. Wer nur vorhandene Funktionen optimieren will, der muss sich nicht vorstellen können, wie sich ein Mensch verändern lässt, sondern muss sich lediglich fragen, welche natürlichen Eigenschaften steigerungsfähig sind: Wäre es möglich, diesen menschlichen Körper langlebiger, stärker, leichter, schneller zu machen, besser zu vermarkten und durch Ersatzteile problemlos reparierbar zu machen?

Die Befürworter einer technischen Modellierung des Menschen (*human engineering*) oder eines Transhumanismus haben sich dementsprechend vor allem auf physische und geistige Leistungsmerkmale konzentriert: länger leben, weiter springen, schärfer sehen, mehr Informationen schneller verarbeiten, weniger schlafen, Handlungsräume erweitern. Da wir nicht verständlich formulieren können, was es hieße, den Menschen als mehr oder weniger gut integrierte Ganzheit in seiner sozialen Umgebung zu verbessern, bleibt nur, ihn als Summe von Funktionen zu denken, als

---

8 Der beste Beleg dafür stammt von jemandem, der meint, er könne sich dies vorstellen, und dies auch durchgespielt hat (Bostrom 2008). Nick Bostroms „Letter from utopia" erzählt dem Leser von heute aber auch nicht mehr, als dass die Zukunft auf wunderbare, also unbeschreibliche Weise anders ist.

technisches System mit bestimmten Merkmalen.[9] Fasst man den Menschen
so auf, ist die Frage sinnvoll, ob er suboptimale Leistungen erbringt, bzw.
ob sich nicht einige seiner Eigenschaften verbessern ließen. Dazu braucht
man lediglich eine Funktion zu beschreiben und sie sprachlich zu steigern:
aus glücklich wird glücklicher, aus stark stärker, aus klug klüger, aus hart
härter, aus groß größer.

In den Debatten über leistungssteigernde Technologien stehen sich also
nicht zwei Parteien gegenüber, von denen die eine kühn und innovativ die
morphologische Freiheit einfordert, sich selbst nach Belieben formen zu
dürfen, während die andere feige und konservativ auf einer einheitlichen,
festgelegten Menschennatur beharrt. Stattdessen stehen ganz unterschiedliche Auffassungen menschlicher Wandelbarkeit auf dem Spiel – wer den
„natürlich gegeben" zugunsten eines „künstlich geschaffenen" Menschen
aufgibt, ist damit noch keineswegs auf die technische Gestaltbarkeit des
Menschen festgelegt. Die Forderung morphologischer Freiheit basiert auf
einer Auffassung des Menschen als technisches System, dessen Bestandteile sich Stück für Stück verbessern lassen. Wer dies ablehnt, der versteht
menschliche Vervollkommnung als Entfaltung menschlicher Fähigkeiten,
d.h. abhängig davon, ob seine Lebensbedingungen der Entfaltung seiner
Talente förderlich sind – einem technisch vorgestellten *human enhancement* tritt somit das Bildungsideal des *human flourishing* entgegen. Die angeblich konservativen oder technikfeindlichen Kritiker von *human enhancement* und morphologischer Freiheit nehmen den Menschen nicht als fik-
tives Ziel künftiger Konstruktionsentwürfe in den Blick, sondern beurteilen
die gegenwärtige Welt danach, ob sie die Verwirklichung menschlicher
Fähigkeiten und Ziele fördert oder behindert.

Abgesehen davon, dass sich daraus ein angemessener Bewertungs-
standpunkt und eine umfassende Auffassung des menschlichen Gedeihens
in sozialen Zusammenhängen ergibt, spricht noch ein dritter Grund für einen begrenzenden und begrenzten Ansatz. Es erspart sich damit nämlich
das Reden über bloß denkbare zukünftige Technologien. Und wiederum
erweist sich die Selbstbeschränkung als befreiend.

Statt über Technologien zur Steigerung menschlicher Möglichkeiten so
zu reden, als verfügten wir schon über sie, und statt vom Konjunktiv in den
Indikativ zu wechseln, können wir doch einfach im hypothetisch-

---

9   So sieht technische Hybris aus. Nach Ansicht von Jean-Pierre Dupuy stellt sie ei-
      ne Katastrophe dar, die sich bereits abspielt, und es bedarf keines realen Desasters
      in der Zukunft, damit sie noch schwerer wiegt (Dupuy 2005, vgl. auch Sandel
      2004).

konjunktivischen Modus des Gedankenexperiments verharren. Philosophen sind dafür berüchtigt, dass sie unwahrscheinliche Szenarien entwerfen, um ein Problem zu verdeutlichen - Descartes' *genius malignus* etwa, der uns über unsere Sinneswahrnehmungen täuscht, oder in jüngerer Zeit Thomas Nagels Hirn im Tank. Philosophen nehmen solche Szenarien ernst genug, um daraus Einsichten abzuleiten und Werte zu reflektieren, die uns bei Entscheidungen hinsichtlich der Zukunft leiten können. Sie nehmen sie aber nicht so ernst, dass sie wirklich daran glaubten. Ähnlich liefert uns das philosophische Interesse an der menschlichen Natur einen wunderbaren Zusammenhang, um hypothetische Überlegungen über technisch verbesserte Individuen anzustellen. Tatsächlich klärt uns kaum etwas so sehr über uns selbst auf, wie die Frage des Existenzialismus, ob wir uns für uns selbst entscheiden würden: „Angenommen, Sie könnten ihren Körper und Geist wählen, würden Sie dann, mehr oder weniger der sein wollen, der Sie jetzt sind?" Um diese Frage zuzuspitzen, ließen sich noch bestimmte Mittel zur Umgestaltung seiner selbst vorschlagen – Schönheitschirurgie, chemische Aufputschmittel, Pläne unsterblich zu werden, die Steuerung von Maschinen durch Gedanken oder die Fähigkeit, Informationen schneller aufzunehmen und zu verarbeiten. Die Frage, ob wir uns angesichts dieser Mittel in Frage stellen wollen, kann zu aufschlussreichen Diskussionen führen, die dann ihrerseits wieder empirische Untersuchungen anregen können, z.B. über die langfristigen psychischen Auswirkungen angeblicher „Verbesserungseffekte" von kosmetischer Chirurgie – wie tief reichen sie und wie lang halten sie an? Andere führen uns zur Politik und zu Aussagen darüber, was genau wir eigentlich von der Technik erwarten.

Im Rahmen klar durchdachter Gedankenexperimente erfüllen Visionen von Unsterblichkeit und gedankengesteuerten Maschinen also einen Zweck, und sie tun dies ganz ohne einen Glauben an ihre mögliche technische Verwirklichung, also ganz ohne irgend etwas darüber vorauszusetzen, was in der Zukunft möglicherweise sein könnte. So führt auch die *Science Fiction* Literatur gerade darum zu interessanten philosophischen Fragen, weil wir uns des Urteils über ihre Glaubwürdigkeit enthalten dürfen. Befreit von dem Druck, entscheiden zu müssen, ob sie wahr oder falsch sind, ob dieses oder jenes wahrscheinlich ist, können wir untersuchen, wer wir sind, wer wir zu sein wünschen, und wie diese Wünsche unsere Auffassungen der *conditio humana* spiegeln.

Anders gesagt, gegen öffentliche Debatten über Technologien zur Steigerung menschlicher Fähigkeiten und andere spekulative Ziele wäre nichts einzuwenden, wenn sie nur die Folie lieferten, auf der die Gesellschaft über sich selbst nachdenkt. Geht es jedoch darum, Voraussicht zu beweisen oder ethische Aspekte neuer Technologien zu debattieren, dann sind Thesen über die Steigerung menschlicher Möglichkeiten irreführend und lenken nur ab von vergleichsweise alltäglichen, darum aber nicht weniger wichtigen und deutlich dringlicheren Fragen.

Rückgewinnung der Gegenwart

Ist der Zauber des „falls und jetzt" einmal gebrochen, steht man vor einem Berg von Aufgaben. Um nötige Unterscheidungen zu treffen und ihnen Geltung zu verschaffen, bedarf es begrifflicher und politischer Arbeit. Dazu gehört es, die Aussagen von Forschern und Forschungsförderern an ihren Maßstäben für Redlichkeit und Klarheit zu messen. In wessen Verantwortung liegt es eigentlich, Wissenschaftler, Medien und Öffentlichkeit daran zu erinnern, dass die laufenden Forschungen, Hirnsignale zu therapeutischen Zwecken mit Maschinen zu verkoppeln, ganz etwas anderes verfolgen als die ausgefallene Vision, Maschinen durch bloßes Denken steuern zu können? Nicht weniger wichtig ist die Unterscheidung zwischen physischer und technischer Möglichkeit. Eine dritte Unterscheidung wurde bereits genannt, und hier sind vor allem Philosophen gefordert: Einerseits haben wir es mit einer Technik zu tun, welche wirkungsvolles Handeln in einer begrenzten Welt ermöglicht (Konstruktionen *für* Körper und Geist). Davon abzugrenzen wären Forderungen nach einer Technik, die sich Konstruktionen *des* Körpers und Geistes zur Steigerung des menschlichen Leistungsvermögens auf die Fahne schreibt (HLEG 2004). Auf der allgemeinen Ebene ist eine vierte Unterscheidung von größter Bedeutung, nämliche diejenige, die Gegenwart und Zukunft als geschichtliche und politische Kategorien in den Blick nimmt, um zu verdeutlichen, warum eine Zukunftsethik nicht etwa zukünftig Gegebenes bewerten kann, sondern die Zukunft nur normativ als Aufgabe und Herausforderung zur Verbesserung der Gegenwart ins Spiel bringt.

Wenn wir Programme zur Lebensverlängerung bewerten wollen, müssen wir nicht darüber befinden, ob dieser oder jener Weg zum Ziel führt, ob also beispielsweise Nanoroboter, die menschliche Zellen reparieren, zielführender sind als eine bessere Ernährung. Vielmehr können wir die Unterschiede der Vorschläge an ihren Voraussetzungen, am unterstellten Verhältnis von Mensch und Technik sichtbar machen und bewerten. Wenn eine Richtung der biomedizinischen Forschung in menschlichen Zellen Fabriken sieht, deren Maschinerie anfällig, aber reparabel ist, dann wird damit bereits ein bestimmtes Bild des Menschseins oder des Organismischen in Frage gestellt. Deshalb kümmert es Martin Heidegger, Günther Anders, Jean-Pierre Dupuy und Jürgen Habermas wenig, ob gewisse Ereignisse in ferner Zukunft eintreten werden oder nicht. Soweit es sie betrifft, ist das wirklich Wichtige schon dadurch eingetreten, dass wir uns eine Technik wünschen, die unsere Auffassung vom Selbst unterläuft (Habermas 2005, Dupuy 2005). Wie für Heidegger oder Anders ist auch für Dupuy die „Katastrophe" eine metaphysische, gleichgültig ob auf unsere veränderten Auffassungen eine wirklich neue und andere Technik folgt.

Auch die ambitioniertesten Forschungsprogramme der Gegenwart sind öffentlichen Debatten und philosophischer Kritik zugänglich, die unserer kontingenten, wandelbaren und doch unausweichlichen historischen Situation Rechnung tragen. Es ist möglich, sich mit so genannten Zukunftstechnologien auseinanderzusetzen, ohne eine bloß hypothetische Zukunft aufzuwerten und zu vergegenständlichen und ohne zukunftsverliebt, vertrauensselig oder visionär zu sein. Um die Verwissenschaftlichung der Medizin, Veränderungen des Gesundheitsbegriffs, Techniken der Selbstgestaltung würdigen zu können, bedarf es keiner Fantasie, nur eines historisch aufmerksamen Sachverstands.

Bibliographie

Amato, Ivan (1999): *Nanotechnology - Shaping the World Atom by Atom.* National Science and Technology Council, Interagency Working Group on Nanoscience, Engineering and Technology, Washington.

Anders, Günther (1956): *Die Antiquiertheit des Menschen*, München: Beck.

Anders, Günther (1972): *Endzeit und Zeitende: Gedanken über die atomare Situation.* München: Beck.

Bostrom, Nick (2006): Welcome to a World of Exponential Change. In: Paul Miller und James Wilsdon (Hrsg.): *Better Humans? The Politics of Human Enhancement and Life Extension.* London: DEMOS, S. 40 - 50.

Bostrom, Nick (2008): Letter from Utopia. *Studies in Ethics, Law, and Technology* 2(1), S. 1 - 7.

Bostrom, Nick und Ord, Toby (2006): The Reversal Test: Eliminating Status Quo Bias in Applied Ethics, *Ethics* 116, S. 656 - 679.

Caplan, Arthur (2006):Is it wrong to try to improve human nature?. In: Paul Miller und James Wilsdon (Hrsg.): *Better Humans? The Politics of Human Enhancement and Life Extension*, London: DEMOS, S. 31 - 39.

Dupuy, Jean-Pierre (2005): The philosophical foundations of Nanoethics: Arguments for a Method. Vortrag auf der Nanoethics Conference, University of South Carolina, 2. - 5. März 2005.

Grunwald, Armin (2004): Vision Assessment as a new element of the Technology Futures Analysis Toolbox. In: *Proceedings of the EU-US Scientific Seminar: New*

Technology Foresight, Forecasting & Assessment Methods, Sevilla, 13. - 14. Mai 2004.

Grunwald, Armin (2010): From Speculative Nanoethics to Explorative Philosophy of Nanotechnology. *NanoEthics* 4, S. 91 - 101.

Habermas, Jürgen (2005): *Die Zukunft der menschlichen Natur: Auf dem Weg zu einer liberalen Eugenik?* Frankfurt: Suhrkamp, vgl. die englische Ausgabe: *The Future of Human Nature.* London: Blackwell, 2003.

Harris, John (2006): Enhancement, Justice, and Rights. Princeton Lectures, James Martin Institute, 14. - 16. März 2006.

HLEG (High Level Expert Group) (2004): Foresighting the New Technology Wave. *Converging Technologies: Shaping the Future of European Societies*, Office for Official Publications of the European Communities, Luxemburg.

Hutchins, Edwin (1995): *Cognition in the Wild.* Boston: MIT Press.

Khushf, George (2007): Open Questions in the Ethics of Convergence. *Journal of Medicine and Philosophy* 32(3), S. 299 - 310.

Kurzweil, Ray (2005): *The Singularity is Near.* New York: Penguin Books.

Lichtenberg, Georg Christoph (1968): *Schriften und Briefe.* Bd. 1, München: Hanser.

Miller, Paul and Wilsdon, James (2006a): Stronger, longer, smarter, faster. In: Paul Miller und James Wilsdon (Hrsg.): *Better Humans? The politics of Human Enhancement and Life Extension.* London: DEMOS, S. 13 - 27.

Miller, Paul and Wilsdon, James (2006b): The man who wants to live forever. In: Paul Miller und James Wilsdon (Hrsg.): *Better Humans? The Politics of Human Enhancement and Life Extension.* London: DEMOS, S. 51 - 58.

Moor, James und Weckert, John (2004): Nanoethics: Assessing the Nanoscale From an Ethical Point of View. In: Davis Baird, Alfred Nordmann, Joachim Schummer (Hrsg.): *Discovering the Nanoscale.* Amsterdam: IOS Press, S. 301 - 311.

Nordmann, Alfred (2005): Wohin die Reise geht: Zeit und Raum der Nanotechnologie. In: Gerhard Gamm und Andreas Hetzel (Hrsg.): *Unbestimmtheitssignaturen der Technik.* Bielefeld: transcript, S. 103 - 123.

Nordmann, Alfred (2007a): If and then: Critique of Speculative Ethics. *NanoEthics* 1(1), S. 31 - 46.

Nordmann, Alfred (2007b): Entflechtung – Ansätze zum ethisch-gesellschaftlichen Umgang mit der Nanotechnologie. In: André Gazsó, Sabine Greßler, Fritz Schiemer (Hrsg.): *nano – Chancen und Risiken aktueller Technologien.* Berlin: Springer, S. 215 - 229.

Nordmann, Alfred (2010): A forensics of wishing: Technology Assessment in the Age of Technoscience. *Poiesis & Praxis* 7, S. 5 - 15.

Nordmann, Alfred und Kohl, Thorsten (Berichterstatter) (2010): Ethical and Societal Aspects of Nanomedicine. In: *NanoMed: A Report on the Nanomedicine Economic, Regulatory. Ethical and Social Environment – NanoMed, Round Table Extended Report*, S. 11 - 17.

Nordmann, Alfred und Rip, Arie (2009): Mind the Gap Revisited. *Nature Nanotechnology* 4, S. 273 - 274.

Roache, Rebecca (2008): Ethics, Speculation, and Values. *NanoEthics* 2, S. 317 - 327.

Sandel, Michael (2004): The Case against Perfection. *Atlantic Monthly* 293, S. 51 - 62.

Selin, Cynthia (2011): Negotiating Plausibility: Intervening in the Future of Nanotechnology. *Science and Engineering Ethics*, 17(4), S. 723 - 737.

Treder, M. (2004): Emancipation from Death. In: Immortality Institute (Hrsg.): *The Scientific Conquest of Death*. Buenos Aires: Libros en Red, S. 187 - 196.

Urquhart, Alasdair (2004): Complexity. In: Luciano Floridi (Hrsg.): *The Blackwell Guide to Philosophy of Computing and Information*. Malden: Blackwell, S. 18 - 27.

Menschliche Natur, glückliche Leben und zukünftige Ethik. Anthropologische und ethische Hinterfragungen

Christina Schües

Die Frage, was der Mensch sei, bildete stets die Folie für die Beurteilungen, welcher Mensch als behindert gilt, was eigentlich Behinderung ist und wie mit der Diagnose „Behinderung" umgegangen wird. Be-Ur-Teilung heißt in diesem Kontext die Teilung in „behinderte" und „nicht-behinderte" Menschen, in „normale" und „anomale" Menschen. Die Frage nach *Human Enhancement*, also ob Menschen „verbessert" werden dürfen, trifft direkt in das Zentrum der Vorstellungen über die menschliche Natur, die *conditio humana* oder das gute Leben; diese Vorstellungen sind geprägt von epistemologischen Auslegungen, anthropologischen Vorgaben oder ethischen Überzeugungen.

In der Philosophiegeschichte ist die Bestimmung, dass der Mensch ein „animal rationale" sei, zentral und gleichzeitig Hindernis für die Einbeziehung von Behinderung, Körperlichkeit, Abhängigkeit und Verletzbarkeit der Menschen. Doch ein Denken in definitorischen Zuschreibungen von einer bestimmten menschlichen Natur, die am häufigsten mit Vernunftfähigkeit umschrieben wird, führt unweigerlich zu einer Spaltung von Mensch und Nicht-Mensch, Mensch und Tier, Mensch und „Behinderter". Die Folge ist ein Diskurs, der die Ausgrenzung von behinderten Menschen vorsieht und das Denken ihrer Inklusion kaum zu leisten vermag. Die Forderung der Inklusion von Menschen mit Behinderung, die Henri Stiker unumwunden in seinem Buch *History of Disability* formuliert, ist ein „Weg, der kritischer, sogar kämpferischer ist, als einer, der von dem Aspekt des Ausschlusses geleitet wird" (Stiker 1997, 20).[1] Dass in philosophischer Selbstversicherung das Ansprechen von Behinderung, insbesondere von geistiger Behinderung als Provokation empfunden werden könnte, erstaunt vor dem Hintergrund der abendländischen Philosophiegeschichte nicht wirklich. Wer die *conditio humana* im Sinne der menschlichen Natur versteht und diese gleichsetzt mit der Bestimmung *des* Menschen, unterliegt

---

1 l'intégration est plus critique, voir plus 'militant' que d'y accéder par l'aspect de l'exclusion. (Stiker 1997, 20) Siehe auch zum schwierigen Verhältnis von Philosophiegeschichte und der Inklusion von Behinderung das Buch von Carlson (2010).

einer fehlgeleiteten Ambivalenz; nämlich einer Ambivalenz, die in dem
gedoppelten Verständnis von Bestimmung liegt: als *Zuschreibung* einer
menschlichen Natur, die bestimmte Merkmale hat, und als einer *Vorbestimmung,* einem bestimmenden Ziel, das der „wahre Mensch" zu erfüllen
hat. Diese Ambivalenz ist mitverantwortlich für die Exklusion von Menschen, die scheinbar den menschlichen Kriterien nicht genügen. Leitbild
für diese beiden Bedeutungen von Bestimmung ist der aufrechte, rationale,
weiße Mann.

Der Begriff der *conditio humana* wurde unterschiedlich ausgedeutet:
Erstens im Sinne des bereits genannten Begriffs der *Natur des Menschen*
und zweitens als Bedingtheit und Verfasstheit der Menschen. Die erste
Auffassung, ihre Interpretation in der *dualistischen* und *gradualistischen*
Variante und deren Probleme, werde ich zuerst ansprechen, mich dann der
zweiten Auffassung der *conditio humana* zuwenden und schließlich schau-
en, welche Konsequenzen diese Überlegungen für eine *zukünftige Ethik*
des „guten Lebens" haben.

Die *menschliche Natur* als Leitkategorie

Die Natur des Menschen ist traditionell eine Leitkategorie, die für die Abgrenzung des Menschen von anderen Lebewesen, Tieren oder Pflanzen,
nützlich war. Sie ist nützlich für diejenigen, die die Definitionsmacht über
das besitzen, was den Menschen ausmacht. Dualistisch verstanden fördert
sie den Zusammenhalt der Menschen in Ab-Teilung von den Tieren, oder
auch der Be-Ur-Teilung dessen, was als mensch-lich gilt oder gelten könnte. Zuerst möchte ich ein dualistisches Verständnis von der Natur des Menschen näher beleuchten und dann ein graduelles Konzept, dass auf den ersten Blick sehr unterschiedliche Lebewesen zu inkludieren, einzubeziehen
scheint. Doch dieser Eindruck wird sich als trügerisch erweisen, denn auch
die Gradualisten vertreten ein Konzept der Exklusion, das Behinderung
ausgrenzt und nahelegt, dass bestimmte Menschen gar nicht erst hätten geboren werden sollten.

Das dualistische Verständnis von Mensch und Nicht-Mensch

Die Leitkategorie der *menschlichen Natur* kann traditionell als Denk-, Ge-
fühls- oder Handlungsweise, die Menschen *natürlicherweise* haben, gedeutet werden. Der Begriff „natürlicherweise" kann in der Bedeutung „von
Natur aus" verstanden werden oder im Sinne des Anspruchs, dass die

„menschliche" Natur entsprechend eines Telos zu verwirklichen sei. Der in der Antike vertretene Gedanke, dass das gute Leben am besten mit der „Natur" des Menschen harmonisiere, macht bereits deutlich, dass das Konzept der menschlichen Natur schon früh in die Diskussionen in Philosophie, Ethik, Politik oder Psychologie eingebettet wurde. Die gegenwärtige Engführung auf ein biologisches oder auch genetisches Konzept von Natur würde vor diesem Hintergrund des antiken Verständnisses deutlich zu kurz greifen.

Eine sehr bekannte Interpretation der menschlichen Natur, die seit der Antike bis über Kant hinaus den Menschen als *zoon logon echon*, Wesen mit Sprache und Vernunft, oder als *animal rationale*, „vernunftbegabtes Tier" definierte, bereitet den Boden für den Gattungsbegriff „Mensch". Platon hatte den Menschen sehr schlicht als „nackt, unbeschuht, unbedeckt und unbewaffnet" bezeichnet (Platon 1987, 321c). Kant fordert einerseits die Menschen zur Kultivierung und zum Vernunftgebrauch auf, der die Emanzipation von der Natur ermöglichen soll; andererseits versklavt er aber den Menschen aufgrund seiner materialen Bedingtheit als Lebewesen in der Natur.[2] Daran hat auch Kants Auszeichnung der Vernunft als diskursives Vermögen und als Primat des moralischen Handelns nichts geändert.[3] In der Auffassung von Kant ist der Mensch als Mensch (und nicht als Körper und Geist) Mitglied zweier Reiche: dem Reich der Natur und dem der Vernunft bzw. Sittlichkeit. Als Mensch bleibt er mit der Natur verbunden, denn sonst hätten die Prinzipien der Sittlichkeit für ihn keine motivierende Kraft, da ein reines Vernunftwesen sowieso nur vernünftig handeln würde. In der philosophischen Tradition wurde der Mensch meistens als ein Wesen betrachtet, das mit der Natur verbunden war, dessen Menschlichkeit aber darin bestand, sich entweder der Natur gemäß zu entwickeln (Platon, Spinoza, Rousseau) oder sich von der Natur zu emanzipieren (Kant, Fichte, Herder).

Menschen, die zu solch vernunftgemäßen Entwicklungen nicht in der Lage sind, werden vor diesem ideengeschichtlichen Hintergrund wahlweise der Natur, dem Anderen, dem Nicht-Menschlichen zugeordnet. Allerdings obliegt die Beurteilung dessen, was als richtig, normal oder menschlich zu kennzeichnen ist, dem jeweils herrschenden Diskurs. Die wertende Unterscheidung Mensch und Nicht-Mensch verleitet zur Stategie einer Entmenschlichung von „Menschen". Vor allem drei Unterscheidungen

---

2 Der Mensch zwischen Mündigkeit und Demütigung, s. Schües (im Ersch.), Kant (1977).

3 Vgl. dazu die instruktive Interpretation von Gerhardt (2005, 171-186, 172).

können dazu dienen, den Menschen ihr Menschsein abzusprechen: Mensch und Tier, Erwachsener und Kind, Mann und Frau.[4] Der Trick ist der Entzug des legalen und weltlichen Status in der Welt und die Reduktion auf das *nur* Judesein, *nur* Muslimsein, *nur* Frausein, *nur* Behindertsein. Diese Ontologisierungen stiften keine Menschenrechte! Ziel dieser Bestimmungsstrategie ist es, dem auf *eine* Bestimmung – die Rasse, das Geschlecht oder die ethische Zugehörigkeit – reduzierten Menschen die Teilnahme aus der politischen und sozialen mitmenschlichen Gesellschaften zu verweigern und ihm jeglichen Status als Mensch mit Behinderung, mit einer ethischen Zugehörigkeit, mit einer Hautfarbe, Meinungen, Gefühlen, Beziehungen... mit unzähligen Eigenschaften und Fähigkeiten abzusprechen.

Ein eher konservativer Strang der Medizinethik, der besonders im Zusammenhang der Genforschung seit den 1980ern verfolgt wurde, betrachtet den Menschen als Wesen *der* Natur (z.B. Parens 2003; President's Council on Bioethics 2003). Hierbei wird eine unausgewiesene hermeneutische Verschiebung von einem kulturellen, natürlichen hin zum biologischen Gattungsbegriff der (vor allem genetischen) Natur des Menschen, die es zu schützen gilt, forciert.[5] Das Verständnis der menschlichen Natur im Sinne eines Gattungsbegriffs führte weg von kulturalistischen, psychologischen und philosophischen Auffassungen hin zu naturwissenschaftlichen und genetischen Konzeptionen. Diese Verengung war letztendlich ein Resultat der Debatte, die in den 1970ern Jahren zur Frage, ob die Prägung des Verhaltens der Natur oder der Kultur geschuldet sei, geführt wurde.[6] Dieser Streit Natur versus Kultur konnte nie endgültig entschieden werden, weil er auch ein Disziplinenstreit war und weil die Fronten diametral und un-

---

4   Eine Beschreibung von Entmenschlichungsstrategien im Zusammenhang des Menschenrechtsdiskurses liefert Richard Rorty (1996, 144–170). Ähnlich aber gedanklich in eine andere Richtung, nämlich über Rassismus und Extremismus im Zusammenhang mit Arendts Machtbegriff, habe ich im Beitrag „Gewalt oder Macht" diskutiert (Schües 2011).

5   Beispiel für eine normative Engführung auf eine substantialisierte Natur des Menschen und ihrem Schutz ist der Bericht des Bioethikrats, den Präsident George W. Bush initiierte (President's Council on Bioethics 2003).

6   Siehe dazu die 1971 geführte Debatte zwischen dem Linguisten Noam Chomsky, der eine von der Natur her gegebene sprachliche universale Tiefenstruktur annahm, und dem Philosophen Michel Foucault, der für die Prägung durch Kultur und Geschichte eintrat.

vermittelt gegenüber gestellt wurden. Letztendlich hat er für eine Stärkung der Naturwissenschaften gesorgt.[7]

Autoren wie Jean-Jacques Rousseau und Friedrich Nietzsche, die für die philosophische Anthropologie sehr einflussreich waren, gingen so weit zu behaupten, dass der Mensch sich dadurch auszeichnet, dass er nicht festgestellt werden kann, also nicht endgültig bestimmbar sei. An technologische Veränderungen oder genetische Selektion hatten diese Autoren des 18. und 19. Jahrhunderts allerdings nicht gedacht.[8] Evolutionsbiologen, wie Charles Darwin oder heute David Sloan Wilson, knüpfen an dem Eindruck der Unbestimmbarkeit an, verrücken den Menschen in den Bereich der Naturwissenschaften, halten aber die Grenzen zu anderen Disziplinen, wie den Geistes- und Sozialwissenschaften offen und unterstützen, dass weder die menschliche noch andere tierische Gattungen wirklich eine festgelegte Natur haben. An diesen Gedanken können Autoren, die eine strenge Unterscheidung zwischen Mensch und Tier ablehnen, leicht anknüpfen.

Die Sicht der Gradualisten

Eine Alternative zum starken Dualismus zwischen Mensch und Tier formulieren im Ausgang des 20. Jahrhunderts Utilitaristen wie Peter Singer, John Harris und Julian Savulescu mit ihren umstrittenen Thesen einer graduellen Unterscheidung zwischen menschlichen und nicht-menschlichen Wesen, zwischen mehr oder weniger lebenswertem Leben, zwischen mehr oder weniger rationalen, intelligenten Wesen mit mehr oder weniger Chancen auf ein „gutes Leben". Bereits der Begründer des Utilitarismus Jeremy Bentham stellte 1789 die rhetorische „Frage": „Warum also sollte das eine weniger entwickelte Lebewesen mehr Lebensrecht haben als das weiter entwickelte?"[9] „Warum also sollte ein Embryo mehr Lebensrecht haben als

---

7   Die Debatte um die Bestimmungsautorität der jeweiligen Disziplin ist mit der Heraufkunft der Neurowissenschaften neu befeuert worden und noch lange nicht entschieden.

8   Nietzsches „Übermensch" ist eine Aufforderung zum lebenskünstlerischen Individualismus, aber keine zur genetischen Verbesserung.

9   Siehe die Schrift Introduction to the Principles of Morals and Legislation, in der Bentham sinngemäß schrieb, dass ein Pferd oder ein Hund ungleich viel rationaler und kommunikativer seien als ein Kleinkind und dass es auf die Leidensfähigkeit ankäme. Deshalb ist die wichtigste Frage für Bentham: „Can they suffer?" (Bentham 1970, 283 Fn). Singer beruft sich gerne auf die historischen Grenzverschiebungen von Bentham (Singer 1982, 26). Sie betrafen nicht nur Mensch und Tier, sondern auch die im 18. Jh. praktizierte „Rassentrennung" in England.

ein Huhn, das wir in der Pfanne braten?" so die rhetorische Anschlussfrage
mit Peter Singer und seinem Diskurs für die Stärkung der Tierrechte und
die Liberalisierung von Abtreibung.[10]

Die Ansicht, dass die Gattungszugehörigkeit keine besonderen Schutz-
rechte impliziert, wird in ihrer Konsequenz von allen drei genannten Autoren, also Singer, Savulescu und Harris, geteilt. Das hat Konsequenzen für
den Bereich der Fortpflanzung und Forschung: Harris und Savulesu vertreten die These, dass Eltern sich jeweils für die „stronger, smarter, nicer humans" entscheiden sollen und die genetisch weniger aussichtsreichen Embryonen verwerfen können. Nicht ganz deutlich wird allerdings, ob Eltern
prinzipiell Embryonen testen und wählen sollen oder nur wählen sollen,
wenn sie die Embryonen testen ließen. Entlang von zugeschriebenen Kriterien, wie etwa Rationalität oder Schmerzempfinden, werden Lebewesen als
wertvoll oder weniger wertvoll bzw. ein Leben als mehr oder weniger lebenswert eingestuft; entsprechend ist die Zuweisung des Rechts auf Leben
mehr oder weniger garantiert und die Verbesserung des Lebewesens für ein
lebenswerteres Leben Pflicht. Es geht also nicht nur um das Aussortieren
von Embryonen mit einem hohen genetischen Risiko für schwere Krankheiten, sondern auch um die Vorstellung einer optimierenden Selektion
und die Verbesserung von Fähigkeiten und Eigenschaften.[11] Grundannah-
me ist die Idee, dass der Wert des Lebens prinzipiell steigerbar ist. Anders
gesagt in der gleichen Logik: Ein gutes Leben kann immer noch besser
gemacht werden, deshalb ist es nie gut genug.

Dieses vorgestellte Szenario der Selektion und Optimierung kann nur
verfochten werden, wenn die Hierarchisierung des Wertes „gut" angenommen wird und wenn die Norm der Gattungsgrenzen nicht berücksichtigt werden muss, und somit ein gradueller Ansatz der Natur von Lebewesen vertreten wird. Wenn Lebewesen anderer Gattungen ohne moralische
Einwände getötet werden oder auch mit Leistung steigernden Enhance-
mentmethoden oder reproduktionstechnologischen Interventionen verändert werden dürfen, dann spricht prinzipiell nichts dagegen, dies auch bei
Menschen zu tun. Savulescu, scheinbar unberührt von historischen Kennt-
nissen, hält es sogar für geboten, Embryonen mit den besten Eigenschaften
auszuwählen; nämlich solche Embryonen, die Aussicht haben, zu einem

---

10 Das Potentialitätsargument wird von Singer mit einem schlichten Argument der
    Analogie mit den Rechten eines Thronfolgers, Prinz Charles, der ja auch noch
    nicht seine Rechte genießen darf, vermeintlich zerschlagen (Singer 1984, 165).
11 Die Behauptung, dass überhaupt Klugheit, Gedächtnisleistung oder Beziehungs-
    fähigkeit genetisch begründet werden könne, werde ich hier nicht aus Sicht der
    Genetik hinterfragen.

Kind mit dem „besten Leben" heranzuwachsen (Savulescu 2001, 415). Eltern haben somit die Pflicht, Embryonen zu erwählen, die Aussicht auf das „beste Leben" haben. „By 'best life', I will understand the life with the most well-being." (Savulescu 2001, 419)[12]
„We have a moral obligation to test for genetic contribution to non-disease states, such as intelligence, and to use this information in reproductive decision-making." (Savulescu 2001, 414) Savulescu verharmlost die Verpflichtung zum genetisch Besten mit dem griffigen Begriff „procreative beneficence": „Couples (or single reproducers) should select the child, of the possible children they could have, who is expected to have the best life, or at least as good a life as the others, based on the relevant, available information." (Savulescu 2001, 415) Relevante Informationen sind möglicherweise im Zusammenhang schwerer genetischer Krankheiten auszumachen, aber wenn es um die positive Selektion erwünschter Eigenschaften geht, müsste man das Leben einer zukünftigen Person so im Detail planen können und wollen, dass die „relevanten Informationen" herauszufiltern wären. Wollen wir wirklich Liebesfähigkeit, Klugheit, all solche konkreten, d.h. im Beziehungskontext erst aufscheinenden Eigenschaften, ähnlich wie ein Kuchenrezept vorher oder pränatal und für die Zukunft *voraus*bestimmen, *voraus*selektieren oder - verbessern?

Savulesu zählt eine Reihe von Eigenschaften – wie Intelligenz und Erinnerungsvermögen – auf, die seiner Meinung nach helfen, ein gutes Leben zu führen. Seine Beispiele, wie etwa Babynahrung nicht im Supermarkt vergessen, also keine Zeit verschwenden, um zweimal zu gehen, können vielleicht die ansprechen, die sich gerade über ihre Vergesslichkeit geär-

---

12 Die Idee zur Verbesserung der Menschen und die Ansicht, dass Menschen der Verbesserung bedürfen, ist ideengeschichtlich vorbereitet. Sie ist vorbereitet dadurch, dass die Verbesserung des Menschen oder der Menschheit von der Antike über das Zeitalter der Aufklärung bis hin zu eugenischen Maßnahmen des 19. und 20. Jahrhunderts als Anspruch und Herausforderung gesehen wurden. Die körperliche Ertüchtigung, medikamentöse oder ästhetische Verbesserung des Körpers oder Bildungs- und Erbauungsbemühungen für Geist und Seele waren Jahrtausende Beratungsmotiv von Philosophie und Politik; jetzt aber sind es darüber hinaus technische Eingriffe in die Genetik des Menschen. Genetik als diagnostische Verfahren kann Dispositionen für einige Krankheiten offenlegen und verleitet dazu, auch Dispositionen für bestimmte Eigenschaften oder Verhaltensweisen zu suchen; Als therapeutische Verfahrenswissenschaft zur Heilung von Krankheiten, wie z.B. Leukämie, hat die Genetik ihren Platz in der Stammzelltransplantation. Wenngleich die genetischen Möglichkeiten von Enhancement äußerst begrenzt sind, so ist die Fantasie darüber, was vielleicht wünschenswert wäre, umso ausgeprägter.

gert haben, kommen aber bei näherer Betrachtung sehr stumpf daher. Hier wird suggestiv mit einer Eigenschaft gespielt, die überhaupt nicht allgemein beschrieben werden kann, denn auftreten tut z.B. Intelligenz nur in einem bestimmten Umfeld. Wer mit besonders witzigen und intelligenten Bemerkungen, die auch noch literarisch gewürzt sind, in einem rein mathematisch orientierten Kontext für sich glückliche Beziehungen finden will, wird jämmerlich scheitern. Auch wird womöglich der intelligente und knallharte, kluge Bankkaufmann in Künstlerkreisen Außenseiter bleiben.

Savulescu vereinfacht seine Beispiele über Gebühr und er irrt grundsätzlich, wenn er glaubt, dass bestimmte Eigenschaften ein bestimmtes gutes Leben erwirken. Dieser Irrglaube umfasst nicht nur die These, dass Eigenschaften auf der Basis genetischer Dispositionen klar wählbar sind und dass dazu noch bestimmte Eigenschaften ein bestimmtes Leben versprechen. Ist es ausgemacht, dass der Mensch mit herausragender Körperlänge glücklicher ist als der kurz gewachsene? Sind Gene, die Intelligenz versprechen, wirklich der Schlüssel zu guten Leben und zum guten Leben? Ist ein Embryo mit genetischer Disposition zu Asthma auf jeden Fall zu verwerfen? Hat das beste Leben dasjenige Kind, das den höchsten Intelligenzquotienten hat? Bzw. wenn die dummen Eltern das dümmere Kind wählen, führt diese Wahl zu Harmonie und Glück? Wie sollen Eigenschaften hierarchisiert werden? Welche Eigenschaften – „Schönheit" oder „Intelligenz" – würden sich auf der Bewertungsskala ausgleichen? Und warum eigentlich (vgl. Melo-Martín 2004)? Es geht mir nicht darum, prinzipiell genetische Medizin unter Generalverdacht zu stellen, vielmehr möchte ich die arg simplistische Sichtweisen von Savulescu zurückweisen und zu einer differenzierten Diskussion über die Klärung im Hinblick auf die Möglichkeiten von Enhancement und einem guten Leben aufrufen.[13]

Mit dem Ansatz einer Hierarchisierung von Lebensrechten wird auch der Zugang zu therapeutischen Maßnahmen entlang von Intelligenz- und Bewusstseinsskalen bemessen: Wohl bekannt ist der Beitrag von Kuhse und Singer *Should the Baby Live? The Problem of Handicapped Infants* (1993), in dem argumentiert wird, dass Neugeborene, die zu behinderten Kindern heranwachsen, einerseits vor Leiden bewahrt, besser unterstützt und nicht unter allen Umständen lebensverlängernden Maßnahmen ausgesetzt werden sollen, andererseits weniger Lebensrecht haben und die Eltern entscheiden sollen, ob sie dieses Kind leben lassen oder nicht.[14] Gedank-

---

13 Ähnlich auch Rehmann-Sutter (2011).
14 „Wir meinen [...], dass die reichen Nationen sehr viel mehr tun sollten, um behinderten Menschen ein erfülltes, lebenswertes Leben zu ermöglichen und sie in die

lich rasant spitzt es Savulesu (2001a) mit der rhetorisch gemeinten Frage zu, ob Kinder mit Downsyndrom wirklich gleichen Zugang zur Herzchirurgie haben sollten? Seine Antwort „nein" kommentiert er damit, dass diese wahrscheinlich ungesetzlich sei, aber wohl nicht unethisch. Eine allgemeine und gleichzeitig konkrete Antwort gibt Allison Davis in 'Yes the Baby Should Live': „I was born with severe spina bifida, and am confined to a wheelchair as a result. Despite my disability and the gloomy predictions made by doctors at my birth, I am now leading a very full, happy and satisfying life by any standards. I am most definitely glad to be alive." (Davis 1985, 54) Nun kann gefragt werden: Gibt es Eigenschaften, die ein glückliches oder unglückliches Leben versprechen oder womöglich verursachen?

John Harris vertritt auch die These, dass es eine moralische Verpflichtung für Enhancements gibt. Der Begriff *Enhancement* wird von ihm schlicht im Sinne von *Improvement*, also der Verbesserung eines vorherigen Zustandes, verwendet. „If it wasn't good for you it wouldn't be enhancement" – wer könnte dem widersprechen? Wenn es die Möglichkeit gibt, gesündere, länger lebende und „bessere" Individuen zu kreieren, dann gibt es nur rationale Gründe dafür (Harris 2009, 130). Gestützt wird die These durch folgendes Argumente: „Enhancements are so obviously good for us (if they weren't they wouldn't be enhancements) that it is odd that the idea of enhancement has caused and still occasions so much suspicion, fear, and outright hostility." (Harris 2009, 132) Dieses offensichtlich zirkuläre Argument folgt schlicht dem Fehlschluss einer *petitio pincipii*: Da *Enhancement* bereits als Verbesserung definiert wurde, so ist natürlich alles, was nicht ‚verbessert', auch nicht *Enhancement*. Die Ineinssetzung von Enhancement und Verbesserung ist vordergründig ein geschickter „Schachzug", durch den vermeintliche Gegner von Enhancement-Technologien scheinbar matt gesetzt werden. Diese Ineinandersetzung von Beschreibung und Wertzuschreibung blendet jedoch aus, dass die technologischen Veränderungen eines Körpers, deren Verbesserungscharakter für

---

Lage zu versetzen, das ihnen innewohnende Potential wirklich auszuschöpfen. Wir sollten alles tun, um die oft beklagenswert schlechte institutionelle Betreuung zu verbessern und die Dienstleistungen bereitzustellen, die behinderten Menschen ein Leben außerhalb von Institutionen und innerhalb der Gemeinschaft ermöglichen" (Kuhse/Singer 1993, 26). Singer setzt sich also durchaus auch für Menschen mit Behinderungen ein, spricht ganz allgemein Menschen ein Lebensrecht, ähnlich wie Norbert Hoerster, ab der Geburt zu, bleibt aber in Bezug auf schwerstbehinderte Neugeborenen bei seiner Posititition der Aussetzung des Lebensrechtes bis zum 28. Tag nach der Geburt (ebd., 251f.).

das Individuum oder die Gesellschaft unklar oder umstritten sind, damit namenlos und wie inexistent aus der Diskussion herausgehalten bleiben.

Humanismus, Speziesismus und Rassismus sind grundverschieden in Bedeutung und Intention

Das graduelle Konzept der Natur von menschlichen und tierischen Lebewesen, und das damit verbundene Niederreißen der Gattungsgrenzen, ist für Harris Grundvoraussetzung seiner Position, da er Enhancement-Wünsche in einem Gegensatz zu Schutzforderungen sieht. Seine Diskussionsgegner sind Vertreter, die gegen Enhancement eintreten und das menschliche Genom als gemeinsames Erbe der Menschheit schützen möchten (Harris 2009, 134).[15] Harris hält ihnen vor, dass ihr von ihm so genanntes Erhaltungsprinzip ein widersprüchliches sei, da bei jedem Akt sexueller Fortpflanzung die Gene willkürlich neu kombiniert würden. Deshalb könne es gar keinen Erhaltungsschutz für das Genom geben; nur Klonen könnte im Prinzip das menschliche Genom präservieren (Harris 2009, 134f.). Dass das menschliche Genom Mutationen durch Fortpflanzung unterworfen ist, wussten bereits die Verfasser des *Article 3* der *Universal Declaration of the human genome and human rights*.[16] Auch würden sie darüber hinaus zu Recht behaupten können, dass Mutationen zwar zufällig auftreten, dennoch nicht aus der Vereinigung von zwei Menschen eine Maus entstehen würde.

Die Überlegung, dass es einen Unterschied gäbe zwischen natürlichen Prozessen oder künstlichem Eingreifen, wird von Harris brüsk damit abgewiesen, dass Medizin immer in Naturprozesse eingreift, sonst könne man auch keine Krankheiten heilen (Harris 2009, 133f.). Somit sei der Schutz des menschlichen Genoms, gerade auch vor dem Hintergrund der Evolutionsbiologie, abwegig.

Wenn es im Kontext von Ethik um Enhancement geht, dann haben einige Autoren den Schutz der menschlichen Natur im Blick, die anderen ihre Verbesserung, und damit Veränderung, entsprechend von Wunschvorstellungen von Betroffenen oder Eltern. In einer weiteren Auseinandersetzung mit Bernhard Williams (2006, 135-152) Argumenten für ein

---

15 Im Blick ist z.B. UNESCO 1997, eine Erklärung, die den Schutz des menschlichen Genoms vorsieht.

16 UNESCO 1997, Art 3: „The human genome, which by its nature evolves, is subject to mutations. It contains potentialities that are expressed differently according to each individual's natural and social environment, including the individual's state of health, living conditions, nutrition and education."

„menschliches Vorurteil" (*human prejudice*) und für die Annahme, dass Menschen human behandelt werden sollen, *weil* sie zur menschlichen Gattung gehören, plädieren Savulesu wie auch Singer für die These, dass wir gleichermaßen auch für Nicht-Menschen sorgen sollten. Sie meinen, es gäbe keinen besonderen Grund, Menschen aufgrund ihrer Gattungszugehörigkeit zu schützen. Im Gegenteil: Diejenigen, die aufgrund der Gattungszugehörigkeit Menschen besonders behandeln, betreiben einen Art „Gattungsrassismus". Die argumentative Struktur des Speziesismus, so der Vorwurf von beiden, sei die gleiche wie die eines Rassisten oder Sexisten. Es gäbe keinen strukturellen Unterschied zwischen Humanismus, Speziesismus und Rassismus, so die einhellige These von Singer, Harris und Savulescu. Diese Überzeugung ist von Beobachtungen und Phantasiebeispielen unterstützt, wie z.B., dass im Falle eines brennenden Hauses Menschen zuerst Menschen, dann Tiere retten; Weiße angeblich erst die Weißen, dann (vielleicht) anders farbige Menschen (Savulescu 2009, 219f.). Die Vorstellung also, wer wen zuerst rettet, entlarve deutlich, dass die Gattungsbevorzugung der rassischen Bevorteilung gleicht.

Können *Humanismus* und *Speziesismus* gleich gesetzt werden und gleichen diese einem *Rassismus*? Ich möchte zeigen, dass die Begriffe Humanismus, Speziesismus und Rassismus grundverschieden in Bedeutung und Intension sind, ihre rhetorische Gleichsetzung aber gesellschaftliche Ressentiments bedienen kann, die für die Ungleichbehandlung von Menschen fundierend sind.

Rassismus ist eine Gesinnung, die im Rahmen eines politischen oder psychologischen Extremismus anzutreffen und auf eine Gesellschaftsstrukturierung ausgerichtet ist, die willkürlich Merkmale zu hierarchisch zu ordnenden Tatsachennormen stilisiert. Rassismus ist eine Haltung, die anderen das „Recht, Rechte zu haben"[17] abspricht, einzelne reduziert auf *nur* eine Bestimmung (wie der Türke) und damit in der hässlichen Fratze der Entmenschlichungsstrategie auftritt. Kern dieser Strategie ist es, dass die Menschen nicht mehr in der Vielzahl, sondern nur als Menschen oder Nicht-Menschen gesehen werden. Es ist ein Dualismus, wie er oben bereits beschrieben wurde, der die Tendenz hat, Menschen zu Nicht-Menschen, zu „wilden Bestien", zu *nur* Schwarzen, *nur* Behinderten herabzuwürdigen. Speziesismus bezieht sich hingegen auf den biologischen Begriff der Spezies, in dem eine Gattung aufgrund ihrer genetischen Ähnlichkeit und biologischen Merkmale gefasst wird. Das Anhängsel „-ismus" deutet auf ein

---

17 Der „Verlust der politischen Gemeinschaft ist es, der den Menschen aus der Menschheit herausschleudern kann." (Arendt 1949, 152-167, 159).

Denken, dass vom Menschen ausgeht. Wenn Williams feststellt, dass „there is no other point of view except ours in which our activities can have or lack a significance" (Williams 2006, 137), dann deutet das weniger auf einen Speziesismus hin, als auf die mitmenschliche Sprachgemeinschaft, in der wenigsten prinzipiell interkulturell Handlungen Bedeutungen haben, Gegenstände symbolisiert und Werte verstanden und weitergegeben werden. Eine mitmenschliche Sprachgemeinschaft ist Voraussetzung für den Grundgedanken des Humanismus und seinen Ausprägungen.

Humanismus ist ein Begriff, dessen Bedeutung die abendländische Geschichte von der Antike bis heute begleitet. Er umschießt nicht einfach die Frage „was ist der Mensch?", sondern – wie es auch Bernhard Williams in seinem Buch mit dem für sich sprechenden Titel *Philosophy as a Humanistic Discipline* darstellt – Prinzipien der Menschlichkeit, Würde, Mitmenschlichkeit, Glück, das gute Leben, also Werte und Normen, die allesamt die mitmenschlichen Zusammenhänge und die Gestaltung der Gesellschaft betreffen (Williams 2006). Humanismus ist im Wesentlichen eine ethische Haltung.

Das heißt also, dass die Ineinandersetzung der drei Begriffe Humanismus, Speziesismus und Rassismus fehlgeleitet ist. Diese Fehlleitung konnte nur erfolgen, weil Savulescu das Personalpronomen „wir" benutzt und die Aussagen „er ist ein Mensch" und „er ist weiß" mit einer Clubmitgliedschaft vergleicht (Savulescu 2009, 219). Clubmitglieder haben ein Zusammengehörigkeitsgefühl im Sinne eines „Wir" gegenüber Nicht-Clubmitgliedern. Wenn es um andere Menschen, diesen Nicht-Clubmitgliedern geht, dann, so interpretiere ich diese Bild des Clubs, kommen Gefühle der „moralischen Zumutbarkeit" und des Ressentiments auf. Andere Menschen sind eigentlich Nicht-Menschen so wie die Anderen Nicht-Clubmitglieder sind, denen man meint, rechtmäßig den Zutritt zu den Clubräumen verwehren zu dürfen. Dieser Ausschluss basiert auf einem Gefühl der Reinheit, womöglich der Pflicht, diejenigen auszugrenzen, die im Sinne einer Homogenität eigentlich nicht zugehörig sein sollten. Savulescu spielt in seinen Beiträgen mit Gefühlen der Zugehörigkeit und Homogenitätsbestrebungen, die einen elitären Golfclub auszumachen scheinen. Doch sein Vergleich spielt Extremisten, wie Rassisten oder Sexisten, Argumente zu, die ethisch betrachtet höchst fragwürdig sind.

Singer, Harris und Savulescu geht es um eine ethische Position *für* Enhancement und gegen die Manifestierung von Gattungsgrenzen. Diese Diskussion über Zugehörigkeitsgefühle und Mitgliedschaften unterliegt einerseits dem Fehlschluss, dass die Beschreibung von Gefühlen einiger Menschen für die Rechtfertigung einer ethischen Position herangezogen wird. Andererseits ist die mitmenschliche Welt kein Club, in den willkürlich Menschen rein- oder rausgewählt werden können. Die gegenwärtigen Diskussionen über technologische und medizinische Veränderungen sind besonders für diejenigen brisant, die die Menschenrechte als unverhandelbar ansehen, weshalb sie nicht willkürlich zugesprochen bzw. abgesprochen werden dürfen. Dissens mag bestehen wie sie in einzelnen Situationen ausgelegt werden sollten, aber die Unverhandelbarkeit bzgl. bestimmter Prinzipien, wie etwa der Gleichwertigkeit der Menschen, dem Folterverbot, der Würdebeachtung, wird allgemein als historische und moralische Errungenschaft anerkannt. Entsprechend erscheint es als historischer Rückschritt, wenn Einzelfallentscheidungen über Rationalitätsvermutungen oder Empfindungsfähigkeit einzelner Menschen zu Einschluss- oder Ausschlusskriterien erhoben werden. Wenn einem der Eintritt in einen Club verwehrt wird, mag das eine Kränkung sein (was im übrigen ein zutiefst menschliches Gefühl ist), aber es entspricht noch nicht notwendig einem Ausschluss aus der Mitmenschlichkeit oder der mitmenschlichen Gemeinschaft insgesamt.[18]

Gegen den Glauben, Gefühle seien in dieser Angelegenheit maßgeblich, kann eingewendet werden, dass eine ethische und politische Gemeinschaft oder auch die Gattung der Menschen nicht wie ein Club auf Freundschafts- oder Zusammengehörigkeits*gefühlen* basiert. Man muss die Menschen nicht mögen, mit denen eine gemeinschaftliche, ethische, politische Beziehung oder auch eine Rechtsbeziehung eingegangen wird. Der Stolz, nicht so zu sein wie *die* – die Frauen, die Juden, die Schwarzen – ist sozialpsychologisch betrachtet ein Armutszeugnis, denn er basiert auf der Degradierung bestimmter Menschen bei gleichzeitiger vermeintlichen Erhöhung des eigenen Egos. Dieser heuchlerische Stolz *sollte* für die Frage nach der Zugehörigkeit zur politischen Gemeinschaft oder zur Gesamtheit der Menschen keine Relevanz haben. Wenn dagegen Alexander Solschenizyn Wladimir Solowjows scharf formulierte Neufassung des zweiten Gebots „Du sollst jedes andere Volk lieben, wie dein eigenes" zitiert, dann würde ich mich auf jeden Fall Hannah Arendts Gefühl anschließen und entgegnen, dass ich nur imstande bin, meine Familie und Freunde zu lie-

---

18 Der Ausschluss aus einem Musikclub ist sicherlich kein Ausschluss aus der mitmenschlichen Gemeinschaft; wenn aber Menschen auf der Flucht, ohne Papiere, ohne ein Recht auf Aufenthalt, Arbeit oder medizinische Versorgung das grundsätzlich „Recht auf Rechte" (Arendt 1949) verwehrt wird, dann kommt dieses einem Ausschluss aus der mitmenschlichen Gesellschaft gleich.

ben.[19] So wichtig das Gefühl des Angenommenwerdens für das Zugehörigkeitsgefühl des Einzelnen sein mag, so suspekt und arbiträr ist diese Gefühlsbasis für die Konstituierung einer mitmenschlichen Gemeinschaft und von humanen Verhältnissen. Das heißt, letztendlich bedienen *Gradualisten* wie Singer, Harris und Savulescu gesellschaftliche Ressentiments gegen Menschen, die möglicherweise gesellschaftlich aufgrund ihrer Seinsweise – sei es Hautfarbe, körperliche oder geistige Disposition, Geschlecht, oder anderen Eigenschaften – leichter ausgegrenzt werden. Diese Aufweichung einer prinzipiellen Gleichwertigkeit von Menschen ist Voraussetzung für ein Denken vom Menschen als ein Set von erwünschten Eigenschaften, für ein Plädoyer für eine Selektion von Menschen aufgrund ihrer Eigenschaften und für ein Enhancement von bestimmten Eigenschaften.

Der Aspekt der Exklusion von Mitmenschen betrifft die Kritik an beiden Ansätzen, am Mensch/Nicht-Mensch-Dualismus wie auch am Mensch/Nicht-Mensch-Gradualismus. Dieses Ergebnis ist wichtig für die *Disability Studies*, aber auch für all diejenigen, die in der Medizinethik auch die Gestaltung mitmenschlicher Beziehungen und Verhältnisse im Blick haben. Dualisten und Gradualisten orientieren sich an Termini der Exklusion; erstere eher implizit durch Verschweigen und Verschleierung der Existenz von Menschen mit Behinderungen, letztere deutlich explizit mit Verweis auf eine Bewusstseinsskala, die Leitlinien für das Recht auf Leben und Zugang zu Gesundheitsfürsorge geben soll, die aber an der Fürsorge und Verantwortung für Menschen mit Behinderungen und ihren spezifischen Befindlichkeiten vorbeigeht. Beide Ansätze müssen nicht, aber können zu einem Extremismus mit entsprechenden Entmenschlichungs- und Ausgrenzungsstrategien gesteigert werden.

Eine allgemeine Überlegung: Das Problem des Versuchs einer Bestimmung der menschlichen Natur ist ein grundsätzliches: Die Suche nach einer menschlichen Natur im Sinne einer ontologischen Basis des Menschen im Allgemeinen, kann nicht erfolgreich sein, obgleich sie immer wieder betrieben wird, sei es medizinisch, biologisch, kulturell, technologisch

---

19 Vgl. (Taylor 1997, 106). Ähnlich hatte auch Hannah Arendt in einem Brief an Gershom Scholem geschrieben, dass sie nie irgendein Volk oder Kollektiv „geliebt" habe, weder das deutsche noch das französische, noch das amerikanische, noch etwa die Arbeiterklasse oder was es sonst noch gibt. Sie liebe in der Tat nur ihre Freunde und sei zu aller anderen Liebe völlig unfähig. Darüber hinaus aber sei ihr diese Liebe zum eigenen Volk, also in ihrem Falle den Juden, suspekt gewesen (1996, 30f.).

oder literarisch. Die Sprache versagt vor der Definition eines Wesens des Menschen nicht zu Unrecht, denn alle Definitionen *was* der Mensch sei, laufen immer nur auf einige Eigenschaften und Bestimmungen hinaus, die dem Menschen scheinbar im Allgemeinen im Unterschied zu anderen lebenden Wesen zukommt. Doch schon der nähere Blick zeigt, dass einige Bestimmungen, z.b. der viel beschworenen geistigen Fähigkeit, nicht von allen Menschen geteilt werden oder dass einige Zuschreibungen so allgemein sind, wie etwa ungefiedert sein, auf zwei Beinen gehend oder Werkzeuge gebrauchend, dass auch Tiere darunter zu sortieren wären oder sie schlicht wenig Spezifisches aussagen. Die „differentia specifica des Menschseins" liegt gerade darin, dass der Mensch ein Jemand ist und dieses Jemand-sein, dieses *wer* jemand ist, nicht definiert werden kann, weil es keinem Vergleich standhält, also einzigartig ist (Arendt 1987, 172).[20] Somit muss die Antwort auf die Frage nach der menschlichen Natur scheitern. Dieses Scheitern offenbart sich an der Unfassbarkeit der Einzigartigkeit des jeweiligen Menschen und zeigt sich an der Pluralität zwischen den Menschen. Die Einzigartigkeit des einzelnen Menschen und die Pluralität zwischen ihnen sind zentral für das Selbstverständnis der Menschen, denn nur vor diesem Hintergrund können auch Beziehungen und Verhältnisse, Gerechtigkeit und Gleichheit sinnvoll gedacht werden. Das Einschmelzen der Pluralität der Menschen in einen Singular *Der Mensch* ist eine Abstraktion, die die Unterschiedlichkeit der Menschen in Bezug auf ihr persönliches Sein und ihre Lebensweisen verdeckt und deshalb Beziehungen zwischen den Menschen nicht darzustellen vermag.

Die conditio humana

Die politische Theoretikerin Hannah Arendt hat in einem ihrer wichtigsten Werke *Vita activa*, das auf Englisch unter dem aussagekräftigen Titel *The Human Condition* erschien, deutlich die Suche nach einer menschlichen Natur des Menschen abgelehnt und stattdessen eine Beschreibung der *con-*

---

20 „Der Mensch ist a-politisch" (Arendt 1993, 11). Mit den Fragen nach der *conditio humana* und den Bezügen zwischen den Menschen grenzt sich Arendt von Aristoteles' *zôon politikon* ab. Vielleicht könnte mit Aristoteles doch auf einen Wesenszug der menschlichen Natur hingewesen werden, der allerdings seine Ausschließlichkeit nicht halten kann, da er auch für die meisten Tiere gilt: „Wirklich ist es auch seltsam, den Glückseligen zu einem Einsamen zu machen. Der Mensch ist nämlich ein Wesen, das auf die staatliche Gemeinschaft angewiesen und von Natur aus auf das Zusammenleben angelegt ist" (Aristoteles 2006, IX.9).

ditio humana vorgelegt.[21] *Human condition* ist ein Titel, mit dem deutlich werden soll, dass es um die menschliche Bedingtheit und Verfasstheit menschlicher Existenz auf der Erde und im mitmenschlichen Zusammenhang geht. Die menschliche Bedingtheit und Verfasstheit, konkret auch mit Norbert Elias als das „Los der Menschheit" (1985, 8) gefasst, unterliegt Grundbedingungen, die Beachtung und Schutz brauchen, gerade weil von ihnen das Leben auf der Welt und die Verhältnisse zwischen den Menschen abhängen. Arendt entfaltet die *conditio humana* entlang folgender anthropologischer Strukturbedingungen: das Leben, die Erde, Weltlichkeit, Moralität, Natalität und Pluralität; hinzufügen möchte ich die Körperlichkeit und Leiblichkeit, Geschlechtlichkeit, Verletzbarkeit und die Abhängigkeit von mitmenschlichen Beziehungen. Diese, aber sicher auch noch weitere Aspekte, sind Grundbedingungen, die mit dem Sein als mitmenschliches verbunden sind und als erlebte Grunderfahrungen im konkreten Kontext verwirklicht, manifestiert und bewusst gemacht werden können.

Menschen sind bedingte und Bedingungen schaffende Wesen, „weil ein jegliches, womit sie in Berührung kommen, sich unmittelbar in eine Bedingung ihrer Existenz verwandelt."[22] Hannah Arendt unterscheidet hier *vorgefundene* Bedingungen und selbst *geschaffene* Bedingungen: Die vorgefundenen Bedingungen sind Strukturen, wie etwa die Natalität und Mortalität, das Leben als Kreislauf des Lebendigen, die Erde als die „Mitgift der irdischen Existenz", die Weltlichkeit als „Angewiesenheit auf Gegenständlichkeit und Objektivität", die Pluralität als grundsätzliche Verschiedenheit und Unverwechselbarkeit der Menschen, die überhaupt erst Beziehungen ermöglicht und nur in Beziehungszusammenhängen erscheinen kann.

Obgleich die Struktur der *conditio humana* vorgegeben scheint, wird sie doch materiell und technologisch, narrativ und symbolisch, sozial und kulturell unterschiedlich ausgestaltet. Diese Gestaltung der grundsätzlichen menschlichen Bedingtheit und Verfasstheit, etwa die Pluralität, die Einzigartigkeit eines Individuums oder die Beziehungen zwischen ihnen, werden in der Welt zur Erscheinung gebracht und bestimmen als *geschaffene* Bedingungen das Leben der Menschen in der Welt, in ihren Beziehung und

---

21 Hannah Arendt weigerte sich, obwohl sie philosophische Texte schrieb, als Philosophin bezeichnet zu werden, weil sie die Philosophie viel zu sehr mit der Sorge um DEN Menschen in Abstraktion und im Singular assoziierte.

22 Arendt 1987, S. 16. Zur weiterführenden Diskussion im Rahmen des Politischen siehe Schües (2012).

Verhältnissen.[23] Eine Beschreibung der *conditio humana* umfasst somit einerseits die Unterscheidung der vorgefundenen und geschaffenen Bedingtheiten und andererseits die einem einzelnen Menschen selbst vorgefundenen Bedingtheiten. Diese sind eine faktische Grundlage für das Leben und können je nach Beziehungs- und Verhältniskontext unterschiedlich gelebt werden. Die gesellschaftliche Teilhabe wiederum hängt ab von den persönlichen und gesellschaftlichen Verhältnissen, aber auch von den körperlichen und geistigen Dispositionen des Einzelnen und wie diese im konkreten Kontext zur Ausgestaltung kommen können.

Fragen nach der menschlichen Natur sind auf die Substanzialisierung und Essenzialisierung des Menschen ausgerichtet, Fragen nach der *conditio humana* betreffen die Bedingtheit und Verfasstheit der Menschen in ihren gelebten Beziehungen und Verhältnissen. Das heißt, diese letzteren Fragen thematisieren Bedingungen der Menschen in Bezug auf ihre Unterschiedlichkeit und in Bezug auf ihr Zusammenleben. Diese Fragen sind ethische Fragen, die das glückliche oder gute Leben der Menschen betreffen.

Ethische Fragen zum *guten Leben*

Wer nach dem „guten Leben" fragt, erinnert an die sokratische Frage, wie man leben solle. Es ist eine Frage, die eigentlich nur jeder für sich beantworten kann, denn sie zielt auf Sinn ab, nämlich auf den Sinn, den eine einzelne Person sich und seinem Leben zuschreiben kann. Wenngleich diese Frage strenggenommen gar nicht für jemanden anderes zu beantworten ist, ist es doch eine, die oft genug auch für andere Menschen gefragt wird. Ein gutes Leben ist ein sinnvolles Leben.[24] Aber Sinn, gerade auch der Sinn für einen selbst, entsteht im Bedeutungsfeld von Beziehungen, in denen Sinn erfahren werden kann. Insofern ist ein gutes Leben auch ein gelingendes Leben, nämlich eines, das im Einklang mit einem selbst und mit anderen in Sinnfülle und Überschwang gelebt wird. In diesem Überschwang ist ein gutes Leben immer mehr als ein Überleben. Individuelle Bereiche, die die Chancen auf ein gutes Leben am meisten angehen, sind

---

23 Für weiterführende Interpretationen siehe Krüger (2007), der an Arendt anknüpfend fragt, welchen Einfluss unterschiedliche Verständnisse des Menschen für die Gestaltung unterschiedlicher Lebensverhältnisse haben.

24 Erst die Sinnfrage, so formuliert Ursula Wolf, betrifft die tiefste Schicht des guten Lebens. Sinn ist hier verstanden als ein immer wieder aufkommendes Lebensziel, aber gleichzeitig als Struktur von Selbst- und Weltverhältnissen (1999).

nach Martha Nussbaum Sterblichkeit, Gesundheit und Bildung (Nussbaum 2010, 41). Therapie ist vor allem mit Gesundheit bzw. ihrer Wiederherstellung assoziiert; Enhancements betreffen potentiell alle Bereiche des Lebens.

Wer sich mit den Möglichkeiten und Hoffnungen der modernen technologischen Medizin und ihren sie begleitenden Wunschvorstellungen beschäftigt, denkt in die Zukunft und plant für die Zukunft. Das breite Feld der Enhancements von Fähigkeiten eines Individuums oder auch die Selektion durch pränatale genetische Diagnostik von Embryonen betrifft immer die Vorstellungen über ein zukünftiges Leben. Diese Vorstellung ist auch eine Wunschvorstellung, wie die folgende häufig angeführte Beispielgeschichte zeigen soll. Sie handelt von zwei amerikanischen 11-jährigen Jungen, deren maximale Größe mit 165 cm prognostiziert wird. Dem einen Jungen fehlt ein entscheidendes Wachstumshormon, der andere hat seiner ihm vorausberechneten Größe entsprechend kurz gewachsene Eltern. Beide bekommen ein Wachstumshormon verschrieben. Doch die diesen Entscheidungen zugrundeliegenden Kriterien sind sehr unterschiedlich: Dem einen fehlt ein bestimmtes Hormon, der andere wächst seiner genetischen Disposition entsprechend. Beide Eltern aber wünschen für ihre Sprösslinge ein größeres Körpermaß. Sie glauben, damit hätten die Kinder in Gesellschaft und Sport mehr Chancen (Parens 1998, 6). Beide Eltern wünschen für das jeweilige Kind ein ausgeprägteres Längenwachstum, beide haben bestimmte Wunschvorstellungen, die jeweils stark vom gesellschaftlichen Umfeld geprägt sind. Würden die Eltern, die ihre eher kurze Körpergröße weitervererbt haben, in einer anderen Gesellschaft leben, kämen sie vermutlich nie auf die Idee ihren Sohn zu *enhancen*. Diese täglich vorkommende Geschichte hat zu tun mit Vorstellungen über die Gesellschaft, mit Wunschvorstellungen bezüglich des elterlichen Stolzes und des kindlichen Erfolges und mit Einstellungen zur Veränderbarkeit von vorgegebenen Bedingungen. All diesem muss sich eine zukunftsfähige Ethik annehmen.

Anders gesagt, sie muss sich den Herausforderungen einer wissenschaftlich-technischen Gesellschaft und Medizin stellen. Aus den bisherigen Erörterungen ist deutlich geworden, dass die Hierarchisierung von Eigenschaftszuschreibungen oder eine angenommene Zentralität von einer menschlichen Natur nicht die Grundlage für ethische Entscheidungen sein kann. Die Gestaltung der *conditio humana*, also der menschlichen Bedingtheit und Verfasstheit, der Beziehungen und Verhältnisse zwischen den Menschen ist das zentrale Anliegen für eine zukunftsfähige Ethik.

Eine zukunftsfähige Ethik steht für

- die Klärung des Charakters der jeweiligen Technik und der durch sie zu erwartenden mitmenschlichen Beziehungen und gesellschaftlichen Verhältnisse. Ist eine Gesellschaft glücklicher, wenn Kinder ihre genetischen Dispositionen für bestimmte Eigenschaften entlang der elterlichen Wunschvorstellungen verpasst bekommen? Was kann überhaupt sinnvoll vorausbestimmt werden?
- die Sorge für die *conditio humana.* Behinderung oder Nicht-Behinderung ist eine Faktizität, aber nicht einfach eine objektiv fest bestimmbare Eigenschaft. Die Frage ist, wie mit Dispositionen und Ungewissheiten umgegangen wird.
- die Klärung der manifestierten Wirklichkeit von Differenzen. Die Grenzen oder Fähigkeit des Körpers müssen klar benannt und als solche anerkannt sein. Zum Beispiel sind tägliche Schmerzen, Atemnot oder Spasmen des Körpers erlebte Wirklichkeiten, die thematisiert gehören, gerade weil sie den Körper immer wieder als Grenze in den Vordergrund rücken. Was aber heißt Thematisierbar in Bezug auf die Vermeidbarkeit einer Krankheit, Disposition oder Eigenschaft?
- für die Herausarbeitung des in den jeweiligen Diskussionsansätzen verhandelte Menschenbild. Wird ein Mensch nur in der Perspektive einer Optimierungsmaschinerie gesehen? Werden Menschen aufgrund bestimmter Merkmale schlicht ausgegrenzt? Hängen die Vorstellungen über glückliche Beziehungen und Verhältnisse von ganz bestimmten Eigenschaften ab?[25]
- eine Erörterung der jeweiligen Verantwortungskonstellationen. Von welchen Verantwortlichkeiten und welchen Autonomiekonzepten werden Eltern bzw. Betroffene und Angehörige geleitet? Es geht nicht nur um Selbstbestimmung der Eltern, sondern auch um ihre Ängste und

---

25   An dieser Stelle möchte ich auf die ähnlichen Formulierungen in der Präambel zur *Universal Declaration on Bioethics and Human Rights* vom 19. Oktober 2005 verweisen: „Recognizing that health does not depend solely on scientific and technological research developments but also on psychosocial and cultural factors, - Also recognizing that decisions regarding ethical issues in medicine, life sciences and associated technologies may have an impact on individuals, families, groups or communities and humankind as a whole, - Bearing in mind that cultural diversity, as a source of exchange, innovation and creativity, is necessary to humankind and, in this sense, is the common heritage of humanity, but emphasizing that it may not be invoked at the expense of human rights and fundamental freedoms" (UNESCO 2005).

Hoffnungen, Verantwortungsgefühle gegenüber weiteren Familienmitgliedern oder der Gesellschaft.

- für die Herausarbeitung der gesellschaftlichen und wirtschaftlichen Verhältnisse, in denen Medizin und Technologie eingebettet sind. Wer steht warum unter „Zugzwang", bestimmte Therapien oder Diagnostiken anzuwenden? Welche Zugzwänge werden von Experten einer modernen technologisch aufgerüsteten Medizin auf mögliche oder wirkliche Betroffene ausgeübt? Wer braucht oder möchte die perfekte Gesundheit oder die Leistungssteigerung, und für welchen Preis? Welche Folgefrage impliziert eine Entscheidung für oder gegen bestimmte Diagnostiken, Therapien oder Enhancements?
- die Sorge um die Beziehungen und Verhältnisse, in denen Menschen leben, und die durch die Entscheidungen im technologischen und medizinischen Bereich gestaltet werden. Wie werden Familienbeziehungen gestaltet? Sollen vorab oder pränatal Eigenschaften von zukünftigen Familienmitgliedern ausgewählt werden? Welchen Einfluss haben diese Vorentscheidungen auf die zukünftigen Beziehungen und Verhältnisse? Sogenannte „Rettungskinder" für die Knochenmarktransplantation an ihr älteres Geschwisterkind sind vielleicht nur die Vorboten für weitere physiologische oder psychologische Auswahlkriterien.
- die Frage, in welchen mitmenschlichen Verhältnissen wir leben wollen. Gerade diese Frage ist zentral für die Vorstellung eines guten und glücklichen Lebens. Denn das individuell glückliche Leben basiert auf glücklichen Beziehungen und Verhältnissen.

Sollen die Menschen verbessert werden oder die Verhältnisse? Enhancement-Befürworter optieren für ersteres, dabei gerät aus dem Blick, dass die Entscheidung für bestimmte Enhancement-Technologien zwar individuelle Dispositionen betreffen, aber auch die gesellschaftlichen Verhältnisse insgesamt mitverändern.

Bibliographie

Arendt, Hannah (1949): Es gibt nur ein einziges Menschenrecht. In: Die Wandlung, 4. Jg., 1949, S. 754 - 770. Wiederabdruck. In: Höffe, O./ Kadelbach, G./ Plumpe, G. (Hrsg.), (1981): Praktische Philosophie/Ethik 2, Reader zum Funkkolleg, Frankfurt a. M.: Fischer, S. 152 - 167.

Arendt, Hannah (1987): Vita Activa oder Vom tätigen Leben. München/Zürich: Piper, (5.Aufl.).

Arendt, Hannah (1996): Brief an Gershom Scholem. 20.6.1963. In: Ich will verstehen. München/Zürich: Piper, S. 29 - 36.

Arendt, Hannah (1993): Was ist Politik? In: Ludz, Ursula (Hrsg.): Aus dem Nachlaß. München/ Zürich: Piper.

Aristoteles (2006): Nikomachische Ethik. In: Wolf, Ursula (Hrsg.): Reinbek: Rowohlt (3. Aufl.).

Bentham, Jeremy (1970): Introduction to the Principles of Morals and Legislation. London: Athlone Press.

Carlson, Licia (2006): The Faces of Intellectual Disability. Bloomington/ Indianapolis: Indiana University Press.

Chomsky, Noam/ Foucault, Michel (2006): The Comsky-Foucault Debate. On Human Natur. New York/ London: The New Press.

Davis, Alison (1985, 31.Oktober): Yes, the baby should live. New Scientist, S. 54.

Elias, Norbert (1985): humana conditio. Beobachtungen zur Entwicklung der Menschheit am 40. Jahrestag eines Kriegsendes (8. Mai 1985), Frankfurt a. M.: Suhrkamp.

Gerhardt, Volker (2005): Das Paradigma des Lebens. Kants. Theorie der menschlichen Existenz. In: G. Wolters/ M. Carrier (Hrsg.): Homo Sapiens und Homo Faber. Berlin/ New York: de Gruyter, S. 171 - 186.

Harris, John (2009): Enhancements are a moral obligation. In: Savulescu, Julian/ Bostrom, Nick (Hrsg.): Human Enhancement. Oxford: Oxford University Press, S. 131 - 154.

Kant, Immanuel (1977): Anthropologie in pragmatischer Hinsicht. In: Weischedel, Wilhelm (Hrsg.): Schriften zur Anthropologie, Geschichtsphilosophie, Politik und Pädagogik 2. Werkausgabe XII, Frankfurt a. M.: Suhrkamp, S. 399 - 690.

Krüger, Hans-Peter (2007): Die condition humaine des Abendlandes. Philosophische Anthropologie. In: Arendts, Hannah (Hrsg.): Spätwerk, Deutsche Zeitschrift für Philosophie, H. 55, Berlin, S. 605 - 626.

Kuhlmann, Andreas (2011): Texte zur Bioethik und Anthropologie. Mit einem Vorwort von Axel Honnet. Frankfurter Beiträge zur Soziologie und Sozialphilosophie, Frankfurt a.M.: Campus.

Kuhse, Helga/ Singer, Peter (1993): Muss dieses Kind am Leben bleiben? Das Problem schwerstgeschädigter Neugeborener, Erlangen: Fischer Verlag.

Melo-Martìn, Inmaculada de (2004): On our Obligation to select the best children: A repley to Savulescu. In: Bioethics 18(1), S. 72 - 83.

Nussbaum, Martha (2010): Die Grenzen der Gerechtigkeit. Behinderung, Nationalität und Spezieszugehörigkeit. übers. aus dem Amerik. R. Celikates/ E. Engels, Frankfurt a. M.: Suhrkamp.

Parens, Erik (1998): Is Better Always Good? The Enhancement Project. In: Parens, Erik (Hrsg.): Enhancing Human Traits. Ethical and Social Implications, Washington D.C.: Georgetown University Press, S. 1 - 28.

Platon: Protagoras (1987): griech.-deut., übers. und komm. von W. Krautz, Stuttgart: Reclam.

President's Council on Bioethics (2003): Beyond Therapy, Biotechnology and the Pursuit of Happiness. A Report of the President's Council on Bioethics, New York/ Washington, D.C.: Dana Press.

Rehmann-Sutter, Christoph (2011): Nur Träume der genetischen Medizin. In: Hoyer, Timo/ Stederoth, Dirk (Hrsg.): Der Mensch in der Medizin – Kulturen und Konzepte, Freiburg/ München: Alber, S. 249 - 268.

Rorty, Richard (1996): Menschenrechte, Rationalität und Gefühl. In: Shute, S./Hurley, S. (Hrsg.): Die Idee der Menschenrechte. Frankfurt a. M.: Fischer, S. 144 - 170.

Savulescu, Julian (2001): Procreative Beneficence: Why we should select the best children. In: Bioethics 15(5/6), S. 413 - 426.

Savulescu, J. (2001a, 14 April): Resources, Down's syndrome, and cardiac surgery. British Medical Journal 322, S. 875 - 876.

Savulescu, Julian / Bostrom, Nick (Hrsg.), (2009): Human Enhancement. Oxford: Oxford University Press.

Schües, Christina (2011): Gewalt oder Macht. In: Kuropka, Joachim (Hrsg.): Gewalt und Krieg, Extremismus und Terror. Berlin: Lit, S.41 - 58.

Schües, Christina (2012): Conditio humana – eine politische Kategorie. In: Breier, Karl-Heinz/ Gantschow, Alexander (Hrsg.): Politische Existenz und republikanische Ordnung im Denken von Hannah Arendt. Baden-Baden: Nomos, S. 49 - 72.

Schües, Christina (im Ersch.): Improving the (deficient) human condition? Historical, anthropological, and ethical aspects of the human enhancement debate. In: Eilers, Miriam/Grüber, Katrin/Rehmann-Sutter, Christoph (Hrsg.): New Bodies for a Better Life? Views on the human enhancement debate from anthropology and disability studies. Durham, Duke: University Press.

Singer, Peter (1982): Befreiung der Tiere. München: Hirthammer F. Verlag.

Singer, Peter (1984): Praktische Ethik. aus dem Engl. von J.-C. Wolf, Stuttgart: Reclam

Stiker, Henri-Jacques (1997): Corps infermes et sociétés. Paris: Dunod.

Taylor, Charles (1997): Multikulturalismus und die Politik der Anerkennung, Frankfurt a. M.: Suhrkamp.

UNESCO (1997): Universal Declaration on the Human Genome and Human Rights. Paris, (http://portal.unesco.org).

UNESCO (2006): Universal Declaration on Bioethics and Human Rights. Paris, (http://portal.unesco.org).

Williams, Bernhard (2006): Philosophy as a Humanistic Discipline. In: Moore, A. W. (Hrsg.): Princeton/Oxford: Princeton University Press.

Wolf, Ursula (1999): Die Philosophie und die Frage nach dem guten Leben. Reinbek: Rowohlt.

Können und wünschen können

Christoph Rehmann-Sutter

Gekonnt wünschen braucht Lebenserfahrung. Dies gilt, wie ich vermute, auch im Bezug auf biotechnologische Eingriffe in den menschlichen Organismus, seien dies pharmakologische, chirurgische, neuro-cogno-nano- oder gentechnologische Eingriffe, wenn sie zur Verbesserung des Organismus führen sollen. Denn was heißt „besser"? Es müsste ja ein besseres Leben sein. – Der Theoretiker des Hoffens auf Besseres, Ernst Bloch diskutierte das Wünschen als „antizipierendes Bewusstsein". Wünsche halten uns „ungenügsam" (Bloch 1959, I, 52). Am Wünschen ist nichts auszusetzen, auch wenn Wünsche, wie auch Bloch bemerkt, gänzlich unvernünftig sein können.

Einen Begriff des Besseren, worauf man vernünftig hoffen darf, ja vielleicht soll, lässt sich nicht außerhalb der Geschichte, der Kultur, des Lebenskontextes finden. Denn die umgekehrte Strategie, nämlich nur auf eine Funktion zu schauen, die uns begrenzt und die man biotechnisch verstärken könnte, ist deshalb tückisch, weil es nicht klar ist, dass die verstärkte Funktion dann tatsächlich zu einer Verbesserung des Lebens führt. In einer bestimmten Situation scheint ein stärkerer Muskel, ein schärferes Gedächtnis, ein späteres Altern, ein längeres Leben vielleicht äußerst wünschenswert, aber ist es auch wünschenswert, wenn man alles berücksichtigt, was dazugehört? Das ist nicht so klar, nicht einmal, wenn es nur unseren eigenen Körper betrifft. Aber erst recht schwierig wird die antizipierende Abwägung, wenn es sich um den Körper Anderer – unserer Kinder und Kindeskinder – handelt. Die Frage, welche Veränderungen Verbesserungen darstellen, ist wesentlich anspruchsvoller als die Frage, welche Funktion uns in einer Situation vor Grenzen stellt. Sie stellt sich im Hinblick auf ein gutes, gelingendes und sinnvolles Leben.

In diesem Beitrag möchte ich dieser Spur nachgehen und eine doppelte These entwickeln. Deren erster Teil ist: Man kann das Wünschbare an den Enhancement-Biotechnologien im Kontext einer Ethik des guten Lebens besser diskutieren, als in einer Ethik der Rechte und Pflichten. Wenn wir uns näher mit der Ethik des guten Lebens befassen und damit, wie wir sie in diesem Handlungskontext möglicher nichttherapeutischer biotechnologischer Eingriffe (und phantastischer „human re-designs") entfalten, kommen uns die einschlägigen Erfahrungen zu Hilfe, welche Menschen gesammelt haben, die mit Behinderungen leben und die Vor- und Nachteile medizinischer und technischer Maßnahmen zur „Behebung" dieser Behinderung kennen. Dass es für diese philosophische Klärung der Wünschbarkeit von Enhancement in der Bioethik heute unverzichtbar ist, die Disability Studies einzubeziehen, ist der zweite Teil der These.

Besser als gesund

Bei neuen biotechnischen Möglichkeiten, je spektakulärer sie sind, werden die Fragen nach dem Müssen und Dürfen, nach den Pflichten und Normen meistens viel schneller und viel lautstärker erhoben als die Frage nach der Wünschbarkeit. Die Moraldebatte um die Biotechnologie und die innovative Biomedizin ist von Fragen dieser Art bevölkert: Wer hat das Recht, die Menschen von Natur aus gegebene Körperausstattung zu verändern? Welche Risiken bestehen, wenn technisch etwas schief geht? Sind diese Risiken tragbar? Die Schwierigkeit mit dieser Art von Fragen, deren Relevanz ich keineswegs bestreiten möchte, ist, dass sie entweder eine Metaphysik der menschlichen „Natur" voraussetzen oder mit spekulativen Risikoszenarien arbeiten müssen. Ich halte es für wichtiger, jeweils zuerst zu klären, wozu das Enhancement, das man gerade diskutiert, eigentlich gut sein soll. Welche Bedingungen müssen erfüllt sein, damit dieses Gut, das man erhofft, tatsächlich eintritt? Welches sind mit anderen Worten die Bedingtheiten des Wunsches? Vielleicht handelt es sich nämlich nicht um unbedingte, „kategorische Wünsche", wie es Bernard Williams (1978, 139) genannt hat, sondern um Wünsche, die auf Voraussetzungen beruhen, ohne die ihre Wünschbarkeit zumindest fraglich ist. Folgendes Beispiel kann dies illustrieren: Mit bestimmten Psychopharmaka wie Ritalin oder Modafinil lässt sich der Erfolg bei großen Hochschulprüfungen steigern. Wenn ein Student, der sonst ohne medikamentöse Hilfe Prüfungen erfolgreich geschafft hat, davon erfährt, dass ein paar andere diese Medikamente verwenden, wird es für ihn wünschbar, die Medikamente auch zu nehmen, weil sonst seine eigenen Chancen auf Prüfungserfolg sinken.

Ich vermute deshalb, dass die fundamentalere Unklarheit bei den Zielen liegt, die mit Verbesserung verfolgt werden. Wer beurteilt, was besser und schlechter ist? Welche Erfahrungen sind maßgeblich, um hier die richtigen Unterscheidungen zu erkennen? Wer verfügt überhaupt über die nötigen Erfahrungen, um solche Bewertungen vornehmen zu können? Wenn die Debatte als Streit zwischen Pro-Enhancement-Positionen (den Liberalen, Technofreaks und Posthumanisten) und moralisch besorgten Skeptikern, die sich auf eine unantastbare menschliche „Natur" berufen (den sogenannten Biokonservativen), inszeniert wird, tritt diese Frage in den Hintergrund.

Das Thema der verbessernden biotechnischen Eingriffe in den menschlichen Körper wurde in der Bioethik zum ersten Mal in den 1980er Jahren konkret, als es um die Frage der ethischen Vertretbarkeit der Gentherapie ging. Nach den ersten Erfolgen der rekombinanten DNA-Technologien in den frühen 1970er Jahren schien die Möglichkeit greifbar, auch die menschliche DNA in für Menschen günstiger (oder aber ungünstiger) Weise zu verändern. Das Genom wurde damals von vielen als Träger des menschlichen Bauplans, des genetischen Programms für den Menschen, oder als die menschliche Konstitution schlechthin gedeutet (vgl. Jacob 1970; Rehmann-Sutter 2005). Die Debatte um die ethische Vertretbarkeit von Genomeingriffen beim Menschen führte zu einem therapeutischen Modell von Gentherapie. Dieses hatte eine moralische Funktion, nämlich einen Bereich sicher zu rechtfertigender Eingriffe von anderen, zweifelhaften oder verwerflichen Eingriffstypen abzugrenzen. Das Feld hinreichend sicher rechtfertigbarer Eingriffe war auf zwei Seiten hin begrenzt. Einerseits durfte Gentherapie nur *somatisch* eingreifen, d.h. nur den sterblichen Körper des Patienten selbst betreffen und musste die Keimbahn unangetastet lassen. Die Eingriffe, ihre Wirkungen und Nebenwirkungen sollten so die zukünftigen Generationen verschonen, auf die Gefahr hin, dass man den Kindern das Risiko für einige erbliche Krankheiten weiterhin zumuten muss. Andererseits musste es Gentherapie sein, die wirklich *Therapie* bleibt und nicht in eine Verbesserung umschlägt. Dieser Unterschied zwischen Therapie und Verbesserung wurde damals so erklärt: Therapeutisch ist ein Eingriff, solange er einen Menschen vom Zustand des organischen Defektes, der Krankheit und des Leidens in den Zustand der normalen Funktion zurückversetzt. Gentechnologische Eingriffe bei Menschen sollen also der Gesundheit dienen und nicht zu gesteigerten Funktionen führen.[1]

Die Unterscheidung zwischen Therapie und Verbesserung in der Gentherapiedebatte entstand im Horizont der Vorsicht. Gentherapie galt als gefährlich und als mögliche moralische Grenzüberschreitung. Sie war gesellschaftlich umstritten, und man beherrschte die Technik noch nicht. In dieser Situation doppelter Umstrittenheit (moralisch und medizinisch) schien es klug, sich zunächst auf diejenigen Optionen zu beschränken, die sicher nutzbringend sind.

Später haben sich im Bezug auf beide Abgrenzungen gegenüber den Keimbahneingriffen und gegenüber den Steigerungen Fragen ergeben. Was

---

1   Anderson (1994); vgl. Thévoz (2003), Mauron/Rehmann-Sutter (2003).

wäre, wenn ein Eingriff zwar therapeutisch begründet ist, aber als unge-wollte Nebenwirkung Keimbahnzellen betrifft? Dieses Szenario war nicht unrealistisch, weil das Transgen mit Hilfe von umgebauten Viren in den Körper der Patienten eingebracht wurde, zum Beispiel Adenoviren, die zwar bestimmte Zielgewebe besonders häufig aufsuchen, aber seltener auch andere Zellen des Körpers infizieren können. Wäre ein solcher Ein-griff bei einer hilfsbedürftigen Person deshalb moralisch absolut zu verur-teilen, auch wenn zum Beispiel die Patientin oder der Patient das fortpflan-zungsfähige Alter schon längst überschritten hat? (Rehmann-Sutter 2003) Trotz dieser Zweifel hat sich bis heute die überwiegende Ablehnung der Keimbahngentherapie erhalten (Fuchs 2012). Auch die Unterscheidung zwischen Therapie und Verbesserung hat einige Plausibilität im deskripti-ven Sinn, wird aber problematisch, sobald man sie als normative Unter-scheidung verwendet, um die ethisch akzeptablen von den inakzeptablen Genomeingriffen zu unterschieden. Sie könnte sogar diskriminierende Ne-beneffekte haben, weil sie auf einem Bild des Normalkörpers aufbaut, die in der Idee der spezies-typischen Funktionalität enthalten ist (Scul-ly/Rehmann-Sutter 2001).

Die damalige Diskussion stand unter dem Zeichen des Vorsichtsprin-zips. Wenn schon Risiken eingehen, so hieß es, dann lasst uns bescheiden bleiben und die Gentherapie für die Fälle entwickeln, wo schweres Leiden gelindert werden kann und keine irreversiblen Veränderungen an die künf-tigen Generationen weitervererbt werden. Diese Vorsichtsklausel hatte ei-nige Überzeugungskraft.

Das hat sich in den letzten Jahren geändert, seit unter George W. Bush der religiös begründete Biokonservativismus in den USA Aufwind erfuhr und zu einer beinahe offiziellen politischen Doktrin einer technologischen Supermacht wurde. Das von Bush eingesetzte *President's Council on Bioethics*, dessen Chairman Leon Kass war, hat im Jahr 2003 einen Bericht veröffentlicht, der die Unterscheidung zwischen Therapie und Verbesse-rung in einen neuen Zusammenhang stellte. Der Bericht heißt *Beyond Therapy: Biotechnology and the Pursuit of Happiness*. Die Verbesserung wurde nicht mehr aus Vorsichtsgründen vorerst ausgeschlossen, sondern als solche thematisiert. Es geht gemäß den Councilists um ein „big pictu-re", das man integral diskutieren müsse, nicht um einzelne Vorhaben: „bio-technology beyond therapy deserves to be examined not in fragments, but as a whole" (S. 277). Eingriffshandlungen, die über das Heilen hinaus rei-chen und Menschen besser als gesund *(better than well)* machen, wurde als eine Handlungskategorie zusammengefasst, über die man urteilen soll. Sie wurden nicht zusammengefasst, weil sie alle – von der Schönheitschirurgie

über stimmungsaufhellende Drogen bis zur genetischen Manipulation –
bestimmte Ähnlichkeiten miteinander haben, sondern weil sie eine einzige,
als solche darstellbare und moralisch zu bewertende Handlungskategorie
bilden, einen ontologischen Typ.

Wie wurde er definiert? Es sind alles Verbesserungen, die über die
Therapie hinaus reichen und in die dem Menschen gegebene Körperkonstitution eingreifen. Explizit ausgespart aus der Diskussion wurden militärische Anwendungen von Enhancement. Diese Anwendungen bildeten Gegenstand der nationalen Sicherheit und stünden außerhalb des Kompetenz-
bereichs der Kommission (S. 10). Die Diskussion wurde auf solche Eingriffe „beyond therapy" eingeschränkt, die von den Betroffenen freiwillig
gewählt werden könnten, weil sie für sie selbst (oder für ihre Kinder) eine
Verbesserung darstellen, also genuin attraktiv sind. „For these reasons, we
confine our attention to those well-meaning and strictly voluntary uses of
biomedical technology through which the user is seeking some improvement or augmentation of his or her own capacities, or, from similar bene-
volent motives, of those of his or her children." (S. 10) Diese seien die
wirklich beunruhigenden und gleichzeitig die verführerischsten biotechnologischen Eingriffe.

Warum sind sie aber beunruhigend? Das Council schreibt: „It reflects
humankind's deep dissatisfaction with natural limits and its ardent desire
to overcome them. It also embodies what is genuinely novel and worri-
some in the biotechnical revolution, beyond the so-called ‚life issues' of
abortion and embryo destruction, important though these are. What's at
issue is not the crude old power to kill the creature made in God's image
but the attractive science-based power to remake ourselves after images of
our own devising." (S. 10f.) Das Council war also sehr explizit. Die verbessernde Biotechnologie sei deshalb zu verurteilen, weil sie die gegebene
menschliche Natur nicht respektiert. Dadurch entstehe für die Menschen
die Gefahr, die Natur der menschlichen Handlungsfähigkeit und die menschliche Würde zu verletzen: „the danger of violating or deforming the nature of human agency and the dignity of the naturally human way of activity." (S. 292) Die moralischen Bedenken werden so zusammengefaßt: „In
wanting to become more than we are, and in sometimes acting as if we
were already superhuman or divine, we risk despising what we are and
neglecting what we have." (S. 300) Es geht dem Council also im innersten
Kern des Berichts um die Anerkennung der menschlichen Natur als die
dem Menschen gegebene Grenze und als die Quelle von Sinn. Wir würden
das Geschenk der menschlichen Natur verachten, das wir an uns selbst haben. Die Verbesserung würde uns zu Supermenschen machen, bzw. wir

würden uns so aufführen, als ob wir schon Supermenschen wären. Und das ist für den Menschen in den Augen des Council nicht nur ungünstig oder schädlich, sondern unstatthaft. Es stehe dem Menschen nicht zu, so zu handeln. Es wäre Hybris statt Demut und Respekt.

Damit geht es nicht mehr um die Vorsicht und um die Abgrenzung dessen, was aller Voraussicht nach verantwortbar ist, sondern es geht um die Unterscheidung selbst. Enhancement ist als Handlungstyp etabliert worden: das Bessermachenwollen des Menschen, besser als gesund. Zugegeben wird, dass es verführerisch ist, auf diesem Weg weiterzugehen. Es geht eben um ein „Besser". Aber es wird die Frage als eine Frage nach dem guten Leben gestellt als Maßstab, der das Verführerische erkennen und vom wirklich Guten unterscheiden lässt: „As a result, it gives unexpected practical urgency to ancient philosophical questions: What is a good life? What is a good community?" (S. 11). Während die Gesundheit als Ziel unbestritten bleibt, ist es nun eine Unterschiedung innerhalb des Glücksstrebens, auf dem das gesamte moralische Gewicht dieser Stellungnahme liegt. Glück anzustreben, kann ja nicht generell verwerflich sein. Aber eine bestimmte Form des Glücksstrebens sei tatsächlich verwerflich, nämlich dann, wenn sie nicht nur dazu dient, eine bessere Gesundheit zu erlangen, „but also for improving our natural capacities and pursuing our own happiness." (S. 276) Was ist daran schlecht, unser eigenes Glück anzustreben? Ist Glück nicht per definitionem genau das, was Menschen anstreben, wenn sie überhaupt nach etwas streben? Einige Kritiker des President's Council und der dahinter liegenden biokonservativen Haltung haben auf diesen Punkt hingewiesen und haben unter anderem entgegengehalten, dass Verbesserungen ja als solche schon erstrebenswert sein müssen, denn sonst könnte man sie gar nicht als Enhancement bezeichnen.[2]

Mir scheinen beide Positionen angreifbar, weil sie zu pauschal sind. Gegen die Position des President's Council kann man einwenden, dass sie eine zweifelhafte anthropologische Annahme macht, nämlich die, dass es eine feststehende, in der Form und der inneren Verfassung des Organismus materialisierte menschliche Natur gebe, aus der sich die inhärente Würde des Menschen konstituiere.[3] Plausibler scheint es mir, mit Helmuth Plessners These einer *natürlichen Künstlichkeit* des Menschen zu argumentie-

---

2   Z.B. Harris (2009): „Enhancements are so obviously good for us (if they weren't they wouldn't be enhancements)", S. 132.

3   So auch Heilinger (2010, 143): "Die Idee einer feststehenden Natur und Würde des Menschen ohne zusätzliche Begründungen stellt keine tragfähige Grundlage für eine Ablehnung der biotechnologischen Enhancements dar." Zur menschlichen Natur als Abgrenzungskriterium s. den Beitrag von Schües in diesem Band.

ren. Menschen sind „exzentrisch", d.h. sie haben kein von der Natur gegebenes, feststehendes Wesen, keine in der Natur vorgefundene Natur
(Plessner 1975, 309). Was Menschen als ihr „Wesen" bezeichnen, ist vielmehr das Ergebnis eines Auslegungsprozesses und bleibt historisch kon-
tingent. Die Anthropologie kann entsprechend nicht nur positiv-empirisch
bearbeitet werden, sondern braucht ein reflexives Verfahren. Gesa Lindemann (2004, 26) hat diesen Aspekt in Plessners Ansatz hervorgehoben:
„Es wird in Prozessen gesellschaftlicher Deutung entschieden, wie die Fragen *wer* und *was* Menschen sind, beantwortet werden." Wer und was Menschen sind, meint dabei das menschliche Selbstverständnis. In der Konsequenz kann natürlich auch die Theorie der exzentrischen Positionalität
selbst, wie sie Plessner entworfen hat, keine positive Anthropologie sein,
sondern sie bleibt, wie Lindemann sagt, eine „reflexive Anthropologie."
(S. 27) Unsere spezielle, menschliche Natur (im Sinne einer reflexiv ge-
fundenen Wesensdeutung unserer selbst) liegt demnach gerade darin, dass
wir unsere Natur *zur Aufgabe* haben. Die Aufgabe ist, kontextsensitiv auszulegen, was Menschheit und Menschlichkeit ausmacht. Hinter dem Glauben an die Unterscheidbarkeit von Therapie und Verbesserung, von Strategien zur Gesundheit und Strategien zum Besseren als zwei ontologisch unterschiedlichen Handlungsbereichen steckt die Annahme, dass es möglich
ist, handlungsneutral einen Bereich der menschlichen Natur, der Natur des
menschlichen Handelns und der Würde des natürlich Menschlichen abzu-
zirkeln. Wenn man der These von der natürlichen Künstlichkeit des Menschen ein Körnchen Wahrheit zuerkennt, ist es daher nicht möglich, gegen
jedes Vorhaben des biotechnologischen Enhancement das Argument einer
unantastbaren menschlichen Natur vorzubringen.

Das President's Council hat aber etwas richtig gesehen, nämlich dass
die ethischen Debatten um Enhancement im Kern um die Frage gehen, was
denn „ein gutes Leben" sei. Diese Frage ist aber, wie sich nun leicht erkennen lässt, in akuter Weise mehrdeutig. Das Presidents' Council legte
sie als eine Frage nach den dem Menschen angemessenen moralischen
Grenzen aus. Dann müsste man aber explizit auch danach fragen, was das
Glück oder das Wohl ausmacht, welches mit bestimmten konkreten Ver-
besserungsvorhaben angestrebt wird. Man müsste „the pursuit of happiness" explizit einer differenzierten Prüfung unterziehen, bzw. untersuchen,
was Glück im ethischen Sinn erstrebenswert macht und warum bestimmte
Formen von Glück und Wohl leere Versprechungen bleiben oder gar nicht
erstrebenswert sein sollen. Harris' These wiederum, dass sich die Frage des
ethischen Wertes von Verbesserung schon mit der Zuordung zur Kategorie
der „Verbesserung" entschieden hat, wird für eine differenzierte ethische

Klärung zum Hindernis, weil sie die eigentliche Frage, nämlich die, was es denn genau ausmacht, dass etwas erstrebenswert ist, aus den ethischen Debatten um Enhancement durch einen definitorischen Schachzug ausschließt. Nicht alles, was die Einzelnen für erstrebenswert ansehen, ist es aber tatsächlich. Sobald es sich um Eingriffe handelt, von denen Kinder betroffen sind, wäre ihre Perspektive ebenfalls wichtig, um zu einer abgewogenen Einschätzung zu gelangen. Man kann deshalb nicht einfach pauschal sagen, alles, was Enhancement sei, sei gut, weil es sonst kein Enhancement wäre. Wir können nicht voraussetzen, dass über die Ziele schon genügend Klarheit herrscht oder dass sie deshalb nicht diskutiert werden müssen, weil Lebensziele einfach Privatsache seien und von den Technologiekonsumenten entsprechend ihrer Präferenzen individuell autonom gewählt werden. Ziele sind hochgradig politisch, weil sie gesellschaftliche Deutungs- und Aushandlungsprozesse voraussetzen und sowohl die Art des Zusammenlebens wie auch die Umweltbeziehungen der Menschen beeinflussen. Diese Ziele kann man aber mit den argumentativen Mitteln des „Moraldiskurses", also der Debatte, die sich um das Dürfen, Sollen, Müssen, um die Pflichten und Normen kümmert, nicht adäquat diskutierbar machen.

Der Philosophie wächst hier die Aufgabe zu, einen geeigneten Rahmen für eine solche Diskussion zu finden. Ansatzpunkte dafür bietet eine Ethik des guten Lebens.

Der komplexe Begriff des Wohls

Wie kann man Enhancement von den Formen der Verbesserung abgrenzen, die wie Training, Lernen, Erziehung und gesellschaftliche Kritik immer schon Bestandteile der Kulturen waren? Letztere sind insofern von den biotechnischen Eingriffen verschieden, dass sie mit dem Potential arbeiten, das Menschen durch ihre Geburt schon mitbringen. Nun geht es aber um Projekte, welche die Verhältnisse des Geborenseins (Schües 2008) als solches verändern und die körperlich-seelische Konstitution, welche dem Lernen, Training und der Kultur vorausliegt, optimieren sollen. Wir meinen *dies*, wenn wir zugegeben etwas unscharf von Enhancement sprechen: Eingriffe in das *Substrat* der traditionellen Optimierungsstrategien des Körpertrainings, des Lernens, der Erziehung, der Bildung etc. Die heute diskutierten Enhancement-Strategien zielen auf Veränderungen auf einer Ebene *unterhalb* der kulturellen Selbstoptimierung der Menschen, die

Plessner mit seiner These der natürlichen Künstlichkeit im Auge hatte. Unter welchen Voraussetzungen kann so etwas überhaupt attraktiv werden?

Die erste Voraussetzung ist die *Denkbarkeit* von anthropogener, technisch induzierter Veränderung auf der Ebene des Körpersubstrats. Dazu muss die gegenständliche „Natur", zu der auch die Berge, Pflanzen, Tiere und der menschliche Organismus zählt, dem Menschen grundsätzlich als verfügbar erscheinen. Der Mensch muss sich als ein Wesen denken, dem die Welt verfügbar ist.[4] Es darf sich bei der Natur, einschließlich des menschlichen Körpers, nicht um eine heilige Ordnung handeln, in die sich menschliches Wirken und Wünschen einfügt und die ihm von außen Grenzen setzt. Die Welt, die Natur, muss, wie man häufig sagt, „entzaubert" sein, d.h. sie muss eine grundsätzlich bewegliche, veränderbare, erklärbare, kontrollierbare und disponible Struktur sein, die *in sich selbst keine Normativität trägt*, die unseren Wünschen entgegensteht. Sie darf der Gestaltung außerhalb der Machbarkeit keine Grenzen setzen. Die ethisch relevanten Grenzen entstehen daraus, was Menschen überhaupt wünschen können. Diese Grenzen sind aber nicht mit der Natur gegeben.

Es gibt eine zweite Voraussetzung, die ich „Entkörperlichung der Wünsche" nennen möchte. Die Wünsche, denen gemäß die Körper optimiert werden könnten, sind nicht in der gleichen Weise Bestandteile der menschlichen Natur wie der Körper, der verbessert werden soll. Das heißt die Wünsche können als unabhängig von dem Körper gelten, den sie zu verändern wünschen. Das könnte ja grundsätzlich auch anders gedacht werden, dass nämlich die Wünsche abhängig sind von der spezifischen körperlichen Verfassung und sich entsprechend verändern, wenn sich auch der Körper verändert.[5] Dann wäre es aus epistemologischen Gründen aus der Perspektive vor der Veränderung nicht vorauszusehen, was für den veränderten Menschen überhaupt gut ist. Das spricht nicht grundsätzlich gegen Enhancement. Man müsste aber mit der *Verallgemeinerung* der Wünschbarkeit viel vorsichtiger umgehen. Damit Enhancement als Idee funktioniert, müssen die Wünsche irgendwie als mentale Inhalte gedacht werden, die unabhängig sind von der konkreten körperlichen Disposition, als Bewusstseinsinhalte aber wichtiger sind als der Körper. Denn sonst könnte man Menschen ebensosehr glücklicher machen, indem man an ihren Wünschen etwas ändert, d.h. wenn man ihnen die Unzufriedenheit

---

4   Vgl. die historische Darstellung bei Merchant (1980).
5   Scully beobachtet eine Abhängigkeit von moralischen Wahrnehmungen und Bewertungen davon, ob die Person mit Behinderungen lebt oder nicht, und davon, mit welchen Formen von Behinderungen sie lebt. Vgl. ihr Kapitel in diesem Band.

nimmt. Das wäre sogar viel einfacher mit pharmakologischen Mitteln zu erreichen. Die Enhancement-Projekte wollen aber umgekehrt verfahren. Sie wollen die Wünsche zur Voraussetzung nehmen und gestalten dann den Körper diesen Wünschen gemäß. Die Wünsche befinden sich in einem Bereich des Bewusstseins der Welt *gegenüber*, auch gegenüber der Welt unserer eigenen Körper, die ihnen verfügbar sind. Die Wünsche sind herausgehoben aus der Welt unserer entzauberten Körper, in einer abgesetzten Domäne von Bewusstsein.

Diese Entkörperlichung der Wünsche ist aber mit einer gewissen Naivität den Wünschen gegenüber erkauft. Man nimmt an, dass die Wünsche wie ein Kompass sind, dem man folgen kann, wenn es auf das menschliche Wohl zu gehen soll. Wir wissen aber alle aus dem Alltag, dass Wünsche nicht einfach feststehen, sondern vielfältig formbar sind und sich mit uns verwandeln. Wir stehen mit unseren Wünschen stetig in einer inneren Verhandlung. Wir setzen sie zueinander in Bezug, werten sie, legen sie für uns selbst aus. Wünsche sind nicht einfach *fait accompli*. Wünschen als menschliches Vermögen ernst zu nehmen, bedeutet achtsam dafür zu sein, wie Wünsche erzeugt, mit anderen Wünschen in Bezug gesetzt, ausgehandelt und auch sublimiert werden. Dies bedeutet, dem Wünschen Raum zu lassen, als Teil des menschlichen Handlungsvermögens.

Der Naivität den Wünschen gegenüber ist mit einem vereinfachten Konzept des Wohls verbunden, die annimmt, dass das Wohl darin besteht, dass möglichst viele Wünsche erfüllt werden. Dies ist der entscheidende Gedanke in Peter Singers Konzeption des Präferenz-Utilitarismus, dass die *„utility"*, welche es zu maximieren gilt, von den individuellen Bevorzugungen abhängt, welche die Menschen eben haben (Singer 1993). Damit bleiben die Wünsche in einem Bereich des Privaten, Individuellen, das man einfach respektieren muss, aber letztlich nicht diskutieren kann, oder es zumindest nicht zu diskutieren braucht. Es kommt darauf an, dass wir so leben, dass weniger Wesen hinsichtlich ihrer Präferenzen benachteiligt werden, dass sich also nicht die einen für wichtigere Wesen halten als die anderen. In der Sphäre des Privaten liegen die Gründe, die definieren, welche Eingriffe im Sinn der Wunschbefriedigung Nutzen sind und wo ein Schaden entsteht. Man soll sich gegenseitig nicht vorschreiben, was man zu wünschen hat. Es geht darum, abzuwägen, wie sich die Wünsche für die Möglichkeiten der Präferenzerfüllung anderer auswirken. Der Individualismus rechtfertigt sich mit dem Respekt vor den individuellen Vorlieben der Einzelnen, vor der Privatsphäre. Insofern scheint der Individualismus allen zu nützen, weil alle bestimmte Vorlieben haben, in die sie sich nicht so gerne hineinreden lassen.

Aber so einfach kann ich es mir mit der Kritik des liberalen Individualismus nicht machen. Die Idee ist ja nicht vom Himmel gefallen. Respekt ist ein hoher Wert, den ich anerkenne. Bernard Williams hat sich gefragt, warum ausgerechnet in der Moderne, d.h. in der gegenwärtigen Epoche seit der Aufklärung, der Wert der Freiheit *(liberty)* so hoch geschätzt wird, dass die selbstbestimmte Erfüllung der individuellen Wünsche zu einem der höchsten Maßstäbe zur Bewertung verschiedener Handlungen oder verschiedener Lebensformen geworden ist. Warum ist „Freiheit", so fragt er, zu einem so überzeugenden Argument geworden? Williams vermutet, dass die Antwort in der Ursprungsgeschichte der Moderne liegt, die tief eingegraben ist in die Fundamente unserer Lebensform. Die Ursprungsgeschichte der Moderne handelt nämlich vom Selbstdenken, von der Erkenntnis, von der freien Wissenschaft, und das heißt vom Zweifel an den Autoritäten. Die Autoritäten, von denen sich die Moderne befreit hat, waren politische Mächte, kirchliche Lehren und auch das Naturrecht, die eine normativ verstandene naturgewachsene Ordnung behauptete. Der Zweifel an den Autoritäten, der für die Moderne konstitutiv ist, hat die Welt entzaubert. Die Entzauberung der Welt macht diese dann zum *möglichen* Gegenstand der Beherrschung durch Berechnung und Technik. Williams sieht den Zusammenhang zur Individualisierung der Wünsche in den modernen Freiheitskonzepten so: „Because of our doubts about authority, we allow each citizen a strong presumption in favour of pursuing the fulfillment of his or her desires." (Williams 2009, 200). Die Individualisierung der Wünsche ist mit der Entzauberung der Welt verbunden, weil beides auf derselben Befreiung von denjenigen Autoritäten beruht, welche vorher, in der vormodernen Welt, die Wünsche sehr wohl zu disziplinieren wussten: der rechte Glaube, dessen Inhalte die Kirche bestimmte, eine spirituell durchwirkte Natur. Es gibt in der politischen Philosophie der Moderne deshalb ein starkes Vorurteil zugunsten des Strebens nach der Erfüllung der Wünsche jedes einzelnen Bürgers. Solange die Freiheit des Einzelnen keinem anderen schadet, bleibt sie innerhalb des Raums der individuellen Selbstverwirklichung, in die hinein sich die politische Gewalt nicht einmischen soll. Auf diese individualistische Freiheitskonzeption, welche die Freiheit im wesentlichen als negative Freiheit auffasst (als Freiheit von Einschränkungen, Zwang, Einfluss etc.), berufen sich heute viele. Entsprechend gibt es bei der individuellen Glückssuche durch Enhancement erst dann aus ethischer Sicht etwas zu kritisieren, wenn dadurch andere beeinträchtigt werden. Beim Stimmungs-Enhancement durch Alkohol oder Medikamente beginnt es z.B. dann in jedem Fall kritisch zu werden, wenn Menschen betrunken am Steuer sitzen und damit andere gefährden, oder wenn Menschen unter Drogen Aussagen machen, die sie im nüchternen Zustand bestreiten würden.

Allerdings, wenn man die Theoretiker des Individualismus, z.B. John Stuart Mill genauer liest, findet man mehr Kritikpotenzial. Enhancement beinhaltet ja nicht nur Eingriffe an uns selbst, sondern umfasst auch Ideen zur Verbesserung des Lebens unserer Nachkommen. Diese werden auch im Individualismus paternalistisch behandelt: Man bringt sie dazu, in einer Weise zu sein, weil andere (nämlich wir) finden, dass es für sie so besser wäre, weil es sie glücklicher mache. Das reicht aber nach der liberalen Doktrin für eine Intervention als Rechtfertigung nicht aus. Enhancement von *anderen* wäre demnach immer fragwürdig, außer diese stimmen frei und informiert zu. Um diesem Argument zu entgehen, müssten die Liberalisten zeigen, dass das Enhancement die Freiheit der Betroffenen nicht beeinträchtigt, sondern neutral ist, oder die Freiheit sogar vergrößert. Dies ist aber in konkreten Fällen nicht so ganz einfach zu sehen. Wenn bestimmte Fähigkeiten verbessert werden sollen, basiert die Verbesserung immer auf der Auswahl jener Fähigkeiten, die jemand für verbesserungswürdig *hält*. Man kann kaum *alle* menschlichen Fähigkeiten in einem Zug verbessern. Es ist nicht einmal so klar, ob die Nachkommen wirklich ein bedeutend längeres Leben wollen, selbst wenn die Gesundheitsspanne länger wird. Die Verlängerung der gesunden Lebenszeit wäre ja vielleicht das noch am wenigsten voraussetzungsbelastete Verbesserungsziel. Aber ein längeres Leben ist nicht immer besser, mindestens nicht in allen Lebenslagen. Leben ist oft auch eine Last; auch ein guter Tod gehört zu einem guten Leben. Es handelt sich deshalb auch bei der fremdbestimmten Lebensverlängerung grundsätzlich um die Zumutung eines bestimmten Lebensentwurfs, wonach es *immer* besser sei, länger zu leben als weniger lang.

Aristoteles hat seine Ethik mit dem Gedanken begonnen, dass Menschen nach einer qualifizierten Form des Lebens streben. Weil alle Technik, alle Wissenschaft, jedes Handeln und alle Vorhaben nach einem Gut streben *(agathon ti)*, müsse überlegt werden, wonach es sich wirklich zu streben lohnt (Aristoteles 2006, I, 1). Es ist für Aristoteles nötig, im Detail und systematisch zu fragen, wonach wir als Menschen eigentlich suchen sollten. Das Wohl ist der anspruchsvollste Begriff der Ethik. Aristoteles eigene Antwortversuche lagen auf der Ebene der Tugenden, also der Dispositionen, die es einem Menschen erlauben, sowohl gut als auch glücklich zu sein.

Diese Frage nach dem Wohl liegt tiefer als die Frage des Sollens, der Normen, Rechte und Pflichten und entsprechend nach den Grenzen des moralisch Vertretbaren, auf deren Analyse sich die moderne Moralphilosophie mit ihrem Projekt der Letztbegründung der Moral seit Kant oft beschränkt hat (Krämer 1992). Für die Frage nach dem eigentlichen Ziel aller kurzfristigen Ziele bietet der Begriff des Wohls daher eine Plattform.

Um die Frage weiter zu entfalten, möchte ich nun auf den Ansatz zu einer Ethik des guten Lebens zurückgreifen, den Ursula Wolf (1999) vorgelegt hat.

Ursula Wolfs Analyse der Wünschbarkeit des Lebens

Wenn ein gutes Leben dasjenige Leben sein soll, das nicht einfach einem vorgegebenen, gesellschaftlich etablierten Schema folgt, sondern nach Reflexion wirklich erstrebenswert ist, dann stellen sich die ethischen Fragen so: Was kann ich wünschen? Was können wir wünschen? Was kann jemand in einer Situation wünschen? Es geht dann nicht nur darum, positiv abzuklären, wonach Menschen faktisch streben, wie sie reagieren und was sie tatsächlich innerhalb bestimmter Bedingungen wünschen und wie sie selbst darüber reflektieren, um daraus ein „Wir möchten alle..." abzuleiten. Dies wäre ein naturalistischer Fehlschluss; denn aus der Tatsache, dass viele Menschen etwas wollen, folgt noch nicht, dass die angestrebten Ziele auch wünschbar sind. Gleichzeitig ist empirisches Wissen für unsere eigene Einschätzung der Lage und unsere Bewertung der Ziele aber von großer Bedeutung.[6] Es geht deshalb darum, Möglichkeiten zu finden, das uns selbst und anderen zuträgliche Wünschen zu lernen. Man kann „gekonnt" wünschen.[7] Die Ethik des guten Lebens ist eine Form des Lernens. Unter dieser Perspektive lese ich den von Ursula Wolf ausgearbeiteten Vorschlag zu einer Analyse der Bedeutung der Frage nach dem guten Leben. Meine Leitfrage, die mein Interesse bei der Lektüre beinhaltet, lautet: Wie kann eine Ethik des guten Lebens Lernprozesse im Wünschen unterstützen?

1. Die Neutralität der Fragestellung. Das gute Leben oder das „Glück" ist das höchste und letzte Ziel im Leben. So führt Aristoteles den Begriff der *eudaimonia* im ersten Buch der *Nikomachischen Ethik* ein. Wolf entscheidet sich in ihrer eigenen Übersetzung der Nikomachischen Ethik für „Glück", merkt aber an, dass der griechische Ausdruck *eudaimonia* stärker ist und nicht auf die hedonistischen Komponenten der Glücksempfindung

---

6   Zum Verhältnis zwischen qualitativ empirischer Forschung und normativer Ethik vgl. Rehmann-Sutter, Porz und Scully (im Ersch.).

7   In einem früheren Beitrag (Rehmann-Sutter 2008) habe ich argumentiert, dass die Reflexion über die Zuträglichkeit von pharmakologischen Enhancements auf die Frage führt, was es heißt, gekonnt zu wünschen.

reduziert ist, wie sich dies im deutschen Wort des Glücks nahelegt. In ihrem Buch *die Philosophie und die Frage nach dem guten Leben* zieht sie die Übersetzung als „gute Weise des Lebens" vor. „Nach der *eudaimonia* zu fragen bedeutet also fragen, was es heißt, auf gute Weise zu leben." (S. 68) Es ist nun nach Wolf wichtig, mit Hartnäckigkeit darauf zu beharren, dass die Frage nach dem guten Leben genügend neutral eingeführt wird, d.h. dass sie interpretationsoffen gedacht wird und keine verborgenen Vorbestimmungen mitnimmt. Das Neutralitätspostulat beinhaltet, sich an der *Frage* zu orientieren, nicht an bestimmten Antwortvorschlägen (S. 16). Wenn von Glück, Sinn, Erfüllung, Gelingen oder von anderen Leitbegriffen des guten Lebens die Rede ist (S. 16), die das ausdeuten, was es heißt, auf gute Weise zu leben, gilt es darauf zu achten, dass diese Begriffe nicht metaphysisch vorbestimmt sein sollen, bzw, wenn sie das sind, dass diese Vorbestimmungen am Licht diskutiert werden können. Wolf befürchtet, wie sie wiederholt sagt (z.B. S. 69), dass insbesondere mit dem Begriff des Sinnes oder Lebenssinnes unbedacht metaphysisch bestimmte Lebensideale importiert werden. Die kritische Einstellung gegenüber der Metaphysik, wie sie Wolf im Kontext ihres Neutralitätspostulats der Ethik des guten Lebens wichtig ist, beinhaltet aber keineswegs eine Ablehnung der metaphysischen Ebene, auf der sich die Sinnfrage nämlich tatsächlich stellt und angemessen diskutieren lässt. Sie widmet selbst ein ganzes Kapitel ihres Buches der Diskussion verschiedener Sinnmodelle aus dem Bereich der Existenzphilosophie. Entsprechend können, wie ich meine, auch religiös eingebettete, existenzielle Fragestellungen und Sinnangebote offen diskutiert werden.

Wolf gibt ein Beispiel für eine Vorbestimmung, die mit dem Glücksbegriff verbunden sein kann. Die Griechen seien der Meinung gewesen, „dass alle Menschen *eudaimones* sein wollen und die eigene Eudaimonia das höchste und letzte menschliche Ziel ist." (S. 68) Es ist aber nicht klar, dass es nur darum geht, ob es einem selbst gut geht. Das Streben nach dem *individuellen* Glück ist in der Tat eine folgenreiche Vorentscheidung innerhalb des Verständnisses von Glück und gutem Leben. (Das Presidents' Council kritisiert *diese* Verwendung des Glücksbegriffs, wenn sie in Zweifel zieht, dass „the pursuit of happiness" eine ethisch vertretbare Orientierung gibt.[8]) Menschen können ihr Leben, wie Wolf sagt, „auch an der Realisierung eines überpersönlichen Ziels ausrichten wie Wissenschaft, Gerechtigkeit oder Kunst." (S. 69) Und es gibt Menschen, die sich gar nicht am Glück orientieren. „So haben machen Menschen die Vorstellung, man

---

8   President's Council 2003, 22.

müsse das persönliche Glück opfern zugunsten einer Pflicht, nicht weil das eine höhere Form von Glück ist, sondern so, dass die darin selbst eine Opferung des Glücks sehen. Man denke beispielsweise an eine Person, die auf einen anspruchsvollen Beruf verzichtet, um kranke Verwandte zu pflegen." (ibid.) Es gibt Ziele, die erstrebenswert sind, aber das eigene Leben überschreiten. Sie sind vielleicht genau deswegen wichtiger als die individuellen Ziele, weil sie auf das Wohl Anderer gerichtet sind, die abhängig sind von der Fürsorge. Darauf hat die Care-Ethik deutlich hingewiesen (Kittay 1999). Damit bleibt man aber immer noch innerhalb der Diskussion darüber, was das gute Leben ausmacht.

Die Strukturierung der Frage nach dem guten Leben beinhaltet also eine reflexive Selbstauslegung der Menschen im Hinblick auf Lebensziele. Was Gesa Lindemann an Helmuth Plessners Anthropologie herausgearbeitet hat, gilt auch für die Ethik des guten Lebens. Wie die ethische Frage auszulegen ist, ist selbst eine ethische Frage. Ethik verfährt deshalb immer reflexiv, nicht deduktiv.

Für die Ethik des Enhancement ist eine weite Bestimmung des Ethischen nötig, die das Ethische nicht auf die Bewertung von Handlungen einschränkt. Der Beginn bei der Verfasstheit und dem Charakter legt den Fokus auf die für Menschen als Personen konstitutiven leiblich-seelischen Voraussetzungen für das Handeln. Diese leiblich-seelischen Voraussetzungen für das Handeln sind es, auf die sich die biotechnologischen Verbesserungsmöglichkeiten richten, und nicht die Handlungen, die eine leiblich-seelisch konstituierte Person dann wählt. Es entscheidet sich an diesen Voraussetzungen für das Handeln genauso wie mit den gewählten Handlungen, ob ein Leben wünschenswert ist und gelingt.

2. Normativität ausgelegt als Ratsamkeit. Allgemein geht es bei der Frage, was es heißt, auf eine gute Weise zu leben, darum, was ratsam ist zu tun. Die Art der Normativität, die sich in der Wünschbarkeit eines guten Lebens zeigt, ist nicht die eines Sollens oder Müssens, sondern die der Ratsamkeit, d.h. eine *prudentielle* Form der Normativität (S. 70f.). Was ratsam ist, muss aber gleichwohl begründbar sein: „Was man tun sollte, ist das, was die praktische Überlegung, die Beratung mit anderen und sich selbst, als am besten begründet erweist, was also aus Gründen zu tun das Beste ist." (S. 71)

Hier schließt sich die Frage an, ob das Wünschbare immer auch das sei, das sich als am besten begründet erweist, ob mit anderen Worten die Wünschbarkeit und die Begründbarkeit in die gleiche Richtung zielen. Wolf schient in der Tat dieser Ansicht zu sein. Allerdings bezieht sich die

Begründung, was wünschbar ist, auf ein offenes Ziel. Das Ziel sei, anders als bei den hypothetischen Wertsätzen „nicht gegeben, sondern selbst noch gesucht." (ibid., 71) Es handelt sich also nicht um eine Begründbarkeitsforderung gemäß gegebener Ziele. Weder das Ich noch sein gutes Leben seien etwas Vorgegebenes; es ist deshalb nicht möglich, „aus diesem vorgegebenen Inhalt kausal abzuleiten, was ihm zuträglich ist." (ibid., 71) Die Frage, worin des Gut des guten Lebens besteht, ist also nicht schon beantwortet, sondern stellt sich gemeinsam mit den Fragen der Ratsamkeit immer wieder neu. Was das Gut ist, worauf die Begründungen für eine bestimmte Lebensweise zielen, bildet selbst Teil der reflexiv angelegten Auseinandersetzung.

Dieser Punkt scheint mir besonders wichtig zu sein, wenn die Vorzüge und Nachteile von Enhancement-Verfahren abgeklärt werden sollen: Diese können nicht einfach als möglichst zielführende Beiträge zu einem vorgefassten Bild des Guten gerechtfertigt (oder abgelehnt) werden, sondern stellen immer auch die Frage nach dem Inhalt des Guten wieder neu. Die Antworten auf die Frage nach dem guten Leben beinhalten natürlich auch die Antworten im Hinblick auf die biotechnischen Eingriffe in den menschlichen Körper, die ein gutes Leben befördern sollen. Für sie gilt deshalb: Sie können immer nur die Normativität im Sinn der Ratsamkeit enthalten, nicht die Normativität im Sinn der Pflicht. Das wäre das falsche moralische Register. Es kann deshalb keine Pflichten zur Verbesserung der menschlichen Körperkonstitution geben, auch wenn es möglich bleibt, dass es ratsame und nicht ratsame Formen der Verbesserung gibt.[9]

3. Das ganze Leben im Blick. Es ist nie möglich, ein ganzes menschliches Leben insgesamt zu bewerten, auch wenn es sich um das eigene Leben handelt, in dem man ja selbst mitten drin steckt. Noch weniger, wenn es sich um das Leben anderer handelt. Aber man kann das ganze Leben doch im Blick haben, wenn man eine einzelne Entscheidung fällt. Die Frage nach dem guten Leben tut genau dies: „Gefragt ist nach einer Lebensweise im ganzen, und eine solche ist etwas höchst Komplexes, in horizontaler ebenso wie in vertikaler Richtung. Dabei meine ich mit ‚horizontaler Komplexität' die Komplexität innerhalb eines Lebenszeitpunkts, sofern ein menschlicher Organismus mannigfaltige Wünsche, Gefühle, Meinungen usw. hat, mit ‚vertikaler Komplexität' die Erstreckung des Lebens über die Zeit hinweg." (S. 71f.) Ich interpretiere die fünf „Schichten oder Ebenen der Konkretheit", die Wolf zu analytischen Zwecken einführt, als methodi-

---

9 John Harris bringt das durcheinander, wenn er behauptet, es gebe eine moralische Pflicht, den menschlichen Körper zu verbessern (Harris 2009).

sche Hilfsmittel, um einen Bezug auf diese Gesamtperspektive zu schaffen, ohne sich in der Fülle der vielen möglichen Aspekte und unendlichen Details zu verlieren. Die vollständige Lebensweise ist überkomplex, um in ihrer horizontalen und vertikalen Komplexität ausbuchstabiert werden zu können. Es geht darum geschickt auszuwählen, was relevant ist für diesen Moment im Leben. Es sind jeweils bestimmte Erfahrungen, Details, Bezüge, die relevant sind. Und es sind nicht immer dieselben.

Diese Fragestellung gliedert sich nach Wolf in fünf Schichten, die je einzeln betrachtet werden können und gemeinsam zu einer umfassenden Reflexion über Wünsche führen. Wolf bezieht sich auf den von Harry Frankfurt und Charles Taylor eingeführten Unterschied zwischen Wünschen erster und zweiter Ordnung. Wir Menschen sind nicht auf unsere faktischen Wünsche beschränkt, sondern wir haben die Fähigkeit, zu diesen Wünschen erster Stufe wertend Stellung zu nehmen. „Wir überlegen, welche Wünsche wir haben wollen." (S. 77) Dabei sei wichtig zu sehen, dass Frankfurts Bewertungsmodell „künstlich" ist, „insofern in Wirklichkeit unsere faktischen Wünsche immer schon Bewertungsdimensionen zweiter Stufe enthalten." (S. 78) Diese beziehen wir aus kulturellen Vorstellungen über die gute Weise des Lebens: vorgefertigte Laufbahnen in Hinblick auf die Lebensziele, sozial verankerte Moralvorstellungen, die den Charakter betreffen, kulturelle Deutungsmuster in Religionen, Kunst und Philosophie für die Haltung im Leben. Wir beginnen im Inneren einer kulturell und sozial verfassten Welt und beginnen zu konkreten Anlässen zu fragen, wie wir leben wollen.

Die Fragen auf der *ersten* Ebene sind folgende: Wie will ich als konkrete Person leben, ausgestattet mit bestimmten Fähigkeiten, Wünschen, mit Vergangenheit, Erinnerungen, Erfahrungen, im Kontext von Situationen, Beziehungen? Die *zweite* Schicht kritisiert und bewertet die eigenen Ziele und Ausrichtungen, oder versucht, Konflikte zwischen gleichermaßen erwünschten, aber unvereinbaren Zielen zu klären. Auf einer *dritten* Ebene kommen die gesellschaftlichen Werte, Ideale, die kulturellen Muster in den Blick. Wolf bringt als Beispiel die Frage, ob heute – im Gegensatz zur Welt des Aristoteles – Tapferkeit „eine völlig obsolete Tugend ist" (S. 79). *Viertens* kommen Lebensmodelle im Ganzen in den Blick, z.B. das hedonistische Lebensmodell oder ein Lebensmodell, das auf soziale Anerkennung ausgerichtet ist. Und *fünftens* stellt sich die Sinnfrage im existenziellen Sinn. Warum soll ich überhaupt irgendein Ziel verfolgen? Ist es überhaupt möglich, eine sinnvolle Einstellung von Leben zu gewinnen?

Im Bezug auf die biotechnologischen Verbesserungen des menschlichen Körpers entsteht so stufenweise der Blick auf das, was häufig als die

„ethischen Implikationen" eines Eingriffs bezeichnet wird. Der Eingriff wird kontextualisiert und in seiner Bedeutung für das Leben dechiffriert. Hier kommt z.B. das Verhältnis der Generationen vor, das verändert wird, wenn Eltern ihre Kinder durch Genomveränderungen körperlich formen. Die Geburt verändert sich in ihrer Bedeutung. Dies betrifft den Charakter der Geburt, den Christina Schües (2008, 304) als „nicht-reziprokes Geben" bestimmt hat. Das anerkennende Vertrauen, das mit der Geburt und der Elternschaft in die Welt gebracht wird, modifiziert sich zu einem Verhältnis des Machens. Die verbesserten Kinder werden ein anderes Verhältnis zu ihren Eltern haben, wenn sie wissen, dass ihre leiblich-seelische Konstitution von den Entscheidungen abhängt, die Eltern im Bezug auf *ihre* Lebensideale getroffen haben. Der Lebensstart verliert den Charakter des Unverfügten und Gegebenen und gelangt in den Bereich dessen, wofür konkrete andere Personen (nämlich die Eltern und ihre ärztlich-biotechnologischen Berater) die Verantwortung tragen, auch dafür, was dann schief läuft oder anders herauskommt, als es geplant war.

Damit gelangt die Gestalt des *Enhancers* als ethisch zu wertendes Lebensmodell zurück in die Diskussion: Welche Art von Menschen sind wir, wenn wir unsere Kinder verbessern? Wo steht der Plan des Enhancements unserer Kinder in unserem eigenen Lebensentwurf? Wie können wir diesen Plan begründen, ohne diejenigen kulturelle Sinnangebote einfach naiv zu übernehmen, die wir in die leiblich-seelische Verfassung unserer Kinder einbringen und biologisch reproduzieren?

Thesen zur Relevanz der Erfahrung von Behinderung

John Harris hat Behinderung darüber zu definieren versucht, wie jemand, der nicht behindert ist, nicht wünscht zu sein. Damit wäre die Behinderung von vorneherein das Nicht-Wünschbare.[10] Diese Definition nimmt aber einen Standpunkt der Nichtbehinderten ein und kommt in Schwierigkeiten, sobald die Erfahrungen von Menschen, die mit Behinderungen leben, selbst ernst genommen werden. Sie wird diesen Erfahrungen nämlich in verschiedener Hinsicht nicht gerecht.

Es ist ein zentrales Ergebnis aus den *Disability Studies*, dass das Leiden eines Menschen an einer bestimmten Behinderung, die Art und das Ausmaß einer subjektiv empfundenen „Behinderung" zusätzlich zu den körperlichen Faktoren, also dem *impairment*, die es auslösen, und für die

---

10 Für Belegstellen und eine kritische Diskussion dieser Definition siehe den Beitrag von Trijsje Franssen, in diesem Band.

es medizinische Maßnahmen gibt, auch von *sozialen* Faktoren beeinflusst wird. Behinderung ist ein Phänomen, das nicht nur von den medizinisch veränderbaren Konstitutionsmerkmalen des Körpers abhängt. Ich stütze mich dabei auf Tom Shakespeares Interaktionsmodell von Behinderung, das von der Erfahrung von Behinderung durch Menschen mit Behinderungen ausgeht und besagt, dass Behinderungen immer ein Ergebnis einer Interaktion zwischen individuellen und strukturellen Faktoren sind (Shakespeare 2006, Kap. 4). Gleichzeitig bleibt die Körperlichkeit der Behinderung ein Faktor. Das Verhältnis zur Medizin wird nur differenzierter, nicht ablehnend.

Man kann also offenbar, für die Diskussion von Verbesserung, etwas ganz Wesentliches aus den Disability Studies lernen. Und dies hängt mit dem Konzept von gutem Leben zusammen, das wir verwenden. Der Argumentation der Protagonisten einer moralischen Pflicht zur Verbesserung des Körpers unserer Nachkommen kann man nur folgen, wenn man die Leichtfertigkeit nicht in Frage stellt, mit der die Autoren jeweils zu wissen vorgeben, was gut und was schlecht ist für unsere Kinder. Ich gebe zu, dass kaum bezweifelt werden kann, dass chronische Schmerzen ein Leben schlechter und Freude ein Leben besser machen. Es ist aber viel schwieriger, von verschiedenen Verkörperungsformen zu sagen: Bei dieser sind mehr Schmerzen und bei der anderen mehr Freude zu erwarten.

Ich glaube, dass die Erfahrungen von Behinderung, von Einschränkung und auch von Krankheit dabei helfen, die Frage nach dem guten Leben, wie sie sich im Bezug auf Enhancement-Projekte stellt, auf eine sicherere Grundlage zu stellen. Man kann so die Fragen, die sich für Enhancement stellen, umfassender verstehen. Disability Studies können verhindern, dass in der Bioethik unbemerkt eine Einengung auf das medizinische Modell der Funktionsfähigkeiten akzeptiert wird. Man kann nicht wirklich verstehen, was eine Verbesserung des Körpers sein könnte, ohne das Wissen darüber einzubeziehen, was die Erfahrung von Behinderung mit ihrer varianten Form der Verkörperung[11] beinhaltet.

Shakespeares Modell von Behinderung, beinhaltet, dass sich die Erfahrung von Behinderung aus einem Zusammenspiel von Faktoren, die dem Individuum innewohnen und anderen Faktoren ergibt, die aus dem weiteren Kontext entstehen, in der die Person lebt. Unter den intrinsischen Faktoren nennt Shakespeare die Art und die Schwere des „impairments", ihre Einstellung dazu und weitere persönliche Eigenschaften und Möglichkeiten. Unter den kontextuellen Faktoren nennt er die Haltung und die Reak-

---

11 Von "variant embodiment" spricht Scully (2008).

tionen der anderen, die unterstützende oder behindernde Umgebung und weitere kulturelle, gesellschaftliche und ökonomische Faktoren. Wenn es so ist, dass die Behinderung als Erfahrung nicht verstanden werden kann, ohne die Interaktionen all dieser intrinsischen und kontextuellen Faktoren in einem umfassenden Konzept zu beachten, so kann auch die Erfahrung einer Verbesserung nicht anders verstanden werden. Es reicht mit anderen Worten nicht aus, nur auf den funktionellen Aspekt zu achten, also nur darauf, welche Fähigkeiten, Funktionen oder Eigenschaften des Körpers „verbessert" werden sollen. Kontexte können den „Erfahrungswert" einer funktionellen Verbesserung genauso umkehren, wie sie den „Erfahrungswert" einer funktionellen Behinderung umkehren können. Menschen leiden unter einer funktionellen Behinderung nicht, oder weniger, wenn sie in einem unterstützenden, nicht in einem behindernden Kontext sind. Menschen könnten sich über eine funktionelle Verbesserung wohl auch nur dann wirklich freuen, wenn die kulturellen, gesellschaftlichen und ökonomischen Bedingungen entsprechend aussehen.

Dies führt zu einer ersten These:

1. Funktionsverbesserung ist (wie *impairment* für Behinderung) nicht ausreichend, um gutes Leben zu ermöglichen. Strukturelle und kontextuelle Faktoren sind nötig, um *Fähigkeiten* zu bilden.

Eine zweite These beinhaltet, dass es auf die Erfahrungen, nicht auf die Spekulationen aus der Perspektive anderer ankommt. Auch dies können wir von den Disability Studies lernen. Es geht nicht um ein abstraktes Konzept von Behinderung, das aus einer fremden Perspektive konstruiert ist, sondern man muss von der Erfahrung von Menschen mit Behinderungen ausgehen:

2. Die Verbesserung des Lebens müsste die Verbesserung des *erfahrenen* Lebens meinen, wie für das Konzept von Behinderung die *Erfahrung* von Behinderung maßgeblich ist.

Daran schließt sich unmittelbar eine dritte These an:

3. Die Erfahrungen mit medizinischen Interventionen zur Verbesserung des Lebens von Behinderten zeigen, dass mit körperlichen und sozialen Nebenwirkungen zu rechnen ist.

Diese These nimmt die Erfahrungen mit dem medizinischen Verbesserungsmodell auf, welche die Disability Studies untersucht haben. Eine der bekanntesten Geschichten ist die des Cochlea-Implantats, wie sie Stuart

Blume aufgearbeitet hat.[12] Diejenigen, welche meinten, Gehörlosigkeit rein technisch beheben zu können, rechneten nicht damit, dass die Gehörlosen selbst ihre Gehörlosigkeit nicht einfach nur als Funktionsverlust des Gehörs wahrnehmen, wie das die Medizin tat, die sie mit Cochlea-Implantaten verbessern wollte, sondern als eine vielleicht lästige Körpervariante, die es notwendig und auch erst möglich machte, eine Gehörlosenkultur auf der Grundlage der Gebärdensprache zu entwickeln. Abgesehen davon sind Cochlea-Implantate zuerst rein technisch mangelhaft gewesen, weil sie Nebengeräusche und teilweise Schmerzen verursacht haben. Inzwischen hat sich das geändert und entsprechend ergibt sich auch ein differenzierteres Bild. Ähnliches wird sich möglicherweise auch bei Verbesserungsversuchen ergeben, die sich auf andere Fähigkeiten richten, wenn sich das Projekt nur nach dem medizinischen Modell von Funktionalitäten ausrichtet.

Eine vierte These betrifft mögliche Diskriminierungseffekte:

4. Abweichende Verkörperung ist, wie die Erfahrung von Behinderung zeigt, oft mit Diskriminierung verbunden. Betrifft sie auch die „Opfer" von Enhancement? Verstärkt die Verbesserung die Diskriminierung der jeweils Schwächeren?

Diese Fragen sind ernsthaft zu stellen. Die Verbesserten müssen ja von den Nichtverbesserten nicht unbedingt als die besten Freunde und Kollegen angesehen werden. Diese hätten ihnen etwas voraus, das sie vielleicht selbst auch gerne haben würden. Es wären diejenigen, denen alles (oder zumindest etwas) ein bisschen leichter fällt. Oder es wären diejenigen, die ein längeres Leben genießen können als andere und entsprechend länger von Sozialversicherungen profitieren können. Es handelt sich um eine Verteilung von Privilegien, die auch unter dem Aspekt von Gerechtigkeit und Ungerechtigkeit betrachtet werden muss. Wenn man Menschen schafft, die stärker, schneller, schöner, langlebiger sind, wird sich der Abstand zu denen, die weniger stark, weniger schnell sind, anders aussehen und früher sterben, vergrößern.

5. Normen der Regulierung können normieren *und* diskriminieren: Wir sollten Enhancement nicht deshalb verbieten, weil es über die „normalen" oder „natürlichen" Funktionen hinausgeht.

Wenn wir das nämlich täten, würde die Normalfunktion oder der Normalzustand zu einem normativen Maßstab für die Vertretbarkeit von Eingrif-

---

12 Blume (2009); vgl. die Beiträge von Blume und Bosteels/Blume in diesem Band.

fen gemacht (Scully/Rehmann-Sutter 2001). Damit würde die Tendenz der Gesellschaft verstärkt, Normalzustände zuerst zu erfinden und sie dann für „natürlich" und „richtig" zu halten, bzw. die Abweichungen davon für „abnormal", „unnatürlich" und „falsch". Man sollte darauf achten, welche Konsequenzen aus einer Verbesserung für die Betroffenen tatsächlich entstehen. Dies ist der adäquatere Maßstab als der einer irgendwie angenommenen Normalnatur des Menschen.

Ich danke Christina Schües und Miriam Eilers für wichtige Hinweise. Für die Gelegenheit, eine frühere Fassung der Thesen zu diskutieren danke ich Esther Bollag und dem Zentrum für Disability Studies der Universität Hamburg.

Bibliographie

Anderson, W. French (1994): Genetic engineering and our humanness. Human Gene Therapy 5:, S. 755 - 760.

Aristoteles: Nikomachische Ethik, übers. von Ursula Wolf, Reinbek: Rowohlt 2006.

Bloch, Ernst (1959): Das Prinzip Hoffnung. 3 Bde. Frankfurt a.M.: Suhrkamp.

Blume, Stuart (2009): The Artificial Ear: Cochlear Implants and the Culture of Deafness. New Jersey: Rutgers Univ. Pr.

Bostrom, Nick/Savulescu, Julian (Hrsg.), (2009): Human Enhancement. Oxford: Oxford Univ. Pr.

Buchanan, Allen/Brock, Dan W./Daniels, Norman/Wikler, Daniel (2000): From Chance to Choice. Cambridge: Cambridge Univ. Pr.

Fuchs, Michael (2012): Gentherapie. Zur ethischen Beurteilung experimenteller Therapien, nichttherapeutischer Anwendungen und von Eingriffen in die Keimbahn. IWE Forschungsbeiträge Reihe A, Band 7. Bonn: Institut für Wissenschaft und Ethik.

Harris, John (2009): Enhancements Are a Moral Obligation. In: Julian Savulescu, Nick Bostrom (Hrsg.): Human Enhancement. Oxford: Oxford University Press., S. 131 - 154.

Heilinger, Jan-Christoph (2010): Anthropologie und Ethik des Enhancements. Berlin: De Gruyter.

Jacob, François (1970): La logique du vivant. Une histoire de l'hérédité. Paris: Gallimard.

Kittay, Eva Feder (1999): Love's Labor. Essays on Women, Equality, and Dependency. New York: Routledge.

Krämer, Hans (1992): Integrative Ethik. Frankfurt a.M.: Suhrkamp.

Mauron, Alex und Rehmann-Sutter, Christoph (2003): Gentherapie: Ein Katalog offener ethischer Fragen. In: Rehmann-Sutter, Christoph und Müller, Hansjakob

(Hrsg.): Ethik und Gentherapie. Zum praktischen Diskurs um die molekulare Medizin. Tübingen: Francke, 2. Aufl., S. 19 - 31.

Merchant, Carolyn (1980): The Death of Nature: Women, Ecology, and the Scientific Revolution. New York: Harper Collins.

Plessner, Helmuth (1975): Die Stufen des Organischen und der Mensch. Berlin: De Gruyter, 3. Aufl.

President's Council on Bioethics (2003): Beyond Therapy. Biotechnology and the Pursuit of Happiness. New York: Dana Press. Online verfügbar unter: http://bioethics.georgetown.edu/pcbe/reports/beyondtherapy/index.html.

Rehmann-Sutter, Christoph (2003): Keimbahnveränderungen in Nebenfolge? Ethische Überlegungen zur Abgrenzbarkeit der somatischen Gentherapie. In: Rehmann-Sutter, Christoph und Müller, Hansjakob (Hrsg.): Ethik und Gentherapie. Zum praktischen Diskurs um die molekulare Medizin. Tübingen: Francke, 2. Aufl. S. 187 - 205.

Rehmann-Sutter, Christoph (2005): Instruierte Reproduktion. François Jacobs genetische Programme 1961 bis 1997. In: ders.: Zwischen den Molekülen. Beiträge zur Philosophie der Genetik. Tübingen: Francke, S. 61 - 79.

Rehmann-Sutter, Christoph (2008): Authentisches Glück? Ethische Überlegungen zu Neuro-Enhancements. In: Giovanni Maio, Jens Clausen, Oliver Müller (Hrsg.): Mensch ohne Maß? Reichweite und Grenzen anthropologischer Argumente in der biomedizinischen Ethik. Freiburg/München: Alber, S. 243 - 259.

Rehmann-Sutter, Christoph (2011): Nur Träume der genetischen Medizin? In: Dirk Stederoth, Timo Hoyer (Hrsg.): Der Mensch in der Medizin. Kulturen und Konzepte. München: Alber, S. 249 - 268.

Rehmann-Sutter, Christoph / Porz, Rouven / Scully, Jackie L. (im Ersch.): How to relate the empirical to the normative. Towards a phenomenologically-informed hermeneutic approach to bioethics. Cambridge Quarterly of Healthcare Ethics.

Savulescu, Julian / Kahane, Guy (2009): The Moral Obligation to Create Children. With the Best Chance of the Best Life. Bioethics 23, S. 274 - 290.

Schües, Christina (2008): Philosophie des Geborenseins. Freiburg: Alber.

Scully, Jackie Leach (2008): Disabilitiy Bioethics: Moral Bodies, Moral Difference. Lanham, MD.: Rowman & Littlefield.

Scully, Jackie Leach / Rehmann-Sutter, Christoph (2001): When Norms Normalize. The Case of Genetic Enhancement. Human Gene Therapy 12, S. 87 - 96.

Shakespeare, Tom (2006): Disability Rights and Wrongs. London: Routledge.

Singer, Peter (1993): Praktische Ethik. Neuasgabe. Stuttgart: Reclam.

Stock, Gregory (2002): Redesigning Humans. Our Inevitable Genetic Future. New York: Houghton Mifflin.

Thévoz, Jean-Marie (2003): Die Evolution wissenschaftlicher und ethischer Paradigmen. Entwicklungen im Bereich der Gentherapie. In: Rehmann-Sutter, Christoph und Müller, Hansjakob (Hrsg.): Ethik und Gentherapie. Zum praktischen Diskurs um die molekulare Medizin. Tübingen: Francke, 2. Aufl., S. 33 - 38.

Williams, Bernard (1978): Probleme des Selbst. Philosophische Aufsätze 1956 - 1972. Stuttgart: Reclam.

Williams, Bernard (2009): Interview with Alex Voorhoeve In: Voorhoeve, Alex (Hrsg.): Conversations on Ethics. Oxford: Oxford University Press.

Wolf, Ursula (1999): Die Philosophie und die Frage nach dem guten Leben. Reinbek: Rowohlt.

II.
Behinderung als Erfahrungsraum

Bedingungen für ein gutes Leben mit Behinderung

Katrin Grüber

Der bioethische Diskurs über zukünftige Möglichkeiten von Enhancement ist häufig so abstrakt, dass Anwendungsprobleme negiert werden. Ein Beispiel dafür sind die impliziten Annahmen, die Anwendungen von Enhancement würden funktionieren und selbstverständlich ihr Ziel, die Verbesserung oder Steigerung von Funktionen erreichen, sie seien ohne Risiken und ohne Nebenwirkungen. Dabei gehört es zum Alltagswissen, dass medizinische Eingriffe und Maßnahmen mit Risiken verbunden sind, nicht in allen Fällen den gewünschten Erfolg haben und Nebenwirkungen haben können.

Wenn man diese Faktoren berücksichtigt, wird der Diskurs komplexer. Dies ist aber notwendig, um nicht der Gefahr der Faszination des „Neuen" zu erliegen (vgl. auch den Beitrag von Nordmann in diesem Band) und um das Verhältnis von Technik und Ethik zu ändern. Die Gefahr wird damit geringer, dass Ethik nur die „Fahrradbremse an einem Interkontinentalflugzeug" ist (Beck 1988, 194). Eine Gestaltung von technologischen Entwicklungen wird eher möglich.

Nebenwirkungen von medizinischen Maßnahmen

Es gibt bereits heute zahlreiche Beispiele für unerwünschte Nebenwirkungen und Risiken von Enhancement. Eher harmloser Natur sind die Effekte von Botox-Anwendungen bei Schauspielern. Der erwünschte Erfolg ist ein glattes Gesicht, der Nebeneffekt ein starrer Ausdruck. In Filmen, bei denen ein intensives Mienenspiel gefragt ist, können sie nicht mehr eingesetzt werden – aus der „Verbesserung" der Gesichter wurde ein Nachteil. Kosmetische Operationen sind wie alle Operationen mit Risiken verbunden – übrigens ein Risiko, das in Deutschland nicht von den Krankenkassen übernommen wird.[1]

Der Sprinter Oscar Pistorius kämpft seit Jahren darum, bei den regulären Olympischen Spielen mitlaufen zu können. Immer wieder fanden ge-

---

1 „Haben sich Versicherte eine Krankheit durch eine medizinisch nicht indizierte ästhetische Operation, eine Tätowierung oder ein Piercing zugezogen, hat die Krankenkasse die Versicherten in angemessener Höhe an den Kosten zu beteiligen und das Krankengeld für die Dauer dieser Behandlung ganz oder teilweise zu versagen oder zurückzufordern" (Sozialgesetzbuch V, § 52 (2)).

richtliche Auseinandersetzungen darüber statt, ob ihn die C-legs[2], die er trägt, zu einem unerlaubten Wettbewerbsvorteil im Sinne von Doping verhelfen. Im Jahr 2011 hat ihn der internationale Sport-Gerichtshof (CAS) zur Olympiade 2012 in London zugelassen. Anders als häufig angenommen, haben die künstlichen Beine übrigens nicht nur Vor- sondern auch Nachteile. Pistorius ist auf den ersten Metern langsamer als andere Sportler.[3]

Auch das Cochlea Implantat (CI) macht seine Träger nicht zu hörenden Menschen. „It does not make you a hearing person" („happy implantee", Woodcock 1992), sondern je nach Kontext hörgeschädigt oder gehörlos. Beispielsweise, wenn das Implantat ausfällt oder wenn sie es abnehmen, wie bei der Kontrolle an Flughäfen, am Strand oder bei anderen Gelegenheiten[4] (Bentele 2006). Das CI bringt nicht für alle Träger Vorteile. Bei einigen führt es zu schwerwiegenden psychischen Störungen (Gotthardt, zitiert von Bentele 2005 und Karacostas 2007). Dies sind keine Argumente gegen die Anwendung von CI, sondern ein Hinweis darauf, bei der Bewertung von Technologien die Risiken auf der praktischen/persönlichen Ebene mitzudenken.

Die vorangegangenen Beispiele zeigen, wie wichtig es ist, in der bioethischen Debatte über Enhancement die Perspektive von Menschen mit Behinderungen zu berücksichtigen. Schließlich haben Träger von C-legs bereits heute Erfahrungen damit, wie es ist, wenn künstliche Bestandteile im Zusammenspiel mit körperlichen Teilen funktionieren, und dabei die Grenze zwischen organischen und künstlichen Anteilen verwischt wird.[5]

Die Disability Studies

Die Disability Studies, die ihren Ursprung in den sozialen Bewegungen in den USA und Großbritannien haben, thematisieren Fragen der Anwendung von Technologien kaum. Dies liegt insbesondere daran, dass der Aus-

---

2   C-Legs: mikroprozessorgesteuerte Beinprothesen der Firma Otto Bock, die nicht nur mechanisch das fehlende Bein ersetzen, sondern bei denen die Bewegung angepasst wird.

3   Bull, Andy (2011), Can Oscar Pistorius blur the boundaries between able and disabled; http://www.guardian.co.uk/sport/blog/2011/aug/24/oscar-pistorius-able-disabled, gesehen am 17.05.2012.

4   Außerdem sind sie ihr Leben lang wegen des Implantats auf medizinische Betreuung angewiesen und in diesem Sinne Patienten.

5   In diesem Sinne sind sie „Cyborgs" (vgl. Meuter 2006, 60).

gangspunkt die Diskriminierungserfahrungen vieler Menschen mit Behinderungen war, denen aufgrund ihrer (körperlichen) Einschränkungen einerseits die Anerkennung verwehrt wurde und die andererseits immer wieder auf Barrieren in der Umwelt stießen, die eine Teilhabe an der Gesellschaft erschweren bzw. verunmöglichen. Inzwischen haben sich die Disability Studies in mehreren Ländern, auch in Deutschland, etabliert. Sie sind geprägt durch zwei Modelle, das medizinische und das soziale Modell. Wie bei allen Modellen, die auf einer Dichotomie beruhen, werden dabei Extrempositionen dargestellt, um die Unterschiede zu verdeutlichen. Dies ist einerseits sinnvoll, macht aber eine differenzierte Betrachtungsweise schwierig. Deshalb gibt es in jüngster Zeit Bestrebungen, die Dichotomie aufzuheben, um so nicht nur die Diskriminierungserfahrung, sondern auch die persönlichen Erfahrungen von Menschen mit Behinderungen zu berücksichtigen.

Das medizinische/individuelle Modell der Disability Studies: Es beschreibt einen Blick von Medizinern bzw. der Gesellschaft auf Menschen mit Behinderungen, der beherrscht wird von Funktionen, die fehlen bzw. von der Norm abweichen. Die Feststellung des Defizits bzw. der Normabweichung dient als Begründung dafür, es sei gut, die Behinderung mit medizinischen Methoden zu beseitigen. Der Mensch mit Behinderung möge sich ändern, um an die Norm angepasst zu werden, um weniger aufzufallen und um damit der Mehrheitsgesellschaft weniger Probleme zu bereiten.

> „From the medical point of view, people are disabled when they are less functionally proficient than is commonplace for humans, and when their dysfunction is associated with a biological anomaly. Medicine traditionally has aimed at least to reduce, and preferably to cure, such dysfunction, and thus eventually to eliminate disability." (Satz/Silvers 2000, 173)

Diese Haltung findet sich auch im bioethischen Diskurs über Enhancement. So ist es für einige Autoren selbstverständlich, Behinderungen zu vermeiden.

> „Was könnte gegen die Anwendung wissenschaftlicher Erkenntnisse sprechen, wenn sie für die Menschheit das Ziel hat, [...] Abhilfe im Fall möglicher Behinderungen zu schaffen?" (Buchanan 1996, 19)

Die folgenden überwiegend historischen Beispiele zeigen exemplarisch, dass es sich weder nur um ein hypothetisches Modell oder einen akademischer Diskurs handelt, sondern um konkrete Diskriminierungserfahrungen.

Für den Begründer der Orthopädie, Nikolas Andry, hatten Orthopäden eine ähnlich Aufgabe wie Gärtner, weshalb er als Symbol für die neue Fachrichtung einen schief gewachsenen Baum verwendete, der an einen

Pfahl gebunden ist.[6] Es wird heute immer noch eingesetzt, beispielsweise als Logo von Orthopädie-Fachgeschäften.[7] Matthias Vernaldi, der eine Muskeldystrophie hat, und als Kind in einem Heim mehrere Wochen lang nachts in einer Gipsschale schlafen musste, sieht das Symbol auch wegen seiner persönlichen Erfahrung kritisch.

> „Der schiefe Baum ist für mich ein Symbol für die schmerzhaften und ent-
> würdigenden Erfahrungen mit dem Gerichtet-Werden. Der Pfahl dient näm-
> lich nicht zur Stütze des Baumes, sondern soll diesen ‚richten‘.“ (Vernaldi
> 2003, 28)

Theresia Degener, die als Folge einer Contergan-Schädigung mit verkürzten Armen auf die Welt kam, bezeichnet ihre Kindheitserfahrung als „Terror der Normalität“ (Scheub 2001). Sie wurde längere Zeit gezwungen, Arm-Prothesen zu tragen, obwohl sie ihre Füße bereits damals so einsetzen konnte wie andere ihre Hände (Scheub 2001). Aus heutiger Sicht ist es schwer vorstellbar, dass Kinder so behandelt werden wie Matthias Vernaldi oder Theresia Degener. Aber wahrscheinlich werden in 20 Jahren viele entsetzt sein, dass heutzutage Kindern, denen ein CI implantiert wurde, die Erlernung der Gebärdensprache verwehrt wurde, um den Erwerb der Lautsprache zu fördern.

Ein anderes Beispiel für den Versuch, das „Defizit“ von Menschen mit Behinderungen zu beseitigen, kommt aus dem Bereich der ästhetischen Chirurgie. Es handelt sich dabei um gelegentlich durchgeführte Operationen an Kindern mit Down-Syndrom. 1985 schwärmten Wissenschaftler davon, es sei wunderbar, Kinder mit Down-Syndrom zu „normalisieren“.

> "It is a challenge for the aesthetic surgeon to make good-looking people even
> more handsome. But it is even more rewarding to ‚normalize' people who are
> isolated because of their ugly facial expression so that they may be reinte-
> grated into a group of friends from which they may already have anxiously
> withdrawn. Children with Down's syndrome are frequently concealed from
> the public by their parents." (Olbrisch 1985, 241)

Auch heute noch werben einzelne Kliniken bzw. Praxen für diese Eingriffe mit dem Argument, es gäbe zwar einen gesellschaftlichen Fortschritt, aber gleichwohl „wünschen manche Eltern die plastisch-chirurgische Korrektur gewisser Stigmata.“[8] In Großbritannien wurde vor einigen Jahren eine öffentliche Debatte ausgelöst, nachdem bekannt wurde, dass Eltern ihre

---

6   http://www.orthopaedie-museum.de/geschichte.html, gefunden am 13.05.2012.
7   http://www.ot-lancas.de/?page_id=16.
8   Kremer: http://www.drkremer.com/kinder.htm, gefunden am 06.05.2012.

Tochter mehrerer solcher Operationen unterziehen lassen wollten. Dabei wurde diskutiert, ob der Eingriff mit der Korrektur von abstehenden Ohren zu vergleichen sei, ob das Kind durch die Eingriffe unnötig gequält werde, oder ob es nicht doch notwendig sei, das Mädchen an die Gesellschaft anzupassen, da diese sich nicht so schnell ändern werde. [9] Hier wird deutlich, dass das Modell nicht nur durch die Medizin geprägt ist, sondern auch durch die Gesellschaft, und dass in Fällen wie der Veränderung des Aussehens von Kindern mit Down Syndrom nicht ohne weiteres zu klären ist, was zuerst da ist, das Angebot der Medizin oder der Wunsch von Eltern, die ihre Kinder vor negativen Reaktionen schützen wollen.

Es ist unbestritten, dass viele Menschen mit Behinderungen negative Reaktionen von Menschen ohne Behinderungen erleben. Beispielsweise wenn nicht sie, sondern ihre Begleiter angesprochen werden, wenn sie im Rollstuhl sitzen. Menschen ohne Behinderungen signalisieren Fredi Saal, einem Mann mit einer spastischen Lähmung regelmäßig, er solle anders (so wie sie) sein. Diese Zumutung hat ihn zum programmatischen Titel seiner Autobiographie inspiriert: „Warum sollte ich jemand anderes sein wollen?" (Saal 2002) Einer Cochlea-Implantat-Trägerin ist aufgefallen, dass es Menschen ohne Behinderungen begrüßen, nun keine Rücksicht mehr auf sie nehmen zu müssen, nachdem ihre Funktionsbeeinträchtigung beseitigt wurde.

"Unfortunately, I learned as a hard of hearing person that ‚passing for' hearing is a greater advantage for one's hearing associates than for oneself. It enables them to ‚forget' to keep their lips in view, leave meeting room lighting adequate, and so on." (Woodcock 1992, 153)

Das Feststellen des Defizits scheint untrennbar mit einer Abwertung und der Aufforderung verbunden, der Mensch mit Behinderung möge sich ändern. Deshalb wird im Diskurs im Zusammenhang mit der UN-Behindertenrechtskonvention über die Rechte von Menschen mit Behinderungen die Auffassung vertreten, es sei ein Widerspruch zu ihr, wenn Defizite von Menschen mit Behinderungen benannt würden.[10] Um deutlich zu machen, dass ein Perspektivenwechsel notwendig ist, haben die Disability

---

9 o.A. (2008): Down syndrome girl has plastic surgery March 11, 2008 07:28am, The Daily Telegraph http://www.dailytelegraph.com.au/news/world/down-syndrome-girl-plastic-op/story-e6frev00-1111115765581, gefunden am 13.05.2012.

10 Im Bereich der Förderschulen hat es sich durchgesetzt, vom Förderschwerpunkt Hören zu sprechen und damit auch Unterricht für Gehörlose zu meinen. www.kmk.org/fileadmin/pdf/PresseUndAktuelles/2000/hoeren/pdf.

Studies gemeinsam mit der Behindertenbewegung das soziale Modell von Behinderung entwickelt.

Das soziale Modell von Behinderung der Disability Studies: Dieses Modell steht für einen Perspektivenwechsel.[11] Auch hier geht es um Veränderungen. Aber nicht der Mensch mit Behinderung soll sich anpassen, sondern die Umwelt: indem Barrieren abgebaut werden, seien diese Barrieren in der physischen Umwelt oder seien es Barrieren, die mit einer abwertenden Haltung und negativen Einstellung von Menschen ohne Behinderung gegenüber Menschen mit Behinderungen zusammenhängen.

Der Fokus liegt also nicht auf den körperlichen Gegebenheiten von Menschen mit Behinderungen, sondern auf den gesellschaftlichen Bedingungen, die ihre Situation erleichtern oder erschweren (behindern) und betont damit die Verantwortung der Gesellschaft, die Situation zu verbessern:

> „The social model is not about showing that every dysfunction in our bodies can be compensated for by a gadget, or good design, so that everybody can work an 8-hour day and play badminton in the evenings." (Vasey 1992, 44)

> „It's a way of demonstrating that everyone – even someone who has no movement, no sensory function and who is going to die tomorrow – has the right to a certain standard of living and to be treated with respect." (Barnes/ Mercer/Shakespeare 2002, 31)

In dem sozialen Modell wird unterschieden zwischen der körperlichen Funktionseinschränkung (impairment) und der Behinderung (disability). Nach dieser Vorstellung ist Behinderung keine Tatsache, sondern eine „Konstruktion". Damit ist gemeint, dass „gesellschaftliche Prozesse und soziale Interaktionen Behinderungen im Sinne des Wortes erzeugen können" (Bruner 2005, 41). Der konstruktivistische Ansatz wird kritisch hinterfragt, schließlich sei Behinderung ja auch eine Tatsache. Die Probleme von Menschen mit Behinderungen wären sowohl eine Folge dieser Beeinträchtigung als auch eine Folge der nicht angemessenen Antwort der Gesellschaft auf diese Beeinträchtigung (Shakespeare 2011). Es sei „unvernünftig […] körperliche Reaktionen wie Schmerzen oder die individuellen Grenzen körperlichen Leistungsvermögen zu leugnen" (Bruner 2005, 81). Wenn der Körper und körperliche Beeinträchtigungen marginalisiert werden, würden Bedürfnisse, die sich als Folge der Einschränkung ergeben würden, vernebelt.

---

11 Einige Autorinnen wie Degener verwenden in jüngster Zeit den Ausdruck Menschenrechtsmodell, um den Fokus auf die Rechte von Menschen mit Behinderungen zu legen: (Quinn/Degener 2002).

Das Konzept von Behinderung der UN-Konvention: Die UN-Konvention über die Rechte von Menschen mit Behinderungen macht deutlich, dass die gleichberechtigte gesellschaftliche Teilhabe von Menschen mit Behinderungen kein Gnadenakt, sondern ein Menschenrecht ist. Es gibt keine abschließende Definition von Behinderung, aber ein Konzept. Es zeigt, dass es weder nur die körperliche Beeinträchtigung noch nur die umweltbedingten Barrieren sind, die Menschen mit Behinderungen an der gleichberechtigen Teilhabe hindern, sondern dass beide gemeinsam und in Wechselwirkung agieren. Damit wird der Komplexität Rechnung getragen, ohne die körperliche Beeinträchtigung zu negieren. Es wird außerdem deutlich gemacht, dass es verschiedene Barrieren gibt, die einer wirksamen und gleichberechtigten Teilhabe im Wege stehen. Diese können sowohl physisch als auch einstellungsbedingt sein.

Es heißt in Artikel 1:

> „Zu den Menschen mit Behinderungen zählen Menschen, die langfristige körperliche, seelische, geistige oder Sinnesbeeinträchtigungen haben, welche sie in der Wechselwirkung mit verschiedenen Barrieren an der vollen, wirksamen und gleichberechtigten Teilhabe an der Gesellschaft hindern können." (Gesetz zum Übereinkommen der Vereinten Nationen vom 13. Dezember 2006 über die Rechte von Menschen mit Behinderungen 2008)

Es ist selbstverständlich, dass die UN-Behindertenrechtskonvention Handlungen vom Staat verlangt, und nicht davon ausgeht, dass der Änderungsbedarf bei Menschen mit Behinderungen liegt. Allerdings macht das Konzept von Behinderung der UN-Konvention deutlich, dass es nicht nur die Barrieren sind, die Menschen mit Behinderungen die Teilhabe erschweren, sondern dass auch ihre Beeinträchtigungen in den Blick genommen werden. Dies ist eine gute Grundlage dafür, den Blick auf Technologieentwicklung und Anwendung aus der Perspektive von Menschen mit Behinderungen kritisch zu betrachten und Anforderungen zu formulieren, so wie es die UN-Konvention macht (s.u.).

Medizinischer Fortschritt - auch eine Frage der Finanzierungsmöglichkeiten

Viele Menschen mit Behinderungen sind auf technologische Entwicklungen und den medizinischen Fortschritt angewiesen – und viele von ihnen müssen sich mit Krankenkassen auseinandersetzen, um die Kosten von für sie wichtigen Hilfsmitteln und Therapien zu erhalten. In Deutschland normiert das Sozialgesetzbuch V, dass Krankenkassen bei der Gewährung von Leistungen den medizinischen Fortschritt berücksichtigen müssen – u.a. unter Beachtung des Wirtschaftlichkeitsgebots (vgl. § 2, Abs. 1, Satz 3, SGB V). Was dies im konkreten Fall bedeutet, ist nicht eindeutig und regelmäßig Gegenstand gerichtlicher Auseinandersetzungen.

Das Bundessozialgericht konkretisiert die Auslegung des Gesetzes durch seine letztinstanzlichen Entscheidungen. Beispielsweise entschied es 2004, dass Krankenkassen, die Kosten für das C-leg, eine Beinprothese mit einem hydraulischen Knie, erstatten müssen (Meuter 2006). Da Krankenkassen allerdings trotz der Rechtsprechung immer wieder die Leistung verweigern, bedarf es gerichtlicher Auseinandersetzungen, um diesen Leistungsanspruch umzusetzen (Goßens Rechtsanwälte 2005). Das Bundessozialgericht hat auch festgelegt, dass Sportrollstühle zur Teilnahme an Vereinssport nicht zu erstatten sind (Bundessozialgericht 2011 B 3 KR 10/10 R). Es gibt also Grenzen der Zuständigkeit der Krankenkassen. Auch ein Rollstuhl-Bike ist nur unter der Bedingung erstattungsfähig, dass der von der gesetzlichen Rentenversicherung festgelegte Radius von 500 Metern nicht in weniger als 20 Minuten erreicht werden kann. Der Maßstab für eine Erstattung ist der Basisausgleich für den behinderungsbedingten Mehraufwand. Darüber hinaus liegende Leistungen werden als Aufgabe der Krankenkasse zugerechnet, wie folgendes Urteil zeigt:

„Das Rollstuhl-Bike sei zur Gewährleistung des allgemeinen Grundbedürfnisses auf Erschließung eines gewissen körperlichen Freiraums im Sinne des in die Zuständigkeit der gesetzlichen Krankenversicherung (GKV) fallenden Basisausgleichs nicht erforderlich. Der Nahbereich der Wohnung beschreibe den Radius, den sich ein behinderter Versicherter noch mittels eines Aktivrollstuhls erschließen können müsse. Dies könne unter Rückgriff auf den für die Wegefähigkeit in der gesetzlichen Rentenversicherung geltenden Grenzwert von 500 m konkretisiert werden. Der Kläger sei nach den gutachterlichen Feststellungen selbst bei schlechter Tagesform in der Lage, in einem zeitlichen Rahmen von 20 Minuten eine deutlich über 500 m liegende Strecke mit dem vorhandenen Aktivrollstuhl zu bewältigen. Dies sei zur Verwirklichung des Grundbedürfnisses auf Mobilität ausreichend." (Bundessozialgericht B 3 KR 12/10 R)

Es ist immer wieder Thema gerichtlicher Auseinandersetzungen, ob Menschen im Rollstuhl verpflichtet sind, sich von anderen schieben zu lassen, auch wenn es eine technische Alternative wie den Elektrorollstuhl gibt, mit der sie eine höhere Unabhängigkeit erreichen. In diesem Fall hat das Bundessozialgericht entschieden, dass der Elektrorollstuhl zu finanzieren ist.

„Das Grundbedürfnis der Bewegung im örtlichen Nahbereich muss die Krankenkasse befriedigen. Solange der Kläger einen Elektrorollstuhl sicher und selbständig bedienen kann, ist ein Elektrorollstuhl zu gewähren. Er kann nicht darauf verwiesen werden, dass eine Hilfsperson ihn schiebt, auch wenn er auf ständige Begleitung angewiesen ist." (Bundessozialgericht 2009)

Die Entscheidungen von Krankenkassen und der Gerichte zeigen: die Sicht auf das, was an technologischen Entwicklungen zur Verwirklichung von Teilhabe notwendig ist, ist je nach Perspektive (und Interessenlage) sehr unterschiedlich. Gerichtlich geklärt wird die Frage, was das Grundbedürfnis von Menschen ist und welche Maßnahmen notwendig sind, um diese zu befriedigen.[12] Nur dann wird es als Aufgabenbereich der Medizin bzw. des Gesundheitssystems angesehen und finanziert (Synofzik 2006). Nach dieser Logik ist es nachvollziehbar, dass technologische Entwicklungen Menschen mit Behinderungen nicht selbstverständlich zugutekommen, wenn es um mehr als die Befriedigung von Grundbedürfnissen geht und um die gleichberechtigte Teilhabe an der Gesellschaft. Die sportliche Betätigung im Verein gehört nach dieser Vorstellung eben nicht dazu, zumindest nicht, wenn dazu ein Sportrollstuhl benötigt wird.

Für Menschen mit Behinderungen steht dagegen das Ziel im Fokus, ein gutes Leben zu führen und die dafür notwendige technologische Unterstützung zu erhalten. Sie wollen „ein so normales Leben wie möglich [...] führen und das [...] tun, was andere Bürgerinnen und Bürger auch tun." Diese Vorstellung von „Normalisierung" meint nicht, dass „normale Funktionen" angestrebt werden, sondern ein normales Leben unabhängig von etwaigen körperlichen Einschränkungen (Erhardt, Grüber 2011, 125). Wird die Erstattung verwehrt und erlauben es die finanziellen Möglichkeiten nicht, das Hilfsmittel oder die Therapien trotzdem zu finanzieren, so ist in der Folge die Teilhabe an der Gesellschaft eingeschränkt. Bisher hat kein übergreifender Diskurs darüber stattgefunden, wie die Ziele unter Beteiligung von Menschen mit Behinderungen festgelegt werden und wie die Finanzierung gewährleistet werden kann.

Verschiedene Perspektiven auf das Cochlea Implantat

Wie ist unter diesen Gesichtspunkten, die Anwendung von CI zu beurteilen? Ist es ein Beitrag für ein gutes Leben, und wer beurteilt, ob es ein solcher Beitrag ist? Als das CI entwickelt und eingeführt wurde, haben Medi-

---

12 An der Festsetzung der Definition dieser Grundbedürfnisse haben Menschen mit Behinderungen übrigens nicht mitgewirkt.

ziner sich wenig Gedanken darüber gemacht, ob dies im Interesse von gehörlosen Menschen sei (vgl. Blume in diesem Band). In ihrer Vorstellung
kommt wohl kaum vor, dass ein „so leben wie andere auch" auch dann
geht, wenn die Funktionen nicht identisch sind. Das CI ist vor diesem Hintergrund ein Beitrag zur Normalisierung im Sinne von „so sein wie andere", weil CI-Träger so kommunizieren wie andere, d.h. in der Laut- und
nicht in der Gebärdensprache. So werden sie aus Sicht der Mehrheitsgesellschaft zu einem vollwertigen und gesellschaftlich anerkannten Mitglied
der Gesellschaft. Die Annahme ist, dass Gehörlosigkeit eine Behinderung
ist, die nach Möglichkeit beseitigt werden sollte (Bentele 2006). Konsequenterweise wird das CI als eindeutig medizinisch notwendig angesehen.[13]

Aus der Perspektive von der Mehrzahl der gehörlosen Menschen, die
sich als Angehörige einer Sprachminderheit sehen (der Gebärdensprache)
ist das CI allerdings weder medizinisch notwendig, noch gar verbessernd –
sondern eher bedrohlich. Sie befürchten, dass mit jedem Implantat bei
Kindern die Zahl der Menschen, die über die Gebärdensprache kommunizieren, sinkt.[14] Es ist also eine Frage der Perspektive, wie der Einsatz von
CI beurteilt wird. Ein Kontinuum zwischen Therapie und Enhancement ist
kein geeigneter Bewertungsmaßstab. Um der Ambivalenz Ausdruck zu
verleihen, wäre in diesem Fall der von Sandor vorgeschlagene Begriff „al-
tering technologies" sinnvoll (Sandor 2009). Zumindest erscheint es sinnvoll, immer wieder darauf hinzuweisen, dass Enhancement nicht selbstverständlich Verbesserung bedeutet.

Identität

Das Beispiel der Gehörlosengemeinschaft zeigt, wie wichtig die Zugehörigkeit zu einer Gruppe ist, die „identitätsstiftend ist, da der Mensch nicht
nur Individuum, sondern auch Sozialwesen ist" (Bentele 2006, 122). Für
Gehörlose heißt dies konkret: sie sind innerhalb der Gehörlosengemeinschaft kompetent und sie können damit rechnen, dass sie von Mitgliedern
der Gemeinschaft verstanden werden.

---

13 Dies gilt auch für die Gruppen von gehörlosen insbesondere spätertaubten Men-
    schen, die sich für ein CI entscheiden und die sich unter Umständen die Erstattung
    des Eingriffes vor Gericht erstreiten müssen.
14 Dies allerdings nur, soweit in der Erziehung das Tragen von CI und die Kommu-
    nikation über die Gebärdensprache ausgeschlossen werden.

„Beispielsweise identifizieren sich Taube sehr stark mit der Welt der Gehörlosen gerade deshalb, weil sie hier einen Habitus finden, der sie und ihr Verhalten als dominant wertet und nicht als unnormal, defizient oder gar bemitleidenswert betrachtet." (Scully 2006, 193)

Der Prozess der Identitätsbildung wird stark von der Fremdwahrnehmung, d.h. auch von gesellschaftlichen Vorstellungen beeinflusst.

„Ich kann mich nicht zu meiner Körperlichkeit verhalten, ohne dass kollektive Sinnmuster darin auftauchen." (Bentele 2006, 134)

Grundsätzlich ist es notwendig, die Unterschiede zwischen der Außen- und der Selbstwahrnehmung auszugleichen:

„Identität ist entscheidend von der Fähigkeit bestimmt, das Selbstbild, ein vermutetes Fremdbild sich selbst gegenüber und das wie auch immer verifizierte Fremdbild in einem Gleichgewicht zu halten." (Schönwiese 2011, 143)

Deshalb wird es Menschen mit Behinderungen erschwert, sich selbst positiv zu definieren. Die Behinderung wird ihnen dadurch „bewusst gemacht, dass ihnen andere entweder durch Verhalten oder Äußerungen signalisieren, sie seien ‚anders'" (Riegler 2011, 23). Eine Frau beschreibt diese Erfahrung wie folgt:

„Ja, dass ich behindert bin, dass ich anders bin, das wusste ich schon, aber mir ist in dem Augenblick klar geworden, was die anderen Leute sehen. [...] Der Arzt hat es damals auch ganz wunderbar zum Ausdruck gebracht. Der hat dann zum Schluss zu mir gesagt: ‚Nein, bei Ihnen stimmt ja gar nichts.' Bis zu diesem Zeitpunkt war mir nicht aufgefallen, dass an mir gar nichts stimmte." (Interview mit C. Riegler 2006, 76)

Menschen mit Behinderungen müssen sich aktiv gegen die Meinung der Mehrheitsgesellschaft absetzen, um einen positiven Umgang mit ihrer Behinderung zu erlernen. Was es bedeutet, behindert zu sein, können sie nicht von Menschen ohne Behinderung lernen. Wie Jackie Leach Scully es ausdrückt: „to do disability well" sind Peers notwendig (Scully 2008, 13). Sie haben „kulturell geprägte Selbstverständnisse", die es ihnen ermöglichen, ihr Leben in eine gewisse Form zu bringen, d.h. ihrem Leben einen Sinn zu geben (Meuter 2006, 51).

Dies kann auch bedeuten, mehrere, sehr unterschiedliche Identitäten zu haben und zwischen ihnen zu wechseln, was heute, anders als früher, durchaus üblich ist (Meuter 2006). Für Gehörlose mit CI ist dies Alltag. Sie müssen in der Lage sein, zwischen der Identität von Gehörlosen mit Hörhilfe und Gehörlosen zu wechseln, zum Beispiel dann, wenn das CI nicht funktioniert oder auch ausgeschaltet wird (beispielsweise nachts).

Menschen mit Behinderungen haben nicht nur die Identität Behinderung: Sie sind Mann oder Frau, hetero-, homo- oder bisexuell, arm oder reich, Single, Mutter oder Vater, haben einen Migrationshintergrund oder keinen, sie sind atheistisch, protestantisch, katholisch, jüdisch oder islamisch. Welche Bedeutung die einzelnen Identitäten haben, hängt vom Individuum ab.

Die Behinderung muss nicht, kann aber ein wichtiger Teil ihrer Identität sein, und wenn Wissenschaftler wie Buchanan eine Beseitigung der Behinderung als positiv bewerten, dann wird eine solche Haltung als Angriff auf die Identität verstanden. Eine Frau mit Achondroplasie erläutert in einem Interview den Grund dafür:

> „Wenn man mir das (die Skelettdysplasie) nähme, dann wäre ich nicht ich, dann wäre ich nicht die Person, die ich bin." (Scully 2006, 199)

Menschen mit Behinderung sind durch ihre Erfahrungen geprägt, die sie aufgrund und mit ihrer Behinderung gemacht haben:

> „Wie meine Interviewpartnerinnen und –partner empfinde auch ich meine Behinderung als Teil meiner Persönlichkeit, meiner Identität. Die Person, die ich jetzt bin, bin ich aufgrund meiner Erfahrungen, Erlebnisse, aufgrund meiner bisherigen Lebensgeschichte, und meine Behinderung ist Teil dieser Geschichte. Mir ein Leben ohne Behinderung zu wünschen, würde bedeuten, mich meiner Identität berauben zu wollen." (Riegler 2011)

Die Philosophin Martha Nussbaum begründet ihre Ablehnung des genetischen Enhancement mit ihrem positiven Verhältnis zu ihrer Tochter mit Behinderung. Diese sei so wie sie sei, gerade weil sie aufgrund ihrer Einschränkung immer wieder habe kämpfen müssen, das Positive sei von den Schwierigkeiten nicht zu trennen:

> „My daughter was born with a perceptual and motor impairment (not clearly genetic, but let us suppose that it was) that clearly puts her below the authors base line for ‚normal species functioning'. It is impairment severe enough that any decent mother would have opted, ex ante, for a ‚genetic fix' […] Although she is both gifted and beautiful, she had to contend with abuse and teasing all her life. Her idiosyncratic, lively, humorous and utterly independent personality is inseparable from those struggles. Not only I do not wish that I had some other different child, I do not even wish that she herself had been ‚fixed'. Maternal love aside (if ever it is) I simply like this unusual contrarian person so much more than I would have liked (or so I believe) the cheerleading captain whom I might have produced." (Buchanan et al. 2009; Nussbaum 2000)

Selbstverständlich ist nicht für alle Menschen mit Behinderungen die Behinderung ein entscheidender Teil ihrer Identität. Über Mario Galla, ein

Model mit einem C-leg wird gesagt, er definiere sich nicht über seine Behinderung.

> „Aber natürlich ist die Beinprothese ein Hingucker im Reigen der ansonsten eher makellosen Männer." (Schmitz 2010)

Seine Beeinträchtigung hat für ihn eine andere Bedeutung als für andere, die Selbstwahrnehmung und Fremdwahrnehmung sind nicht kongruent. Mario Galla ist ebenso ein Beispiel dafür, dass Menschen mit Behinderungen grundsätzlich der Wahrnehmung der nicht behinderten Mehrheitsgesellschaft nicht mehr hilflos ausgeliefert sind – ein Erfolg der Behindertenbewegung.[15] Grundsätzlich wird der Prozess der positiven Identitätsfindung durch Peers erleichtert, für Christine Riegler über die Gruppe einer gesellschaftlich diskriminierten Minderheit.

> „Mein Selbstbild hat sich also gewandelt, ich habe als Rollstuhlfahrerin einen Emanzipationsprozess durchlaufen – nicht nur, aber auch durch die Möglichkeit der Identifikation mit Mitgliedern der Behindertenbewegung und dem Gefühl der Zugehörigkeit zu einer von einer gesellschaftlichen Mehrheit diskriminierten Minderheit." (Riegler 2011, 21)

Es werden aber auch neue positive Sinnmuster gebildet. So haben sich etwa „übergewichtige" Schwule als Untergruppe der „Bären" innerhalb der Schwulencommunity zusammengeschlossen (Monaghan 2009). Die Normalität der Gehörlosengemeinschaft besteht darin, über die Gebärdensprache zu kommunizieren und kein CI zu tragen. Zu Beginn gehörten tatsächlich CI-Träger nicht mehr dazu. Inzwischen ist die Haltung offener geworden (Woodcock 1992). Allerdings erleben hörende Eltern von gehörlosen Kindern immer wieder, dass sie nicht willkommen sind (Bosteels und Blume in diesem Band). Exklusion ist nicht nur eine Angelegenheit der Mehrheitsgesellschaft.

Ausblick

Der bioethische Diskurs ist häufig sehr abstrakt. Durch die Einbeziehung der Perspektive von Menschen mit Behinderungen wird er geerdet. Je nach

---

15 Maskos, Rebecca (2004): Leben mit dem Stigma: Identitätsbildung körperbehinderter Menschen als Verarbeitung von idealisierenden und entwertenden Stereotypen, Bremen. Im Internet: http://bidok.uibk.ac.at/library/maskos/stigma-dipl.html (17.1.2011) zitiert in Schönwiese (s.u.).

Einschränkung sind die Erfahrungen mit der Anwendung von neuen Technologien im medizinischen Bereich zahlreich, ambivalent und unterschiedlich. Es gibt nicht *die* Erfahrung, aus der Schlussfolgerungen für die Entwicklungen zukünftiger Technologien gezogen und ein Bewertungsrahmen abgeleitet werden kann. Aber es ist zu vermuten, dass der Beitrag der medizinischen Technologie dann ein Beitrag für ein gutes Leben darstellt, wenn nicht (nur) die eingeschränkte Funktion ausgeglichen wird, sondern wenn das Ziel der gesellschaftlichen Teilhabe gefordert würde, was offensichtlich keine medizinische Frage ist, wenngleich die Antwort in der Medizin bzw. Technologie liegen kann.

Wichtige Faktoren zur Erreichung dieses Zieles sind dabei, das zeigen die Auseinandersetzungen zwischen Menschen mit Behinderungen und den Krankenkassen, die Kosten für Therapien und Hilfsmittel. Es verwundert nicht, dass die UN-Konvention über die Rechte von Menschen mit Behinderungen den Staaten auferlegt, die Forschung und Entwicklung für neue Technologien, die für Menschen mit Behinderungen geeignet sind, zu fördern und zu betreiben und Technologien zu „erschwinglichen Kosten" den Vorrang zu geben.

Bisher war die bioethische Debatte um Enhancement insbesondere durch die Frage geprägt, ob eine bestimmte Entwicklung zugelassen werden soll – unabhängig davon, ob die Anwendung realistisch oder utopisch ist. Dabei ist die Allokation von Forschungsgeldern eine Frage von hoher ethischer Relevanz (Grüber 2008). Technologien können in der Zukunft nur dann angewandt werden, wenn die Forschung heute stattfindet. Es ist also wichtig zu fragen, ob eine Technologie entwickelt werden soll, und ob und unter welchen Voraussetzungen für ihre Entwicklung öffentliche Gelder eingesetzt werden sollen. 1982 forderte das Office for Technology Assessment (OTA) in den USA, insbesondere an die zukünftigen Nutzer zu denken und sie in die Entwicklung einzubinden:

> „In theory, assuring maximum effectiveness, efficiency, and relevance in the development and application of technologies requires the extensive involvement of those who will use the technologies – the consumers. In practice, however, there is fairly little involvement."[16]

In der Beziehung ist nicht sehr viel geschehen, so dass 2008 der europäische Präsident von Disabled People's International, Jean-Luc Simon, Robotikforscher aufforderte, die Forschung nicht nach den eigenen Prioritäten

---

16 OTA (1982) Technology and Handicapped People. Office for Technology Assessment, NTIS order #PB83-172056 http://www.princeton.edu/~ota/ns20/topic_f.html.

auszurichten, sondern die Prioritäten von Menschen mit Behinderungen ernsthaft zu berücksichtigen:

> „We do not, however, want our situations and our needs to be used only to justify research and expenses on the basis of priorities that are not ours. It is critical that our priorities be seriously considered as this science moves forward." (Simon 2008)

Diese Berücksichtigung wäre ein Novum, denn die seltenen Untersuchungen, die zu dieser Fragestellung durchgeführt wurden, legen nahe, dass dies bisher kaum der Fall war.[17] Stattdessen wird die Entwicklung von Medizinern gesteuert, die meinen, sie würden die Interesse von Menschen mit Behinderungen kennen (s. dazu den Beitrag von Blume in diesem Band). Es kann nur spekuliert werden, ob und wenn ja, wie das Cochlea Implantat entwickelt worden wäre, wenn die Gehörlosengemeinschaft in einem engen Austausch mit den Forscherinnen und Forschern gestanden hätte. Wenn es gemeinsam entwickelt worden wäre, dann wäre es wahrscheinlich als weniger bedrohlich empfunden worden. Es würden (unter der Voraussetzung, dass wirtschaftliche Interessen keine Rolle spielen), Eltern über Alternativen zum CI aufgeklärt und Kinder mit CI selbstverständlich die Gebärdensprache lernen.

Schließlich ist es möglich Technik zu gestalten und Ethik ist mehr als eine Fahrradbremse - sie kann auch Kompass sein. Die Richtung wird dabei durch die UN-Konvention angegeben. Das bedeutet, Technologien zu entwickeln, die die Teilhabe von Menschen mit Behinderungen fördern, damit sie die Wahl haben: nicht, so sein zu müssen, wie andere, sondern so leben zu können wie andere.

Bibliographie

Abma, Tineke (2005): Patient Participation in Health Research: Research With and for People With Spinal Cord Injuries. Qualitative Health Research 15(10), S. 1310-1328.

Barnes, Colin/Mercer, Geof/Shakespeare, Tom (Hrsg.), (2002): Exploring Disability. A Sociological Introduction, 3. Auflage, Cambridge. In: Hirschberg, Marianne (2003): Die Klassifikationen von Behinderung der WHO, Berlin: Institut Mensch Ethik und Wissenschaft (IMEW).

---

17 Caron-Flinterman, Francisca (2005): A New Voice in Science, Patient participation in decision-making on biomedical research, gesehen in http://dare.ubvu.vu.nl/bitstream/1871/9047/1/7326.pdf, am 06.12.2007 und Abma, Tineke (2005).

Beck, Ulrich (1988): Gegengifte. Die organisierte Unverantwortlichkeit, Frankfurt am Main: Suhrkamp.

Bentele, Katrin (2006): Identität und Anerkennung. Das Cochlea-Implantat und der Umgang mit dem Fremden. In: Ehm, Simone/Schicktanz, Silke (Hrsg.): Körper als Maß? Biomedizinische Eingriffe und ihre Auswirkungen auf Körper- und Identitätsverständnisse. Stuttgart: S. Hirzel, S. 117–137.

Bruner, Claudia Franziska (2005): Körperspuren zur Dekonstruktion von Körper und Behinderung in biografischen Erzählungen von Frauen. Bielefeld: transcript.

Buchanan, Allan (1996): Choosing who will be disabled: genetic intervention and the morality of inclusion. In: Scully (2006): Social Philosophy and Policy 13, S. 18-461.

Buchanan, A. /Brock. D. W. /Daniels, N. /Wikler, D (2000): From Chance to Choice: Genetics & Justice. Cambride: Cambridge University Press.

Bundessozialgericht Urteil vom 12.8.2009, B 3 KR 8/08 R.

Bundessozialgericht Urteil vom 18.5.2011, B 3 KR 10/10 R.

Bundessozialgericht Urteil vom 18.5.2011, Az. B 3 KR 12/10 R.

Degener, Theresia (2001): zitiert von Scheub, Ute: Der Terror der Normalität. 10.07.2001, taz.

Erhardt, Klaudia und Grüber, Katrin (2011): Teilhabe von Menschen mit geistiger Behinderung am Leben in der Kommune. Freiburg: Lambertus.

Gesetz zu dem Übereinkommen der Vereinten Nationen vom 13. Dezember 2006 über die Rechte von Menschen mit Behinderungen sowie zu dem Fakultativprotokoll vom 13. Dezember 2006 zum Übereinkommen der Vereinten Nationen über die Rechte von Menschen mit Behinderungen vom 21. Dezember 2008, Bundesgesetzblatt Jahrgang 2008, Teil II, Nr. 35, ausgegeben zu Bonn am 31. Dezember 2008.

Grüber, Katrin (2008): Vortrag Setting Priorities in Research – Also an Ethical Issue. Intergroup on Bio-Ethics, European Parliament, 17.01.2008.

Lenk, Christian (2002): Therapie und Enhancement. Ziele und Grenzen der modernen Medizin, Münster: LIT.

Goßens Rechtsanwälte (2005): Rechtliche Rahmenbedingungen zur Beantragung und Durchsetzung des mikroprozessorgesteuerten Kniegelenk-Prothesensystems C-Leg. http://www.gossens.de/Downloads/rechtsanwalt_c-leg.pdf.

Karacostas, Alexis (2007): Vortrag auf dem Festival Retour d'image 15.12.2007.

Meuter, Norbert (2006): Körper und Leib. Zum Verhältnis von körperlicher Integrität und personaler Identität. In: Ehm, Simone/Schicktanz, Silke (Hrsg.): Körper als Maß? Biomedizinische Eingriffe und ihre Auswirkungen auf Körper- und Identitätsverständnisse, Stuttgart: Hirzel, S. 51 - 62

Monaghan, Lee (2009): Politicising fatness, repudiating obesity discourse: challenging sizism and normativity. In: ,epidemic' times, Vortrag auf der Konferenz: The Perfect Body: between Normativity and Consumerism. Linköping, 9-13 October 2009.

Nussbaum, Martha (2000): Good brave world. In: The New Republic Online vom 12.4.2000, http:www.tnr.com/120400/nussbaum12400.print.html., zitiert von Lenk (2002), S. 64.

Olbrisch, R. R. (1985): Plastic and Aesthetic Surgery on Children with Down's Syndrome. Aesth. Plast. Surg. 9, S. 241 - 248.

Quinn, G. und Degener, T. (2002): Human Rights and Disability. The current and future potential of United Nations human rights instruments in the context of disability. United Nations, New York and Geneva. In: Marianne Hirschberg (Hrsg.), (2003): Die Klassifikation von Behinderungen der WHO. IMEW Expertise 1, Berlin: IMEW.

Riegler, Christine (2006): IMEW Expertise 6, Behinderung und Krankheit aus philosophischer und lebensgeschichtlicher Perspektive. IMEW, Interview C.

Riegler, Christine (2011): Identität und Anerkennung. In: Mürner, Christian/ Sierck, Udo (Hrsg.): Behinderte Identität. Neu-Ulm: AG-SPAK-Bücher, S. 20 - 34.

Saal, Fredi (2002): Warum sollte ich jemand anderes sein wollen? Erfahrungen eines Behinderten. Neumünster: Paranus.

Sandor, Judit (2009): Vortrag im Rahmen des Roundtable Ethical Dimensions of Enhancement auf der Konferenz The Perfect Body: between Normativity and Consumerism, Linköping, 9-13 October 2009.

Satz, Ani/ Silvers, Anita (2000): Disability and Biotechnology. In: Murray, Thomas (Hrsg.): Encyclopaedia of ethical, legal, and policy issues in biotechnology. New York: Wiley-Interscience, S. 173 - 187.

Schmitz, Thorsten (2010): Süddeutsche Zeitung 17.8.2010.

Schönwiese, Volker (2011): Behinderung und Identität: Inszenierungen des Alltags. In: Mürner, Christian/ Sierck, Udo (Hrsg.): Behinderte Identität. Neu-Ulm: AG-SPAK-Bücher, S. 143-164.

Scully, Jackie Leach (2006): Disabled Knowledge. Die Bedeutung von Krankheit und Körperlichkeit für das Selbstbild. In: Ehm, Simone/Schicktanz, Silke (Hrsg.): Biomedizinische Eingriffe und ihre Auswirkungen auf Körper- und Identitätsverständnisse. Stuttgart: Hirzel, S. 187 - 206.

Scully, Jackie Leach (2008): Disability Bioethics, Moral Bodies, Moral Difference. Lanham: Rowman & Littlefield.

SGBV § 52 Leistungsbeschränkung bei Selbstverschulden.

Shakespeare, Tom (2011): When realism is critical, posted on November 21 http://nndr.org/2011/11/21/when-realism-is-critical.

Simon, Jean-Luc (2008): Vortrag auf der International conference on Intelligent Robots and Systems (IROS), Nice, Frankreich, 23.09.2008.

Synofzik, Mathis (2006): Kognition à la carte. Der Wunsch nach kognitionsverbessernden Psychopharmaka in der Medizin. Ethik in der Medizin 18, S. 37-50.

Vasey, S. (1992): A response to Liz Crow. Coalition, September, 42-44, S. 44.

Vernaldi, Matthias (2003): Der schiefe Baum. In: AG Medizin(-ethik) und Behinderung in der Akademie für Ethik in der Medizin e.V.: Behinderung und medizinischer Fortschritt. Dokumentation der gleichnamigen Tagung vom 14.–16. April 2003 in Bad Boll, Göttingen, S. 28–29.

Woodcock, Kathryn (1992): Cochlear Implants vs. Deaf Culture. In: A Deaf American Monograph („happy implantee"), S. 151-155.

Ethikdebatte und gesellschaftlicher Prozess:
Lehren aus der Geschichte des Cochlea-Implantats

Stuart Blume

Inwieweit und wie spielt der Gedanke vom „guten Leben" – oder geläufiger von „Lebensqualität" – für die Entwicklung und für die Einführung von neuen medizinischen Technologien überhaupt eine Rolle? Wenn es Zweifel an diesem Maßstab gibt, wenn es gute Gründe gibt, die Art oder das Ausmaß der Steigerung der Lebensqualität der Menschen, für welche die Technologie intendiert ist, zu hinterfragen, was dann? Welchen Unterschied können diese Zweifel ausmachen? Dies sind die Themen, die ich in diesem Beitrag diskutieren möchte. Ich beziehe mich auf die Studien über Cochlea-Implantate und über gehörlose Menschen, die ich über eine Reihe von Jahren durchführte (Blume 2010).

Als in den 1960er und 1970er Jahren das Cochlea-Implantat entwickelt wurde, konnte die Medizin für vollständig Gehörlose praktisch noch nichts ausrichten. Die Betroffenen sind Menschen, deren Gehörlosigkeit durch die fehlende Funktion des Innenohrs (der Cochlea) verursacht wird. Sie können nicht oder nur wenig von konventionellen Hörhilfen profitieren.

Die frühen Experimente mit dem Implantat, die in Europa, Australien und den USA durchgeführt wurden, stießen unter anderem auf Widerstand bei praktizierenden Ärzten und Physiologen. Doch nur wenige waren gewillt, ihre Bedenken öffentlich zu formulieren. Viele waren der Meinung, dass die Kenntnisse nicht ausreichten, um eine Implantationen bei Patienten zu rechtfertigen. Trotzdem trieben die Pioniere die Entwicklung voran. Sie arbeiteten an einer Vielfalt von Implantat-Designs: Einige waren relativ einfach und nicht-invasiv, andere komplexer und invasiv. 1974 fand ein Workshop in San Francisco statt, bei dem deutlich die Differenzen zu Tage traten, die es sogar zwischen den Gruppen gab, die an der Entwicklung eines Implantats arbeiteten. Sie bezogen sich sowohl auf den Stand der Technik (War sie noch experimentell oder war sie schon eine erprobte Technologie?) als auch auf den zusätzlichen Nutzen, der von komplizierteren Apparaten zu erwarten war, an denen einige arbeiteten. Doch unabhängig von den vielen unterschiedlichen Ansichten gab es einen Punkt, der allgemeine Zustimmung auf sich zog: Die Erfolgsaussichten der Technologie waren sehr positiv. Von den 300.000 schwer Hörbeeinträchtigten in den USA könnten „bis zu zwei Drittel ... einen potentiellen Nutzen aus einem Implantat ziehen" (Merzenich/Sooy 1974).

Gestützt durch die Genehmigung der U.S.-amerikanischen *Food and
Drug Administration (FDA)*, kam Mitte der 1980er Jahre das erste kommerzielle Cochlea-Implantat auf den Markt. Dem Optimismus der Ärzte,
die das Implantat entwickelt hatten, stand aber die Realität entgegen. Sie
hatten erwartet, dass Gehörlose zu Tausenden in die Kliniken strömen
würden. Die war aber nicht der Fall, was nicht nur dem Markt zuzuschreiben war, der viel langsamer wuchs, als die Hersteller erwartet hatten. Zu
ihrer und der Kliniker Erstaunen begannen Gehörlose in vielen Ländern
sogar gegen den Eingriff zu *protestieren*. Die Gründe hierfür schienen zu
diesem Zeitpunkt niemandem wirklich einsichtig. Man nahm an, dass der
Mangel an Kandidaten für die Implantation auf die Kosten der Prozedur
zurückzuführen war. Diese wurden noch nicht durch Krankenkassen oder
Medicaid übernommen. Oder er wurde der „Angst vor dem Eintritt in die
Welt des Hörens" zugeschrieben (Garud/Van de Ven 1989, 504). Doch die
Proteste bezogen sich auf etwas Anderes.

Gehörlosenaktivisten in Großbritannien, Frankreich, den USA und an-
derswo argumentierten, dass die Prozedur auf einem falschen Verständnis
des Lebens von Gehörlosen beruhte. Das „medizinisch-industrielle Estab-
lishment" nahm an, dass Gehörlose isoliert von sozialen Kontakten ein ein-
sames und unglückliches Leben führten. Aber dies war bei weitem nicht
der Fall. Eine soziologische Studie, die 1980 veröffentlicht wurde (von der
jedoch angenommen werden kann, dass sie nur wenige Ärzte oder Industrielle gelesen hatten) hätte ihnen gezeigt, wie und warum sie das Problem
falsch verstanden. Der Autor, Paul Higgins, war mit gehörlosen Eltern aufgewachsen und unterrichtete ein Jahr an einer Gehörlosenschule, bevor er
ein Graduiertenstudium der Soziologie aufnahm. Sein Buch mit dem Untertitel „A Sociology of Deafness" (Higgins 1984) zeichnete ein fundamental anderes Bild von der Gehörlosigkeit als das klinische. Obwohl ausgeschlossen von der Welt der Hörenden, sind Gehörlose nicht die sozial iso-
lierten Menschen, für die sie meistens gehalten wurden. Higgins portrai-
tierte eine komplexe Gemeinschaft, mit der sich viele ihrer Angehörigen
stark identifizierten. Die Gehörlosenvereinigungen geben ihren Mitgliedern einen Platz der freien und barrierefreien sozialen Interaktion: Einen
Rückzugsort vor den zermürbenden Frustrationen der hörenden Welt. Hier
konnten sie frei und leicht mit ihren Freundinnen und Freunden kommunizieren. Die Basis dieser freien und leichten Kommunikation war die Gebärdensprache. Higgins Analyse bot eine andere Erklärung dafür, dass so
wenige Gehörlose an einem Implantat interessiert waren: Gehörlose haben
ihre eigene Gemeinschaft. Zuhause in ihren Familien, unter Freunden, im
Gehörlosenclub haben Gehörlose ein soziales Leben, das sich wenig von

dem ihrer hörenden Nachbarn unterscheidet. Der Schlüssel zu all diesem ist die Gebärdensprache. Gehörlose, die sie nutzen und die in die Gehörlosengemeinschaft integriert sind, sehen für sich keine Notwendigkeit für eine Prothese, die ihnen hilft zu hören oder zu sprechen. Das mangelnde Interesse der Gehörlosen an dem Implantat war auf die Tatsache zurückzuführen, dass die meisten Gehörlosen bereits sahen, dass sie ein „gutes Leben" führten.

Damit aus dem Widerspruch zur erlebten Wirklichkeit einen kollektiver Protest entstand, war ein weiterer Faktor ausschlaggebend: Die 1970er Jahre waren auch von einem neuen Selbstbewusstsein der Gehörlosengemeinschaft geprägt. Ergebnisse linguistischer Forschung hatten gezeigt, dass Gebärdensprache alle wesentlichen Merkmale einer natürlichen gesprochenen Sprache aufweist. Außerdem sahen sich Gehörlose durch die Bürgerrechtsbewegungen der damaligen Zeit (die Frauenbewegung, die schwarze Bürgerrechtsbewegung in den USA, die Lesben- und Schwulenbewegung) darin unterstützt, auf ihrem *Recht* zu bestehen, als kulturelle und linguistische Minderheit anerkannt zu werden, anstatt als Gruppe von beeinträchtigten Personen, die der medizinischen Korrektur bedurften. Nicht nur, dass sie sich nicht als Implantatskandidaten meldeten – Aktivisten der Gehörlosengemeinschaft *(Deaf community)* begannen das Implantat als Symbol eines Jahrhunderts der Unterdrückung der Gebärdensprache und der Gehörlosenkultur zu sehen. Zunehmend selbstbewusst begannen sie, gegen die Diskrepanz zwischen ihrer eigenen Erfahrung und ihren eigenen Zielsetzungen auf der einen Seite und dem in den meisten Medienberichten über das Cochlea-Implantat verbreiteten Verständnis von Gehörlosigkeit zu protestieren. Ihr Protest wurde noch wesentlich vehementer, als nach 1990 die Implantation von Erwachsenen auch auf gehörlose Kinder ausgedehnt wurde. Gehörlosenaktivisten begannen dann, die Fähigkeiten hörender Eltern in Frage zu stellen, für ihre gehörlosen Kinder vernünftige Entscheidungen zu treffen, weil sie über das Leben von Gehörlosen nicht Bescheid wissen. Sie widersprachen der Annahme, dass ein gehörloses Kind in einer regulären Schule besser aufgehoben sei als in einer Schule für Gehörlose. Die Behauptungen, die über des Cochlea-Implantat aufgestellt wurden, zeigten für sie nicht nur die Unkenntnis über das wirkliche Lebens von Gehörlosen, sondern, noch viel schlimmer, sie stellten einen erneuten Angriff auf die Ziele und die Rechte der Gehörlosengemeinschaft dar. Gehörlosenaktivisten zeichneten ein andere Version der Geschichte des Implantats, nämlich eine, die das Implantat nicht in eine Geschichte des medizinischen Fortschritts einbettete, sondern in die Geschichte der Unterdrückung gehörloser Menschen.

Auf welcher Evidenz beruhte der fachliche Konsens bezüglich des Werts eines Implantats? Die Antwort ist ziemlich einfach: verbessertes Hörvermögen. Die Evidenz, die nach 1990 dazu half, Gesundheitspolitiker, Klinikvorstände, Ärzte und Eltern gehörloser Kinder zu überzeugen, ein Cochlea-Implantat nachzufragen oder anzuwenden, war auf der Basis einer Überzeugung konstruiert, dass die Implantation zu besserem Hören führt und dass dies als hinreichender Grund, stellvertretend für alles andere stehen konnte. Dass daneben mehr Dinge für die Entwicklung eines (gehörlosen) Kindes wichtig sind und dass zu wenig über diese anderen Dinge bekannt war, wurde zwar regelmäßig zugegeben, aber ohne dieser Erkenntnis irgendeine Bedeutung beizumessen, die darüber hinausreichte, sie als zukünftige Forschungspriorität festzuhalten. Diese Art von Studien konnten auch später noch gemacht werden. Und sie kamen: Studien zu den Schulleistungen von Kindern mit Implantaten, Studien zu sozialer, kognitiver und psychologischer Entwicklung; Studien, die die „Lebensqualität" bestimmten, um ein ökonomisches Argument für die Implantation zu machen – sie alle erschienen später. Der Schluss liegt nahe, dass diese Studien nicht dazu dienten, den Grund für einen professionellen Konsens zu legen, sondern gemacht wurden, um ihn gegen äußere Anfechtungen zu „verteidigen".

Eine Vielzahl von Studien in dieser Richtung sind seit den frühen 1990er Jahren durchgeführt und veröffentlicht worden. Um diese Analysen durchführen zu können, mussten Annahmen getroffen und Vereinfachungen gemacht werden: In Bezug darauf, wessen Kosten erfasst werden sollen, wie Lebensqualität gemessen werden soll und (entscheidend im Falle der pädiatrischen Implantation) in Bezug auf die Schulbildung von Kindern mit Implantat. Als das „Preis-/Leistungsverhältnis" für die Ausgabenentscheidungen der Gesundheitsversorgung zunehmend wichtiger wurde, bekamen Studien, die die Kosteneffektivität einer Behandlung aufzeigen konnten, ein starkes Gewicht für die Rechtfertigung der professionellen Praxis. Und in der Tat, nahezu alle Studien kommen zum Schluss, dass die Kosten der Cochlea-Implantation zur Verbesserung der Lebensqualität in einem günstiges Verhältnis stehen.

Woran lag es, dass Evidenz, Expertise und Erfahrung, die über das Messen des Hörvermögens hinaus reichen, wenig zählten, oder gar keine Rolle spielten, *bevor* der professionelle Konsens erreicht und die Implantation bei Kindern als medizinische Standardpraxis etabliert wurde? Eine plausible Antwort auf diese Frage ist, dass es mit der Aufrechterhaltung des beruflichem Status und der Autorität der Rechtssprechung zusammenhing. Dies war der Grund, dass die Relevanz anderer disziplinärer Perspektiven (von Linguisten, Pädagogen oder Psychologen) marginalisiert wurde, nämlich all derer, die sich sonst in die Evaluation einer medizinischen Praxis eingemischt oder sie komplizierter gemacht hätten. Gleiches gilt für die erlebte Erfahrung erfolgreicher Gehörloser und die Umstände, die ihr Leben möglich gemacht hatten. Erfahrung durfte aus demselben Grund keine Rolle spielen: Hätte sie gezählt, hätte sie eine Bedrohung dargestellt für die etablierten professionellen und institutionellen Beurteilungen und Interessen. Sie hätte die Autorität der spezifisch medizinischen Expertise in Frage gestellt und das breitere Netz institutioneller Interessen und Praktiken bedroht, das um diese Implantate herum gesponnen war. In enger Verbindung mit Sprechschulen für Gehörlose insistierten viele Implantationsprogramme darauf, dass die Eltern sich zum ausschließlichen Gebrauch der gesprochenen Sprache verpflichteten.

Als die Appelle an ihre eigenen Erfahrungen nicht überzeugen konnten, wandten sich Gehörlosenaktivisten der Bioethik zu und formulierten ein Argument, das auf Rechten beruht. Die Bioethik war ursprünglich mit den „möglichen Auswirkungen des biomedizinischen Wissens und seiner Anwendungen auf die menschlichen Lebensbedingungen" befasst (Callahan 1999) und mit den Effekten der Biomedizin auf das menschliche Wohl. Um ihre Kritik zu rechtfertigen, schien dies deshalb ein vernünftiger Weg. Die Bioethik bietet die Sprache mit der größten Autorität, in der sich die breiteren Auswirkungen neuer medizinischer Interventionen diskutieren lassen. Also argumentierten einige, dass die Gemeinschaft und die Kultur der Gehörlosen ein Recht auf Schutz und Respekt haben. Eltern von gehörlosen Kindern, die versuchten zu entscheiden, was im besten Interesse ihrer Kindes liegt, hatten eine Pflicht zu hören, was die Gehörlosengemeinschaft dazu zu sagen hatte. Aber dieser Anruf scheiterte ebenfalls: Bioethiker rissen sich nämlich nicht darum, diese Argumente zu unterstützten. Die Fürsprecher der Gehörlosen hatten nicht berücksichtigt, in welchem Maße die Bioethik bereits durch professionelle Interessen beeinflusst und durch eine allgemeinere Philosophie des liberalen Individualismus geprägt war. Nichtsdestotrotz wird diese Debatte weitergeführt, wie im Folgenden kurz dargestellt werden soll.

In den meisten Ländern waren die Möglichkeiten der Gehörlosengemeinschaft, ihr Anliegen vorzubringen, begrenzt. Wie soziologische Studien zu den neuen sozialen Bewegungen gezeigt haben, reichen zur Erklärung des Erfolges (oder Misserfolges) in der Beeinflussung der öffentlichen Meinung oder der Politik die verfügbaren Argumente nicht aus. Es müssen ebenso die Möglichkeiten berücksichtigt werden, die ein politisches System bietet. In den Niederlanden zum Beispiel wurde die politische Entscheidung über die Kostenübernahme der Implantation bei Kindern in einem medizinisch dominierten Beratungsgremium (dem Krankenversicherungsrat) vorbereitet. Die Empfehlung des Rats beruhte auf dem Bericht eines Pilotprojekts zur Implantation, angefertigt von einem Universitätskrankenhaus (Academisch Ziekenhuis Nijmegen 1996). In der Regel befolgte der Gesundheitsminister den Ratschlag dieses Gremiums nahezu automatisch. Darüber hinaus verfügten akademische Lehrkrankenhäuser und die Angehörigen der Medizinberufe über ziemlich viel Erfahrung mit Lobbying hinter den Kulissen. Im Gegensatz dazu ist die Gehörlosengemeinschaft in institutionalisierten Beratungsprozessen nicht vertreten. Wir sehen ebenso Unterschiede der Möglichkeiten zwischen der medizinischen Profession und der Gehörlosengemeinschaft, die Entscheidungen einzelner Eltern zu beeinflussen. Schon bevor die Implantation so selbstverständlich geworden war, wie in den meisten Europäischen Ländern, wurde die Empfehlung, ein Implantat einzusetzen, in einem vertrauensvollen Arzt-Patienten-Verhältnis abgegeben, welches nur wenige Patienten hinterfragten. Was hingegen die Gehörlosengemeinschaft zu sagen hatte, blieb den meisten Eltern unbekannt, kam von einer marginalisierten oder stigmatisierten Quelle und war nicht immer leicht zugänglich, sogar für die Wenigen, die es versucht haben. Ein Hauptelement ihrer Botschaft war der Begriff einer „Gehörlosengemeinschaft" *(Deaf community)*, deren Mitgliedschaft ein „Geburtsrecht" und eine Quelle der „Identität" sei. Dies war für Eltern nicht leicht zu akzeptieren.

Im Allgemeinen hängt die Verfügbarkeit einer neuen medizinischen Technologie wie das Cochlea-Implantat von einer Serie von Entscheidungen hinsichtlich der Sicherheit, Wirksamkeit und Wirtschaftlichkeit ab. Werden die Kosten der Prozedur – in diesem Fall waren sie sehr hoch – durch die Krankenversicherungen übernommen? Man muss Evidenzen über den Wert der Technologie sammeln und dem zuständigen Entscheidungsgremium zur Verfügung stellen. Wie wurde die Evidenz für den Wert des Implantats auf nationaler Ebene bemessen? Das Gewicht, das den unterschiedlichen Arten von Evidenz gegeben wird, hängt davon ab, wer die Einschätzung vornimmt und in welchem Forum die Bemessung erfolgt.

Wenn Entscheidungen innerhalb eines medizinischen Rahmens und (vorgeblich) auf medizinischer Basis getroffen werden, wird die Qualität der Evidenz ausschlaggebend. Starke und robuste Studiendaten, die Berücksichtigung von Kosten, QUALYs und DALYs sollte genug Rechtfertigungsgrundlage geben. Auf der Basis solcher Überlegungen gab das holländische Programm zur Implantation in der Pädiatrie seinen Arbeitsbericht ab, der praktisch jeder Referenz zur Kontroverse ausschloss oder zu dem, was über die Effekte der Implantation *nicht* bekannt war. Auf der Basis derselben Überlegungen entschied der Krankenversicherungsrat, dass der Wert des Implantats bewiesen war. Dies war dadurch bedingt, dass die Entscheidungsfindung „abgekapselt" in einem medizinischen Expertenforum verlief und nicht in die Politik oder die Gerichtssäle „hinaussickerte". Im Wissen, dass die Prozedur kontrovers war, und möglicherweise auch aus Sorgen über der implizierten Kosten, zögerte die niederländische Gesundheitsministerin in ungewöhnlicher Weise mit der Übernahme der Empfehlung des Gremiums. Sie entschied, die verschiedenen Akteure zu konsultieren und trat damit in Konflikt zum Krankenversicherungsrat, welcher davon ausging, dass der Kasus für die Implantation bewiesen war. Situationen wie diese treten häufiger auf: als Ergebnis wachsender Forderungen nach breiterer Partizipation und Transparenz und schwindenden Vertrauens in Experten. Was passiert, wenn ein Expertenforum seine Legitimität verliert, wenn seine Genehmigung oder seine Garantien nicht auf einem weit verbreiteten Vertrauen beruht?

Deliberative Lösungsversuche

Für viele Regulierungsinstanzen im Medizin- und Gesundheitsbereich ist das Gewinnen von öffentlichem Vertrauen entscheidend: der entscheidende Test ihrer Legitimität. In Gebieten mit deutlichen Kontroversen, wie Genetik oder Stammzellforschung, wurden die Regulierungsbehörden gezwungen, das breite Spektrum von sich widersprechenden Perspektiven einzubeziehen, die von Patientengruppen, religiösen Gruppen, industriellen Interessensverbänden und Wissenschaftlern eröffnet werden. Um dies zu erfüllen und ihre Aussagen zu legitimieren, haben sie ihren Mitgliederkreis mit Vertretern der Öffentlichkeit erweitert, Konsensuskonferenzen und andere konsultative Mechanismen entwickelt. Die Legitimität soll sich mit anderen Worten aus einem Prozess der demokratischen Deliberation ergeben.

In den 1990er Jahren wurde das Thema der pädiatrischen Implantation in einer Reihe von Foren aufgegriffen, die anscheinend die divergierenden Standpunkte miteinander versöhnen wollten. Wie die drei folgenden Beispiele zeigen sollen, war es aber sehr unterschiedlich, wie diese Gremien dazu kamen, das Thema anzugehen, welche Funktion und welchen Status sie hatten.

Das französische Nationale Ethikkomitee in den Gesundheits- und Biowissenschaften (CCNE) 1994: Es wurde im Jahr 1983 durch den französischen Präsidenten eingesetzt und ist ein beratendes Gremium mit breitem Mandat. Seine Aufgabe, wie es jetzt im Gesetz definiert ist, besteht darin, „Stellungnahmen zu ethischen Problemen und gesellschaftlichen Fragen zu formulieren, die durch die Fortschritte in den Gebieten Biologie, Medizin und Gesundheit aufgeworfen werden."[1] Das Thema der Implantation bei Kindern wurde an das CCNE durch eine radikale Bewegung herangetragen *(Sourds en Colère)*, zusammen mit einer Gruppe von Psychologen, Soziologen, Linguisten und Lehrern. Diese Gruppe lud das Gremium ein, die Frage zu behandeln, ob angesichts der Unsicherheiten bezüglich der sozialpsychologischen und linguistischen Folgen der Implantation bei Kindern die Praxis der Implantation im französischen Recht als experimentell gelten sollte. Das Komitee stimmte zu, sich mit dem Thema zu beschäftigen und veröffentlichte seine Stellungnahme Ende 1994[2]. Obwohl es das Komitee zurückwies, die Prozedur als experimentell zu klassifizieren (weil sie schon zu stark institutionalisiert war), kam es zum Schluss, dass allen gehörlosen Kindern von früher Kindheit an die Gebärdensprache angeboten werden sollte, unabhängig davon, ob sie später für eine Implantation in Frage kommen würden. Damit sollte das Risiko vermieden werden, die soziale und psychische Entwicklung des Kindes zu behindern.

Die NIH Consensus Development Conference 1995: Konsensentwicklungskonferenzen sind ein Grundbestandteil der Praxis der *National Institutes of Health* und sind nach einem etablierten Verfahren organisiert. Ein unabhängiges Panel von Experten wird bestellt und damit beauftragt, ein Konsensstatement vorzubereiten. Dieses Panel trifft sich während einem oder zwei Tagen in einem öffentlichen Rahmen, hört Präsentationen von Forschenden im betreffenden Feld an und diskutiert Fragen aus dem Publikum. Im Mai 1995 setzte das NIH eine zweite Consensus Development Conference zum Thema der Cochlea-Implantate ein. In diesem Fall waren zehn der vierzehn Panel-Teilnehmer Spezialisten der Otolaryngologie und Gehörwissenschaften/Audiologie, sowie biomedizinische Ingenieure. Die Konsensuserklärung, die daraus entstand, enthält den Hinweis, dass „the conference was convened to summarize current knowledge about the range of benefits and limitations of cochlear implantation that have accrued to

---

1   www.ccne-ethique.fr.
2   Comité Consultatif National d'Ethique pour les Sciences de la Vie et de la Santé, Avis sur l'implant cochleaire chez l'enfant sourd pré-lingual Paris, CCNE, 1994 (www.ccne-ethique.fr).

date. Such knowledge is an important basis for informed choices for individuals and their families whose philosophy of communication is dedicated to spoken discourse".[3] In der Einleitung wird weiter erklärt, dass „issues relating to the acquisition of sign laguage were not directly addressed by the panel, because the focus of the conference was on new information on cochlear implantation technology and its use" (ibid.). Durch diese Selbstbeschränkung auf die Informationsbedürfnisse von bereits vollständig der Mündlichkeit verpflichteten Individuen und ihrer Familien – bezüglich der Frage, wie der Nutzen des Implantats maximiert werden kann – umging die Konferenz die eigentliche Kontroverse. Damit konnten sich die Teilnehmer ohne große Schwierigkeiten auf eine Position einigen, die im Ganzen das medizinische Denken der damaligen Zeit widerspiegelte.

Die Niederländische Plattform 1995-1999. Die niederländische Plattform war ein konsultatives Ad-hoc-Forum auf freiwilliger Basis. Die Vereinbarung, diese Plattform einzusetzen, entstand aus einem zweitägigen Treffen von Vertretern der Implantationsteams, Eltern von gehörlosen Kindern und von Mitgliedern der Gehörlosengemeinschaft, in dem die aufgeworfenen Fragen diskutiert wurden. Die Plattform, die unter unabhängigem Vorsitz eingerichtet wurde, umfasste Repräsentanten aus jeder Gruppe. Diese Form der Deliberation ist in den Niederlanden gut etabliert. Zu Beginn funktionierte sie gut als Ort, wo Meinungsverschiedenheiten ausdiskutiert werden konnten. Aber schnell stellte sich heraus, dass ein Konsens nur so lange möglich war, als keine wirklich relevanten Entscheidungen gefällt werden sollten. Im Jahr 1997, als die Konsenssuche eine Zustimmung des Ministeriums zur Erstattung von Behandlungskosten aufzuhalten schien, entstanden unüberbrückbare Differenzen. Nachdem 1999 die Zustimmung des Ministeriums schließlich vorlag, waren die Implantationsteams nicht mehr an der Teilnahme interessiert, und die Plattform fiel zusammen.

Wenn man aus diesen drei fehlgeschlagenen Versuchen einer praktikablen und akzeptablen Konsensfindung lernen will, sind die Erörterungen der politischen Theoretikerin Iris Marion Young über die Grenzen der deliberativen Demokratie hilfreich. Young stellt ihre Diskussion als Dialog zwischen Proponenten zweier konträrer Positionen im Kampf um soziale Gerechtigkeit dar. Der *deliberative Demokrat*, wie ihn Young darstellt, „thinks that the best way to limit political domination and the naked impo-

---

3   National Institutes of Health: Cochlear Implants in Adults and Children. Consens Statement Online. 15 - 17. Mai 1995, 13(2): S. 1-30. http://consensus.nih.gov/ 1995/1995CochlearImplants100html.htm (zuletzt abgerufen am 12. 06. 2012).

sition of partisan interest and to promote greater social justice through public policy is to foster the creation of sites and processes of deliberation
among diverse and disagreeing elements of the polity" (Young 2001, 672).
Er behauptet, dass man sich durch „vernünftiges Argumentieren" auf eine
Politik verständigen kann, die für alle akzeptabel ist. Der *Aktivist* hingegen
misstraut der Einladung, an einem deliberativen Prozess teilzunehmen.
Seiner Ansicht nach verfälschen tief verwurzelte strukturelle Ungleichheiten schon die Regeln jedes derartigen Prozesses und verzerren die möglichen Ergebnisse. Es macht für ihn deshalb keinen Sinn, „to sit down with
those whom he criticizes and whose policies he opposes to work out an
agreement through reasoned argument they all can accept. The powerful
officials have no motive to sit down with him, and even if they did agree to
deliberate, they would have the power unfairly to steer the course of the
discussion" (ibid., 673).

Der Aktivist wird seine Position gewiss durch die französischen, amerikanischen und holländischen Debatten zur Cochlea-Implantation bei
Kindern bestätigt finden. Auf verschiedenen Wegen und aus unterschiedlichen Gründen sind alle Versuche, die Kontroverse prinzipiell zu lösen, ge-
scheitert. Weder durch Expertenbeurteilungen noch auf der Basis einer Deliberation zwischen Interessensvertretern noch durch Mediation kam ein
Ergebnis zustande.

Langsam aber sicher entsteht jedoch tatsächlich ein differenzierteres
Bild davon, was Cochlea-Implantate in der Praxis bewirken. Einige erwachsene Gehörlose mit Implantat schildern ihre Lebenserfahrungen in
einer Art und Weise, die etwas Komplexeres zeigt, als es in einer Entwe-
der/oder-Kontroverse möglich ist. Es ging darum, sich zwischen der Welt
der Gehörlosen und der Welt der Hörenden zu bewegen, einen „Weg der
Gehörlosigkeit" zu verhandeln, der ihren Umständen und Lebensentscheidungen angemessen war. Für jeden von ihnen war das Implantat eine Hilfe
dabei, das Leben zu leben, welches sie leben wollten – als Gehörlose, die
hören und sprechen konnten wenn sie dies wünschten (Blume 2010, 163-
170). Auf diesem Weg, unter Erhaltung ihrer Identität als Gehörlose, aber
mit ihrer Teilhabe an der hörenden Welt, taten sie etwas, das eigentlich
nicht überraschen sollte. Es ist nicht mehr und nicht weniger als das, was
zahllose junge Menschen auch tun, die in Gemeinschaften von ethnischen
oder religiösen Minderheiten geboren werden: Sie suchen Wege, sich anzupassen und in der weiteren Welt funktionieren zu können, und gleichzeitig ihrer Herkunft und der Gemeinschaft, in der sie aufgewachsen sind, ihre
eigene Bedeutung zu geben. Trotz aller Fehlschläge, einen akzeptablen und
praktikablen Kompromiss *im Prinzip* zu finden, und wie widerwillig auch

immer, beginnt jede Seite doch zumindest zuzuhören, was die andere zu sagen hat.

Anscheinend unterscheidet sich dieser Fall von den meisten anderen Beispielen, in denen Patientengruppen versuchten, Einfluss auf medizinischen Fortschritt zu nehmen. Denn Gehörlose suchten nicht nach einer „Heilung" für ihre Gehörlosigkeit. Das Gegenteil war der Fall. Für sie ging es nicht um die Beeinflussung der Richtung der medizinischen Forschung oder darum, gerechteren Zugang sicherzustellen. Außerdem genießen Gehörlose – zumindest in westeuropäischen Ländern – eine Intensität der Gemeinschaft (und das Bewusstsein einer gemeinsamen Geschichte), die sich grundsätzlich von den gemeinsamen Erfahrungen von Menschen mit Krebs oder Herzerkrankungen unterscheidet. Ich glaube aber nicht, dass sie wirklich so unterschiedlich sind und dass das deutlicher zu Tage tritt, wenn wir den Fokus auf Enhancement-Technologien legen.

Lehren aus der Debatte um das künstliche Ohr

Drei Lehren können aus der Kontroverse um das Cochlea-Implantat und aus ihren Lösungsversuchen gezogen werden: Die erste betrifft die Begriffe, mit denen der Nutzen neuer Technologien eingeschätzt werden soll. Der Konsens bezüglich der Nützlichkeit des Implantats, zuerst für Erwachsene, dann für Kinder, beruhte auf dem Effekt auf das Hörvermögen. Hin und wieder wurde eingeräumt, dass die Konsequenzen der Implantation für die kindliche Entwicklung weit darüber hinaus reichen. Aber in der Phase, in der sich der professionelle Konsens formte, wurden praktisch keine Studien zu der linguistischen, kognitiven oder sozial-emotionalen Entwicklung gehörloser Kinder durchgeführt. Es gab keine Studien zu den Konsequenzen einer frühen Implantation für die Eltern-Kind-Beziehung. Es gab keine Studien zu dem Nutzen (oder den Nachteilen) für das Kind durch die Eingliederung in die Regelschulbildung, obwohl dies ein sehr wichtiger Faktor im ökonomischen Argument für die Implantation bei Kindern war. Schließlich wurde – in deutlichem Widerspruch zu allen heutigen Bekenntnissen zu „erfahrungsbasiertem Wissen" – das Wissen und die Erfahrung der „Gehörlosengemeinschaft" nicht zugelassen, um den Nutzen der Cochlea-Implantation abzuschätzen. Daraus folgt die Frage: Warum wurden so viele Aspekte bei der Beurteilung der Implantation unberücksichtigt gelassen? Wenn man den professionellen Konsens von den Resultaten psychosozialer und linguistischer Studien (ganz zu schweigen von den Erfahrungen von Gehörlosen) abhängig gemacht hätte, so hätte dies bedeutet, den professionellen Status und die Autorität der Rechtssprechung zu kompromittieren. Gehörlosenaktivisten stellten eine Herausforderung für die Medizin dar. Sie hinterfragten die Kompetenz, die Autorität und das Recht der Profession, eine Intervention zu beurteilen, die diese in ihren beschränkten Begrifflichkeiten als medizinisch definierte. Die angemessene Prüfung war nicht das „verbesserte Hören", gemessen mit audiologischen Skalen und Instrumenten, sondern eine weitaus komplexere Metrik, basierend auf Psychologie, Linguistik und dem reflexiven Verständnis von Gehörlosen. Es sind das Hörvermögen und seine Messung, und diese allein, welche im unumstrittenen Zuständigkeitsbereich der medizinischen und audiologischen Professionen liegen.

Die erste allgemeine Lektion, welche uns diese Studie lehren kann, bezieht sich darauf, wie die Maßstäbe bestimmt werden, mit denen die Vorteile einer neuen Intervention festgestellt werden sollen. Wer soll zu ihrer Bestimmung einbezogen werden? In der Praxis wird diese Frage fast nie gestellt.

Die zweite Gruppe von Problemen hat mit der Unfähigkeit der Gehörlosenbewegung zu tun, für ihre Sicht der Dinge genügend Aufmerksamkeit zu erreichen (außer vielleicht in Schweden). Dies beinhaltet mehr als nur die mangelnde Partizipation von Gehörlosen in der initialen Bewertung der Technologie. Die Gehörlosengemeinschaft wendete ja nicht nur ein, dass die Identifikation mit Gehörlosigkeit für das Selbstbewusstsein eines gehörlosen Kindes besser ist, als wenn es einen Platz am Rand einer Gesellschaft der Hörenden einnehmen muss. Es ging auch darum, dass das Wohl und die Zukunft der Gehörlosengemeinschaft durch die Zunahme der pädiatrischen Implantationen bedroht waren. Die Schwierigkeit, mit diesem Anliegen ernstgenommen zu werden, ging zum einen auf die relativ geringe Reichweite der Kanäle zurück, über die sie ihre Ansichten kommunizieren konnte, zum anderen darauf, dass sie keine Stimme in den staatlichen Strukturen zur politischen Verhandlung oder Deliberation hatte. Die Bioethik, die eine autoritative Sprache und ein Forum für die Debatte um die Sorgen der Gehörlosengemeinschaft anzubieten schien, erfüllte dies nicht, da sich ihr Horizont verengt hatte auf die Angelegenheiten individueller Rechte. Wie es der Philosoph Robert Sparrow kürzlich deutlich formulierte, ist die (Bio-)Ethik bisher noch unfähig, oder hat es noch nicht versucht, die schwierige Frage zu erörtern „whether the value of culture justifies turning away from policies that would benefit individuals but threaten cultures" (Sparrow 2010, 463). Indem er sich speziell auf die Implikationen von pränataler Diagnostik für die Gehörlosengemeinschaften bezieht, argumentiert Sparrow, dass ethisch angemessene Antworten nur gefunden werden können, wenn man sich in anspruchsvollen Debatten engagiert „debates in anthropology and polititcal philosophy about the value of culture, as well as debates on medical ethics" (ibid.).

In der Zwischenzeit entstehen in einigen Ländern gangbare Wege nach vorn, die weder Experten noch deliberative politische Prozesse bieten konnten. Die Fronten weichen auf. Ist die Tatsache, dass in diesem Fall der Kompromiss nicht aus politischen Entscheidungsprozessen, sondern aus der Zivilgesellschaft entstand, relevant dafür, wie mit kontroversen medizinischen Technologien allgemein umgegangen werden sollte? Wie kann ein System der *Governance* beidem gerecht werden, nämlich einer politischen Forderung (wie die, dass die Gehörlosengemeinschaft Rechte hat, die Respekt und Schutz verdienen, und dass diese jetzt bedroht sind) und der Überzeugung einzelner Bürger (in diesem Fall der Eltern gehörloser Kinder), dass eine Behandlung in ihrem persönlichen Interesse und dem ihres Kindes ist? Es ist schwierig, dazu eine Position zu beziehen. Aber vielleicht findet sich die Antwort nicht in formalen Entscheidungsstrukturen, sondern in der täglichen sozialen Praxis. Möglicherweise ergibt sich ein Weg aus dem, was Rayna Rapp und Faye Ginsburg über Behinderung sagen (Rapp & Ginsburg 2001). Sie schlagen nämlich vor, dass eine Integration der Behinderung in das alltägliche Leben, der Wechsel von Ausschluss zu Einschluss, im Familienleben verwurzelt sein muss. „Öffentliches Erzählen" von den Wegen, wie sich Familien Kindern mit speziellen Bedürfnissen anpassen können, ist eine essentielle Ressource, die Eltern befähigt, eine „Imaginationsarbeit" zu leisten, die es braucht, um Behinderung zu akzeptieren. Das bedeutet, dass der Aufmerksamkeitsfokus der Behindertenbewegung, die Gehörlosengemeinschaft, oder vielleicht auch darüber hinaus, weniger auf den formalen Entscheidungsstrukturen liegen sollte, sondern auf den Medien, welche die Bilderwelten und die gängigen Vorstellungen in der Gesellschaft beeinflussen.

Damit hängt eine dritte Gruppe von Problemen zusammen. Sie beziehen sich auf das, was man dem Historiker Thomas Hughes als „Momentum der Technologie" bezeichnen kann (Hughes 1994). Dieses Momentum hat seinen Ursprung in der frühen Geschichte der Cochlea-Implantation, als HNO-Chirurgen, Industrieunternehmen, Institutionen und Professionen, die Dienstleistungen für Gehörlose erbrachten, damit begannen, dies als Quelle von Status, Legitimität und Profit zu sehen. Indem sie sich auf verbreitete und kulturell mächtige Vorstellungen des medizinischen Fortschritts bezogen, hatten sie keine Schwierigkeiten, die Massenmedien für ihre Sicht auf das Implantat als Quelle der Hoffnung für Eltern von gehörlosen Kindern zu vermitteln. Eltern boten mit ihren geweckten Hoffnungen nicht nur einen empfänglichen Markt, sondern sie waren auch eine politische Ressource. Der Appell an die Länge von Wartelisten und die Aussage, dass die Zukunft der Kinder durch das Warten bedroht war, war ein politisch nutzbares Argument, um Mittel aus den Töpfen der Gesundheitsversorgung freizubekommen. Als Konsequenz wählen Eltern in vielen westlichen Ländern die Implantation ihres gehörlosen Kindes nicht auf der Basis von sorgfältiger Abwägung der Alternativen, sondern auf Grund von nicht denkender Nachahmung. Trotz der Doktrin der informierten Zustimmung, zu der sich heute alle bekennen, führt das Momentum und die gesellschaftliche Dynamik unweigerlich zu einer Situation, in der genau die informierte und überlegte Entscheidung ausgeschlossen scheint, welche die Doktrin verlangt.

Es ist diese soziale Dynamik, die dem Problem zu Grunde liegt, das einige Ethiker in Bezug auf Enhancement-Technologien erkannt haben. Es ist absolut denkbar, dass Ethiker sich darauf einigen, dass eine bestimmte Form des Enhancements nicht richtig ist und untersagt werden sollte. Aber die gesellschaftliche Nachfrage für diese Prozedur und das Bedürfnis der Professionen, diese auch anzubieten, könnte so stark werden, dass der Rat der Ethiker den Verlauf der Ereignisse wenig verändert. Das Schicksal des Ratschlags des CCNE von 1994 kann dafür ein Beispiel sein.

Übersetzt von Janina Soler Wenglein und Christoph Rehmann-Sutter

Bibliographie

Academisch Ziekenhuis Nijmegen, Cochleaire Implantatie bij Kinderen van Maart 1993 tot Maart 1996. Eindverslag van het ontwikkelingsgeneeskunde project. Nijmegen/St. Michielsgestel/Amsterdam, 1996.

Blume, S. (2010): The Artificial Ear. Cochlear Implants and the Culture of Deafness. New Brunswick, New Jersey: Rutgers University Press.

Callahan, D. (1999): The social sciences and the task of bioethics. In: Daedelus. Bioethics and Beyond 128(4), 275-294.

Comité Consultatif National d'Ethique pour les Sciences de la Vie et de la Santé, Avis sur l'implant cochleaire chez l'enfant sourd pré-lingual. Paris: CCNE, 1994.

Garud, R. and Van de Ven, A.H. (1989): Technological innovation and industry emergence: the case of cochlear implants. In: A. H. Van de Ven, H.L. Angle and M. S. Poole (Hrsg.): Research on the Management of Innovation: The Minnesota Studies. New York: Harper & Row.

Higgins, Paul C. (1984): Outsiders in a Hearing World. A Sociology of Deafness Thousand Oaks. California: Sage Books.

Hughes, Thomas P. (1994): Technological momentum. In: M. R. Smith and L. Marx (Hrsg.): Does Technology Drive History? The Dilemma of Technological Determinism. Cambridge/ Mass: MIT Press, S. 101-113.

Merzenich, M. M. and Sooy, F. A. (1974): Report of a Workshop on Cochlear Implants. San Francisco: University of California.

National Institutes of Health Consensus Development Conference Statement, Cochlear Implants in Adults and Children. 13, 2 May 1995.

Rapp, Rayna and Ginsburg, Faye (2001): Enabling disability, rewriting kinship, reimagining citizenship. Public Culture 13, S. 533-556.

Sparrow Robert (2010): Implants and ethnocide: learning from the cochlear implant controversy. Disability & Society 25(4), S. 455-466.

Young, Iris Marion (October 2001): Activist Challenges to Deliberative Democracy. Political Theory 29(5), S. 670-690.

Weiterführende Literatur:

Bauman, H-Dirksen L. (Hrsg.) (2008): Open Your Eyes. Deaf Studies Talking. Minneapolis: University of Minnesota Press.

Blume, Stuart (2010): The Artificial Ear. Cochlear Implants and the Culture of Deafness. New Brunswick, New Jersey: Rutgers University Press.

Christiansen, John B. and Leigh, Irene W. (2002): Cochlear Implants in Children: Ethics and Choices. Washington DC: Gallaudet University Press.

Günter, Klaus-B. (Hrsg.) (1997): Der Elternratgeber. Leben mit Hörgeschädigten Kindern. Hamburg: Verlag hörgeschädigte Kinder GmbH.

Harlan, Lane (1992): The Mask of Benevolence. Disabling the Deaf Community. New York: Knopf.

Über Konstruktion und Dekonstruktion von Gehörlosigkeit bei Kindern

Sigrid Bosteels und Stuart Blume

Einleitung

Die Mehrzahl der werdenden Eltern erhofft sich - und erwartet - ein „normales" Baby: perfekt geformt, mit allen Organen, Gliedmaßen, Muskeln und Sinnen versehen - hinreichend ausgestattet, um einem normalen Wachstums- und Entwicklungsprozess zu folgen. Die Fortschritte in den Bereichen pränataler genetischer Tests, der Auswahl von Embryonen und künstlicher Befruchtung scheinen die Möglichkeit eines „Designerbabys" zu eröffnen (Rothshild 2005). Diese Möglichkeit findet allerdings nicht überall Anklang (z.B. Parens & Asch 1999). Offenkundig wird das Kind, das die meisten werdenden Eltern erwarten, hören und sehen können. Da das Hörvermögen bereits zur Mitte der Schwangerschaft entwickelt wird, ist es heutzutage für schwangere Frauen nicht ungewöhnlich, das klangliche Wahrnehmungsvermögen des Ungeborenen durch das Tragen von klimpernden Gürteln oder durch das Vorspielen von Musik zu fördern. Da das Hören als Voraussetzung für den Lautspracherwerb gilt, wurde es für wichtig befunden, das normale Hören des Babys auszubilden. In den reicheren Staaten der Erde, eingeschlossen westeuropäische Sozialstaaten in denen wir leben, gehört das Testen des kindlichen Hörvermögens zur Routine. Allerdings haben sich in den letzten Jahren die Testmethoden und der Zeitpunkt des Tests geändert. Ist das Hörvermögen gemessen an den Bevölkerungsnormen ungenügend und das Kind als „gehörlos" oder „schwerhörig" eingestuft, wird mit größter Wahrscheinlichkeit ein Hörgerät verschrieben. Auch hier haben technologische Fortschritte zu neuen Arten prothetischer Möglichkeiten geführt. Die messenden Techniken, Kategorisierungen und prothetischen Hilfsmittel der Medizin dringen tiefgreifend - und wahrscheinlich in zunehmendem Maße - in das Leben gehörloser Kinder und deren Familien vor.

Mediziner, Hals-Nasen-Ohren-Ärzte (HNO) und Audiologen, die solche Behandlungen durchführen, begreifen ihre Arbeit nicht als „Making"[1]

---

1 Übernahme der engl. Formulierungen „making" und „unmaking" zur Verdeutlichung der Bedeutungshorizonte: des Machens, Erschaffens, und Konstuierens

oder „Unmaking" gehörloser Kinder. Mit Hilfe zunehmend fortgeschrittenerer Technologien stellen sie Diagnosen, bewerten und leisten Ersatz. Wo liegt der Unterschied zwischen dieser und unserer Terminologie? Indem wir den Begriff „Making" anstelle von „Diagnostizieren" anführen, möchten wir ein besonderes Augenmerk auf die Komplexität des sozialen Prozesses legen, der erst durch das Stellen einer Diagnose ausgelöst wird und der sowohl eine Neustrukturierung der Elternschaft verlangt, als auch ein neues Feld von Abhängigkeitsverhältnissen eröffnet (Charmaz 1991). Wir sprechen vom „Making" gehörloser Kinder, da, wie bereits Scott für blinde Menschen gezeigt hat (Scott 1968/1991), dies der erste Schritt eines bedeutend längeren Prozesses ist; eines Prozesses, in dem die Familie des Kindes ihre Verantwortungen und notwendigen Fähigkeiten erwirbt und in dem das Kind lernt, sich so zu verhalten, wie es von einem gehörlosen Kind erwartet wird. Medizinern würden mit den Begriff „Unmaking" größere Schwierigkeiten haben. Er geht weit über das von der heutigen Medizin zu Leistende hinaus. „Natürlich können wir Gehörlosigkeit nicht *heilen*" würden viele entrüstet entgegnen „wir können lediglich einige der Ausprägungen und Auswirkungen lindern." Der Terminus „unmaking deafness" entstammt nicht der Sprache der Medizin, sondern wird vor allem durch die Massenmedien geprägt, die eifrig und oft überenthusiastisch die maßvollen Ansprüche der professionellen Medizin verstärken (Dresser 2001). Auch wenn „unmaking" mit „heilen" gleichzusetzen ist, wie wir noch sehen werden, bedarf dieser Terminus einer etwas anderen Interpretation.

Making

Wie von vielen Elternratgebern impliziert wird, bedarf es in der Erziehung der Aneignung neuer Fähigkeiten, der Entwicklung neuer Sensibilität und der Neukonzentration von Aufmerksamkeit. Eltern und deren Babys entdecken die neuen Eindrücke des Familienlebens und werden nicht nur in eine vertraute, sondern auch in eine soziale Welt der Interaktion eingebunden. Mutter oder Vater, Tochter oder Sohn beginnen einen lebenslangen Sozialisationsprozess - eingeschlossen der Resozialisation der Eltern. Durch den Prozess des Erziehens und Anleitens der eigenen Kinder wird man zum Elternteil und stellt sich neuen Rechten, Verantwortungen, Verpflichtungen und Problemen. Diese haben im Fall eines gehörlosen Kindes eine be-

(making), sowie des Ungeschehenmachens, der Verbesserung (Enhancement), des Aufhebens und des Beseitigens von Behinderung (unmaking). Anm. d. Ü.

sonders herausragende Bedeutung und spezielle Qualitäten. Ein phänomenologischer Blick auf die gelebten Erfahrungen von Eltern mit Kindern mit Behinderung fordert uns zu einer anderen Sichtweise auf die alltägliche Welt heraus und fragt nach den multiplen Bedeutungen von Frühbehandlungen. Eltern gehörloser Kinder sind in der Elternschaft mit dem von Landsmann (2003) und Larson (1998) angeführten Paradox konfrontiert. Wenn Eltern zu ihrem Kind sagen „Ich liebe dich so, wie du bist" und gleichzeitig zu verstehen geben „Ich würde alles tun, um dich zu ändern", bewegen sie sich auf einem schmalen Grat (Landsmann 2003). Im Falle kindlicher Gehörlosigkeit werden Probleme im Umgang mit dem Neugeboren auf sein fehlendes Hörvermögen zurückgeführt, was eine frühe Abhängigkeit von technischer und medizinischer Unterstützung einleitet. Aus professioneller und politischer Sicht gilt die Möglichkeit, hören und sprechen zu können als die Grundvoraussetzung und als richtiger und guter Standard für ein normales, glückliches und gesundes Kind. Folglich verursacht die Abwesenheit dieses Vermögens (des Hör- und Sprechvermögens) eine generalisierende Identitätskonstruktion des Kindes als gehörlos oder behindert; dies birgt die Gefahr, das Person-Sein des Kindes herabzusetzen.

Im Laufe der Zeit hat sich die Art und Weise, bei Kindern ein beeinträchtigtes Hörvermögen festzustellen, gewandelt. Jahrzehntelang beinhaltete der erste Test, in der Regel während des neunten bis zwölften Monats durchgeführt, das Kind in einem akustisch eingerichteten Raum auf den Schoß der Mutter zu setzen. Außerdem waren zwei Fachleute anwesend, von denen sich einer vor und einer hinter dem Kind positionierte. Der Vordere unterhielt das Kind auf visueller Ebene, indem er ihm verschiedenstes Spielzeug zeigte (vor allem Bausteine), während der hinter dem Kind Platzierte auditive Signale, wie Geräusche einer Rassel, eines Löffels in einer Kaffeetasse, eines Tamburins etc. einbrachte. Dieses wurde abwechselnd auf der rechten und der linken Seite ausgeführt und dabei die Reaktion des Kindes beobachtet. Dieser Test führte zu relativ hohen Anteilen von falsch positiven Ergebnissen und sorgte für unnötige Anspannung bei den Eltern. Wenn es dem Kind nicht gelang, wie erwartet zu reagieren, wurden weitere Tests durchgeführt. Das Hörvermögen des Kindes wurde gemessen und daraufhin ein Audiogramm erstellt. Ein Audiogramm beinhaltet die Repräsentation der Intensität des gerade noch hörbaren Tons einer Auswahl von Frequenzen. Sobald eine wesentliche Abweichung vom durchschnittlichen Hörvermögen erkennbar ist, wird das Kind als schwerhörig oder gehörlos eingestuft.

Im letzten Jahrzehnt wurde ein neuer Hörtest eingeführt. Im Gegensatz zum Test, der mit neun bis zehn Monaten durchgeführt wird, kann das Hörvermögen eines Babys bereits in den ersten Wochen getestet werden. Dies geschieht mit Hilfe der neuen hoch technologischen Methode des Hörscreenings, der sogenannten Hirnstammaudiometrie. In der flämischen Region Belgiens begann man als erste Region in Europa bereits 1998, den „Algo Test" routinemäßig durchzuführen. Warum? Die nationale öffentliche Institution für Kinderfürsorge *Kind & Gezin* – die sich seit den späten 1970ern für die Ermittlung von Gehörverlust bei jungen Kindern verantwortlich zeichnet – wurde durch Folgendes zu ihren unermüdlichen Einsatz in der Früherkennung veranlasst:

> „Kindern mit beeinträchtigtem Hörvermögen fehlt die sensorische Stimulation, welche die Grundvoraussetzung für die Lautsprachentwicklung darstellt. Diese Beeinträchtigung hat schwerwiegenden Einfluss auf die Gesamtentwicklung der Persönlichkeit in allen ihren sozialen, emotionalen, intellektuellen und kinästhetischen Aspekten. Desweiteren hat die Abwesenheit auditiver Impulse einen negativen Effekt auf den Erziehungsprozess und das Eltern-Kind-Verhältnis." (Van Kerschaver & Stappaerts 2008)

Die politischen Entscheidungsträger und der Leiter der medizinischen Abteilung der flämischen Organisation für Kinderfürsorge waren sowohl vom therapeutischen und pädagogischen Wert, als auch von den günstigen Kosten der frühstmöglichen Bestimmbarkeit kindlichen Gehörverlustes überzeugt. Die Eltern wurden auf die Verantwortlichkeiten hingewiesen, die das Erziehen eines gehörlosen Kindes mit sich bringen und weiterhin ermutigt, diese gewissenhaft wahrzunehmen. Erziehung wird dementsprechend auf einer technisch-medizinischen Basis neu definiert und weniger vor dem Hintergrund affektiver Prioritäten. Insbesondere aufgrund der Wichtigkeit der adäquaten Aneignung von Lautsprache und Sprechen, der sozial-emotionalen Entwicklung und der zukünftigen Ausbildungsmöglichkeiten wurden die technischen und biomedizinischen Interventionen als selbstevident formuliert und Geschwindigkeit hier als äußerst wichtig betrachtet.

Der medizinisch-technologische Weg zu therapeutischer Elternschaft

In Belgien wird das Hörscreening bei Kindern während der ersten vier bis sechs Lebenswochen von einer Krankenschwester durchgeführt. Eine Stadtteilkrankenschwester von *Kind & Gezin* besucht jedes Neugeborene und erwartet lediglich, dass das Neugeborene zum Zeitpunkt des Besuchs ruhig ist oder schläft. An den Kopf des Neugeborenen werden zwei Elektroden eines tragbaren Geräts angebracht, eine Elektrode pro Seite. Diese senden Signale zum Gehirn und bereits wenige Minuten später steht das Ergebnis fest: entweder „pass" oder „refer". Bei dem Ergebnis „pass" ist davon auszugehen, dass ein normales Hörvermögen vorliegt. Lautet das Ergebnis „refer", so ist das Hörvermögen der jeweiligen Seite möglicherweise eingeschränkt und bedarf weitergehender ärztlicher Beurteilung. Ein weiterer Test wird für gewöhnlich innerhalb der ersten 48 Stunden nach dem ersten Test und in Anwesenheit eines Arztes oder einer Ärztin durchgeführt. Sollte auch dieser Test ein positives Ergebnis zeigen, werden Eltern und Kind in eine auf Audiologie spezialisierte Einrichtung überwiesen (meist die HNO-Abteilung eines Krankenhauses), in welcher zusätzliche Diagnoseverfahren und weiterführende Behandlungen geplant werden.

Wie erleben Eltern die Konfrontation mit der Diagnose ‚gehörloses Kind'?

Eltern, die das anfängliche Ergebnis „refer" mit Besorgnis aufnahmen und weitergehende medizinische Untersuchungen erwarteten, wurden zumeist von der Art und Weise der Durchführung des Tests und der Kommunikation der Befunde enttäuscht und verwirrt.

> „Es war das erste Mal, dass die Krankenschwester dies (ein positive Testergebnis - Anm. d. Ü.) erlebte, da der Algo Test noch nicht sehr lange benutzt worden war; lediglich ein paar Monate oder weniger als ein Jahr. Sie sagte: ‚Mit dem Gerät muss etwas nicht stimmen [...]. Am Donnerstag besuche ich Sie erneut und bringe ein anderes Gerät mit.' Auch mit diesem lautete das Testergebnis „refer". Sie telefonierte mit jemandem vom Betrieb, der den Algo-Test herstellt, führte den Test noch dreimal durch und dann begann ich, unruhig zu werden. Was ist hier los?"[2] (Mutter von Jolien, Belgien)

Die Forderung, dass Eltern schnell entscheiden und handeln, ist manchmal zu groß, um sie angemessen zu bewältigen. Es bleibt zunehmend weniger Zeit und Raum, sich mit den Gefühlen von Zweifel, Unsicherheit, Ärger, Ablehnung und Hoffnung auseinanderzusetzen. Durch den Einfluss des

---

2   Wegen der verhältnismäßig geringen Häufigkeit angeborener Gehörlosigkeit (1,4/1000) waren die Krankenschwestern nicht regelmäßig mit einem positiven Testergebnis konfrontiert und mussten sich mit diesen neuen Aufgaben zunächst vertraut machen.

medizinisch-technischen Verlaufs kommt eine Spannung im Erziehungsprozess auf. Der Erfolg des Neugeborenen-Hörscrennings und der anschließenden Untersuchungen steht und fällt mit der Zuversicht und dem Vertrauen der Eltern. Missverstehen die Eltern professionelle Aussagen oder lehnen sie ab, hat dies möglicherweise eine Verzögerung oder Ablehnung der anschließenden Behandlungen zur Folge. Ab dem Zeitpunkt der Diagnose ist die komplette Aufmerksamkeit auf das Funktionieren oder Versagen des Hörvermögens gerichtet und die Eltern werden mit neuen Informationen und Verpflichtungen überladen. Die Eltern vergessen hier womöglich das völlig gesunde Kind in einem nicht lebensbedrohlichen Zustand und konzentrieren sich auf das Fehlende und Bedrohliche.

> „Du selbst machst alle Arten von Tests, die ganze Zeit. Wenn sie in ihrem Kinderbett liegt, machst du Geräusche jeglicher Art, um zu sehen, ob sie zusammenzuckt ... zum Beispiel mit zwei Topfdeckeln. Sie zuckte nicht im eigentlichen Sinne, aber sie blinzelte. Doch das war wegen des Luftzugs, den du verursacht hast... In diesem Moment denkst du, sie hat es sowieso schon gehört. Du machst dir auf so viele Arten etwas vor, damit kannst du dich nicht abfinden."(Mutter von Jolien, Belgien)

Die Identität des Kindes verfestigt sich in der Kategorisierung als gehörloses oder schwerhöriges Kind, von dessen Eltern erwartet wird, es dementsprechend zu fördern und zu erziehen. Die Freude über die bevorstehende Elternschaft, kann bei dem Gedanken, Elternteil eines gehörlosen Kindes zu werden, schon bald in Gefühle von Verlust und Traurigkeit umschwenken. Weil nur wenige Eltern bereits Erfahrung mit Gehörlosigkeit gemacht haben, werden die empfohlenen Arten der Interaktion und der Kommunikation als ungewohnt und unnatürlich wahrgenommen.

> „Du bist zu Hause, du hast gerade ein Baby bekommen und dann ... dein Kind kann nicht hören. Du sagst seinen Namen und begreifst, dass er dich gar nicht hören kann. Das ist schrecklich. Es ist vielleicht dumm, aber in diesen ersten drei Wochen redete ich auf ihn ein, obwohl er mich überhaupt nicht hören konnte." (Mutter von Bram, Belgien)

Die professionelle Information, welche die Eltern erfahren, während sie sich auf diesen medizinisch-technologisch geprägten Weg der Erziehung einlassen, bietet ihnen die Hoffnung auf den Eintritt des Kindes in die Welt der mündlichen Kommunikation. Das Kind sollte Geräuschen so häufig und intensiv wie möglich ausgesetzt werden. Der Einsatz eines Hörgeräts, unabhängig von der Schwere des Gehörverlusts, ist hier der erste Schritt. Selbst Kinder mit hochgradiger Hörbeeinträchtigung (welchen im Grunde genommen ein Hörgerät nur einen geringen Nutzen bietet), sollten dieses von Anfang an tragen. Die Anpassung dieser technischen Hilfsmittel, entspricht nicht den Träumen und Vorstellungen der Eltern.

„Gut, ein Kind, ein Baby mit Hörgerät, ist das wirklich notwendig? [...] Die ganze Familie stutzte und sie sagten, dass das nicht sein könne, dass er gut reagiere, und dass alles gut werde, ich würde schon sehen. Sie sagten ‚Du wirst das nicht machen, oder, ein Baby mit Hörgerät?' Ich erwiderte ‚Ich muss doch, ich sollte' [...]. Das Personal im Hearing Center dort drüben redete auf uns ein und überzeugten uns zu 200%, das Kind muss schließlich sprechen. Und wenn du noch zwei oder drei Jahre wartest, wird er nicht mehr sprechen können, er wird nur lallen. In der Tat, wenn du dir die Gehörlosen anschaust, die früher geboren wurden und um die sich nicht richtig gekümmert wurde, die blieben gehörlos ..." (Mutter von Wouter, Belgien)

Wie zögerlich auch immer die Reaktion auf die benötigten technischen Interventionen ausfällt, alle Eltern sind mit der Intensität und Geschwindigkeit der medizinisch-technologischen Achterbahn konfrontiert. Manchmal gehen sie ihre elterlichen Pflichten eher wie Therapeuten an, als wie die Eltern, die sie gerne wären.

„Jolien hatte ein Hörgerät, als sie sechs Wochen alt war. Sie ist damit die Jüngste auf der Welt... Wenn ich jetzt an all das zurückdenke, das kannst du dir nicht vorstellen. Das war das eine, zuerst jede zweite Woche, alle zehn Tage ein neues Hörgerät. Diese kleinen Ohren wuchsen ziemlich schnell. Und sobald etwas Luft zwischen das Hörgerät kam, begann es zu fiepen. Also konntest du nicht mit deinem Kind kuscheln oder es richtig hochheben, weil das Hörgerät ständig fiepte. Uns wurde gesagt, ‚Wendet so viel Zeit wie möglich auf und setzt sie Geräuschen aus', also in unserer Freizeit, ja, es wurde zur Obsession, taten wir nichts anderes ... aber dabei endest du als Therapeut und bist nicht mehr Mutter oder Vater ..." (Mutter von Jolien, Belgien)

Dieses therapeutische Elternsein erlegt einer Familie neue Einschränkungen und Verpflichtungen auf, während Eltern und Kind lernen, eine „gehörlose Familie" zu sein. Unterdessen werden die vertrauten familiären Räume mit teurer Hörtechnologie und gut meinenden, aber fremden Fachleuten gefüllt. Wenn das Hauptaugenmerk auf regelmäßigem Üben, Lehren und der Rehabilitation des Kindes liegt, welches der Wiederherstellung bedarf, werden die gesellschaftliche Verantwortung und die affektiven Bedürfnisse des Kindes womöglich vernachlässigt.

Familien sind oft verwirrt und unsicher, nicht nur bezüglich der notwendigen Anpassungen, sondern auch bezüglich der Reaktionen der Außenwelt: Aus Sicht Anderer wird der Sohn oder die Tochter zur Schande.

„Sie sagten ‚deinem Kind wird geholfen'. Du solltest dankbar sein, dass dir geholfen wird, ich weiß. Und, etwa vor einer Woche schauten wir eine Dokumentation über Cochlea-Implantate und ich sagte ‚OK, wenn ihr das hilft, dann bringe ich sie ins Krankenhaus, stecke dieses Teil unter ihre Haare, sodass man es nicht sieht.' Ja, aber nein, bei ihr funktionierte es nicht. Es mussten Hörgeräte sein. Ich dachte, meine Güte nein, solch ein kleines Kind, solch ein kleines Gesicht, und solch kleine Ohren sollen diese riesigen Hörgeräte tragen. Schon allein, was andere Leute dazu sagen. Im ersten Moment kam es mir entsetzlich vor und sie sahen riesig aus, wie sie unter ihren Haaren hervorkamen. Wäre es möglich, würde sie gar keine tragen. Natürlich gibt es keine Alternative. Aber wenn der Tag kommt, an dem sie sagen, dass sie operiert werden kann und danach hören kann, wie jedes andere Kind, dann werfen wir die Hörgeräte sofort raus." (Mutter von Sein, Belgien)

Gelegentliche Gegendarstellungen zeigen Ansätze eigener Handlungsfähigkeit und des Widerstands gegen den von professioneller und von instrumenteller Logik geprägten Diskurs, der die Eltern zum Handeln und nicht zur Reflexion herausfordert. Nur wenige Eltern verfügen über die Ressourcen, die Fähigkeiten und das Selbstbewusstsein, nach einer eigenen Lösung zu suchen, die eine andere Geschichte erzählt, anstatt den medizinischen Empfehlungen blind zu folgen. Auch sie sind mit „making deaf children" beschäftigt, aber anders. Kobe und Marthes Mutter, Sprachtherapeutin und Audiologin, wenn auch nie Praktizierende, erklärt dieses folgendermaßen:

„Jeder musste lachen, wenn er in unser Haus kam. Überall hingen Zettel und Fotos. Es gab einen sehr großen Spiegel, den ich einmal auf einem Flohmarkt gekauft hatte. Ich saß immer auf dem Boden vor dem Spiegel und spielte mit ihnen, griff nach Dingen ... oder ging mit ihnen einkaufen, sodass sie die Dinge fühlen, schmecken und halten konnten. Dabei war ich keine Therapeutin, es war alles spielerisch. Für uns hat es einen großen Unterschied gemacht, Gebärdensprache zu lernen. Wir machten das vier Jahre; die Großeltern auch. Das war für uns als Familie sehr wichtig im Hinblick auf Akzeptanz, aber auch um zu lernen, mit der Behinderung umzugehen. Was es allein bedeutet, gehörlos zu sein. Lernen, Dinge zu akzeptieren und sich nicht von ihnen einschüchtern zu lassen. Also wenn du keine Angst vor der Behinderung deines Kindes hast, wirst du es viel besser akzeptieren können." (Mutter von Kobe und Marthe, Belgien)

Auch diese Mutter beschäftigt sich mit einer Art Konstruktion, unter Miteinbezug der gesamten Familie, und ihr Ansatz zeigt eine Handlungsfähigkeit, die in den Geschichten der meisten anderen Eltern weniger augenscheinlich ist. Auf der einen Seite hat sich die Familie zum Erlernen von Gebärdensprache entschlossen – ein Vorgehen, das der medizinisch-technologische Weg tendenziell ausblendet. Auf der anderen Seite legt die Erzählweise nahe, dass die affektive Dimension der Erziehung dem Diktat eines von außen aufgezwungenen therapeutischen Regimes geopfert wird Nur wenige Eltern haben die Fähigkeiten und das Selbstbewusstsein einem Regime zu entkommen, das gewissenhafte Konformität erfordert und der affektiven Dimension von Erziehung weniger Bedeutung beizumessen scheint. Auch diese Eltern helfen dabei, gehörlose Kinder zu „machen", aber vielleicht auf eine andere Weise und vielleicht mit anderen Absichten.

Unmaking

Die meisten hörenden Eltern, bei deren Kind ein Hörverlust diagnostiziert wird, lassen sich auf eine medizinisch-technische Behandlung ein als einer Art der therapeutischen Behandlung. Warum? Medizinische Spezialisten und Audiologen haben nicht behauptet, dass Gehörlosigkeit „unmade", also ungeschehen gemacht werden könnte. Eltern wurden nicht dahingehend ermutigt, dass ihr gehörloses Kind hörend gemacht werden könnte. Die eher zurückhaltende Andeutung beinhaltete, dass das Kind durch hinreichendes Engagement und Einsatz das geringe verbleibende Hörvermögen zur bestmöglichen Leistung zu nutzen lernt und auf diese Weise das Funktionieren in der Welt der Hörenden erlernt.

In den vergangenen Jahrzehnten ist der soziale und medizinisch-technische Kontext, in dem die Erziehung gehörloser Kinder stattfindet, komplexer und umstrittener geworden. Dies ergibt sich teilweise aus den Auswirkungen der oben beschriebenen früheren Diagnosen. Der therapeutische Behandlungsverlauf hat sich unter dem Einfluss der Entwicklungen in der Screeningtechnologie gewandelt und lässt immer weniger Zeit für die affektiven Aspekte der Kindererziehung. In Verbindung hierzu stehen teilweise auch die Entwicklungen in der Prothetiktechnologie. Im Verlauf der 1990er wurde ein neues Gerät, das Cochlea-Implantat[3] weithin verfügbar. Die Implantation wurde in einem Alter durchgeführt, das von Jahren auf Monate zurückgegangen war und den zumeist empfohlenen nächsten Schritt der therapeutischen Elternschaft darstellt. So, wie durch den medi-

---

3   Das Cochlea-Implantat besteht aus einem äußeren Teil mit Mikrofon und Sprachprozessor, und einer in der Chochlea, dem schneckenförmigen Innenohr, implantierten Elektrode. Das Cochlea-Implantat ermöglicht die Weitergabe auditorischer Stimuli an das Gehirn - und das auch bei gehörlosen oder hochgradig schwerhörigen Menschen, die keinen Nutzen aus der Geräuschverstärkung eines konventionellen Hörgerätes ziehen.

zinischen Akt (die Diagnose) diese Transformation in der Erziehungsweise
ausgelöst wurde, bringt auch der chirurgische Akt (Implantation) eine Reihe von Aufgaben und Pflichten mit sich.

Auch wenn Fachleute es bisher vermieden haben, einen Anspruch auf
das „Unmaking" von Gehörlosigkeit zu erheben, beinhaltete der öffentliche Diskurs, der die Einführung der Cochlea-Implantate in die medizinische Praxis begleitete, explizit oder implizit solche Ansprüche. In den
Massenmedien wurde das Cochlea-Implantat zum „bionischen Ohr". Dieser Terminus ruft ein anderes Bild hervor als „Cochlear-Implantat" und
scheint das unbegrenzte Potenzial der Wissenschaft zu evozieren. Dies ge-
schah nicht zufällig. Der Begriff wurde mit eben diesen Assoziationen
während der Planung eines im Fernsehen auszustrahlenden Spendenaufrufs
für das Implantat-Programm in Melbourne, Australien geprägt. Es wurde
offenbar vorgeschlagen, dass es den Anschein hätte, als würden sie am Ohr
des „Six Million Dollar Man" aus der gleichnamigen TV-Serie arbeiten
(Clark 2000, 71). Auch wenn Zweifel an diesem Begriff bestanden, der
eher auf die Steigerung als auf eine Korrektur des Hörvermögens hinweist,
erwies er sich als unwiderstehlich. Er reizte sowohl die Chirurgen zur Ak-
quise von Mitteln, als auch die Massenmedien, die den populären Glauben
in die Medizin widerzuspiegeln suchten. Melbourne wurde schon bald zur
Heimat des „Bionic Ear Institute".

Der mediale Diskurs über neue medizinische Technologie ist von Bedeutung. Die Erwartungen an diese Technologie werden nicht nur, und
vielleicht noch nicht einmal in erster Linie, durch die von Fachleuten zur
Verfügung gestellten Informationen geprägt. Die meisten amerikanischen
und europäischen Eltern wuchsen in einer Kultur auf, die sich viel von medizinischer Technologie versprach und waren demzufolge der gängigen
Botschaft von Hoffnung ausgesetzt, die immer und immer wieder von den
Massenmedien wiederholt wurde. Bezogen auf das Cochlea-Implantat war
diese Botschaft klar, einfach und stützte sich vielfach auf persönliche Er-
fahrungsberichte erfolgreich Implantierter. Gestützt auf seine professionelle Erfahrung in der Durchführung psychologischer Erhebungen im Vorfeld
von Implantationen, kam Robert Pollard zu dem Ergebnis, dass Kandidaten
(für die Implantation) und deren Familien oft „eine stark vereinfachte oder
verzerrte Sichtweise über Cochlea-Implantate aufweisen, die auf den von
den Massenmedien vermittelten Informationen beruhen" (Pollard 1996).
Und während Fachleute beim Bereitstellen umfassender Informationen eine wichtige Rolle spielen könnten, und die Eltern beim kritisch reflektier-
ten Entscheiden unterstützen könnten, tun sie dies jedoch selten. Das den
Fachleuten zugängliche Informationsmaterial betrachtend, auf das ihre me-

dizinischen Empfehlungen gründen, folgert Pollard: „Die Eltern wissen kaum etwas über den Alltag Gehörloser; die Botschaft, die in solch einer Präsentation vermittelt wird, legt nahe, dass wenn sie ihr gehörloses Kind lieben, eine Cochlea-Implantation anzustreben ist, um auf diese Weise solcherlei Katastrophen (Gehörlosigkeit) abzuwenden." Auch wenn Eltern es vermeiden können, dem Medien-Hype zu erliegen, haben sie Schwierigkeiten, dem einfachen, von den Massenmedien gezeichneten Bild, das durch die Sichtweisen Betroffener gebrochen wird, auszuweichen.

> „Wissen Sie, ein oder zwei Freunde sagten, ‚Konnte er kein Cochlea-Implantat bekommen?' Sie sagten es so, als ob uns etwas verweigert worden wäre. So, wie es die Presse tut ... es wird als ‚Heilung für Gehörlosigkeit dargestellt'..." (Frau Carter, Mutter, UK)

Das Wachrufen der ungeschehen gemachten Gehörlosigkeit, des bionischen Hörens, so wie es die frühe Berichterstattung prägte, wurde angezweifelt. In einigen Ländern waren Organisationen von Eltern gehörloser Kinder unzufrieden damit (Blume 2010, 69-71; vgl. auch Blume in diesem Band). Da aus ihrer Sicht keineswegs deutlich war, in welchem Umfang ein Implantat den gehörlosen Kindern nützen würde, war es notwendig, vorsichtig vorzugehen. Sie machten sich Sorgen darüber, dass die Öffentlichkeit rund um das „bionische Ohr" unrealistische Hoffnungen und Erwartungen hervorrufen würde. Ihre Besorgnis in den frühen Jahren der pädiatrischen Implantation bezog sich vorwiegend auf die Ungewissheit, auf das Fehlen von gesichertem Wissen.

Spätere Kritik nahm eine andere Entwicklung. Die Implantationsprogramme in vielen Ländern bestanden darauf (und viele bestehen immer noch darauf), dass Eltern sich auf den ausschließlichen Gebrauch der Lautsprache festlegen. Durch die Betonung der Lautsprache im häuslichen Umfeld und des Besuchs einer Regelschule wurde der Wert des Implantats maximiert. Das Kind wurde befähigt an der lautsprachlichen Gesellschaft teilzunehmen. Kritiker argumentieren, dass eine solche Praxis die Wahrung des Kindeswohls nicht unbedingt berücksichtigt: dass andere, soziale und psychologische Überlegungen außer Acht gelassen würden und dass die Benutzung von Gebärdensprache als Alternative vorzuziehen wäre.

In den letzten Jahren wurden einige empirische Studien veröffentlicht, welche die Erwartungen der Eltern bezüglich des Implantats und ihre Erfahrungen im Entscheidungsprozess zum Gegenstand hatten. Das Bild, das aus solchen Studien entsteht ist ein erstaunlich nichtssagendes, dem kaum Spuren von Zweifel oder Kontroverse anhaften. Überwiegend - und vielleicht nicht überraschend - stellen sie heraus, dass die Wahl eines Cochlea-Implantat hauptsächlich vom dem elterlichen Wunsch nach einem Kind als funktionierende Person geleitet ist. Typischerweise hielten sich die Eltern für gut informiert, aber nur sehr selten bezog dies den Versuch mit ein, die Lebensweise gehörloser Menschen und deren Vorbehalte gegenüber der Implantation bei gehörlosen Kindern zu verstehen. Eine britische Studie beispielsweise ergab, dass für die Mehrheit der britischen Eltern die Entscheidung über die Implantation relativ eindeutig war, da sie davon überzeugt waren, ihr Kind hätte nichts zu verlieren und ausschließlich etwas zu gewinnen. Es gab *wirklich keine Alternative*. Die meisten Eltern „glaubten, gut über den Eingriff informiert worden zu sein und alles Relevante in ihren Überlegungen zur Unterstützung einer Implantation berücksichtigt zu haben. „Die uns zugänglichen Informationen waren durchgängig ausgezeichnet. Wir fühlten uns in sehr sicheren Händen." (Sach & Whynes 2005)

Viele Eltern gehörloser Kinder aus unterschiedlichen Ländern, in denen diese Studien durchgeführt worden war, waren sich sehr wohl über die Existenz verschiedener Sichtweisen bezüglich der pädiatrischen Implantation bewusst. Zu bedenken ist hier, wie dies auf viele Familien wirkte. Mediziner und andere Fachleute, auf die sie angewiesen sind, erkären das Cochlea-Implantat etwa so: „Es besteht keine Sicherheit, dass es ihn hörend macht, aber es wird helfen. Es wird ihn schwerhörig machen. Wir gehen davon aus, da weltweit tausende Kinder implantiert wurden und wir wissen, wie sehr sie hiervon profitiert haben. Es wird ihm enorm beim Erlernen der Lautsprache helfen, auch wenn wir nicht genau vorhersagen können, in welchem Maße es ihm helfen wird. Um das Implantat bestmöglich nutzen zu können, ist es von Vorteil, den Gebrauch von Gebärdensprache zu unterlassen (auch wenn dies natürlich ein geeignetes Kommunikationsmittel für diejenigen darstellt, die nicht sprechen oder hören können.". Die Eltern kontaktieren das Zentrum für Cochlea-Implantate, dort werden ihnen alle Arten von Informationen zum Cochlea-Implantat zur Verfügung gestellt. Aus diesen Informationen geht unter anderem hervor, dass Gehörlose sich selbst nicht als behandlungsbedürftig einstufen. Den Eltern wird dargelegt, dass innerhalb einer solchen Sichtweise von Gehörlosigkeit Gebärdensprache ein zulässiges und alternatives Kommunikationsmittel darstellt, auf das ihr Kind mühelosen Zugriff hat. Viele der Eltern fühlen sich, als wüssten sie genug. Sie haben kein Bedürfnis, sich genauer damit zu beschäftigen, was Gehörlose diesbezüglich anführen oder das Erlernen von Gebärdensprache in Erwägung zu ziehen. Das Kind wird in die Auswahlverfahren des Implantationszentrums aufgenommen. Das

Hauptanliegen der Fachleute, mit denen die Eltern Kontakt hatten, waren eindeutig die Belange des Kindes; diesen Fachleuten Vertrauen zu schenken, ist selbstverständlich.

Einige Eltern gehen allerdings mit größerer Vorsicht vor. Der Vater von Jelle, einem belgischen Kind, entschloss sich, Gebärdensprache zu erlernen, als sein Sohn einige Monate alt war. Möglichkeiten zur Anwendung zu finden, stellte sich als schwierig heraus, doch seine Entscheidung, das Erlernen von Gebärdensprache einzustellen, wurde von einem anderen Grund ausgelöst. Jelles Mutter beschreibt dies folgendermaßen:

> „Mein Ehemann begann in H [Name der Stadt] in dem Nebenraum eines Cafés Unterricht in Gebärdensprache zu nehmen. Es war ein Café mit tatsächlich Gehörlosen. Eines Abends allerdings saß er dort mit zwei Gehörlosen, die vehement dagegen waren, dass wir unserem Jelle ein Cochlea-Implantat einsetzen lassen wollten. Sie sagten etwas wie ‚ihr müsst euch uns anpassen, nicht uns an die Gesellschaft'. Sie waren sehr dagegen. Es war sehr extrem, dieses Café. An der Tür war ein Zettel befestigt: ‚Nur für Gehörlose und Schwerhörige'." (Mutter von Jelle, Belgien)

Wie dieser Vater überwinden einige Eltern ihre Ängste und suchen die lokale Gehörlosenorganisation auf. Dort wird kaum gesprochen, sie können der Gebärdensprache nicht folgen und es ist nicht einfach, in Kontakt zu treten. Sie finden heraus, dass es die Möglichkeit gibt, sich für einen Kurs in Gebärdensprache anzumelden und einige tun dies. Dort bemühen sie sich und lernen einige Gehörlose kennen. Nach und nach erlangen sie ein Verständnis dafür, wie sich das Leben einer gehörlosen Person gestaltet und was hinter den Bedenken der Gehörlosen in Bezug auf pädiatrische Implantation liegt. Sie stellen fest, wie wenig die meisten Menschen (die Mediziner, mit denen sie gesprochen haben, die Lehrer der Gehörlosen, die Freunde und Nachbarn) über Gehörlosigkeit oder die Welt der Gehörlosen wissen. Gehörlose sind voll Verachtung über die Unwissenheit der Mediziner bezüglich Gehörlosigkeit. Doch je mehr die Eltern mit der Thematik vertraut werden, desto schwerer ist es, Sicherheit über das weitere Vorgehen zu erlangen. Manche der Eltern, die sich bemühten, mit der lokalen Gehörlosenorganisation Kontakt aufzunehmen, fühlten sich gehemmt (von ihrem eigenen Unvermögen, in Gebärdensprache zu kommunizieren) oder wurden sogar abgewiesen. Andere gingen noch weiter: Sie lernten Gebärdensprache, entwickelten Kontakte zur Gehörlosengemeinschaft *(Deaf Community)* und zogen ein Cochlea-Implantat für ihr Kind in Betracht, obwohl sie die Einwände Gehörloser bezüglich einer Implantation kannten. Hier besteht nicht die Frage nach der Zurückweisung von Gehörlosigkeit oder der Abschreckung durch die Schwierigkeit der Kontaktaufnahme. Je komplexer das Umfeld und je offensichtlicher der Wert von Gebärdensprache wird, desto schwieriger gestaltet sich die Entscheidung.

Viele Eltern bevorzugen, diese Schwierigkeit zu umgehen und scheuen sich, die gehörlose Alternative in Erwägung zu ziehen. Einer der englischen Eltern, der Vater Pauls, drückt es so aus[4]:

„Ich und [meine Frau], keiner von uns beiden war sehr begeistert davon, Paul zu diesen Treffen [für gehörlose Kinder] zu schicken. Und ich denke der Grund dafür ist, dass wir nicht wollen, dass er sich selbst als gehörloses Kind identifiziert. Wir wollen, dass er dieses Bewusstsein hat, ein Kind zu sein, ein normales Kind, das zufällig gehörlos ist. Und wenn wir ihn in eine Gruppe zusammen mit anderen gehörlosen Kindern schicken – ich weiß, es hört sich an, als hätten sie die Pest oder irgendetwas anderes, von dem wir offensichtlich wissen, dass sie es nicht haben – dachten wir, dass es ihn darin bestärken könnte, dass dies ein sehr, dass er ein sehr bestimmter Typ Kind ist, wissen Sie, was ich meine? Wir dachten, es könnte ihn auf eine Weise stereotypisieren ... das könnte auch teilweise daran liegen, dass keiner von uns unterbewusst akzeptieren will, dass er gehörlos ist, ich weiß es nicht." (Vater von Paul, England)

Andere Eltern, ob sie sich für ein Implantat entschieden haben oder nicht, haben eine hiervon abweichende Ansicht. Was Charlies Mutter beizutragen hat, macht auf die enorme Diskrepanz zwischen der einfachen Abstraktion die dem zugrunde liegt, was ihnen erzählt worden war und ihren eigenen Erfahrungen aufmerksam:

„Wir haben für viereinhalb Jahre – und dies sage ich nicht aus Geringschätzung für die verschiedenen Beteiligten – aber es war immer ein Fall von, er hat ein verbleibendes Hörvermögen und er wird sprechen lernen, sie müssen lediglich für die konstante Zufuhr von Informationen sorgen und es (Hör- und Sprachfähigkeit [Anm. d. Ü.]) wird zurückkommen. Also verbrachten wir viereinhalb Jahre mit Sprechen, Zeigen und Machen. Als er immer älter wurde, waren die Frustrationen entsetzlich. Einfach Dinge wie Trinken. Sie wissen schon, er kommt herein und man muss jede Tasse aus dem Regal nehmen um herauszufinden, welche er möchte, jedes Getränk einzeln durchgehen. Und dann haben wir vielleicht nicht das, was er möchte, aber er kann nicht erklären, was er möchte. Also haben wir den nächsten Wutanfall, bei dem er mit Dingen um sich wirft und schreit. Und dann dämmerte es mir plötzlich, als er viereinhalb (im Original anderthalb – inhaltlicher Bezug) Jahre war – er

---

4   Die Interviews mit den britischen Eltern wurden in Zusammenarbeit mit Professorin Lucy Yardley durchgeführt und von ihr betreut.

braucht irgendetwas anderes. Und wenn dieser Weg Gebärdensprache ist, dann muss dieser Weg Gebärdensprache sein. Auch wenn ich dies bis dahin, aufgrund der Informationen, die mir nahegelegt worden waren, abgelehnt hatte: ‚das ist keine gebärdensprachliche Welt dort draußen und bla bla bla'. Plötzlich verstand ich, dass das die Antwort war. Und es hat unser Leben viel einfacher gemacht. [...] Und ich bin wütend und mir fehlen die Worte, dass ich es nicht schon viel eher gemacht habe. Und ich empfinde es als eine große Zeitverschwendung. Und es fühlt sich an, als hätte ich etwas verschwendet.... Ich fühle mich schuldig – Charlie hätte schon viel früher etwas anderes verdient. Ja, wir lernen Gebärdensprache." (Mutter von Charlie, England)

Identität und Zugehörigkeit

Die meisten Studien, die sich mit den Erwartungen und Erfahrungen von Eltern beschäftigen und unter der Schirmherrschaft von Implantationszentren durchgeführt wurden, beinhalten Erhebungen über diejenigen Eltern, deren Kinder dort im Vorfeld implantiert worden waren. Weder die interviewten Eltern noch die Forscher, die das Interview durchführten, erwecken den Anschein, als hätten sie der Frage nach der Identität des Kindes Beachtung geschenkt. Eine Ausnahme bildet eine japanische Studie, die auch diejenigen Eltern miteinbezog, die ein Implantat für ihre Kinder abgelehnt hatten (Okubo et al. 2008). Auch hier war die am häufigsten genannte Erwartung die Verbesserung der auditiven Fähigkeiten, wobei manche auch eine Verbesserung des kindlichen Lautsprachvermögens erwarteten. In dieser Studie aber, anders als in vergleichbaren Studien, drückten manche Eltern „die Bedenken aus, dass [...] mangelhafter Fortschritt im Hören und Sprechen das Kind ohne eine klare Identität, weder in der hörenden noch in der gehörlosen Gesellschaft, zurücklässt". Diese Eltern waren besorgt, dass ihr Kind weder hörend noch nicht-hörend auf „eine unbestimmte Art und Weise des Existierens" verwiesen sei. Einige japanische Eltern „waren von dieser Trennung zwischen hörenden und gehörlosen Gesellschaften verwirrt und fragten sich, ob Kinder mit Implantaten eine gehörlose Identität, eine hörende Identität oder eine gesonderte neue Identität ausbilden". Sigrid Bosteels interviewte einige Jahre nach der Diagnose und der Prothetisierung entweder durch ein Implantat oder ein Hörgerät belgische (flämische) Eltern und stellte die Frage, wie sie damals über ihr Kind gedacht hatten. Vielen fiel es schwer, die richtigen Worte zu finden, doch die Stellungnahmen waren sehr unterschiedlich: „Eine richtige gehörlose Person", „ein hörendes Kind", „ein schwerhöriges Kind", „ein gehörloses

Kind mit Beeinträchtigung". Doch nur wenige Studien nehmen Bezug auf Zweifel oder Verwirrungen solcher Art.

Eine kleine Minderheit der Eltern scheint versucht zu haben oder war in der Lage „gut überlegte und informierte" Entscheidungen zu treffen, indem sie sich die verfügbaren Alternativen zu imaginieren suchten. Die Eltern von Keith beispielsweise versuchten sich eine Zukunft vorzustellen, in der sich ihr Sohn in zwei Welten bewegte.

> „Es liegt eher in Keiths Interesse. In unserem auch, damit wir Gehörlosigkeit verstehen können. Ein gehörloses Kind zu haben ist schön und gut, aber du musst verstehen, auf welche Art und Weise Gehörlose denken und fühlen. Du kannst es nicht einfach ignorieren, weil es immer präsent sein wird. Und je mehr wir darüber wissen, desto besser. Also, das sind die Menschen, die ihr ganzes Leben lang diese Erfahrungen gemacht haben und dich auf Probleme aufmerksam machen können, auf die du vielleicht auch noch stößt. Die Schwierigkeiten, wie sie sich fühlen, wenn sie deprimiert sind oder sowas."

Dass ein solches Imaginieren selten ist, liegt teilweise an den sehr unterschiedlichen Informationsquellen, die den Eltern zur Verfügung stehen. Von den Implantationsteams werden detaillierte Informationen zum Implantat und seinen Möglichkeiten vorgelegt: In ein Netz institutioneller Praktiken verflochten und kultiviert in einem Vertrauensverhältnis. Diese Eltern sind gewohnt, den Ärzten und anderen Fachleuten, auf die sie angewiesen sind, zu vertrauen. Sie sind da, um ihr Bestes für uns zu tun. Wobei es, wie im Fall von Charlies Mutter (s.o.) den Anschein erweckt, dass die Fachleute dieses Vertrauen gebrochen haben und das Gefühl des Verrats sehr stark und schmerzlich ist. Gehörlose hingegen berichten Interessierten von der Stigmatisierung ihrer eigenen Ursprünge an den Rändern der Gesellschaft. Außerdem besteht ein Unterschied zwischen kulturellen Dispositionen zur Empfänglichkeit der Eltern für widersprüchliche Botschaften. Die Massenmedien, die das Versprechen vom medizinischen Fortschritt hervorheben, verstärken die Hoffnung zur Wiederherstellung von Normalität: ein normales (i.e. hörendes) Kind, eine normale Familie. Nur selten regen Repräsentationen in den Medien eine imaginative Betrachtung der Art und Weise „in der Welt zu sein" oder „sich zwischen den Welten zu bewegen" an.

Dass die medizinische Perspektive auf Gehörlosigkeit die Eltern so viel mehr beeinflusst als die gehörlose Perspektive, reflektiert mehr als nur die Unterschiede im Status der Quellen dieser beiden Botschaften. Auch die herausfordernde und unbekannte Art des Arguments, das den Ausführungen Gehörloser zugrunde liegt, spielt hier eine Rolle. Ein Teil dieses Arguments beinhaltet, dass es im Interesse des individuellen Kindes liegt, als

Teil der Gehörlosengemeinschaft mit dem Gebrauch von Gebärdensprache heranzuwachsen (Crouch 1997). Einige gehen weiter. Harlan Lane, Psychologe und Historiker und Benjamin Bahan, Professor für Deaf Studies in Gallaudet, vertreten die Auffassung, dass das Kind „beim gewöhnlichen Gang der Dinge" zum Mitglied der Gehörlosengemeinschaft würde und andere Werte hätte als seine Eltern. Gehörlose Kinder „haben von Geburt an ein *gehörloses* Erbe", was sich als Konsequenz aus ihrer physischen Konstitution ergibt (Lane & Bahan 1998). Ihr kultureller Status ist von „der Kultur, dass das Kind in den normalen Verlauf der Dinge eintritt" determiniert. Noel Cohen (1995), ein bekannter Chirurg für Cochlea-Implantate aus New York, ist anderer Meinung: „Gehörlose Kinder hörender Eltern sind so lange keine Mitglieder der Gemeinschaft der Gehörlosen, bis sie entweder von ihren Eltern dort untergebracht worden sind oder sich freiwillig entscheiden, einzutreten." Von ihm und seinen Kollegen (und von vielen Eltern) wurde die Implantation als etwas gesehen, das dem Kind die Möglichkeit bietet, sich später für oder gegen den Eintritt in die Gehörlosengemeinschaft zu entscheiden. Lane und Bahan geht es um die Frage, ob dem Kind erlaubt sein sollte, sein Geburtsrecht wahrzunehmen oder nicht. Mit anderen Worten ist das, was hier gemäß dieser beiden Kritiker auf dem Spiel steht, grundlegend ein Gegenstand der Identität. Aus dieser Perspektive heraus ist „unmaking deafness" keine Frage von Heilung, sondern von Verleugnung: das Verleugnen des kulturellen Erbes des Kindes.

Diese Argumente, die Vorstellung einer „Deaf Community" und einer „Deaf Identity" als das natürliche Erbe des Kindes, mag von einer Familie, die versucht, sich mit einem kürzlich als gehörlos diagnostizierten Kind zu arrangieren, zunächst befremdlich oder sogar bedrohlich erscheinen. Dass erwachsene Gehörlose brauchbare Hinweise liefern können ist das eine, doch der Gedanke einer fremden volksähnlichen Gemeinschaft, die weit entfernt, anders und schwer erreichbar, eine Art Verwandtschaft zu dem Kind beansprucht, ist etwas vollkommen anderes. Ein solcher Gedanke ist bedrohlich und zerstörerisch. Er fordert die in der westlichen Kultur tief verwurzelte Vorstellung familiärer Integrität heraus.

Fazit

Was hat die Medizin den Eltern gehörloser oder schwerhöriger Kinder und den Kindern selbst zu bieten? Und was enthält sie ihnen vor?

Neugeborenenscreenings für eine wachsende Anzahl von (größtenteils genetischen) Konditionen werden immer gebräuchlicher. Während die Begründung lautet, dass Familien die Informationen über solche Konditionen begrüßen, „ist wenig darüber bekannt, wie sich diese Technologien tatsächlich auf das Leben der Familien auswirken" (Timmermans & Buchbinder 2010). Die Kenntnis davon, welchen Einfluss eine neue Methode der Diagnose auf das Leben der getesteten Personen, deren Familien oder auf die Qualität von Erziehung hat, war kein wesentliches Anliegen. Die Einführung neuer Diagnoseverfahren und Screenings stand vor allem in Zusammenhang mit der medizinischen Sicht auf die Schwere der zu testenden medizinischen Kondition und –vielleicht– der Möglichkeit der Intervention. Dort, wo es für notwendig befunden wurde, konnten unter den Stichworten „Verbrauchernachfrage" oder „Kosteneffektivität" zusätzliche Rechtfertigungen gesucht werden. Im Gegensatz zu den nur vage definierten genetischen Konditionen, die Timmermans und Buchbinder zum Thema haben, kann bei der Diagnose einer Hörminderung mit eindeutigen ärztlichen Folgeuntersuchungen gerechnet werden. Sobald ein Routinescreening die Möglichkeit einer Hörminderung erkennen lässt, sind die Eltern angehalten, sich auf den Verlauf der „therapeutischen Elternschaft" einzulassen. Für viele Eltern bedeutet dies eine Erleichterung, da sie sich angesichts ihrer Unkenntnis von Gehörlosigkeit und ihrer Angst davor, was dies für ihr Kind und die ganze Familie bedeuten könnte, zunächst verunsichert und schuldig fühlen. Die Fachleute, mit denen die Eltern in Berührung gekommen waren, hatten klar das Kindeswohl im Blick; folglich scheint das in die Medizin gelegte Vertrauen natürlich. Allmählich werden die Eltern mit den Verantwortlichkeiten und Problemen vertraut, die die Erziehung eines hörgeschädigten Kindes mit sich bringen. In der Folge sind sie auf die angebotenen Hilfsmittel und die Unterstützung professioneller Betreuungspersonen angewiesen. Auf diese Weise werden Hoffnungen aufrechterhalten: Die Hoffnung, dass das Kind in der Lage sein wird, normal in der Gesellschaft zu funktionieren und die Hoffnung, die mit der Erziehung eines behinderten Kindes verbundene Scham teilweise zu vermeiden. Allerdings verändert sich dieser Verlauf.

Durch eine Vielzahl von Mechanismen machen die Ziele, Voraussetzungen und Zusagen medizinischer Praxis einen grundlegenden Einfluss auf die Wissenschaft und auf die Entwicklung neuer Technologien geltend. Eine dieser Zusagen beinhaltet, dass die Chancen, das Hörvermögen wiederherzustellen, umso größer sind, je früher die Implantation durchgeführt wird. Der von neuer Technologie ermöglichte Verlauf, in den die Eltern eintreten, gleicht wahrhaftig einer Achterbahn. Wir haben unsere Aufmerksamkeit auf solche Veränderungen gerichtet, die durch die Einführung des Algo-Hörtests und durch das Cochlea-Implantat herbeigeführt wurden. Es wird Wert darauf gelegt, zu reagieren und schnellstmöglich zu intervenieren, während Eltern vor den Folgen einer Unterlassung gewarnt werden. Für die affektiven Aspekte der Elternschaft und für Reflexion steht immer weniger Zeit zur Verfügung und (wie Joliens Mutter anführte) „du bist am Ende eher Therapeut und nicht mehr Mutter oder Vater". Die Bemühung, Zeit und Raum für kritische Reflexion zu schaffen, verlangt den Eltern ein gewisses Maß an Widerstandskraft ab. Scheinbar haben die wenigsten Eltern weder ein Bedürfnis danach noch die notwendigen Überzeugungen. Im Laufe der vergangenen beiden Jahrzehnte wurde das Cochlea-Implantat zu einer neuen therapeutischen Option. Auch in diesem Fall wird die schnelle Durchführung der Intervention betont, wodurch sich die Eltern zu einer zügigen Entscheidung gedrängt sehen. Das für die Implantation empfohlene Alter wurde von Jahren auf Monate reduziert. Dabei ist die Hoffnung der Eltern, dass es ihrem Kind durch das Implantat möglich sein wird, wie eine „normale hörende Person" zu funktionieren.

Die Berichte einiger Eltern weisen darauf hin, was Widerstand und kritische Reflexion mit sich bringen können: Den Wunsch, die Erfahrung therapeutischer Elternschaft zu vermeiden und vor allem, das Erlernen von Gebärdensprache in Erwägung zu ziehen. Laut unserer Studien dachten einige Eltern, sie hätten mehr wissen müssen: Im Besonderen darüber, was Gebärdensprache ihnen und ihren Kindern bieten könnte – obwohl viele Implantationsteams von der Verwendung von Gebärdensprache abraten. Dem Hauptunterschied zwischen der Mehrheit der Eltern, derjenigen, die den medizinisch-therapeutischen Weg bedenkenlos und unkritisch einschlägt und der Minderheit, die Raum für die Erwägung von Alternativen schafft, wohnen kontrastierende Auffassung von der Qualität des späteren Lebens des Kindes inne. Ausgehend von dem von der medizinischen Praxis zur Verfügung Gestellten, ist dies für die Mehrheit eine Frage von Hören und Sprechen. Ein gutes Leben hängt von der Teilhabe an der mündlichen Kommunikation in der Welt ab. Die Minderheit ist sich diesbezüglich weniger sicher. Diese Eltern fragen im Sinne von Zugehörigkeit nach der zukünftigen Identität des Kindes und nach den möglichen Vorteilen, wenn das Kind sich in beiden Welten bewegen kann. Immerhin ergeben einige Argumente der Fürsprecher Gehörloser für sie Sinn: Es wird dahingehend argumentiert, dass ein gutes Leben eines hohen Selbstgefühls und eines Gefühls der Zugehörigkeit bedarf. Diese psychosozialen Vorteile würden eher durch die Zugehörigkeit zur Gehörlosengemeinschaft erlangt und weniger durch das Funktionieren am Rande der hörenden Welt.

Wie wir im Laufe dieses Textes mehrmals betont haben, scheinen in unserer Gesellschaft nur wenige Eltern willens und imstande, diese Alternativen aktiv in Erwägung zu ziehen. Wir haben darauf hingewiesen, dass der Grund hierfür teilweise mit den Quellen widersprüchlicher Botschaften in Verbindung gebracht werden kann und teilweise mit einer Vorstellung, die die meisten hörenden Eltern gehörloser Kinder beunruhigen; dass ihr gehörloses Kind gewissermaßen einer Gesellschaft angehört, in der sie selbst keinen Platz haben. Wie könnte es anders sein?

Die zu Behinderung forschenden Anthropologinnen Rayna Rapp und Faye Ginsburg erachten es in dieser Frage für notwendig „Verwandtschaft umzuschreiben".[5] Sie unterscheiden zwischen dem öffentlichen Diskurs um Behinderung einerseits und „den täglichen und vertrauten Praktiken des Einschließens oder Zurückweisens von Verwandtschaft mit behinderten Föten, Neugeborenen und Kleinkindern" auf der anderen Seite. Ersteres betrifft die ethische Debatte um reproduktive Wahlmöglichkeiten und einer juristischen, die den Zugang zu Gebäuden, Regelschulen und Beschäftigung regelt. In anderen Worten ist die Debatte mit den politischen Forderungen der Gemeinschaft von Gehörlosen vergleichbar: Einer Debatte, mit der viele Eltern große Schwierigkeiten haben. Letzteres ist in den wechselnden alltäglichen Praktiken der Familien, im Prozess des Klarstellens und Artikulierens der Frage nach der Bedeutung eines behinderten oder gehörlosen Kindes für die ganze Familie verankert und von grundlegender Natur. Der Integration von Behinderung in das tägliche Leben liegt eine Auffassung von Bürgerschaft zugrunde, die von der Behindertenrechtsbewegung vertreten wird. Die Verlagerung von Exklusion hin zu Inklusion und die Umgestaltung der Möglichkeiten für das Leben einer gehörlosen (oder behinderten) Person, müssen im Familienleben gegründet liegen. Rapp und Ginsburg führen an, dass „öffentliches Geschichtenerzählen", das ein Berichten über bewältigte Probleme und erfolgreich geführte Leben einschließt, ausschlaggebend für das Erreichen von Integration ist. Das öffentliche Geschichtenerzählen muss in eine umfassendere Debatte eingebettet werden. In Bezug auf pränatale genetische Tests für Gehörlosigkeit spricht der Philosoph Robert Sparrow Folgendes an: „[...] die Entwicklung guter Richtlinien verlangt ein grundlegendes Nachdenken über die Erfahrungen und Leistungen, die das menschliche Leben wertvoll machen und über das Verhältnis unserer Ideen von Normalität und der Verfügbarkeit dieses Guts in einer Welt, in der wir die Macht darüber haben,

---

5   im Original „rewriting kinship" Anm.d.Ü.

den Inhalt dieser von uns in die Welt gebrachten Ideen zu gestalten." (Sparrow 2010)

Aus dem Englischen übersetzt von Eléna Bösenberg.

Bibliographie

Blume, S. (2010): The Artificial Ear: Cochlear Implants and the Culture of Deafness. New Brunswick: Rutgers University Press.

Charmaz, K. (1991): Good Days, Bad Days. The self in chronic illness and time. New Brunswick, Rutgers: University Press.

Clark, G. (2000): Sounds from Silence: Graeme Clark and the Bionic Ear Story. St Leonards NSW: Allen and Unwin.

Cohen, N.L. (1995): Cochlear implants in young children: Ethical considerations. Annals of Otology Rhinology and Laryngology, 104, Supplement 166: S. 17-19.

Crouch, R. A. (1997): Letting the deaf be Deaf. Reconsidering the use of cochlear implants in prelingually deaf children. Hastings Center Report 27, 4: S. 14-21.

Dresser, R. (2001): When Science Offers Salvation. Patient Advocacy and Research Ethics Oxford: Oxford University Press.

Landsman, G. (2003): Emplotting children's lives: Developmental delay vs. disability. Social Science & Medicine, 56: S. 1947-1960.

Lane, H. and Bahan, B. (1998): Ethics of cochlear implantation in young children. A review and reply from a Deaf-World perspective. Otolaryngology Head and Neck Surgery, 119, 4: S. 297-313.

Larson, E. (1998): Reframing the meaning of disability to families: The embrace of a paradox. Social Science & Medicine, 47, 7: S. 865-875.

Okubo, S., Takahashi, M. and Kai, I. (2008): How Japanese parents of deaf children arrive at decisions regarding cochlear implantation surgery. A qualitative study. Social Science & Medicine, 66: S. 2436-2447.

Parens, E. and Asch, A. (1999): The disability rights critique of prenatal testing: reflections and recommendations. Special supplement. Hastings Center Report, 29, 5: S. 1-22.

Pollard, R.Q. Jr. (1996): Conceptualizing and conducting preoperative psychological assessments of cochlear implant candidates. Journal of Deaf Studies and Deaf Education, 1: S. 16-28.

Rapp, R. and Ginsburg, F. (2001): Enabling disability: Rewriting kinship, reimagining citizenship. Public Culture, 13, 3: S. 533-556.

Rothshild, J. (2005): The Dream of the Perfect Child. Bloomington: Indiana UP.

Sach, T. H. and Whynes, D. K. (2005): Paediatric cochlear implantation: The views of parents. International Journal of Audiology, 44: S. 400-407.

Scott, R.A. (1969/1991): The Making of Blind Men. A study of adult socialization. New York: 1969, Russell Sage Foundation: 1991, Transaction Books.

Sparrow, R. (2010): Implants and ethnocide: Learning from the cochlear implant controversy. Disability & Society, 25: S. 455-466.

Timmermans, S. and Buchbinder, M. (2010): Patients-in-waiting: Living between sickness and health in the genomics era. Journal of Health and Social Behavior, 51: S. 408-23.

Van Kerschaver, E. and Stappaerts, L. (2008): Jaarrapport Gehoor 2008. Universele gehoorscreening in Vlaanderen. Doelgroep, testresultaten en resultaten van de verwijzingen. Annual report on universal hearing screening in Flanders. Brussels: Kind & Gezin.

III.
Normativität

Auf moralisch unsicherem Terrain:
Über Embodiment, Enhancement, und Normativität

Jackie Leach Scully

(Fragen von Christoph Rehmann-Sutter)

Christoph Rehmann-Sutter: Eines der wiederkehrenden Themen in Deinen Arbeiten ist jene philosophische und ethische Schwierigkeit, die aus der Tatsache entsteht, dass wir Menschen Körper haben, die in geradezu erstaunlichem Ausmaß unterschiedlich sind, gleichzeitig aber in einer Kultur leben, welche diese Variabilität außer Acht lässt und ein Idealbild des menschlichen Körpers pflegt. Dieser Körper wird durch bestimmte Normen gleichgemacht, über die wir sprechen können. Dies zu bedenken scheint mir von großer Wichtigkeit, da sich Enhancement sonst gar nicht verstehen ließe, wenn ich Dich recht verstehe. Ohne die Bewusstmachung dieser Normalisierungsmechanismen würde sich diese biotechnologische Strategie jedem Verständnis entziehen. Dazu möchte ich Dich gerne befragen.

Bevor wir uns aber den Details dieser Mechanismen und ihren Konsequenzen für ethische Überlegungen zuwenden, will ich Dich zuerst fragen, warum Du hierin überhaupt ein Problem siehst. Hat nicht jede uns bekannte Gesellschaft gleichermaßen Ideale eines guten oder gar besseren menschlichen Körpers, welcher Art auch immer? Menschen wollen diese Ideale sogar als Zielvorgaben haben für die Arbeit an ihrem Erscheinungsbild, wie man es beispielhaft an Schönheitswettbewerben und im Mode-Business sehen kann.

Jackie Leach Scully: Es stimmt natürlich, dass alle Kulturen eine Vorstellung davon haben, welche Arten von Körpern es geben sollte, wenn ich das so ausdrücken darf. Aber ich wäre sehr viel zurückhaltender mit der Behauptung, alle Kulturen, vergangene und gegenwärtige, hätten diesbezüglich dieselbe Art von Vorstellung. Ich glaube, dass wir unumwunden zugeben können, dass Menschen in anderen Gesellschaften Auffassungen körperlicher Schönheit haben oder gehabt haben können, die uns selbst fremd sind. Schwerer zu fassen ist, dass in anderen Gesellschaften das bloße Konzept eines körperlichen Ideals ganz anderen Parametern unterworfen sein kann: So kann es mit anderen Gewichtungen von Verpflichtetheit, Stolz, Verlangen und so weiter einhergehen, die uns, unserer Kultur bzw. unserer Zeit, unvertraut sind.

CRS: Kannst Du ein konkretes Beispiel nennen?

JLS: Ich denke hier zum Beispiel daran, wie die vormodernen Kulturen Europas sehr stark auf eine Art ‚Rechtschaffenheit' des Lebenswandels ausgerichtet gewesen zu sein scheinen. Diese zeigte sich eher in der individuellen Stellung innerhalb der sozialen, religiösen und spirituellen Struktur als der Annäherung an ein körperliches Ideal. Damit will ich nicht sagen, dass das Mittelalter keine Körperideale kannte, sondern nur, dass ihr Einfluss diffuser war. Ein strittigeres Beispiel wären die extrem rassenspezifischen Körperideale im Nationalsozialismus; hier kam dem Körper entgegen unseren heutigen Gewohnheiten eine offenkundig politische Bedeutung zu.

Man scheint allgemein zu akzeptieren (ich wäre vorsichtig zu sagen: zu wollen), dass diese Formen von Körperidealen in unserer Gesellschaft allgegenwärtig sind und sehr großem Einfluss haben. Und natürlich ist es bis zu einem gewissem Punkt durchaus positiv, ein solches Ziel vor Augen zu haben: Man müsste schon sehr griesgrämig sein zu behaupten, es sei etwas Verwerfliches, zumindest zu einem gewissen Grade Gefallen am eigenen Äußeren zu finden! Auf der Einschränkung ‚zu einem gewissen Grad' sollte man allerdings beharren: Ich meine, dass es einen Punkt gibt, ab dem das Interesse am eigenen Äußeren unverhältnismäßig wird. Dann wird es zur Eitelkeit – ein altmodischer Begriff, der wenig gebraucht wird, der aber hier, meine ich, hervorragend passt.

Ein Problem, wahrscheinlich das Problem, was mir am meisten am Herzen liegt, ist also nicht, dass Menschen diese Interessen und Sehnsüchte haben, sondern dass diese aus dem Ruder laufen. Dies verschärft sich, sobald praktikable Technologien zur Modifizierung/Steigerung von Körpern verfügbar werden und diese dann direkt oder indirekt von kommerziellen Triebkräften vorangetrieben werden. Im Ganzen betrachtet sind kommerzielle Triebkräfte hochgradig konservativ: Aus offensichtlichen Gründen sind sie daran interessiert, die Nachfrage nach dem sicherzustellen, was sie als Produzenten körpermodifizierender Technologien aller Art bereitstellen können.

CRS: Ich weiß, dass wir beim Thema Schönheit philosophisch an der Oberfläche bleiben, wenn wir uns ihm nur vom Mode-Business her nähern; dennoch ist es ein evidentes gesellschaftliches Phänomen mit weitreichender Bedeutung für das Leben vieler Menschen. Worin liegt Deiner Meinung nach die tiefere Bedeutung der Schönheit?

JLS: Ich würde ‚Schönheit' nicht als oberflächlich an sich bezeichnen. Immerhin ist sie seit langem ein legitimes Thema für Philosophen und Künstler, aber auch Modedesigner, Ingenieure und Wissenschaftler! Und wie Du selbst sagst: Der Wunsch, gut oder modisch auszusehen ist ein soziales Phänomen, das wir nicht ignorieren können. Es ist außerdem sehr komplex: Wie ich bereits erwähnt habe, gilt es hier sozialwissenschaftliche Fragen zu stellen: Was konstituiert denn eigentlich die Schönheit? Wie können Menschen das wissen, was sie konstituiert? Welcher Grad an Abweichung von diesem Ideal wird toleriert? Welches sind die normativen Grenzen unseres Strebens nach diesem Ideal? Und so weiter. Mir zumindest scheint, dass die ethischen Fragen eng an die Macht dieser sozialen Kräfte gebunden sind.

Ich glaube nicht, dass jemand, der 10.000 Pfund zahlt, um sich seine Tränensäcke entfernen zu lassen, ein schwerwiegendes moralisches Unrecht verübt – auch wenn ich sagen würde, dass durchaus *etwas* moralisch falsch daran ist, insofern nämlich diese 10.000 Pfund einer großen Zahl von Menschen in den armen Teilen der Welt helfen könnten, und zwar viel länger als der Effekt eines Faceliftings währt. Ich habe ernstere Bedenken hinsichtlich der moralischen Schuld der medizinischen Fachleute, der Medien, der Werbung usw., die sich allesamt dem Ziel verschrieben haben, Menschen davon zu überzeugen, dass eine solche Operation den Weg zu ihrem Glück darstellt.

CRS: Wenn Du sagst, dass körperliche Schönheit ein soziales Phänomen ist, was folgt daraus? Offensichtlich spielen hierbei Normen eine Rolle. Aber da ist noch mehr. Schönheit hängt vom Verhältnis ab. Jemand kann mich für schön halten, unabhängig davon, ob ich nun eine bestimmte Norm erfülle oder nicht. Natürlich werden mich andere Menschen unattraktiv finden. Und das trifft gleichermaßen auf Menschen mit so genannten Beeinträchtigungen zu. Ich will damit sagen, dass Schönheit, Attraktivität, aber auch Gefühle von Scham und Stolz irgendwie mit der Sozialität unserer Körper zusammenhängen – oder der Verkörperung unserer Beziehungen. Sind hierin ethische Aspekte erkennbar? Was passiert eigentlich, wenn jemand einen anderen Menschen schön findet?

JLS: Was wir als schön, oder auch normal, hässlich, abstoßend usw. empfinden, ist ein soziales, aber auch ein sozial-psychologisches und psychologisches Phänomen – und in bestimmten Kontexten auch ein politisches. Um in die Nähe der Beantwortung der Frage zu kommen, was passiert, wenn wir jemanden schön finden, müsste man glaube ich alle diese Bereiche erkunden. Normen zu erfüllen oder sie nicht zu erfüllen hat offenkundig etwas Oberflächliches an sich, weil es innerhalb einer bestimmten Beziehung irrelevant werden kann. „Sie mag nicht im eigentlichen Sinne attraktiv gewesen sein, aber für mich war sie schön" – ich meine das in dieser Art. Ich glaube, Du hast Recht: Das, was wir ästhetisch erfahren, ist, wenn man so will, eine verkörperte Relationalität. Wo praktisch keine nennenswerte Beziehung da ist, ist die Wahrnehmung wahrscheinlich in gewissem Sinne ‚objektiver'. Es ist hier interessant zu sehen, wie unsere *Wahrnehmung* von Abweichungen hinsichtlich bestimmter körperlicher Normen in Abhängigkeit von unserer Beziehung zur relevanten Person erhöht bzw. verringert werden kann – dass psychoanalytisch gesehen unsere Beziehung zu einem inneren Bild besteht, welches die ‚Wirklichkeit' mehr oder weniger gut widerspiegelt.

Ich glaube, es kann für uns unter ethischen Gesichtspunkten ziemlich ungemütlich werden, wenn das nämlich bedeutet, dass wir, um eine anormale Person akzeptieren zu können, wir unbewusst aufhören, das volle Ausmaß ihrer ungewöhnlichen Morphologie zu sehen. Aber das mag etwas sein, was die menschliche Psyche einfach tut. Die sozialen Aspekte körperlicher Normen und Ideale (d.h. wer diese aufstellt, wie streng sie überwacht werden und welche politischen und kommerziellen Interessen sie untermauern) sind umso beunruhigender, weil sie zumindest dem Prinzip nach willkürlich bleiben und verändert werden können, sofern sie ethisch problematisch sind.

CRS: In Deinem Buch Disability Bioethics schreibst Du, dass wir „durch den varianten Körper denken" können. Kannst Du diese grundlegende Idee darin erklären?

JLS: In diesem Buch habe ich auf diese Idee zurückgegriffen, um mehrere unterschiedliche Wege zu finden, wie es möglich ist, den Körper im ethischen Denken und in anderen Formen des Denkens in nützlicher Weise zu re-positionieren. Der einfachste oder trivialste Weg ist der, den Körper schlicht noch entschiedener als Arena zu begreifen, in der das Gute und Böse der Moral gegeneinander ausgespielt werden.

Es ist inzwischen beinahe zu einer Art Reflex geworden, der Moralphilosophie vorzuwerfen, in gewisser Weise entkörpert zu sein – dass sie sich nämlich in ihrem Streben nach allgemeingültigen Aussagen stets intuitiv so schnell wie möglich von den Besonderheiten des Körpers und seiner sozialen Einbettung zu entfernen versucht. – Es ist beinahe langweilig gewor-

den, darauf zu hinzuweisen. Aber ich glaube, wir neigen dazu zu vergessen, wie viel darin noch zu ergründen ist.

Konkreter formuliert haben sowohl die medizinische als auch die klinische Ethik schon immer dazu tendiert, hauptsächlich die ‚großen Entscheidungen' zu betrachten und ihnen als den ‚wahren' ethischen Fragestellungen weitaus mehr Bedeutung beizumessen als den ethischen Aspekten der
alltäglichen leiblichen Interaktionen, z.B. innerhalb des Gesundheitssystems. Letztere sind wesentlich weniger dramatisch – zum Beispiel die Höf-
lichkeiten der Berührung und die Anerkennung – im Gegensatz zu Sterbe-
hilfe und Abtreibung! Aber sie sind auch schwieriger zu verstehen, weil sie
nicht leicht in die existierenden ethischen Bezugsrahmen zu setzen sind.

‚Mit dem Körper zu denken' hat auch eine weitere Bedeutung, die ich
ein bisschen detaillierter beschrieben habe. Diese betrifft den Einfluss des
Körpers darauf, wie Menschen denken. Es ist wiederum etwas karikierend
dargestellt, aber in gewisser Weise dominiert unsere Vorstellung vom Gehirn als Ort des Denkens unser Selbstverständnis so sehr, dass das Stück
Körper unterhalb des Schädels beinahe überflüssig wird: Es ist nützlich,
um das Gehirn von Ort zu Ort zu tragen und um den Neuronen Informationen über die Welt zuzuleiten, aber nicht für viel mehr. Teils ist dies, glaube
ich, sogar richtig: Der kleine Finger allein erledigt nicht viele Denkleistun-
gen höherer Ordnung. Zugleich gilt es aber nicht außer Acht zu lassen,
dass die höheren Prozesse des Hirns (‚das Denken') in physiologische Systeme eingebunden sind, die nicht bloß eine Funktion wie die Wahrnehmung *beeinflussen*: In einem sehr realen Sinne lassen sie Wahrnehmung
überhaupt stattfinden. Und diese physiologischen Systeme sind über den
Körper hinweg verteilt – und sogar über den Körper hinaus, wenn wir bedenken, wie Hilfsmittel und Technologien den Austausch zwischen Körper
und der Nicht-Ich-Welt beeinflussen.

Ich begann, darüber wirklich zu rätseln, als ich beobachtete, dass Menschen mit einem varianten Körper, den wir behindert nennen, manchmal
ganz andere ethische Überzeugungen haben können als diejenigen mit
Standardmodell-Statur oder nicht behinderte Menschen. Ich will an dieser
Stelle vorsichtig sein und nicht behaupten, dass diese Auffassungen radikal
andersartig oder sogar weit verbreitet seien, sondern lediglich, dass es
manchmal ziemlich markant unterschiedliche Prioritäten, Werte und Beurteilungen gibt. Ich denke, es wäre zu einfach, dies mit einem bloßen „Klar,
dass sie das in ihrer Lage sagen" abzutun, oder gar mit einem „ihre Erfahrungen lassen sie so denken".

Ich wollte die Einzelpunkte besser miteinander verbinden: Was genau
an unseren Erfahrungen lässt Menschen anders denken? Auf welche Weise

dringt die Erfahrung sozusagen in ihren Kopf? (Wenn ich so frage, tue ich übrigens genau das, was ich soeben der Philosophie vorgeworfen habe, nämlich zu argumentieren, alles Denken finde zwischen den Ohren statt.) Dies ist ganz klar ein allgemeiner Punkt für die Epistemologie und die Ethik. Ich war daran interessiert, die unterschiedlichen Arten zu entwirren, in denen die besonderen körperlichen Erfahrungen einer behinderten Person in ihre ethische Wahrnehmung und in ihre Urteile eingehen können, die deshalb anders ist, weil sie über einen varianten und nicht einen Standard-Körper verfügt.

Ich griff schließlich auf ein fächerübergreifendes Ideenset zurück, das von der Phänomenologie von Maurice Merleau-Ponty und anderen, von den kognitiven Neurowissenschaften, insbesondere von ihren Arbeiten zu verkörperter und ‚verteilter‘ Kognition (distributed cognition) inspiriert war und bis hin zu den Schriften des Anthropologen Pierre Bourdieu zum Habitus reicht. Alle ringen sie mit ungefähr derselben Frage: Wie wird das Denken eines Menschen dadurch beeinflusst, wer er ist, körperlich und sozial? Dies ist ein ungemein schwieriges Gebiet, da uns die analytischen Methodiken und die Arbeitstechniken fehlen, um die einzelnen Punkte wirklich miteinander verbinden zu können. Wir können uns der Frage nur indirekt nähern.

CRS: Dieses Ideeninstrumentarium stammt aus Deinen Arbeiten zu Behinderung. Wenn wir nun biomedizinische Eingriffe betrachten, zum Beispiel genetische, die gewöhnlich als Enhancement klassifiziert werden (in dem Sinne, dass sie darüber hinausgehen, nur eine Dysfunktion oder eine verlorengegangene Funktion wiederherzustellen), welche Implikationen hat dafür das ‚Denken durch den Körper‘?

JLS: Die Bedeutung wäre die, dass solche Eingriffe, indem sie die Natur des Körpers ändern und dadurch seine Interaktion mit der Umwelt modifizieren, die Art verändern könnten, wie diese Person denkt. Ich weiß nicht spezifisch, wie sich das Denken ändern würde, oder wie stark; wie ich gerade angedeutet habe, liegen hierzu sehr wenig Daten vor. Und wie könnte man etwa die Unterschiede bemerken, die eher subtiler Natur sind? Dies träfe besonders auf genetisches Enhancement zu, das im Falle von Keimbahnmodifizierungen oder der Durchführung *in utero* bzw. im sehr frühen Leben für dieses Individuum zur Norm würde. Die Auswirkungen später durchgeführter Eingriffe könnten leichter nachzuverfolgen sein, genau wie die von nicht-genetischem Enhancement – pharmakologischem, sensorischem, oder Verbesserungen durch eine Prothese usw. Aber es bliebe dennoch immer die Frage, nach welcher Auswirkung an welcher Stelle zu suchen wäre.

Ich bin mir bewusst, dass ich ethische Wahrnehmung und Urteilsvermögen hier mechanischer erscheinen lasse, als ich das eigentlich will. Und ich möchte betonen, dass ich nicht voraussetze, dass das veränderte Denken eines durch biomedizinischen Eingriff veränderten Körpers notwendigerweise beklagenswert oder zu befürchten ist. Ich sage lediglich, dass es ein Gebiet ist, welches näher erforscht werden müsste, vor allem deshalb, weil Enhancement auch seinen (physischen, kognitiven, emotionalen, sozialen) Preis für das Individuum haben könnte. Die ethische Betrachtung von Enhancement fand bisher meist unter der Annahme statt, dass, solange die jeweilige Technologie dem Individuum nicht unvermeidbar schadet, es von Enhancement per definitionem profitiert, – dass Enhancement aber zu ethischen Nachteilen für die Gesellschaft führen könnte, zum Beispiel zu Verzerrungen im Gesundheitssystem durch gesteigerte Erwartungen und zu tieferen sozialen Klüften. Aber wenn verbesserte Körper breiter gefächerte Auswirkungen auf das Individuum haben als lediglich eine Funktion zu steigern, dann hätte es wahrscheinlich auch ethische Nachteile für das Individuum. Dies würde dann voraussichtlich das Gleichgewicht bei der Abwägung von Vor- und Nachteilen des Eingriffs verschieben.

CRS: Dies ist ein sehr wichtiger Einwand, den man in den ethischen Diskussionen über Enhancement-Technologien selten hört. Wir setzen schlichtweg voraus, dass Menschen mit verbesserten Körpern ihre ethischen Beurteilungen in derselben Weise treffen wie wir als nichtverbesserte Menschen diese treffen, wenn wir bewerten, was für sie eine Verbesserung haben und was für sie schädlich oder riskant wäre.

Wenn ich Dich richtig verstehe, vertrittst Du die Ansicht, dass die Verbesserung von Körperfunktionen, wie etwa die Steigerung kognitiver Fähigkeiten oder die Verlangsamung des Alterungsprozesses die moralische Welt dieser Menschen beeinflussen könnte. Dies folgt aus der Lektüre Merleau-Pontys sowie anderer Phänomenologen. Und da wir nicht vorhersehen können, auf welche Weise sich ihre ethische Wahrnehmung und Beurteilung ändert, können wir als Nichtbetroffene über den Wert einer solchen Veränderung für sie nicht moralisch urteilen. Deshalb wäre ‚Verbesserung' radikal perspektivisch zu denken. Es ist bedeutsam, für wen etwas eine Verbesserung sein sollte, da ihre Körper verschieden sein können. Und hinsichtlich der Pläne, den Körper ‚zum Besseren' zu verändern, können wir nicht vorhersehen, wie die Betroffenen die Veränderungen an ihrem Körper tatsächlich bewerten werden und ob sie auch wirklich Ver-

besserungen für sie darstellen. Dies macht eine ethische Beurteilung der Enhancement-Technologien recht schwierig, wenn nicht gar unmöglich.

Und diejenigen, die diese Veränderung ‚leben' wissen wiederum nicht, wie es wäre, in einem anderen Körper zu leben. Für sie ist es einfach die Norm. Sie werden sich ihrem Embodiment anpassen.

Dies zieht nun einige schwierige Fragen nach sich. Die erste ist offensichtlich: Wie können wir als Nicht-Veränderte urteilen, ob die unterschiedliche Wahrnehmungen und Urteile einer Person mit verändertem Embodiment irgendwie schlechter oder defizitär sind? Sie werden nur anders als unsere sein. Welches Recht haben wir, ihre veränderte moralische Wahrnehmung oder ihr Gefühl, ‚richtig' zu sein, für problematisch zu erklären?

JLS: Dies ist zugleich eine triviale und eine sehr tiefgreifende Frage! Du hast in dem Sinne Recht, dass es a priori kein Grund ist, wenn eine Person mit verändertem Körper in ihrer moralischen Wahrnehmung und Beurteilung sich irgendwie von uns unterscheidet, diese als schlechtere oder weniger angemessene Beurteilung zu bewerten. Sie ist, wie Du richtig sagst, lediglich anders. Aber in Wirklichkeit begegnen uns viele Situationen, in denen wir uns dieser Urteile nicht einfach enthalten und sagen: „Tja, deine Sicht ist halt eine andere". Wir *beurteilen* unterschiedliche Perspektiven: Sind sie vernünftig? Stehen sie im Einklang mit anderen Standpunkten und Werten? Sind sie für uns in modernen, demokratischen und pluralistischen Gesellschaft tolerierbar? Oder gehen sie einfach zu weit? Und warum werden besonders diese Bereiche des Urteilens und nicht andere im Hinblick auf ihre Annehmbarkeit genauer untersucht?

Aus diesem Blickwinkel münden diese Fragen in eine breitere Debatte über die Parameter eines gemeinsamen Moralverständnisses in Gesellschaften, die sich sozial, ethnisch und kulturell immer mehr ausdifferenzieren und in denen Alternativen zum moralischen Verständnis des Mainstreams immer stärker hervortreten – wenn sie, wie man sagen kann, politisches und moralisches Selbstvertrauen gewinnen. Auf theoretischer Ebene sind diese Debatten also alles andere als neu. Was hingegen neu ist, ist die Möglichkeit, dass ebenso wie unterschiedliche Moralvorstellungen aus verschiedenen kulturellen, religiösen oder ethnischen Milieus hervorgehen – also jener Art von Gruppierungen, denen man seit längerem eigenständige individuelle und politische Identität zuspricht – Moralvorstellungen nun auch auf umstritteneren Feldern zwischenmenschlicher Unterscheidungen hervorgebracht werden können, nämlich solchen, die mit dem

Körper und mit der leiblichen Erfahrung zu tun haben. Dann stellt sich die Frage so: Wie erkennen und bewerten wir *diese* Urteile?

In diesem Zusammenhang ist es wichtig zu verstehen, soweit dies überhaupt möglich ist, was besondere Handlungen und Praktiken für verschiedene Gruppen bedeuten. Wir können nicht einfach voraussetzen, dass Bedeutungen einfach von einer auf die andere Gruppe extrapoliert werden können. Um zu dem Beispiel zurückzukehren, das mich seit Jahren immer wieder beschäftigt: Gehörlose, die sich über Gebärdensprache verständigen, geben an, dass sie sich hypothetisch vorstellen könnten, sich mithilfe von Fortpflanzungstechnologien bewusst für gehörlose Kinder zu entscheiden, oder sich zumindest nicht explizit gegen diese zu entscheiden. Dann müssen wir den gesamten Kontext dieser Entscheidung sehen – z.B. eine blühende Gehörlosengemeinschaft, die sich mit Gebärdensprache verständigt, um sagen zu können, ob eine Entscheidung mit der Priorisierung des Kindeswohls zusammen fällt oder nicht.

Gehörlose und hörende Menschen werden im Gesamten nicht bestreiten, dass das Wohl des Kindes Priorität haben sollte. Wo sie sich aber durchaus unterscheiden können (und hier können ihre unterschiedlichen Körpererfahrungen den größten Einfluss haben) ist, wie, das Wohl des Kindes' ausgelebt werden kann. Folglich kann die Gehörlosengemeinschaft die Bevorzugung eines gehörlosen Kindes oder zumindest die Nicht-Bevorzugung eines hörenden Kindes als völlig im Einklang mit dem Bedürfnis sehen, die besten Interessen des Kindes, der Eltern und der Gemeinschaft insgesamt zu schützen, - während die hörende Welt diese Entscheidung vermutlich als Schädigung der kindlichen Interessen werten würde.

Letztlich bedeutet dies, glaube ich, dass die Gewinnung empirischen Grundwissens zu einer ethischen Forderung wird. Um zu verstehen, ob eine ,andere' moralische Evaluation ,anders aber nachvollziehbar' ist, oder ob es bedeutet, dass sie ,jenseits dessen liegt, was in den Grenzen des gemeinsamen moralischen Rahmens verstehbar' ist, müssen wir eine klarere Vorstellung davon haben, was bioethische Entscheidungen für verschiedene Handelnde in unterschiedlichen Kontexten wirklich bedeuten.

CRS: Wenn wir Deinem Argument der varianten Körperlichkeit im Prinzip zustimmen, muss man dann nicht trotzdem einige Differenzen berücksichtigen? Offensichtlich sind nicht alle Veränderungen am Körper äquivalent. Können wir einen Unterschied machen zwischen ethisch neutralen Körperveränderungen und möglicherweise für die moralische Wahrnehmung nicht neutralen Körperveränderungen? Eine Körperveränderung, die in

die ‚neutrale' Kategorie fallen könnte und vermutlich – aber das steht
auch noch in Frage – das ethische Denken der betroffenen Person nicht so
sehr verändern wird, könnte die Resistenzsteigerung gegen Krankheiten
sein. Wenn wir unseren Kindern einige Gene einpflanzen würden, die sie
ihr ganzes Leben lang beträchtlich weniger anfällig für Krebs machen, viel
weniger als die heute durchschnittliche Anfälligkeit für Krebs, würde dies
formal als Enhancement zählen. Ihre Körper wären stärker, belastbarer.
Aber die Eingriffe veränderten nicht ihr Alltagsleben. Wenn jedoch jemand
ein Neuroimplantat bekäme, das eine Person befähigt, sofort alles, was sie
liest, auswendig zu wissen, hätte das in der Tat Auswirkungen auf ihren
Alltag, und sehr wahrscheinlich auch auf ihre ethischen Urteile. Dies wäre
ein Beispiel einer nicht-neutralen Veränderung des Körpers, welche die
moralische Wahrnehmung verändern könnte.

JLS: Das ist eine spannende Frage. Natürlich sind nicht alle Veränderungen am Körper in jedem Sinn gleichbedeutend, und sicherlich nicht in dem
Sinn, dass sie in die moralische Wahrnehmung eingreifen. Ich finde Dein
Beispiel für die ‚neutrale' Kategorie dennoch interessant, denn eigentlich
kann man sich schon vorstellen, dass das tiefgreifende nicht-neutrale Konsequenzen für die moralische Wahrnehmung hätte. Zum Beispiel könnte
eine verbesserte Resistenz gegen Krankheiten nämlich die Konsequenz haben, dass Menschen weniger Mitleid mit denen haben, die immer noch anfällig sind für die Krankheiten. Es ist vorstellbar, dass die gesteigerte Person sich in einem solchen Fall nicht so fühlt, als habe sie ein erstaunliches
Privileg, sondern eher so, dass Menschen, die Krebs oder einer anderen
Krankheit ausgesetzt sind, einfach schwach, abstoßend, oder zu meiden
seien. (Es wäre schön, sich diese Art der Überlegenheit Hand in Hand mit
größerem Mitgefühl und einem Gefühl der Dankbarkeit für das zuteil gewordene Glück vorzustellen, aber leider geben uns die bisherigen Erfahrungen wenig Grund für einen solchen Optimismus.) In gewissem Sinn
hätte diese Art des Enhancements sehr große Auswirkungen auf Gebiete
des täglichen Lebens, die nicht direkt etwas mit Krebs zu tun haben.
    Ich stimme Dir zu, dass das Neuroimplantat mehr unmittelbare und di-
rekte Konsequenzen für alltägliche Interaktionen hätte, mit dem lebenden
und unbelebten Anderem, das die Subjektivität dieser Person informiert.
Ich bin aber trotzdem nicht sicher, ob die Situation, die Du beschreibst,
notwendigerweise viel radikalere Veränderungen in der moralischen
Wahrnehmung oder Beurteilung hätte, als wenn die Widerstandskraft gegen Krankheiten signifikant gesteigert würde.

Eine der Aussagen meines Buches *Disability Bioethics* ist, wie schlecht wir darin sind, vorhersagen zu können, welche Konsequenzen eine neue Technologie haben wird und wie bedeutsam sie sind. In diesem Buch habe ich insbesondere versucht vorherzusagen, was die wahrscheinlichen Konsequenzen eines beeinträchtigten Embodiments auf das Moralverständnis sein könnten, und auch die möglichen Konsequenzen eines biomedizinischen Eingriffs oder einer Hilfstechnologie im Leben einer behinderten Person. Dennoch kann dieser Grundgedanke auch generell gelten; und die allgemeinere Schlussfolgerung muss sein, dass es unbedingt notwendig ist, die tatsächlichen Effekte solcher Eingriffe empirisch und experimentell zu erforschen. Wir können Vorhersagen treffen, wie wir wollen, aber eine länger werdende Liste von Erfahrungen mit einer Reihe von Technologien weist darauf hin, dass die realen Veränderungen, Probleme und Herausforderungen wahrscheinlich sowohl banaler als erwartet, als auch unvorhersehbar sind. Angesichts dieser Art von Dilemma müssen wir eine große Dosis epistemischer Demut entwickeln und die empirische Wirklichkeit der verkörperten moralischen Vernunft untersuchen.

CRS: Lass mich jetzt eine philosophische Schlüsselfrage stellen, um die Denkweise zu klären: Meinst Du, wir sollten eine Form von körperlichem Relativismus annehmen? Oder gibt es dennoch Gründe zu glauben, einige grundlegende ethische Einwände, zum Beispiel die Konzepte der Ungerechtigkeit, Diskriminierung oder Ausbeutung müssten universal sein, ungeachtet der Beschaffenheit unserer Körper? – In einer Welt des Enhancements könnten wir in eine Situation kommen wie Deckard in Ridley Scotts Film Blade Runner, der sich in eine Replikantin verliebt, die er eigentlich jagen und töten sollte. Die Sprache der Gefühle sagt ihm ganz klar, dass dies eine verdammte Diskriminierung ist, unabhängig von ihrem ontologischen Status als künstliches Wesen. Man muss jetzt nur die Replikanten mit Verbesserten ersetzen und kann die gleiche Frage stellen. Haben wir nicht gute Gründe, einen universalistischen Standpunkt zu verteidigen, wenn es um Unterdrückung geht?

JLS: Ich bin mir ziemlich sicher, dass ich diese Art von Relativismus, auf die Du verweist, weder vertrete noch diagnostiziere, sei er verkörpert oder nicht. Erstens gibt es einige sehr grundlegende ethische Einwände und Konzepte, die offensichtlich innerhalb vieler Gesellschaften Gemeingut sind, und sogar universell sein könnten: Dies sind Dinge der Art, wie Du sie erwähnst, so wie das Konzept (und die Ablehnung) von Ungerechtigkeit, das Konzept von Diskriminierung, mit besonderem Gewicht auf das

Wohl der Kinder, dem Schutz der Verletzlichen usw. Der wichtige Punkt
ist hier, dass, obgleich die Konturen dieser Konzepte Gemeingut sind, die
Ideen, wie sie operationalisert werden, – das heißt welche Akte und Entscheidungen Diskriminierung darstellen, gegen wen sie sich richten, und so
weiter – nicht universell sein müssen. Diese Ebene der Ideen liegt eher,
wie ich denke, im Bereich der moralischen Intuitionen, die durch Sozialisa-
tionsprozesse unterschiedlicher Arten erworben werden, innerhalb der Familie, der Schule und der breiteren Gemeinschaft.

In *Disability Bioethics* habe ich vorgeschlagen, dass die Körperlichkeit
einer Person auf unterschiedlichen Wegen zur Bildung ihrer moralischen
Intuitionen beiträgt. Ich nahm an, dass dies hinsichtlich der von ihr gemachten Erfahrungen geschieht: Dass einige Erfahrungen charakteristisch
sind, oder dass sie als Ergebnis einer bestimmten Körperlichkeit charakte-
ristische Eigenschaften haben könnten. Ein offensichtliches Beispiel wäre
hier die Schwangerschaft als eine Funktion von *gendered embodiment*,
aber andere leiteten sich von einer behinderten Körperlichkeit ab – wenn
man z.B. eine Prothese angepasst bekommt. Diese Art der Unterschiede ist
recht einfach zu sehen. Weniger offensichtlich ist vielleicht der mögliche
Beitrag der Körperlichkeit zum Sinn, den Menschen ihren Erfahrungen
beilegen, auch denen, die sie gemeinsam haben. Zum Beispiel, dass die
Bedeutung von Tests auf Anomalien während der Schwangerschaft für eine behinderte Frau anders sein könnte als für eine nichtbehinderte Frau. Ich
möchte damit nicht sagen, dass die moralischen Bedeutungen dieser Erfahrung notwendigerweise für eine behinderte Frau absolut anders wären, und
sicherlich nicht, dass das moralische Verständnis einer behinderten Frau
generell radikal von dem einer nicht behinderten Frau abweicht. Es geht
mir darum, dass solche Erfahrungen der Körperlichkeit einen Sinn dafür
erzeugen, was offensichtlich richtig und was offensichtlich falsch ist, also
die intuitiven Antworten, die Menschen dann weitertragen und für die sie
bessere oder schlechtere Rechtfertigungen finden, wenn sie dazu gedrängt
werden.

Also habe ich die – wie ich glaube ziemlich unumstrittene – Aussage
gemacht, dass es innerhalb eines Rahmens grundlegender ethischer Werte
und Überzeugungen, die in einer Gesellschaft generalisierbar sind und sogar über alle Gesellschaften hinweg universell sein könnten, Unterschiede
gibt, wie diese Werte und Überzeugungen ausgelebt werden sollen; und
dass in dieser Art von Moralregister behinderte oder gesteigerte Körperlichkeit einen Unterschied machen könnte. Es ist weniger ein normativer
Streit um Relativismus oder Universalismus als eine Hypothese darüber,
wo die Unterschiede in unseren moralischen Intuitionen herkommen könn-

ten – und besonders ein Fingerzeig auf die Vernachlässigung des Körpers als eine mögliche Quelle für diese Unterschiede.

CRS: Ja, ich verstehe, was Du sagen willst, und ich stimme Dir enthusiastisch zu, wie wichtig der Körper ist. Aber lass mich hier ein wenig nachbohren. Ich frage mich, wie die unterschiedlichen Verkörperungen wichtig werden können, wie sie in die moralischen Welten eintreten. Wie können wir zwischen Werten differenzieren, die ungefähr in allen Gesellschaften die gleichen sind, die sogar universell sein könnten, und den Unterschieden, wie diese Werte und Überzeugungen ausgelebt werden sollten, oder den moralischen Intuitionen, die unterschiedliche Menschen mit unterschiedlichen Körpern entwickeln? All dies sind verschiedene Arten von Werten, alle sind sozial und kulturell geformt. Und alle sind notwendig, um Unterdrückung und Ungerechtigkeit zu bekämpfen. Ich sehe nicht, wie universelle Werte ohne die Gefühle und Intuitionen, die sie tragen, überhaupt funktionieren könnten.

JLS: Ich glaube, Deine zweite Aussage gibt den Schlüssel hierzu. Ich würde zustimmen, dass weit verbreitete oder sogar globale moralische Werte, wie auch die eher regional beschränkten Werte, sozial und kulturell geformt sind. Aber das Register ist ganz klar ein anderes, wenn ich es so ausdrücken kann. Wie ich bereits sagte, denke ich, dass es sehr fundamentale Überzeugungen über moralisches Verhalten gibt, die kulturell weit verbreitet sind: Ich kann mir keine Kultur denken, die beispielsweise wahlloses Morden gutheißt, oder die das Kindswohl für nicht gut hält. Diese sind sozial geformt in dem Sinne, dass die Begriffe ‚wahllos‘, ‚Morden‘ und ‚Kind‘ soziale Begriffe sind. (Es ist wahr, dass das Konzept des Mordens und des Kindes beide eine materielle oder biologische Realität konstituieren, aber zwischen Morden und Tötung zu differenzieren und zu definieren, wann ein Kind zu einem Erwachsenen wird, sind soziale Schachzüge.) Ich will hier nicht in eine Debatte darüber einsteigen, wo diese fundamentalen Gedanken herkommen, wie festgelegt sie sind oder ob sie Verhaltensweisen darstellen, die selektiert wurden, weil sie das Überleben oder den Erfolg der Individuen innerhalb von Gruppen begünstigen, oder weil sie einen metaphysischen Ursprung haben. Wie diese Werte auch entstanden sein mögen, sie werden natürlich von den zugehörigen Gefühlen und Intuitionen bestimmt. Aber ich glaube, sie können, wenn auch nicht völlig, von der Funktionsweise besonderer, ‚guter Lebensweisen‘ unterschieden werden, die diese fundamentalen Werte im tatsächlichen Leben verkörpern. Aus fundamentalen gemeinsamen moralischen Werten entstandene

Intuitionen geben gewissen Praktiken, und anderen nicht, einen gewissen
Grad an Plausibilität als Lebensweise für die Mitglieder einer Gesellschaft.
Das ist komplex, denn mit der Zeit werden Praktiken zu Gebräuchen und
Traditionen, sie werden auch ein Teil der intuitiven Textur des moralischen
Lebens.

Ich habe in *Disability Bioethics* versucht zu ergründen, wie sehr die
Unterschiede der Körperlichkeit ins Gewicht fallen. Eine meiner Schlussfolgerungen war, da es mehrere Wege gibt, auf denen Körperlichkeit prinzipiell moralische Bewertungen verändern könnte, dass wir eine ähnlich
vielfältige *investigative* Annäherung benötigen. D.h. wir sollten untersuchen, wie Körper soziale Interaktionen beeinflussen (wir wissen bereits ein
wenig darüber), wie die psychologischen Prozesse, durch die sozialen Interaktionen bewusst vertretene moralische Einstellungen formen können
(hierüber wissen wir eher wenig) und auch unbewusst vertretene Einstellungen (über diese ist fast nichts bekannt). Wir sollten untersuchen, wie
abweichende motorische, sensorische und perzeptive Möglichkeiten – auch
durch die Hilfsmittel und Prothesen – moralische Wahrnehmung verändern
können. Ich will nur sagen, dass im Moment Leute wie ich alle möglichen
kunstvollen Theorien darüber entwickeln können, wie Embodiment Moralvorstellungen beeinflussen könnte, dass wir aber über wenige empirische Daten verfügen, um die Theorie zu testen!

*CRS: Wenden wir uns nun einem anderen Thema zu: den Nebeneffekten
der Regulierung. Ich denke an den Druck, der ausgehend von moralischen
oder gesetzlichen Normen zur Regulierung von Enhancement auf Individu-
en und Gemeinschaften ausgeübt werden kann. In einem Paper über Gen-
manipulation am Menschen, oder Gentherapie, das wir beide 2001 gemeinsam veröffentlicht haben, schrieben wir, dass es nicht klug sei, dieses
Feld so zu regulieren, dass Therapien erlaubt und Enhancements verboten
sind, wenn diese letztere Kategorie auf der Grundlage der Differenzierung
zwischen den für eine Spezies typischen oder normalen menschlichen
Funktionsweisen und anderen Funktionszuständen oberhalb des Normalen
definiert wird. Es sei deshalb unklug, sagten wir, weil es diskriminierende
Nebeneffekte für diejenigen haben werde, die tatsächlich mit varianten
Körpern leben. Ist dieses Argument in Deinen Augen heute noch gültig?
Und kannst Du erklären, wie Deiner Meinung nach dieses Argument heute
vorgetragen werden sollte?*

JLS: Die Dinge haben sich in der Tat seitdem weiterentwickelt– nicht zuletzt, weil Entwicklungen in den Lebenswissenschaften, etwa die Arbeiten

auf dem Gebiet der Neuropharmakologie, bedeuten, dass es erheblich weniger plausibel ist, eine klare Linie zwischen Therapie und Enhancement zu ziehen. 2001 gingen die meisten Diskussionen um die Ethik des Enhancement von der Prämisse aus, dass wir klar und unkompliziert zwischen zwei Klassen von Intervention differenzieren können. Als wir das Paper verfasst haben, waren wir besonders darüber besorgt, dass steigernde und therapeutische Eingriffe spezifisch in ihrem Verhältnis zur Normalität definiert wurden – sodass eine Therapie die Wiederherstellung in den normalen Bereich menschlicher Form und Funktion bedeutet, während Enhancement darüber hinaus geht – und als Ergebnis nahmen wir an, dass, wenn diese Eingriffe gesetzlich geregelt werden sollen, so etwas wie eine Definition menschlicher Normalität ins Gesetz eingehen müsste. Und dies wäre praktisch beispiellos, wenigstens in Bezug auf die Breite und den Detaillierungsgrad, die zur Ausarbeitung einer solchen Regelung notwendig wären.

Wir argumentierten auch, dies etabliere eine sehr enge Sicht menschlicher Normalität, und dies könne für Menschen mit variantem Körper schädlich sein – das heißt für Menschen mit Körperformen oder -funktionen, die außerhalb des speziestypischen Bereiches liegen, von denen einige als Behinderung bezeichnet werden. Der Schaden würde sich daraus ergeben, dass die Etablierung einer solchen Sicht nicht damit rechnet, dass ein bestimmter Eingriff, der von nichtbehinderten Menschen als *therapeutisch* betrachtet würde, indem er sie wieder zur Norm zurück bringt, von behinderten Menschen als *verbessernd* empfunden werden kann, indem er sie auf einen formalen oder funktionalen Zustand bringt, der jenseits ihrer *eigenen* Norm liegt. Ihre Perspektive müsste ignoriert werden, um den Eingriff als Therapie darzustellen und damit er legal ist; aber dies hieße im Endeffekt zu sagen, dass die Fähigkeiten von Menschen mit Behinderungen zu Selbstdefinition und Selbstbestimmung nicht ernst genommen werden. (So zu verfahren steht aber ziemlich im Einklang mit der deprimierenden Geschichte der systematischen Ignorierung der Selbstbestimmungsrechte Behinderter, aber die historische Präzedenz ist ja kein Pluspunkt.)

Heute sind wir dazu übergegangen, allgemein anzuerkennen, dass viele biomedizinische oder biotechnologische Eingriffe nicht klar in eine der beiden Kategorien Enhancement oder Therapie fallen. Es gibt zu viele Fälle, in denen Eingriffe sowohl ,das Individuum über das Normale hinausbringen' und ,eine gewisse Normalität wiederherstellen' können; zum Beispiel kann ein Medikament, das den Gedächtnisverlust bei Demenz abmildern soll, bei anderer Dosierung die Fähigkeiten bei jemandem mit einem Standardgedächtnis steigern. Wenn es keine Unterschiede zwischen dem

Einsatz als Enhancement und als Therapie in Bezug auf schädliche Nebenwirkungen gäbe, wäre es schwierig zu argumentieren, dass die eine Verwendung zulässig sei, die andere aber nicht, ohne auch allgemein dafür zu argumentieren, dass die im statistischen Sinn normale Bandbreite der Körperformen und Fähigkeiten normativ sein sollte. Es *gibt* Argumente dafür, aber ich denke, es ist klar, dass weder diese noch die Argumente der Transhumanisten für eine sehr viel liberalere Einstellung zur Veränderbarkeit des menschlichen Körpers derzeit allgemein überzeugend sind. Wenn sie es wären, würden wir nicht in diesem Ausmaß über sie diskutieren.

Eine Sache darf nicht vergessen werden (und manchmal können sich gerade diejenigen, die so viel Zeit darauf verwenden, diese Probleme zu diskutieren, nur schwer daran erinnern): Wir befinden uns sozial und kulturell auf moralisch unsicherem Terrain. Bis vor kurzem verfügten Individuen und Gesellschaften über sehr wenige Mittel, die Eigenschaften unserer Körper oder die anderer zu kontrollieren. Gesellschaften hatten immer *Meinungen* darüber, wie viel Abweichung des Körpers oder des Verhaltens tolerierbar sei, und was eine Beeinträchtigung darstellt, aber eigentlich wurde die Durchsetzung dieser Meinungen durch die kruden Methoden eingeschränkt, wie es z.B. der Kindsmord oder die soziale Ächtung Behinderter sind, die zunehmend inakzeptabel geworden sind. Jetzt befinden wir uns in der Lage wachsender technischer Möglichkeiten, die von uns gewollten Phänotypen durch pränatale, präimplantive oder präkonzeptive Eingriffe auszuwählen, oder die Fähigkeiten geborener Körper durch pharmakologische, neuroprothetische oder andere Mittel zu verändern. Und dies, meine ich, bringt die Gesellschaften, die Zugang zu diesen Technologien haben, in die potentiell gefährliche Lage, auf der Grundlage von historischen Annahmen und Vorurteilen über körperliche Variation zu handeln, die niemals wirklich einer richtigen Überprüfung ausgesetzt worden sind.

Dies ist ein faszinierender historischer Moment. Die selektiven und manipulativen Technologien werden in einem sozialen und politischen Kontext in Betrieb genommen, in dem nun in einigen Hinsichten die Verschiedenheit der Menschen allgemein und auch die Behinderten besser denn je akzeptiert werden, und in dem Behinderte eine globale politische Stimme zu erlangen beginnen. Aber gleichzeitig ist der kulturelle Kontext, wie wir es vorhin diskutiert haben, der, dass durch außerordentlich effektive kommerzielle, staatliche und bürokratische Kräfte ein Druck vermittelt wird, bezüglich der körperlichen Erscheinung und des Verhaltens bestimmten Standards zu genügen. Zukünftige Körperformen, und die Leben, die man mit ihnen leben kann, werden durch die bioethischen Überlegun-

gen von heute bestimmt, weil sie zu Entscheidungen über Regulierung führen und eine kulturelle Atmosphäre schaffen, die gegenüber Vielfalt mehr
oder weniger freundlich eingestellt ist; und deshalb ist es so wichtig, dass
wir uns diesen Überlegungen mit Sorgfalt widmen.

Das Gespräch wurde 2012 auf Englisch geführt. Die Übersetzung besorgte
Sabine Ohlenbusch, die Autoren haben sie revidiert. Im Gespräch verweist
Scully auf ihr Buch *Disability Bioethics. Moral Bodies, Moral Difference*,
das 2008 bei Rowman & Littlefield in Lanham erschienen ist. Der erwähn-
te Artikel von Scully und Rehmann-Sutter heißt „When Norms Normalize.
The Case of Genetic Enhancement" und erschien in der Zeitschrift Human
Gene Therapy 12 (2001), S. 87 - 96. 2002 sind bei Quaker Books in Philadelphia Scullys Swarthmore Lectures als Buch erschienen: *Playing in the
presence: genetics, ethics and spirituality*.

„Fünfundzwanzigstündiger Arbeitstag – denn 'ne Prothese wird nie müde."[1]
Normative und selektive Implikationen der Prothetik nach dem Ersten Weltkrieg

Miriam Eilers

Einleitung

Wie viele andere Kriegsverwundete aus den Schlachten des Ersten und Zweiten Weltkriegs berichtete auch Erwin Stetter, im Jahr 1943 als Soldat in Russland, dass er den Verlust seiner Gliedmaße durch einen Granatsplitter zunächst gar nicht bemerkt hatte.

> „Plötzlich lag ich am Boden, während oder kurz nachdem ich einen hellen Knall hörte oder gehört hatte; die Bekleidung war, besonders an den Beinen ziemlich durchlöchert und zum Teil zerfetzt; beide Beine bluteten. Ich vermutete, daß beide Beine durchschlagen seien. Schmerzen hatte ich nicht, obwohl u.a. das linke Bein über dem Knöchel gänzlich durchschlagen, der linke Mittelfuß ziemlich zerschmettert und reichlich Weichteilwunden an beiden Beinen und auf der ganzen linken Seite vorhanden waren. Die Schmerzen begannen erst, als das linke Bein eine Zeitlang abgebunden war. Da um mich herum alles tot oder schwer verwundet war, wollte ich versuchen mich selbst fortzubewegen und probierte deshalb beide Beine auf ihre Brauchbarkeit als Stütze aus; dabei stellte ich fest, daß das rechte noch standfest war." (Stetter 1950, 142)

Verluste von Gliedmaßen sind schon immer Teil kriegerischer Auseinandersetzungen gewesen und gehören zur Ikonographie des versehrten Soldaten. Bis heute überleben Menschen den Kontakt mit einer Landmine zumeist um den Preis, Arme und Beine zu verlieren[2] – oft lange, nachdem der eigentliche Krieg vorbei ist. Daher bleibt die Behinderung als Folge von Kriegstechnik ebenso aktuell wie die Frage, auf welche Weise Medizin und Medizintechnik, aber auch Gesellschaften mit den körperlichen und seelischen Folgen dieses Traumas umgehen. In diesem medizinhistorischen Beitrag sollen die Kriegsversehrten des Ersten Weltkriegs im Fokus

---

1   Hausmann (1982, 137).
2   http://www.mineaction.org/ und http://www.mineaction.org/downloads/1/UN_IAMAS_online.pdf (zuletzt aufgerufen am 02. März 2012).

stehen.[3] Zirka 25 000 Menschen waren nach dem Ersten Weltkrieg von dem Verlust eines Arms und 55 000 von dem eines Beins betroffen; viele von ihnen wurden mit Prothesen versorgt. Es ist in mehrerlei Hinsicht aufschlussreich, sich den so versorgten Menschen zu nähern.

Erstens kann die Therapie durch Prothesen in einen Zusammenhang mit der Philosophischen Anthropologie[4] gestellt werden, die einen Beitrag dazu leisten kann, das Phänomen der Prothese in einem neuen Licht zu sehen. Der Zoologe und Philosoph Helmuth Plessner (1892-1985) war neben Arnold Gehlen und Max Scheler ein Hauptvertreter der Philosophischen Anthropologie der 1920er Jahre. Diese von ihnen selbst so bezeichnete philosophische Denkschule ist durch eine Hinwendung zur Stellung des Menschen in der Welt gekennzeichnet. Zwei Grundbegriffe dieses Zugriffs auf den Menschen als lebendiges Naturwesen sind Organisiertheit und Positionalität sowie ein Lebensbegriff, der den Menschen als grenzrealisierendes Wesen ausweist. Diese Kernbegriffe stelle ich in einen Zusammenhang mit Kriegsversehrtheit und Prothetik und überdenke die Aneignung der – und Positionierung zur – Lebenswelt eines körperlich veränderten Menschen neu.

Zweitens ermöglicht der Blick auf die Kriegsversehrten einen Einblick in das historische Geflecht aus Medizin, Arbeitswelt, Gesellschaft und künstlerischem Ausdruck zur Zeit der Weimarer Republik. Das Geflecht komplexer und spannungsreicher Verschränkungen wurde bereits in den 1920er Jahren dokumentiert[5] und in jüngerer Zeit interpretiert, wobei die

---

3   Ich danke Marion Hulverscheidt für ihre Anmerkungen zu einer früheren Version dieses Kapitels, meinen Kollegen der Mercator Forschergruppe „Räume anthropologischen Wissens" an der Ruhr-Universität Bochum sowie Kirsten Vogt für die kritische Durchsicht des Textes. Gewidmet ist der Beitrag meinem Großvater Johann Meinen Ottersberg (1915 - 2002), der meine Stimme hörte, ohne ihren Klang zu vernehmen.

4   Die 'Philosophische Anthropologie' als Paradigma ist scharf zu trennen von der 'philosophischen Anthropologie' als einer Disziplin. Die im Text genannten Hauptvertreter entwickelten die Philosophische Anthropologie um 1927/28 als ein Verfahren mit dem Ziel, eine Einheit des "Doppelaspekts" von Körper und Geist darzustellen und den Menschen in erster Linie als biologisches Lebewesen zu denken. Siehe hierzu Fischer 2009: 216 - 224.

5   In den 1920er Jahren fanden der Erste Weltkrieg und seine Folgen u.a. Eingang in das Werk folgender Schriftsteller, Künstler und Orthopäden: Otto Dix: Die Kriegskrüppel/45% erwerbsfähig (1920), Streichholzhändler (1920), Prager Straße (1920), Skatspieler (1920), Großstadt (1927/28) und Der Krieg (1929 - 32); Georg Kaiser: Gas (1918); Ernst Toller: Die Wandlung (1919); Raoul Hausmann: Pro-

Beziehungen zwischen Medizintechnik und Neuer Sachlichkeit hergestellt (Fineman 1999, 85-114) sowie die Lebens- und Arbeitsbedingungen der Kriegsversehrten fokussiert wurden (Poore 2007). Meine Kernthese lautet, dass aus einer Vielzahl von Funktionen, die ein gesundes Körperteil trägt und beherrscht, eine Prothese immer nur Teilfunktionen übernehmen kann und, daran anschließend, vorgibt, welche Funktionen der Gliedmaße ausgeübt werden können (Selektivität von Prothesen) sowie, gebunden an den historischen Kontext, ausgeübt werden sollen (Normativität von Prothesen). Dieses Sollen stellte sich im historischen Kontext der Weimarer Republik als eine rasche Wiedereingliederung der Kriegsversehrten in den industriellen Arbeitsprozess dar, vor der sowohl die Gestaltung der Alltagswelt und dem Erscheinen der Versehrten in ihr als auch die individuelle Lebenswelt in den Hintergrund treten mussten.

Normative Implikationen wurden von Medizintechnikern nach dem Ersten Weltkrieg nicht weiter reflektiert, jedoch von DADA-Künstlern rezipiert und kritisch interpretiert. Im dritten Teil dieses Beitrags steht das Bild „Die Kriegskrüppel" von Maler Otto Dix (1891-1969) exemplarisch dafür, wie er auf das Verhältnis von Verlust und Wiederherstellung der Kriegsversehrten unter Berücksichtigung ihrer Integrität hinweist.

Anthropologische Aspekte der Prothese

Die Beobachtung, dass die Prothese zu einem anderen Zugang zur Lebenswelt führt, lässt sich mit Bestimmungen der Philosophischen Anthropologie erhärten. Die Philosophische Anthropologie Plessners zeichnet sich durch ihre explizite Hinwendung zum Phänomen des Lebendigen und zum menschlichen Körper aus (Plessner 1975). Sie bestimmt den Menschen als ein Lebewesen, das durch die kontinuierliche Reflexion seiner selbst und seines Verhältnisses zur Welt gekennzeichnet ist. Zwei zentrale Begriffe in Plessners Theorie sind Positionalität und Organisiertheit als Kennzeichen der Lebewesen (nicht nur des Menschen). Mit ihnen ist eine Reflexion möglich, die fragt, ob (und wenn ja: wie) sich die Positionierung und die Organisation der mit Prothesen versorgten Menschen ändert und wie sie sich ihre Ding- und Menschenwelt aneignen. Mit Positionalität wird zunächst auf die Beobachtung verwiesen, das der Körper in seiner ausgedehnten Form eine bestimmte Gestalt und eine Grenze hat. Die Differenz zwischen belebten und unbelebten Körpern bestimmt Plessner dahin-

---

thesenwirtschaft (1920); Konrad Biesalski: Kriegskrüppelfürsorge. Ein Aufklärungswort zum Troste und zur Mahnung (1915).

gehend, dass der unbelebte Körper eine Grenze hat, diese aber nicht realisiert – er ist, soweit er reicht und bricht an seinem Rand ab. Der Mensch
hingegen realisiert wie alle Lebewesen eine Grenze, zu der er sich und
über die sich zu seiner Umwelt positioniert (Plessner 1982, 9f.).

Joachim Fischer hat diesen Aspekt Plessners, dass das „Leben als
grenzrealisierendes Ding" (Fischer 2004, 61-71) auffassbar ist, neu aufgegriffen. Mit der Möglichkeit der Grenzrealisierung des menschlichen Körpers ist untrennbar die Haut als sein größtes Organ verbunden. Sie stellt
jene Grenze und Grenzfläche dar, über die der Mensch mit seiner Umwelt
kommuniziert. Für einen Menschen, der mit einer Prothese versorgt ist,
stellt sich diese Grenzrealisierung anders dar: Nicht mehr die Haut der
Finger berührt die Dinge oder ein anderes Lebewesen, sondern die Haut
des Arm- oder Beinstumpfes berührt die Prothese. Erst über dies Zwi-
schenstück aus Holz, Leder, Pappe, Kunststoff, Horn, Stahl, Gummi oder
Messing wird der Zugriff auf die Welt und der Kontakt mit der Umwelt
ermöglicht. Die Aneignung dieser Umwelt erklärt Plessner mit der Organisiertheit des Menschen in einem zentralen Nervensystem. Dieses konstituiert die Sonderstellung des Menschen und garantiert seine Reflexionsfä-
higkeit. Nur der Mensch, so Plessner, kann in ein Verhältnis zu sich selbst
treten und sich im Verhältnis zu seiner Zentriertheit positionieren. Damit
aber fällt er zugleich aus der Mitte heraus und wird zu einem exzentrischen Wesen. Als „exzentrische Positionalität" formulierte Plessner
seine These, dass der menschliche Geist auf seinen Körper *als* Körper Bezug nehmen kann und dass diese Realisierung aus einer Außenperspektive
heraus erfolgt: „Der Mensch, in seine Grenze gesetzt, lebt über sie hinaus,
die ihn, das lebendige Ding, begrenzt. Er lebt und erlebt nicht nur, sondern
er erlebt sein Erlebtes." (Plessner 1982, 10) Dem Träger einer Prothese
wird die Reflexion seiner exzentrischen Positionalität als anthropologische
Kategorie in besonderem Maße zu Teil, wenn er das Fremde in seinen
Körper zu integrieren sucht und durch die ihm trotzdem widerfahrende Erkenntnis der Fremdheit, die sich im Fehlen der Reaktionsfähigkeit ausdrückt, zu seinem Körper in ein neues Verhältnis tritt. Es sei noch einmal
der eingangs zitierte Kriegsveteran zitiert, der seinen natürlichen und
künstlichen Körper zugleich sinnlich erfuhr:

> „Besonders eindrucksvoll war ein Erlebnis, das ich hatte, als ich [...] beim
> Absteigen vom Fahrrad zu Boden fiel. Ich mußte damals im Straßenverkehr
> so langsam fahren, daß ich schließlich das Gleichgewicht nicht mehr halten
> konnte und absteigen mußte. Dabei kam ich kurz auf beide Beine zu stehen,
> d.h. Bein und Prothese; da ich noch etwas Schwung nach vorwärts hatte,
> knickte ich im Prothesengelenk ein. Ich versuchte krampfhaft mich wieder zu

fangen; ich wollte das Prothesenkniegelenk beeinflussen , d.h. es war nun gar
nicht mehr das Prothesengelenk, sondern mein eigenes Kniegelenk; ich konnte gar nicht begreifen, daß meine krampfhafte Bemühung, mich im Kniegelenk abzufangen, keinen Erfolg hatte und ich trotzdem weiter sank; es war eine sehr seltsame Situation, in der ich an der Welt ganz irre wurde: der Boden
kam immer näher, obwohl er es bei meiner heftigen Innervation des Kniege-
lenks doch gar nicht konnte und durfte! Das Phantombein war vielleicht gar
nicht so sehr wahrnehmungsgemäß gegeben: es war selbstverständlich, daß
man mit ihm arbeitete, und es war dabei aber auch als Ganzes ganz hell gegeben." (Stetter 1950, 145)

Stetters Ausführung verdeutlicht, dass die Prothese den Zugang zur Welt
ermöglicht, sich die Perzeption, mittels derer sie geschieht, aber verändert.
Wird die Prothese zu einem Instrument der Wahrnehmung, geht ihre Funktion über den bloßen Ersatz einer fehlenden Gliedmaße hinaus. Im Anschluss daran werden auch Leib und Körper in ein neues Verhältnis gesetzt. Die Philosophische Anthropologie bestimmt sie als in einem Wech-
selspiel stehende Entitäten, die ihre gegenseitige Erfahrung ermöglichen
und sich wechselseitig überhaupt erst erfahrbar machen. Leib-Sein und
Körper-Haben nannte Plessner den Zusammenhang, der zwischen beiden
besteht. Aus den Schilderungen Stetters geht hervor, dass er die Veränderung seines Körpers auch eine Veränderung des Leibes hervorrief. Schien
ihm, dass er die Prothese, die er in seinen Körper integrierte, steuern könne, so blieb der fehlende Unterschenkel als Teil seines Leibes präsent. Sein
neues, vom Verlust gekennzeichnete Körperbild, begegnete ihm im Traum:

„Es war vielleicht sogar ein etwas wehmütiges Erlebnis, als ich eines Mor-
gens [...] mir bewußt war, dass ich mich soeben im Traum zum ersten Mal mit
nur einem Bein erlebt hatte. Obwohl ich mich sehr gut mit der Amputation
abgefunden habe, [...] empfand ich es [...] beachtenswert, daß ich nun sogar
„im Traum" nicht mehr beide Beine hatte." (Stetter 1950, 145)

Diese Aussage fasst das bisher Gesagte zusammen: Dem mit einer Prothese versorgte Mensch war ein Fremdkörper zugesetzt, der den Verlust einer
Gliedmaße ausgleichen sollte. Der Mensch erlebte Körper und Fremdkörper zugleich, seine Position musste neu überdacht und seine Organisation
neu erfahren werden. Auch wenn die Umwelt immer noch körperlich erfahren werden konnte, widerfuhr dem Leib ein Verlusterlebnis, das sich im
Traum Bahn brach: Den Körper konnte man haben, vollständiger Leib aber
nicht mehr sein.

1920er Jahre: Funktionelle Wiederherstellung der Veteranen des Ersten Weltkriegs

Zu den Folgen des Ersten Weltkriegs zählt, dass viele junge Männer ab dem Abiturientenalter von Amputationsverletzungen betroffen waren. Bereits während des Krieges setzten sich Orthopäden und Ingenieure mit Erwerbsunfähigkeit als Folge dieser Kriegsverletzungen auseinander. Sie wiesen nachdrücklich darauf hin, dass eine Wiedereingliederung der Männer in den industriellen Arbeitsprozess ermöglicht werden müsse, um ihnen die autonome Sicherung ihres Lebensunterhaltes zu ermöglichen und sie nicht auf staatliche Zuwendungen angewiesen zu sein lassen. Deshalb musste ein Ziel der wiederherstellenden Medizin die Wiedereingliederung der Männer in Fabriken und Handwerksbetriebe sein.[6] Tatsächlich wurden tausende Kriegsversehrte mit mechanischen, massenhaft hergestellten Prothesen ausgestattet. Somit waren die Menschen, die versehrt aus dem Krieg zurückgekehrt waren, dem Zugriff der Technik zweifach ausgesetzt: Hatten sie Arme und/oder Beine durch die zerstörerische Kraft einer verfeinerten Kriegstechnik verloren, so sahen sie sich nun einem Rehabilitationssystem gegenüber, das Technik als Mittel zum Zweck der Industriearbeit einsetzte (Poore 2007, 96).

Es kann gegen diese Sichtweise argumentiert werden, dass die Wiederherstellung aller Funktionen der Gliedmaßen, allen voran der Taktilität, technisch nicht möglich war und die wiederherstellende Medizin sich somit beschränken musste: Zwar konnte die Gestalt einer Gliedmaße rekonstruiert, jedoch nur ein Teil ihrer Funktionen nachgeahmt werden. Dagegen spricht jedoch die Beobachtung, dass insbesondere Armprothesen entwickelt wurden, die sich funktionell gut in industrielle Arbeitsprozesse einfügen ließen.

---

6   Vgl. die historischen Veröffentlichungen: Biesalski (1915). Kriegskrüppelfürsorge. Ein Aufklärungswort zum Troste und zur Mahnung. Leipzig, L. Voss und Borchardt, M. e. a. (1919). Ersatzglieder und Arbeitshilfen für Kriegsbeschädigte und Unfallverletzte. Berlin, Julius Springer.

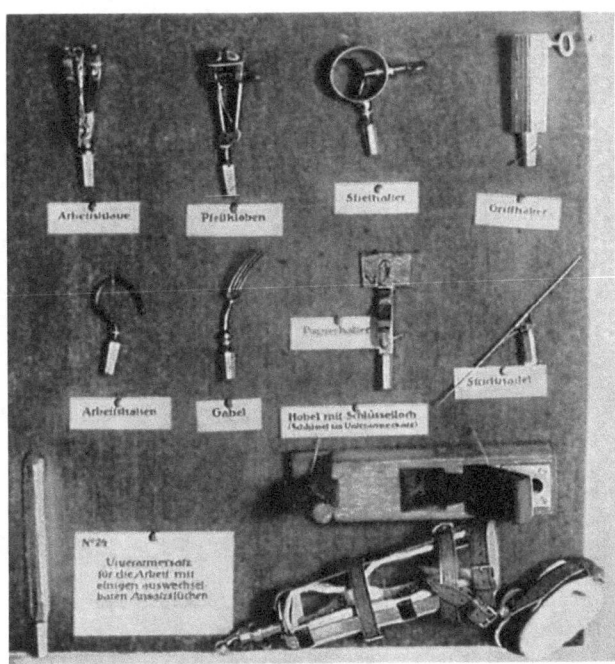

Abb. 1:   *Unterarmmanschette mit verschiedenen Ansätzen zur Ausübung gewerbli-*
            cher Arbeit. aus: Konrad Biesalski: Kriegskrüppelfürsorge, 1915. S. 24

Eine solche medizintechnische Konstruktion setzt ein Körperbild voraus, in dem der Körper nicht mehr als Einheit wahrgenommen wird, sondern eine Ansammlung von Einzelteilen mit je verschiedenen Funktionen
ist (Fineman 1999, 96). Mit Hilfe einer Prothese wäre es dann möglich,
eine oder mehrere der verloren gegangenen Funktionen zu ersetzen. Dies
Körperbild zeigte sich bis in den konkreten Prothesenbau hinein: Bis zum
Ersten Weltkrieg wurden amputierte Arme medizintechnisch durch den
Sonntagsarm ersetzt, einer Prothese, die aus Holz gebaut war und zu besonderen Anlässen mit dem Ziel angelegt wurde, den Verlust des Arms zu
kaschieren und sein Aussehen zu imitieren (Biesalski 1915, 12). Nach dem
Ersten Weltkrieg entwickelten Chirurgen, Orthopäden und Medizintechniker den Sonntagsarm weiter zum „Arbeitsarm". Dieser imitierte nicht mehr
das Aussehen, sondern die Funktion des Arms. Diese Prothese konnte an
den Stumpf angebracht werden und wies eine Vorrichtung auf, an die
Werkzeuge wie Bohrer, Hammer oder Greifer, das Essbesteck oder sogar
der Sonntagsarm geschraubt werden konnten.

Abb. 2:   *Kurbeldreher. aus: Moritz Borchardt, M. (1919). Ersatzglieder und Ar-*
           beitshilfen für Kriegsbeschädigte und Unfallverletzte, 1919. S. 910

Die Wahl dieser Werkzeuge wurde in Abhängigkeit davon getroffen,
welchen Beruf die Kriegsversehrten zuvor ausgeübt hatten: Es gab nicht
eine Prothese für alle Berufe, sondern für jeden Beruf eine Prothese, die
spezifische Tätigkeiten mittels der an sie anzuschraubenden Werkzeuge
ausführen konnte (Hartmann 1919, 897-937). In dem 1919 herausgegebe-
nen Werk „Ersatzglieder und Arbeitshilfen" sind eine Vielzahl handwerk-
licher Berufe verzeichnet, die mit Hilfe einer Prothese ausgeübt werden
konnten.[7] Die Prothese ermöglichte damit die Teilnahme an einem spezifischen Arbeitsprozess; kriegsversehrte Männer konnten trotz ihrer fehlenden Gliedmaßen an bestimmten Maschinen arbeiten, wie das Bild auf der
Vorseite zeigt.

---

7   Gelistet sind u.a. Tischler, Lackierer, Bäcker, Schneider und Landwirt. Siehe:
     Schlesinger (1919). Das wirtschaftliche Ergebnis beruflich tätiger Schwerbeschä-
     digter. In: Ersatzglieder und Arbeitshilfen für Kriegsbeschädigte und Unfallver-
     letzte. S. A. f. A. i. B. C. u. P. f. E. i. Berlin Charlottenburg. Berlin, Julius Sprin-
     ger: 1038-1091.

Zu Normativität und Selektivität der Prothese

Eine Prothese zu entwickeln, die dem Arbeitsmarkt angepasst war, erschien nach dem Krieg ökonomisch und gesellschaftlich notwendig. Gleichzeitig hat diese Entwicklung eine normative und selektive Dimension. Die Tätigkeit des Menschen an der Maschine weist eine gegenseitige Abhängigkeit auf: Nur Mensch und Maschine gemeinsam ergeben eine produktive Funktionseinheit, bei der die Hand die Maschine bedient und umgekehrt die Maschine die Bedienung erst ermöglicht, Arbeitsprozesse übernimmt und vereinfacht und schließlich das fertiggestellte Produkt präsentiert.

Der Dadaist Raoul Hausmann (1886-1971) vernahm von dieser Mensch-Maschine-Einheit und verfasste 1921 eine kurze Anmerkung, die er „Prothesenwirtschaft" nannte. Dieser Titel ist mehrdeutig: Er verweist einerseits auf die deutsche Industrielandschaft, der Arbeiter fehlten und die auf die Kriegsversehrten angewiesen war. Andererseits deutet „Wirtschaft" abwertend auf die Bedingungen hin, unter denen in jener Industrielandschaft gearbeitet wurde. Hausmanns Text beginnt mit einer Schilderung der alltäglichen Sichtbarkeit der Prothese:

> „Was 'ne Prothese is, weiß jedes Kind. Für den gemeinen Mann so notwendig wie früher das Berliner Weißbier. So'n Proletenarm oder Bein wirkt erst vornehm, wenn 'ne Prothese dransitzt. [...] Ja, so'n brandenburger Kunstarm. Das könnte jedem passen. Was kann man mit dem alles machen. Zum Beispiel kochendes Wasser draufgießen, ohne sich zu verbrühen. Hält das etwa 'n gesunder Arm aus? Der brandenburger Kunstarm ist das größte Wunder der Technik und eine große Gnade. Auch Schüsse gehn schmerzlos durch. Darum müssen sich die Prothesenträger endlich nicht nur auf ihre Pflichten, sondern auch auf ihre Rechte besinnen – wie mir Fritze Maslowitz sagte, planen die besseren unter ihnen eine Reihe praktischer Forderungen, deren wesentlichste darin gipfeln: Fünfundzwanzigstündiger Arbeitstag – denn 'ne Prothese wird nie müde. [...] Niedrige Lebensmittelrationen – ein Prothesenmann hat infolge des Fehlens der gesunden Glieder nicht das Bedürfnis nach kompletter Ernährung." (Hausmann 1982, 137f.)

Natürlich ist der Text polemisch und ironisch. Und doch versteckt sich darin der Wunsch nach einer Medizintechnik, welche die Eigenschaften des Menschen gezielt steigern kann. Überstunden ohne Mittagspause – der heimliche Traum aller Fabrikdirektoren war greifbar: Die Leistungsfähigkeit des Menschen konnte auf 25 Arbeitsstunden gesteigert werden! Bemerkenswert ist nun, dass nicht etwa der gesunde Mensch durch Medizintechnik verbessert werden sollte – es war die Leistung eines kriegsversehrten Körpers, die durch die Prothese gesteigert werden sollte. Diese Prothese war aus ärztlicher Sicht eine Therapie, ein Garant für die Wiedereingliederung der Kriegsversehrten in Arbeitsprozesse. Aus Sicht von Raoul Hausmann aber war sie mehr als das: Sie ermöglichte die Transformation des Menschen in einen optimalen Zustand, der das Maß des Gesunden weit zu überschreiten vermochte. Auch, wenn dem Wortschatz der 1920er Jahre das Wort „Enhancement" fehlt, ist es doch in seiner Bedeutung als „transformatio ad optimum" hier angesprochen. Allerdings sind es nicht die gesunden Körper, die transformiert werden sollen, der Mensch soll nicht von einem „normalen" auf ein „höheres" Niveau gebracht werden. Vielmehr ist es der Kriegsversehrte, dessen andersartige Körperlichkeit eine Verbesserung des Menschen im Sinne einer Produktivitätssteigerung überhaupt erst ermöglicht, indem er direkt mit einer Maschine verbunden werden kann. Folgt man Hausmann, dann fällt die Therapie mit einer Verbesserung über das normale Maß hinaus zusammen – der Traum eines verbesserten Menschen wurde nicht in den Labors der Medizintechniker geträumt, sondern zunächst als Alptraum eines Dadaisten formuliert. Ärzte und Ingenieure teilten diese Auffassung allerdings nicht, wie aus dem Band „Ersatzglieder und Arbeitshilfen" hervorgeht. Sie widmeten sich allerdings eingehenden Untersuchungen über die wirtschaftliche Effizienz der Kriegsversehrten und kamen zu dem Ergebnis, dass die Wirtschaftsleistung eines gesunden Mannes die eines Körperbehinderten zwar weit übertraf, die Veteranen aber dennoch unbedingt in den Arbeitsprozess zurückgeführt werden sollten, um sie vollwertige Mitglieder der Gesellschaft werden zu lassen.[8]

In der historischen Betrachtung der Medizintechnik zeigt sich die normative Eigenschaft von Prothesen. Der Übergang vom Sonntagsarm zum Arbeitsarm kennzeichnet zugleich den Wechsel von einer wiederherstellenden Medizin hin zu einer bestimmten Funktionalisierung des Menschen. Der Arbeitsarm war eine Prothese, welche die verschiedenen Funktionen des Arms bewertete und selektierte. Bereits die Beobachtung, dass bei der Entwicklung von Prothesen diejenigen für den Arm technisch viel ausgefeilter waren als Ersatzglieder für das Bein kann als eine Selektion gesehen

---

8   Vgl. Schlesinger (1919). Das wirtschaftliche Ergebnis beruflich tätiger Schwerbeschädigter. In: Ersatzglieder und Arbeitshilfen für Kriegsbeschädigte und Unfallverletzte. S. A. f. A. i. B. C. u. P. f. E. i. Berlin Charlottenburg. Berlin, Julius Springer: 1038-1091.
     Die Texte Finemans (S. 105ff.) und Poores (S. 33) legen nahe, dass es Ärzte und Ingenieure waren, die eine Effizienzsteigerung der Kriegsversehrten gegenüber den gesunden Arbeitern anvisierten. Sowohl aus dem Band „Ersatzglieder und Arbeitshilfen" als auch aus Biesalskis „Kriegskrüppelfürsorge" geht aus zuvor von mir dargelegten das Gegenteil hervor.

werden. Die Frage „Was sollen Menschen tun können?" wurde nach dem Ersten Weltkrieg mit „Arbeiten!" beantwortet. Um diese Tätigkeit durchzuführen, wurde die Ausübung von Funktionen wie schrauben, hämmern oder drehen medizintechnisch gezielt durch Prothesen ermöglicht. An ihre Träger wurde, wie Hausmann ebenfalls richtig bemerkte, nicht nur die Möglichkeit zur Erwerbstätigkeit, sondern auch die Erwartung zu arbeiten herangetragen. Damit übernahm die Prothese nicht nur bei der Erfahrung der Lebenswelt durch die Prothese hindurch ein Diktum, sondern auch, zu welchen Zwecken jene Welt urbar gemacht werden sollte. Sie verwies ihre Träger auf die Fabrikarbeit als gesellschaftlich erwünschte und nach Möglichkeit zu steigernde Tätigkeit. Darin liegt erstens die Normativität der Prothese: Sie bemisst die unendlichen Möglichkeiten zur Gestaltung der Lebenswelt und schreibt ihrem Träger vor, was er wie zu welchem Zweck tun soll.

Im Abschnitt zu anthropologischen Überlegungen zur Prothese wurde gezeigt, dass durch die Prothese ein je spezifischer Zugang zur Lebenswelt möglich ist – zum selbstverständlich vorgefundenen Boden alltäglichen Handelns und Lebens mit sich selbst und anderen Menschen. Für die Gestaltung dieser alltäglichen Sphäre, also für viele Tätigkeiten wie Schnürsenkel binden, Karten spielen, telefonieren, Rucksack schultern wurden keine Prothesen oder Ansatzstücke für Prothesen entwickelt, sondern lediglich Hilfsmittel in Form von Spielkarten oder Hörerhaltern (Künßberg 1919, 881-896). Die (Arbeits-)Prothese war das Mittel erster Wahl zur Wahrnehmung und Gestaltung der Lebenswelt, der Erwerb der Welt veränderte sich, wenn durch das Ersatzglied eine Selektion von Fähigkeiten vorgenommen wurde. Raoul Hausmann verwies ironisch auf diese Auswahl, wenn er von der Schmerzfreiheit der Prothese berichtet, der Arm durchschossen oder verbrüht werden kann, ohne dass der Träger etwas empfindet. Die Kehrseite dieser Medaille ist, dass auch alle anderen Sinnesqualitäten ausfallen: Der Arm spürt die Berührung durch einen anderen Menschen nicht mehr und kann selbst andere Menschen und Dinge nicht sinnenvermittelt berühren, er fühlt weder Temperatur, noch kann er den Unterschied zwischen belebter und unbelebter Materie ausmachen – in dieser reduzierten Empfindung liegt die zweite Selektivität der Prothese begründet.

Der unwiederbringliche Verlust von Integrität:
Prothetik innerhalb der künstlerischen Rezeption

Ausgehend von Plessners Ansätzen zur Grenzrealisierung als zentraler Eigenschaft menschlichen Lebens wies der Biologe Adolf Portmann (1897-
1982) auf den biologischen Eigenwert der Oberfläche des Organischen hin.
Er fasst die sich in der Oberfläche manifestierende Sichtbarkeit nicht als
Nebeneffekt auf, sondern begreift die Sichtbarkeit selbst als Lebensbedin-
gung, auf die Menschen und Tiere von vornherein angelegt sind. Die Philosophin Hannah Arendt (1906-1975) verweist pointiert auf das Herzstück
von Portmanns Theorie:

> "Es ist gerade so, als hätte alles, was lebt – neben der Tatsache, dass seine
> Oberfläche zum Erscheinen da ist, dass sie gesehen werden und anderen er-
> scheinen soll – einen Drang, zu erscheinen, sich in der Welt der Erscheinung
> einzufügen, indem es – nicht sein ‚inneres selbst', sondern – sich als Indivi-
> duum zeigt und darstellt." (Arendt 1979, 37f.)

Zeigt sich oder stellt sich ein Mensch dar, dann wird er zum Objekt eines
anderen Menschen, der ihn betrachtet und der ein Urteil über das sichtbare
Gegenüber fällt. Um dieses Urteil zu beeinflussen, kann der sich zeigende
Mensch hinsichtlich dessen, wie er sich zeigen will, bis zu einem gewissen
Grade eine Auswahl treffen. Mit dem Sich-Zeigen eines kriegsverletzten
Körpers war der Rahmen anders gesteckt, seine Versehrtheit war unübersehbar. Der Blick des jeweils anderen fiel auf einen Körper, der weder heil,
noch unverletzt oder vollständig war; der seiner Ganzheit beraubt war.
Solch ein Körper war zugleich ein Einwurf: Wies er seine Betrachter doch
darauf hin, dass jene körperliche Individualität, von der Hannah Arendt
sprach, nur innerhalb enger Grenzen tolerabel war (und ist). Nicht jede
Sichtbarkeit war nach dem Ersten Weltkrieg erwünscht – und dennoch waren die „Krüppel", wie die Kriegsversehrten in den 1920er Jahren genannt
wurden, allgegenwärtig und unübersehbar. Ihr Erscheinen auf den Straßen
zeigte, dass die Träume von Ingenieuren und Ärzten, die eine vollständige
Reintegration der Kriegsversehrten nachdrücklich propagiert und mit großem technischen Aufwand vorangetrieben hatten, ausgeträumt waren. Der
Orthopäde Konrad Biesalski (1868-1936) hatte in seiner Schrift „Kriegskrüppelfürsorge" nachdrücklich davor gewarnt, dass Kriegsinvalide als
Leierkastenmänner oder Hausierer auf den Straßen erscheinen könnten
(Biesalski 1915, 20). Aber Anfang der 1920er Jahre war diese Befürchtung
Realität und eine Diskrepanz zwischen Biesalskis Forderung nach betrieb-
licher Wiedereingliederung einerseits und der sozialen Alltagsrealität ande-
rerseits deutlich geworden. Das galt insbesondere für die Großstädte, in

denen Kriegsversehrte auf der Straße bettelten oder kleinere Waren wie Streichhölzer feilboten. Bisweilen standen sie in Verdacht, zwielichtige Subjekte zu sein, die aus ihrer Versehrtheit Gewinn zu schlagen versuchten. Dies war der Fall, wenn es um die Beurteilung ging, ob sie als arbeitsfähig oder rentenberechtigt galten. „Die Kriegskrüppel" – diesen Titel trägt ein Bild von Otto Dix, das er auf der Ersten Internationalen DADA Messe in Berlin im Jahr 1920 ausstellte.[9]

Abb. 3:   *Otto Dix: Die Kriegskrüppel (mit Selbstbildnis), 1920. Öl auf Leinwand, 150x220 cm, Verbleib unbekannt. Abdruck mit freundlicher Genehmigung des Otto Dix Archivs in Bervaix*

9   Fineman, Poore und Hegewisch nennen das Bild auch unter dem Titel „45% erwerbsfähig". Im Werkverzeichnis von Fritz Löffler wurde es unter der Nummer 1920.8 mit dem Titel „Die Kriegskrüppel", 1920 aufgenommen. Im Internet ist das Bild in verschiedenen Gattungen (als Gemälde, Zeichnung und Radierung) zu finden. In diesem Band ist eine Reproduktion des Gemäldes abgedruckt, das Dix 1920 auf der DADA Messe zeigte, die Männer blicken nach links. Im Werkverzeichnis der Zeichnungen und Pastelle von Ulrike Lorenz werden vier Bleistiftskizzen zum Gemälde „Die Kriegskrüppel" aufgeführt. Wie im später ausgeführten Gemälde blicken die Männer nach links. Die korrespondierende Radierung zeigt die Männer mit Blickrichtung nach rechts. Ich danke Sabine Gruber, Kunstmuseum Stuttgart, für diese Informationen.

Angeführt von einem Offizier paradieren ein Kriegszitterer, ein Blinder und ein Mann mit Kiefernprothese, der den dritten schiebt. Dix' Bild weist eine Zweizeitigkeit auf: Die Soldaten verharren, sind festgehalten in einem Krieg, der bereits zwei Jahre zurück lag und an dem sie nicht mehr teilnehmen könnten. Ihre Orden sind Relikte einer Vergangenheit, die sie zu den Versehrten gemacht hat, die sie heute sind – und trotzdem marschieren sie, als wäre es das einzige, zu dem sie fähig sind. Damit bannte Dix ihre paradoxe und verzweifelte Situation auf seine Leinwand: Stolz und gebrochen zugleich marschieren sie, den Blicken der anderen preisgegeben, durch die Straße. Nach Dix' Zeitgenossen Conrad Felixmüller gab er dem Bild einen Untertitel: „Vier von diesen ergeben keinen Ganzen" (Eberle 1985). Dieser verwies, wie Carol Poore treffend bemerkte, auf „Dix leidenschaftliche Kritik am unmenschlichen Gebrauch der Technik. Die Technologie der Friedenszeit war unfähig, diese Männer zusammen zu fügen" (Poore 2007). Aber was war es, das dieses Zusammenfügen unmöglich machte? Mit seinem Bild war Dix nicht nur Kritiker, sondern nahm auch die Rolle des analytischen Betrachters ein. Er bildete ab, dass mit dem Verlust von Gliedmaßen mehr als ein Körperteil verloren ging: Die Integrität der Soldaten, ganz zu schweigen von der jeweiligen Integrität des Menschen, wenn die Unsichtbarkeit der Gliedmaßen oder die Sichtbarkeit der Prothesen den Blicken der Passanten preisgegeben war. Die Prothese war mehr als ein Ersatz eines Körperteils. Sie versuchte das Erscheinungsbild zu normalisieren, die individuelle Lebenswelt wiederherzustellen und die Arbeitsfähigkeit zu restituieren. Durch die Selektion bestimmter Eigenschaften und der Vorschriften hinsichtlich dessen, was man damit tun können soll, kam mehr als die Wiederherstellung auf das Niveau der „Normalen" zustande. Nur hinsichtlich einer normativen Funktionalität, nicht aber im Hinblick auf ihre Integrität, waren die Kriegsversehrten in Gänze wiederhergestellt.

Schlussbemerkungen

Prothesen sind aus unserem Gesichtsfeld verschwunden. Es gibt keine Fabrikarbeiter mehr, die ihre Prothesen über Haken mit einer Maschine verbinden, und auf den Straßen sind Kriegsverletzungen kaum noch äußerlich sichtbar. Prothesen verfügen u.a. durch die Verwendung von Silikon über ein lebensechtes Aussehen und reagieren auf die Bewegungen ihrer Träger so flexibel, dass sich bei einer Beinprothese das Gangbild nach einer versorgten Amputationsverletzung kaum noch von dem eines gesunden Menschen unterscheidet (Thiel 2011). In jüngerer Zeit wurde diese Unterscheidung gar aufgehoben: Der Sportler Oscar Pistorius, der 1986 ohne Wadenbeine zur Welt kam und mit zwei Karbonprothesen versorgt ist, qualifizierte sich für die Olympischen Spiele 2012, nachdem ihm die Teilnahme 2008 verwehrt worden war. Um seine Person entspann sich eine Diskussion, die nach einer möglichen Leistungssteigerung durch Pistorius' Prothesen und nach einer Bevorteilung im Wettbewerb fragte, gar von Technodoping war die Rede.[10] Anhand von Pistorius' Prothesen wird klar, dass auch heute die Orthopädietechnik gesellschaftlich erwünschte Fähigkeiten gezielt ermöglicht. Und so stellt sich auch an rezente Prothesen die Frage nach ihrer Normativität: Ist der Sport ein neues Maß aller Prothesendinge, das es möglichst zu erfüllen gilt?

Maßnahmen im Rahmen von medizinischem Enhancement nehmen häufig eine Veränderung der äußeren Erscheinung des Menschen in Kauf. Medizinhistorische Beiträge wie der vorliegende weisen darauf hin, dass veränderte Körper sich nicht ohne Widerstände in den gesellschaftlichen Kontext einfügten und manchmal offene Ablehnung erfuhren. Der Zusammenhang von Wiederherstellung und Verbesserung, von Selektivität und Normativität ist nicht natürlich gegeben. Die Begriffe stehen in einem Verhältnis zueinander, das immer wieder neu bestimmt werden muss.

Bibliographie

Arendt, H. (1979): Vom Leben des Geistes 1, Das Denken. München: Piper.
Biesalski, K. (1915): Kriegskrüppelfürsorge. Ein Aufklärungswort zum Troste und zur Mahnung. Leipzig: L. Voss.
Borchardt, M. (1919): Ersatzglieder und Arbeitshilfen für Kriegsbeschädigte und Unfallverletzte. Berlin: Julius Springer.
Eberle, M. (1985): World War I and the Weimar artists: Dix, Grosz, Beckmann, Schlemmer. New Haven: Yale University Press.
Ebke, T. (2012): Lebendiges Wissen des Lebens: Zur Verschränkung von Plessners Philosophischer Anthropologie und Canguilhems Historischer Epistemologie. München: Oldenbourg Akademieverlag.
Fineman, M. (1999): Ecce Homo Prostheticus. New German Critique 76, S. 85 - 114.
Fischer, J. (2004): Leben – das 'grenzrealisierende Ding'. In: Ulrich Bröckling, Benjamin Bühler, Marcus Hahn, Matthias Schöning und Manfred Weinberg (Hrsg.): Disziplinen des Lebens. Zwischen Anthropologie, Literatur und Politik. Tübingen: Narr, S. 61-71.

---

10 http://www.zeit.de/online/2008/03/technodoping pistorius (zuletzt aufgerufen am 02. März 2012).

Fischer, J. (2009): Philosophische Anthropologie. In: Handbuch Anthropologie. Der Mensch zwischen Natur und Technik. Bohlken, E.; Thies, C. (Hrsg.): Stuttgart: J.B. Metzler, S. 216 - 224.

Fischer, L. (2011): Beschlagnahmt – zerstört – verschollen. In: Otto Dix: retrospektiv. Zum 120. Geburtstag. Kunstsammlung Gera, S 243 - 251.

Hartmann, K. (1919): Ansatzstücke für gewerbliche Arbeiter. In: Ersatzglieder und Arbeitshilfen für Kriegsbeschädigte und Unfallverletzte. S. A. f. A. i. B. C. u. P. f. E. i. Berlin Charlottenburg. Berlin: Julius Springer, S. 897 - 937.

Hausmann, R. (1982): Prothesenwirtschaft. Bilanz der Feierlichkeit. Texte bis 1933. München: Edition Text und Kritik, S. 137f..

Kaiser, G. (1922): Gas: Schauspiel in fünf Akten. Potsdam: G. Kiepenheuer.

Künßberg, E. (1919): Hilfsmittel des täglichen Lebens. In: Ersatzglieder und Arbeitshilfen für Kriegsbeschädigte und Unfallverletzte. M. Borchardt. Berlin: Julius Springer, S. 881 - 896.

Plessner, H. (1975): Die Stufen des Organischen und der Mensch: Einleitung in die philosophische Anthropologie. Berlin: De Gruyter.

Plessner, H. (1982): Mit anderen Augen. Aspekte einer philosophischen Anthropologie. Stuttgart: Reclam.

Poore, C. (2007): Disability in Twentieth Century German culture. Ann Arbor, University of Michigan Press.

Rasini, V. (2008): Theorien der organischen Realität und Subjektivität bei Helmuth Plessner und Viktor von Weizsäcker (übersetzt von Reinhard Ulmann und Annalisa Cafaggi). Würzburg: Königshausen & Neumann.

Stetter, E. (1950): Zur Phaenomenologie des Phantomglieds. Deutsche Zeitschrift für Nervenheilkunde 163, S. 141 - 171.

Thiel, A. (2011): Orthopädie und Unfallchirurgie: Immense Fortschritte im Bereich Prothetik. Deutsches Ärzteblatt 108(50), S. 2236 - 2237.

Toller, E. (1924): Die Wandlung. Das Ringen eines Menschen. Potsdam: G. Kiepenheuer.

Posthumane Verkörperungen in einer *post-Gender* Welt?
Kulturelle Dimensionen der kosmetischen Chirurgie

Birgit Stammberger

Der Topos einer *Post-Gender-Welt* ist nicht neu. Er steht in der Tradition technisch reproduzierbarer Hybrididentitäten (Hülk, Schuhen, Schwan, 2006, 7-9). Mit dem Entwurf einer „non-sexist, non racist, and non classisthigh-techutopia" hat Marge Piercy diesem Topos einen literarischen Ort und Donna Haraway dem Verlust eindeutiger Geschlechtsmarkierungen einen theoretischen Ort für eine Cyborg-Politik zugewiesen (Lykke 1996, 2). In einer *post-Genderworld* bevölkern Cyborgs die Welt; sie kennen keine essentialistischen Identitäts-Setzungen, weder geschlechtliche Identitäten noch klassenspezifische Grenzen (Haraway 1991, 150).

Die digital bearbeiteten Bilder der *morphedfaces* – Gesichter jenseits der alten Kategorien – „turn out to exist in cyberspace" (Haraway 2004, 280). Seit einigen Jahren werden die technisch-chirurgischen Bearbeitungen des Körpers hinsichtlich ihrer konstruierten und erzeugenden Aspekte von Gender befragt. Was hier zur Disposition steht, ist nicht die Kategorie Gender, sondern die Ausarbeitung der Herausforderungen, Bedingungen und Möglichkeiten politisch-sozialer Praktiken technisch bearbeiteter Körper als „Fragen an und für unsere Zeit" (Butler 2009b, 285).

Das Unbehagen an einer Definition

Es gibt verschiedene Richtungen, um auf das Thema der chirurgischen Bearbeitung des Körpers zuzugehen. Die ethische Debatte ist eine wichtige Auseinandersetzung mit diesem Thema und wird im Rahmen des Körper-Enhancement verhandelt. Die technologischen Möglichkeiten der Selbstgestaltung, das Perfektionierungsbestreben und die Schaffung neuer Handlungsfelder ohne therapeutischen Heilauftrag sind Gegenstandsbereiche einer kritischen Auseinandersetzung. In ethischen Debatten über Körper-Enhancement wird zumeist nach der Angemessenheit der Ziele und nach den diesen Praktiken zu Grunde liegenden Normen gefragt. Dabei wird der technische Umgang mit dem Körper im Zusammenhang von Vorstellungen des Körper als „Gestaltungs*objekt*" (Eßmann/ Bittner/ Balres 2011, 2) kritisiert. Denn hier „handeln wir mit dem Körper, und zwar zum Teil durch-

aus so, wie wir mit anderen Objekten handeln" (Villa 2007, 18f.). Die
Möglichkeiten, den Körper technologisch zu gestalten, schließen jedoch
nicht nur Fragen des Umgangs mit dem Körper als Objekt sondern auch
Fragen nach der diskursiven Erzeugung des Körpers ein. Die Vorstellung,
der Körper sei einfach Gegenstand der technologischen Gestaltung, reduziert die vielfältigen und komplexen Praktiken des Körper-Handelns auf
einen Aspekt, nämlich darauf, dass der Körper „nur äußerlich mit einem
Komplex kultureller Bedeutungen verbunden" sei (Butler 1991, 26). Die
entgegengesetzte Vorstellung vom Körper als Produkt dieser Technologien
bringt hingegen die Materialität des Körpers zum Verschwinden (Butler
2009b, 50).

Beide Kritiken setzen einen Interpretationsrahmen ihrer Artikulation
voraus, ohne jedoch die diskursiven und materiellen Bezüge und die historische Gewordenheit zu analysieren. Der Körper ist immer schon in politische und soziale Muster der Macht eingebunden, die die Bedeutungen dessen, was es heißt, einen Körper zu haben, mittels kultureller Normen hervorbringen. Somit muss eine Bezugnahme auf den Körper auch die konstitutionstheoretischen Prämissen der Materialisierungen von Bedeutungen
am und im Körper berücksichtigen.

In der ethischen Debatte um Körper-Enhancement wird „oftmals um
die Abwägung zwischen persönlicher Freiheit bzw. Autonomie einerseits,
und das Hinterfragen von motivierenden Normen [...] andererseits" gerun-
gen (Eßmann/ Bittner/ Balres 2011, 4). Wenn dabei die Autonomie und die
persönliche Freiheit im Zusammenhang mit der technologischen Bearbeitung des Körpers thematisiert werden, dann beruft sich die Kritik zugleich
auf eine vorausgesetzte körperliche Autonomie (Butler 2009a, 40f.). Die
Vorstellung von körperlicher Autonomie ist jedoch auch das Resultat von
machtvollen Definitionspraktiken des Körpers. Diese Kritik setzt voraus,
dass kulturelle Normen und Autonomie einander entgegenstehen und sie
verwirft die „sozialen und politischen Bedingungen meiner Verkörperung
im Namen der Autonomie" (S. 41). Wenn also das Hinterfragen dieser
Normen, auf die sich die Vorstellung von Autonomie beziehen, bereits das
– wie Butler schreibt –„verkörperte Verhältnis zur Norm" darstellt, wie
lassen sich dann in kritischer Absicht Vorstellungen des Körpers und der
körperlichen Autonomie vertreten? (Butler 2009, 52) [1] Die technologische

---

1   Butler steht in der Tradition, die Kritik immer als immanente Kritik konzipiert.
    Diese Einsicht hat Konsequenzen für die Frage, was es bedeutet kritisch zu sein
    und welche Aufgabe Kritik hat. Indem Kritik genealogisch verfährt, untersucht sie
    die Begriffe auf ihre Ursprünge und kompromittiert sie mit ihrer eigenen Ge-

Gestaltung des Körpers entweder als Zwang oder als Freiheit zu beschreiben, reduziert die Praktiken des Körperhandelns auf einen ihrer vielfältigen Aspekte. Ich möchte im Folgenden zeigen, dass die auf ethische Bewertung abzielende Kritik dazu tendiert, die komplexen, oftmals in sich widersprüchlichen Dynamiken alltagsweltlicher Aushandlungsprozesse unberücksichtigt zu lassen und so innerhalb eines Interpretationsschemas zu bleiben, das den Rahmen von Enhancement kaum überschreitet. Nicht die ethische Bewertung und die Normen, die den Praktiken der kosmetischen Chirurgie zugrunde liegen, sondern die unterschiedlichen diskursiven und konstitutionstheoretischen Prämissen, die mit diesen Praktiken einhergehen, werden im Folgenden an Hand von drei Beispielen untersucht. Erstens werden die spektakulären Körpertransformationen im Umfeld der Medien untersucht. Im zweiten Beispiel wird das Schönheitshandeln auf das ihm zugrunde-liegende begriffliche Instrumentarium erörtert. Im letzten Abschnitt wird am Beispiel von zwei Körperkünstlerinnen diskutiert, wie und ob Sprache und Technologie zusammenzudenken sind

Stars und Junkies spektakulärer Körpertransformationen

Chirurgisch perfektionierte Körper waren zunächst das Mode-Thema in den Sonderwelten Hollywoods und in TV-Shows. Seit den 1990er und 2000er Jahre enthüllte der Kamerablick den Zuschauer_innen alle Details eines Körpers vor, während und nach einem chirurgischen Eingriff und man erzählt Geschichten von verzweifelten Menschen, die ihren Körper zu Schau stellten und ein neues Leben finden.[2] Diese Geschichten setzen bei

---

schichtlichkeit, denn sie steht immer in Beziehung zu den Gegenständen. Dieser Blickwechsel vom passiven Gegenstand zur Praxis der Konstitution von Gegenständen richtet seinen Fokus auf die Bedingungen des Wahr-Sprechens, auf die historischen Epistemologien und auf die Bedingungen der Begrenzungen und Möglichkeiten des Handelns. Kritik impliziert immer ein „So-Nicht", aber die immanente Kritik widersteht den Herausforderungen, eine kritische Haltung mit Rekurs auf universale Parameter zu formulieren. Damit stellt sich immanente Kritik gegen die Vorstellung einer Standpunktkritik, die die Kriterien der Befragung außerhalb der Praktiken bestimmt, um sie dann zu kritisieren. Der Unterschied zwischen diesen beiden Positionen beruht auf den jeweiligen Voraussetzungen für die Möglichkeiten des Befragens und des Kritisierens. Vgl. Foucault, Michel (1992): Was ist Kritik; Butler, Judith (2002): Was ist Kritik? Ein Essay über Foucaults Tugend; Sabine Hark (2009): Was ist und wozu Kritik? Über Möglichkeiten und Grenzen feministischer Kritik heute.

2   So der Slogan einer deutschen TV-Show.

dem Leid der Kandidat_innen an, erzählen von persönlichen Glücks- und Selbstfindungsprozessen durch die Hilfe medizinischer Spezialist_innen. Eingebettet in eine mit Musik und Bildern perfekt in Szene gesetzten Dramaturgie werden die unglücklichen, sozial ausgegrenzten Kandidat_innen binnen kürzester Zeit auf das ästhetische Maß westlicher Schönheit „geschnitten" und „dressiert". Im diskursiven Gefüge von medizinischen Handlungen, technologisch-gestalteter Perfektion und Medienöffentlichkeit werden die Zuschauer_innen Zeugen medialer Inszenierungen von Veränderungen in einen schönen und geschlechtlich definierten Körper, der massenwirksam ausgestellt wird. Der Erfolg dieser Sendungen erklärt sich „aus unserer Faszination für diese Möglichkeiten, den Körper zu verändern", die stets von den Schönheitsidealen der amerikanischen Oberschicht oder der Pop-Ikonen Hollywoods bestimmt sind (Gilman 2006, 177f). Was hier inszeniert wird, sind glamouröse Körper jenseits der alltäglichen Arbeitswelt.

Zugleich sind diese Inszenierungen stets eingebunden in die Geschichten spektakulärer Körpertransformationen globaler Pop-Ikonen. Wie kaum ein anderer Star repräsentierte Michael Jackson den medial vermarkteten Lifestyle postmoderner Hybris. Seit Jackson in den achtziger Jahren auf der Höhe seines Ruhmes begann, sein Aussehen zu verändern, wurden die persönlichen Motive gedeutet und im Rahmen einer Rassismus- und Geschlechtergeschichte analysiert. Man spürte seine Familiengeschichte auf, analysierte das Drama eines Erfolges, die Geschichte seiner Kindheit, die brutalen Machenschaften eines Familienclans, die erbarmungslose Logik der Unterhaltungsindustrie und die ausbeuterischen Selbstdarstellungen des Superstars, der alle Grenzen von Hautfarbe und Geschlecht hinter sich gelassen habe. Aber Michael Jackson war vor allem eins: erst ‚schwarz', dann ‚weiß'. Diese Geschichten machten den erfolgreichsten Entertainer der Musikbranche aber auch zur traurigsten und skurrilsten Figur des Showbusiness. Sein früher Tod war ein diskursives Großereignis und bot Anlass, das wirkmächtige Narrativ des nun „weiß" gewordenen ‚King of Pop' zu aktualisieren. Stets waren und sind die Berichte spektakuläre Geschichten spektakulärer Körpertransformationen. Die Veränderungen seines Gesichtes warfen zahlreiche Fragen auf: „Ist es schwarz oder weiß, männlich oder weiblich? [...] Das Gesicht ist eine Zeremonienmaske, gorgonenhaft. Es wirkt aufgesetzt, durch Operationen geformt." (Jefferson 2008, 95)

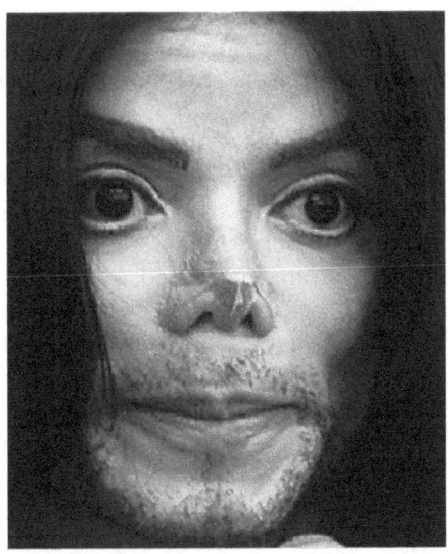

Abb. 1:   Michael Jackson 2002. © REUTERS

Am Ende habe Jackson so ausgesehen, als habe man ihn „aus Menschen aller Hautfarben und Geschlechter zusammengefügt". Sein Gesicht, das als Kind afroamerikanische „Merkmale" aufwies, wurde „zuerst weiß, dann künstlich, dann monströs" (Brinkbäumer/Gorris/Hüetlein u.a. 2009, 116). Als Künstler habe er die starren Grenzen zwischen Soul, Rock und Pop aufgelöst und zugleich die Geltungsbereiche von Geschlecht, Rasse und Alter destabilisiert. Jackson hat an diesen Bruchstellen den von „sexuellen, rassischen und menschlichen Makeln befreiten Menschen" inszeniert (Fischer 2009, 13). Zwischen den Geltungsbereichen von Pop und Soul, als afroamerikanisches Kind und postmoderner Zombie, als angeklagter Pädophiler und als dreifacher Vater hat Jackson eine Grenzfigur verkörpert, deren ambivalente Elemente immer wieder abrufbar waren. Das, was faszinierte, war nicht nur der technologisch hergestellte Körper eines Michael Jackson, sondern die Inszenierungen spektakulärer Körpertransformationen an die scheinbar keine Erfahrungen und keine Geschichte anschließen konnten. Auch wenn Michael Jackson zu einer paradigmatischen Figur postmoderner Körperpolitik geworden ist, mit der das Postulat des Wegfalls traditioneller Differenzen wie „race" und Gender inszeniert wird, so sind die Praktiken der plastischen Chirurgie weiterhin in die Geschichte des Rassismus eingebettet. Die Aufmerksamkeit und das mediale Interesse, das man seinen körperlichen Veränderungen gegenüber artikuliert hat, erfolgten immer im Kontext dieser Kategorien – „schwarz", „weiß", „monströs". Die Thematisierung seiner körperlichen Veränderungen war stets in einen Diskurs kultureller Differenzen eingebunden. Sie waren der Ort, von dem aus das Sprechen in und von bestimmten Kategorien der Differenz motiviert war (Davis 2008, 56f.).

Mit der Konzeption des Cyborgs richtet Rosi Braidotti ihren Blick auf die spezifische Gegenwart posthumaner Körperpolitiken, die von einer diskursiven Produktivität zahlreicher Widersprüchlichkeiten und Ambivalenzen charakterisiert ist. Sie analysiert und eruiert die Transformationsprozesse, die am und im Körper und entlang von Ethnie und Gender vollzogen werden. Die Verschiebungen und Transformationen erzeugen technisch vermittelte Körper, die in vielfältige soziale und politische Kräfte globaler Machtstrukturen eingebunden sind. Nicht mehr auf die spielerischen und utopischen Aspekte technischer Verkörperungen sondern auf das politisch Reale bezieht Braidotti ihre Überlegungen. Spektakuläre Körpertransformationen seien eingebettet in eine posthumanistische, postanthropozentristische Politik (Braidotti 2008, 19). Cyborgs verweisen für Braidotti auf Subjektpositionen, die diesseits und jenseits humanistischer Kategorien von vielfältigen, komplexen und widersprüchlichen Facetten struktureller Andersheit organisiert werden, diese jedoch keineswegs verabschieden. Geschlechtliche, ethnische und nationale Zugehörigkeiten unterliegen dynamischen und nicht-linearen Mustern der Macht, in denen sie auf vielfältige Weise erzeugt werden. Eine Konzeption des Cyborg, die ohne eine Konzeption des Sexuellen auskommt, lehnt Braidotti ab. Die in alle Richtungen verlaufenden Transformationen am und im Körper verweisen auf ein verändertes Verhältnis von „Maschine und Geschlechtlichkeit" (Braidotti 2009, 116), das vollständig sexualisiert sei. Und sie erzeugten unbestimmte Geschlechtsidentitäten wie Androgynität und entzögen diesen den Status der Abweichung. Kulturelle Andersheit wird nicht in einer Logik des Gleichen konstruiert, sondern in paradoxen Mustern globaler Machtstrukturen:

> „Die gegenwärtigen Technologien markieren einen systematischen Zusammenbruch der Codes und etablieren damit einen Raum der sexuellen Unbestimmtheit, der Unentscheidbarkeit und Transsexualität."(ibid.)

Obwohl diese posthumanen Körperpraktiken moderne Subjektverhältnisse aufkündigen, stellen sie weiterhin eine Herausforderung und die Bedingungen für eine Politik der Geschlechterdifferenz dar. Um die Komplexitäten und inhärenten Ambivalenzen von Geschlecht zu analysieren, erweitert Braidotti den Begriff des Cyborgs um die Kategorie der Geschlechts und der Ethnie (Braidotti 2002, 244 ff.). Die Silikon-Implantierten, kosmetisch operierten und trainierten Körper der Hollywood-Ikonen wie Michael Jackson zeugen von der Gegenwart monströser Cyborgs, die nicht weniger von Kategorien der Differenz wie Gender, „race" und Sexualität markiert seien (S. 235). An den Bruchstellen traditioneller Grenzziehungen entstehen andere Möglichkeiten für geschlechtliche Identität. Sie stellen jedoch nicht einfach nur einen radikalen Bruch mit alten Konzeption von Geschlecht dar, sondern vielmehr verschieben sich die Logiken des Eigenen und Anderen. Eine feministische Politik habe somit neue Interpretationsrahmen zu schaffen, um das Fiktionale, den/die Cyborg und ambivalente Vielfalt denken zu können (S. 244 ff.).

Dieses Denken nimmt seinen Ausgang an technologischen Entwicklungen im Zusammenhang gegenwärtiger Praktiken posthumaner Verkörperungen, erkennt jedoch die Ambivalenzen und Widersprüchlichkeiten an, die bereits durch Machtverhältnisse produziert sind.

> "Though technology makes this paradox manifest and in some ways exemplifies it perfectly, it cannot be argued that it is responsible for such a shift in paradigm." (S. 244)

Braidotti plädiert für methodologische Kreativität, um neue verkörperte Subjektpositionen angemessen aufzuzeichnen, ohne sie als das Resultat totalisierter Effekte einer globalen Machtstruktur vollständig abzulehnen (Braidotti 2008, 21). Weder sind diese Transformationen vollständig auf die Seite der Maschine noch auf die Seite des Körpers aufzulösen. Wogegen sich Braidotti damit wendet, ist ein Denken, das die Ursachen in Technologien zu ergründen versucht, ohne jedoch die vielfältigen und historisch wirkmächtigen Interdependenzen zu berücksichtigen.

Wenn Braidotti über Enhancement und kosmetische Chirurgie spricht, dann spricht sie von Cyborgs, die bereits von struktureller Andersheit charakterisiert sind: „All Cyborgs, the majority as well as the minoritarian ones, in habit a post-human body." In ihnen begründen sich posthumane Praktiken der Verkörperungen einer kalifornischen Schönheitsideologie: Wenn Braidotti die posthumanen Praktiken der Verkörperung kalifornischer Schönheitsideale thematisiert, so betont sie hier nicht nur die neuen Spielräume, in denen andere, alternative Subjektpositionen erprobt werden können: „This leaves little room for any other cultural alternatives." (Braidotti 2002, 244, 247)

Die Figuration des Cyborgs ist, wie Braidotti ausführt, eine durch und durch politische Figur, in der geschlechtliche, ethnische und nationale Identitäten immer wieder neu geformt und erzeugt werden: „a figure of interrelationality, receptivity and global communication.[....] the function of figuration such as the cyborg [...] is not abstract but, rather, political." (Braidotti 2006, 200) Die Figur des Michael Jackson belegt einen radikalen Einschnitt dieser neuen Körperpolitik, die auf neue Weise Unbestimmtheiten erzeugt. Neue Konstruktionen kultureller Differenzen werden mit historisch wirkmächtigen Diskursen über Andersheit verschränkt. Diese Transformationen zu deuten, eröffnet aber auch Möglichkeiten für eine feministische Praxis der politischen Partizipation und Intervention. In der gegenwärtigen posthumanen Körperpolitik „erscheint der fortgeschrittene Kapitalismus wie ein System, das Feminismus ohne Frauen fördert, Rassismus ohne Rassen, Naturgesetze ohne Natur, Reproduktion ohne Sex, Sexualität ohne Gender, Multikulturalismus ohne die Abschaffung von Rassismus" (Braidotti 2008, 26f.). Als Herausforderung für eine feministische Politik gilt es, diesen Doppelbewegungen gerecht zu werden. Die gleichzeitige Auflösung und erneute Festsetzung von Differenzen, einschließlich des binären Geschlechtergegensatzes, stelle „einen der problematischsten Aspekte der gegenwärtigen politischen Kultur dar" (Braidotti 2009, 117). Diese Doppelbewegung habe eine gefährliche Tendenz, da sie die Voraussetzungen einer Politik der Geschlechterdifferenz untergrabe (S. 117f.). Sie macht die Notwendigkeit und Anerkennung politischer Subjekte zu einer dringlichen Aufgabe, der sich die feministische Politik mit Blick auf die vielfältigen Veränderungen anzunehmen habe. Allerdings auch für den Preis, dass andere Möglichkeiten eines produktiven Austausches auf theoretischer wie politischer Ebene jenseits der Geschlechterdifferenz verspielt werden. Posthumane Körperpolitik könne, so Butler in ihrer kritischen Entgegnung auf Braidottis Programm der Transformationen, vielleicht auch einen Ort neuer Handlungsmöglichkeiten darstellen: Vielleicht seien wir gegenwärtig an einem Punkt angekommen, an dem „die Sprache der Geschlechterdifferenz nicht mehr ausreich". Aber warum sollten wir dann nicht auch ein Denken der Geschlechterdifferenz radikal zur Disposition stellen? Wenn Braidotti einerseits die vielfältigen Kräfte, die den Körper auf ganz neue Weise formen, anerkennt, warum akzeptiere sie, so Butler, dann das Gleiche nicht auch für ein Denken von Geschlecht? Braidotti stelle „weniger ein Programm für Transformationen" auf, als vielmehr einen programmatischen Entwurf für die Begrenzungen dessen, „was verändert werden sollte" (S. 315, 317). Technologische Bearbeitungen des Körpers haben die Spannungsbereiche des Möglichen und Wirklichen auf ganz neue Weise miteinander verschränkt. Auch wenn somit die Prinzipien und Utopien feministischer Kritik verschoben werden, macht Braidotti deutlich, dass die Hoffnung auf eine Welt ohne Gender bereits

das Resultat eines Diskurses ist, der einen Feminismus ohne Frauen beför-
dert. Dieser Diskus ist nicht weniger abwertend, weniger ausschließend
oder weniger begrenzend. Aber weder greifen spektakuläre Körpertransformationen einfach nur auf existierende vergeschlechtlichte und rassiali-
sierte Machtrelationen zurück, noch verändern sie sie radikal. Eine kritische Auseinandersetzung mit spektakulären Körpertransformationen muss
den Bezug zu machtvollen Differenzkategorien sichtbar machen und
zugleich die neuen Möglichkeiten und die Vielfältigkeit von Differenz eruieren. Im Folgenden werden die Konsequenzen bestimmter Interpretationsrahmen einer Analyse der „Schönheitschirurgie" bezüglich ihres begrifflichen Instrumentariums diskutiert.

Schönheitschirurgie als normalisierende und naturalisierende Praktiken

Seit einigen Jahren ist die kosmetische Chirurgie eingebunden in die alltäglichen Praktiken des „Sich-Schön-Machens" (Degele 2008, 67) und
wird hier mit dem Begriff der „Schönheitschirurgie" beschrieben. Dieser
Begriff wirft die Frage auf, wovon man eigentlich spricht, wenn man über
„Schönheitschirurgie" redet. Wenn die alltäglichen Praktiken des gegenwärtigen Umgangs mit dem Körper zunehmend von Technologien bestimmt sind, dann scheinen diese Praktiken in Hinblick auf kulturelle Vorstellungen des „schönen", „natürlichen" Körpers zu untersuchen zu sein,
von denen sie handeln. Bei der Schönheitschirurgie geht es jedoch auch
um einen Verzicht, wie Johann S. Ach schreibt, nämlich um den Verzicht,
das handlungsgeleitete ästhetische Ideal explizit zu markieren:

> „Einerseits besteht das Ziel schönheitschirurgischer Eingriffe gerade darin,
> das äußere Erscheinungsbild von Klientinnen und Klienten zu korrigieren
> [....]. Andererseits soll das Ergebnis möglichst ‚natürlich' wirken, ‚nicht ins
> Künstliche abgleiten', unauffällig sein, normal, eben: unsichtbar." (Ach 2006,
> 192 f.)

In dieser Bestimmung dessen, wovon die Schönheitschirurgie handelt –
nämlich von einem „natürlich" normalen Körper – ist ein breiter Rahmen
ihrer Analyse eröffnet.

Vor zwei Jahren wurde auf der Homepage einer Klinik für plastische
Chirurgie der Slogan geschaltet „Schönheitschirurgie ist Wohlfühlchirur-

gie".[3] Die deutlich auf den weiblichen Körper abzielende Werbung zeigt die geschlechtsspezifische Ausrichtung der kosmetischen Chirurgie. Auch wenn im Hinblick auf aktuelle Entwicklungen die Annahme einer geschlechtsspezifischen Ausrichtung kaum mehr haltbar ist, so zeigt sich, dass in der Werbung der weibliche Körper weiterhin bevorzugter Adressat der kosmetischen Chirurgie ist (Gilman 2006, 180).[4] Das Beispiel belegt, wie im Rahmen von Medien, Werbung und Medizin die „intensivierenden kulturellen Verdinglichungstendenzen" des Körpers dezidiert von einer geschlechtsspezifischen Ausrichtung getragen sind (Villa 2007, 20).

Die Ordnung des Bildes ist von zwei Subjektpositionen bestimmt: Einerseits das männliche Subjekt des Mediziners, das als Experte und als handlungsausführende Person auftritt. Anderseits das Bild einer Frau, die ihren nackten Körper lächelnd präsentiert und das Gestaltungsobjekt chirurgischer Eingriffe ist. Die emotionalen Aspekte und das Gefühl für den eigenen Körper werden hier zu einem strategisch wichtigen Thema medizinischen Handelns. Wohlfühlen heißt, sich „operieren lassen". Der Mediziner richtet sein Handeln an den „individuellen" Anliegen der Klient_innen aus. Und so wird auf dem Bild medizinisch-technisches Handeln in den Dienst ästhetischer und individuell empfundener Veränderungswünsche gestellt. Dem Handeln geht kein Schmerz, keine Krankheit voraus, sondern das Gefühl des Unwohlseins, das an den weiblichen Körper adressiert ist. Die Schnitte in den Körper werden nicht mit Schmerz, sondern mit Wohlfühlen und Zufriedenheit verbunden. Und diese Zufriedenheit ist zugleich das marktträchtige Versprechen der chirurgisch hergestellten Schönheit. In der Annonce dieser Privatklinik heißt es, dass Wünsche erfüllt werden. Mit den Angeboten werden zwar explizit auch Männer angesprochen, diesen jedoch wird Selbstbewusstsein versprochen, während Frauen „glücklich" werden sollen.

In den Handlungsbereich der kosmetischen Chirurgie gehören die Eingriffe, die an gesunden Körpern vorgenommen werden, mit dem Ziel „das

---

3   Auch wenn diese Rhetorik die gesundheitlichen Risiken operativer Eingriffe verharmlost, kommt es mir nicht darauf an, diese Praktiken als bewusste Manipulationen zu deuten. Über die einzelnen Akteure hinaus geht es mir um diskursive Praktiken, also um Repräsentationssysteme und Bedeutungszuschreibungen in einem kulturellen Darstellungsraum. Ein Abdruck der Anzeige wurde von Seiten der Klinik leider nicht genehmigt.

4   Wie Sander Gilman betont, werde in Zukunft die „geschlechtsspezifische Prädestinierung", wie so noch für die neunziger Jahren zu beobachten war, „für diese Eingriffe schwinden; ebenso viele Männer wie Frauen werden sich solchen unterziehen."

Selbstvertrauen, den sozialen Status und manchmal sogar den beruflichen Stand" zu verbessern (Balsamo 2007, 282).

Durch die plastische Chirurgie gerät die technologische Rekonstruktion des Körpers in den Horizont des technisch Machbaren und hat somit auch eine orientierende, normalisierende und konstitutive Funktion für kulturelle Wahrnehmungsmuster des schönen oder weiblichen Körpers. Wenn hinsichtlich dieser Problematik die kosmetische Chirurgie als „Komplizin fragwürdiger Normen" bezeichnet wird, so ist damit die Überlegung verbunden, dass auch „sozial und kulturell vermittelte ästhetische Normen bei der Inanspruchnahme der ästhetischen Chirurgie eine wichtige Rolle spielen" (Ach 2006, 187).

In der kosmetischen Chirurgie liegt daher die Gefahr nahe, dass ästhetische Normen mit Vorstellungen von „Gesundheit" und „Normalität" auf eine Weise vermengt werden, die sexistischen Stereotypen Vorschub leistet (S. 199). Wieso jedoch unterziehen sich dann Menschen den schmerzhaften Prozeduren der kosmetischen Chirurgie? Nina Degele hat insbesondere Frauen nach den Gründen befragt und kam zu dem Ergebnis, dass sich die

> „Entscheidung für eine Schönheitsoperation erstens als Anpassung an die vermeintlich frei wählbaren, heteronormativen Standards (Heterosexualität und Zweigeschlechtlichkeit), zweitens als Abhängigkeit von Technik und (vorwiegend männlichen) Ärzten und drittens als erzwungene Freiwilligkeit angesichts technischer Imperative und gewandelter Normalitätsstandards." (Degele 2008, 74)

entpuppe.

In dieser Interpretation wird die kosmetische Chirurgie mit einer Logik des „Anscheins" und der Wahrheit betrachtet, und eine Analyse müsse sich dem zuwenden, was sie in Wirklichkeit ist. Diese Interpretation läuft jedoch Gefahr, gegen die Praktiken der kosmetischen Chirurgie ein „Ich" zu setzen, das es zu stärken gilt, und das fragwürdige Versprechen der Freiheit aufzudecken. Damit tendiert diese Kritik dazu, selbstverantwortliches Handeln mittels der Vorstellung einer Abwehrhaltung gegenüber technologischen Möglichkeiten zu stärken. Wenn die Konzeption des selbstverantwortlichen Handelns als Grundlage einer Kritik genommen wird, dann läuft diese Kritik darauf hinaus, dass Menschen aus sich selbst heraus erkennen sollen, welcher Lebensstil und welche Körperformen ethisch und praktisch zu verantworten sind. Forderungen der Selbstermächtigung des Subjektes, seinen eigenen Lebensstil zu finden und selbstverantwortlich zu handeln, sind auch eingebettet in eine Praxis der Überindividualisierung, die einhergeht mit ökonomischen Profitinteressen (Braidotti 2009, 126).

Die Frage, warum Menschen bereit sind, sich den Prozeduren schmerzvoller, chirurgischer Maßnahmen zu unterziehen, kann nicht darauf hinauslaufen, die eine Seite gegen die andere auszuspielen. Dass der Körper innerhalb eines technologisch-medizinischen Blickes erfasst wird, ist – wie Anne Balsamo schreibt - „not an empirical ‚fact' to be proven, but rather a code to be elaborated" (Balsamo 1997, 4).

Im Kontext der Erörterung von bio-technologischen Entwicklungen und neuer Verfahren der Visualisierungen sowie der populären Repräsentationen des Körpers fragt Balsamo, welche Rolle die Kategorie des Geschlechts hierin spielt und wie gerade der weibliche Körper als Objekt der technologischen Rekonstruktion entworfen wird. Prozesse zunehmender Fragmentierungen „transform the material body into visual medium" (S. 56). Wenn technologische Entwicklungen dafür sorgen, dass der Körper neu formatiert wird und damit traditionelle Körperkonzepte verabschiedet werden, „what happens with gender identity" (S. 6)?

Für eine Theorie der technologischen Reproduktion des Geschlechtskörpers im Zusammenhang mit kosmetischer Chirurgie operiert Balsamo mit dem Begriff der *technobodies*. Der Begriff dient ihr dazu, die visualisierenden und invasiven Techniken im Umfeld der Medizin auf die ihnen zugrundeliegenden kulturellen Vorstellungen „physischer Anormalität", Differenz und Geschlecht zu untersuchen. Balsamo beschreibt einen Prozess stetiger Grenzverschiebungen im Zusammenhang mit der traditionellen weiblichen Körperimago der westlichen Gedächtniskultur: „[D]er „Blick des Schönheitschirurgen erfasst den weiblichen Körper nicht nur in einem medizinischen Sinn als fehlerhaft, er redefiniert ihn als Objekt technologischer Rekonstruktion." (Balsamo 2007, 281)

Im Anschluss an Carole Spitzak wird die Schönheitschirurgie in drei sich überlappende Mechanismen der Kontrolle gefasst: „Einschreibung, Überwachung, Geständnis" (Balsamo 2007, 281; Spitzak 1998, 38 - 50). Das klinische Auge des Arztes ist in einen Apparat von Macht und Wissen eingebunden, der den weiblichen Körper weiterhin als pathologisch und potentiell bedrohlich konstruiert.

> "This gaze disciplines the unruly female body by first fragmenting it into isolated parts – face, hair, legs, breast – and then redefining those parts as inherently flawed and pathological." (Balsamo 1997, 56)

Allerdings werden durch die Technologien auch die Interpretationsrahmen verändert, in denen der weibliche Körper zur Sprache gebracht wird. Beruhte das Modell des klinischen Blickes zunächst auf einer Vorstellung des weiblichen Körper als Oberfläche und Tiefe, mit dem der Arzt die Autorität und Verantwortung beanspruchen konnte, so haben die neuen, visualisierenden Techniken der kosmetischen Chirurgie den Körper als Bedeutungsträger weiblicher Schönheit umgeschrieben. Balsamo betont, dass die kosmetische Chirurgie eine Form der kulturellen Bedeutungsgebung ist und die handlungsgeleiteten Interessen sich an kulturellen und ideologischen Standards des physischen Erscheinungsbildes orientieren. Die westlichen Ideale ästhetischer Kriterien aus der Anthropometrie und anthropologischen Vermessung des Körpers werden für die Reproduktion des technologischen gemachten Körpers stetig reinszeniert; die „Quelle oder Geschichte dieser idealisierten Zeichnungen werden nie zur Diskussion gestellt" (Balsamo 2007, 284). In diesem Zusammenhang greift die „Schönheitschirurgie" nicht nur auf einen Diskurs zurück, der rassistische Implikationen und rassialisierende Effekte hat. Einerseits ist die Geschichte der anthropologischen Vermessungen eingebettet in die Geschichte der Rassenanthropologie. Andererseits beruhen die chirurgischen Behandlungsziele auf kulturellen Artefakten des „schönen" Gesichts, die die Ideale kaukasischer Schönheit symbolisieren (S. 285).

Dass der „natürliche" Körper technologisch neu formatiert und visualisiert wird, bedeutet nicht die Überwindung traditioneller Differenzen, als vielmehr andere Weisen der Rekonstruktion von Differenz. Der weibliche Körper wird insofern transformiert, als er „zum Ort der Einschreibung, zur Projektions- und Werbefläche für die dominanten kulturellen Bedeutungen" wird. Die neuen Technologien wie die kosmetische Chirurgie werden über traditionelle und ideologische Narrative des Geschlechts und der „Rasse" artikuliert: „an articulation that keeps the female body positioned as a privileged object of a normative gaze." (Balsamo 1997, 160)

Damit schließen die innovativen Körpertechnologien der kosmetischen Chirurgie auch an einen Diskurs traditioneller Interpretationen von Geschlechterdifferenz an. Die Narrative des Neuen und Spektakulären reinszenieren somit eine tieferliegende historische Konzeption der Kategorien kultureller Differenz, die auch gegenwärtig – im Horizont moderner Technologien – die Debatten über den technologisch bearbeiteten Körper mitbestimmen. Sie sind nicht nur das implizite und explizite Deutungsmuster der kosmetischen Chirurgie, sondern sie sind das Modell, von dem sie handeln und das Modell, das es zu überwinden gilt. Balsamo betont, dass die kosmetische Chirurgie weder Differenzen abschwäche, noch ein Ort sei, „an dem Frauen passive Opfer sind". Die kosmetische Chirurgie beruht vielmehr auf einem „trügerischen Versprechen", weil sie auftritt, schön zu machen, jedoch mit den Mitteln der Technologie die „Natur" verstärke (Balsamo 2007, 291). Damit orientiert sich die kosmetische Chirurgie nicht einfach an Schönheitsidealen, sondern reproduziert die kulturell definierten Ideale des geschlechtlich definierten Körpers. Schönheitschirurgie ist nicht nur eine alltägliche Handlung des künstlichen „Sich-Schön-Machens", sondern sie ist eine Form von Naturalisierungs- und Normalisierungspraktiken unter technologischen Bedingungen. Eine kritische Auseinandersetzung mit der kosmetischen Chirurgie bedarf somit eines begrifflichen Instrumentariums, das sich weniger am Ideal des „schönen" Körpers orientiert (S. 292).

Weder Körperkult noch Schönheitswahn sind hinreichende Merkmale eines innovativen Körperhandelns. Die Themen, die innerhalb der Schönheitschirurgie verhandelt werden, sind Natur und Normalität. Die verkörperten Normen beruhen auf historischen Kontinuitäten der Geschlechterdifferenz. Diese Einsicht mag vielleicht weniger spektakulär sein, aber sie bietet die Möglichkeit, ein begriffliches Instrumentarium für eine Analyse zu erarbeiten, ohne auf das aufgeheizte Vokabular der Medien oder der Werbung zurückgreifen zu müssen. Vielmehr steht damit ein Interpretationsrahmen zur Verfügung, mit dem eine kritische Auseinandersetzung mit kosmetischer Chirurgie möglich ist und der sie anschlussfähig macht für andere diskursive Handlungsfelder des Normalen und Pathologischen. Schönheitschirurgie als privilegierter Ort der Differenzierung zwischen Normalität und Anormalität betrifft somit Fragen, die auch im Umfeld der Disability Studies von Bedeutung sind.[5]

Der Selbstermächtigungsdiskurs Kunst

Seit einigen Jahren beschäftigen sich auch Künstler_innen mit den implizit ästhetischen Normen der plastischen Schönheitschirurgie und unterziehen mit der chirurgischen Gestaltung des eigenen Körpers die Konzeptionen des Normalen, von Geschlecht und des Körpers einer technologischen Neubearbeitung. Die technologischen Zugangsweisen zur geschlechtlichen

---

5   Garland-Thomons hat die historische Ausformungen und wechselseitigen Prozesse von Kategorien wie Behinderung und Weiblichkeit untersucht und betont, dass der gegenwärtige Diskurs über den Körper zugleich auch im Zusammenhang mit Themen wie Normalität, Perfektibilität und Gesundheit zu untersuchen ist. Die kosmetische Chirurgie sei dabei ein Ort, an dem kulturelle Vorstellungen von Normal und Pathologisch zum Tragen kommen: „This discourse terms women's unmodified bodies as unnatural and abnormal, while casting surgically altered bodies as normal and natural." (Garland-Thomons 1996, 27)

Identität erproben ein Bild von „weiblicher" Identität, das weniger den kulturellen Vorstellungen und Idealen des schönen Körpers folgt.

Die französische Performancekünstlerin Orlan setzt seit den 1990er Jahren den eigenen Körper für chirurgische Gestaltungen ein, um in dem Verhältnis von Körper und Technik die topologischen Zuordnungen gesellschaftlicher Stereotypisierungen zu verwirren. Die chirurgischen Eingriffe werden nicht nur in der Klink ausgeführt, sondern ihre Bilder und Filme werden in Galerien gezeigt. Was Orlan beabsichtigt, ist die Schaffung einer neuen Sichtbarkeit des weiblichen Körpers und, mittels Technik, Möglichkeiten der Artikulation über den weiblichen Körper zu erproben. Als Künstlerin tauscht Orlan die Leinwand gegen ihren Körper aus: "This is my body, this is my software." (Gilman 2006, 188) Der Körper wird aus Komponenten zu einem veränderbaren System, das weder eine Realität widerspiegelt, noch monolithisch gebaut ist. Es sind Module oder Komponenten, die miteinander die Gesamtfunktionalität eines Körpersystems ausmachen, dem die ontologischen Setzungen von „männlich" und „weiblich" abhanden gekommen sind und „immer wieder aufs Neue als getrennte, sich ergänzende Einheiten zu phantasieren sind" (Angerer 2006, 169). Der operierte Körper, der wie eine Leinwand stetig übermalt, neu aufgezogen und immer wieder verändert wird, befremdet (siehe Abb. 2).

Über das übliche Maß plastisch-chirurgischer Eingriffe hinausgehend lässt Orlan sich Silikonkissen in die Stirn einsetzen oder ihre Nase auf das anatomisch größtmögliche Maß vergrößern. Während der Operation liest sie Texte von Derrida, Freud, Lacan. Sie selbst sieht sich nicht als passives Opfer gesellschaftlicher Schönheitsideale, sondern als Akteurin einer Sprache. Der Schmerz, der mit jedem operativen Eingriff verbunden ist, interessiere Orlan nicht. Er stellt weder die sperrende Instanz, an der das eigene Handeln mit dem Körper endet, noch etwas „Natürliches" dar. Die medizinische Behandlung nutzt sie als eine Ressource zur Überschreitung von Grenzen. Sie behauptet, niemals Schmerz empfunden zu haben: "I have never suffered in my performances. All the operations that I have made were done with the adequate medicine which allowed me to explore my body without an inch of pain."[6]

---

6   Interview von Oleg Mitrofanon mit der Performancekünstlerin Orlan, Quelle: http://www.olegmitrofanov.com/info/orlan.html, letzter Zugriff am 11.9.2011.

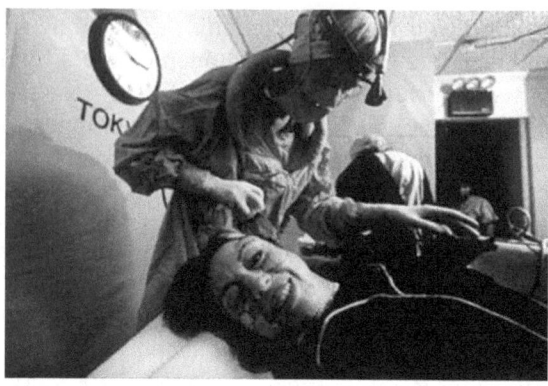

Abb. 2: *ORLAN, „La Réincarnation de Sainte Orlan", 1990 – 1993. Operations-vorbereitungen.* © *ORLAN*

Heute – so Orlan – müsse man sich nicht mehr einem auf Natur bezogenen Schönheitsideal beugen. Es kann geschnitten, versetzt, eingesetzt und entfernt werden. Die plastische Chirurgie bildet nicht nur gesellschaftliche Normen ab oder produziere Stereotypen, sondern sie stärke auch die individuelle Handlungsfähigkeit, in dem im Spektrum technologischer Selbstgestaltung diese Normen gebrochen, verschoben oder verfremdet werden können. In dem sich Orlan den ästhetischen Vorbildern des weiblichen Körpers in der Kunstgeschichte widmet, findet sie zugleich die kulturelle Vorlage für das operative Handeln. Die kulturellen und symbolisierten Ideale werden nicht einfach nur einer Neubearbeitung unterzogen, vielmehr erkundet Orlan die Möglichkeiten ihrer Aneignung. Gerade Frauen könnten dadurch – wie Orlan betont – eine nie da gewesene Machtposition erhalten: "So gesehen verleiht eine Beauty-OP durchaus Flügel."[7] Kosmetische Chirurgie ist eine Form der Kunst, ein „Übergangsritual", um unsere Gedankengänge zu sprengen (Gilman 2006, 180, 179).

Die Beweggründe und Ziele, auf denen kosmetische Eingriffe beruhen, haben hier weniger mit Perfektion und Schönheit als vielmehr mit der Suche nach deren emanzipatorischen Potenzialen zu tun. Die Körperkünstlerin Maria Jose Cristerna betont, dass ihre Tätowierungen, Piercings und unter die Kopfhaut eingesetzten Titanhörner eine Form der Befreiung ge-

---

7 Interview Orlan: „Asymmetrische Wangen, runde Bäuche". Interview von Franziska K. Müller mit Orlan, in: Neon. Juni 2010, S. 98.

wesen seien.[8] Die Praktiken der Körpermodifikation sind für Cristerna ein Ort, an dem sie den Erfahrungen mit häuslicher Gewalt und sozialer Ausgrenzung eine Sprache verleihen kann und ihren Schmerz verarbeitet. Cristerna verbindet soziales Engagement mit körperlichen Transformationen. Die Hausfrau und vierfache Mutter, ehemalige Anwältin und „extremste Körperkünstlerin der Welt" betont, eine ganz normale Frau zu sein. Die medialen Darstellungen erzählen die Geschichte einer „Frau, des 21. Jahrhunderts"[9] (siehe Abb. 3).

„Warum beunruhigt es uns so, wenn manche Leute durch ausgewählte Operationen über ihren Körper bestimmen möchten?" (S. 179) Der Frage von Gilman liegt die Prämisse zugrunde, dem eigenen Unbehagen einen Ort des Befragens zuzuweisen und mediale Inszenierungen als Verlust individueller Selbstverhältnisse zu kennzeichnen. Wenn Gilman diese Frage stellt, dann zielt er auf einen umfassenden Erklärungsanspruch, der die Medien und die Werbung für ein Massenphänomen adressiert. Dieses Beispiel der „Vampire Woman" zeigt, dass die Vorstellungen eines Schönheitswahns hier nicht greifen: „Klar wird hier nämlich, dass es nicht um einen schöneren, sondern um einen markierten Körpers geht, um einen Körper, der der Gesellschaft oder den anderen etwas mitzuteilen versucht." (Angerer 2006, 166)

Als markierte Körper sind sie bereits von einer Sprache der „symbolisierten Zustände, Faktizitäten, so genannte Normalitäten" gezeichnet, verletzt und benannt. Mit den Mitteln des Schneidens, Tätowierens oder des Implantierens werden diese Markierungen des verletzten und verletzbaren Körpers zur Sprache gebracht (S. 168). Es ist ein Körperhandeln, das von einer Macht der Sprache getragen ist und dieser zugleich mit den Inszenierungen eines technologisch gestalteten Körpers etwas zu entgegnen hat. Nach den impliziten und expliziten Orientierungsmustern technologischer Gestaltung des Körpers zu fragen, erfolgt immer auch unter Bezugnahme auf die Sprache, die mittels kultureller Normen die Bedeutungen des Körper-Habens erzeugt. Die sprachlichen Markierungen sind bereits in ein diskursives Muster von Bedeutungen eingebettet, die zugleich der Ort sind, an dem das Körperhandeln beginnt und sich orientiert.

---

8   vgl. „Weltonline"; http://www.welt.de/lifestyle/article13099646/Vampir-Lady-moechte-unsterblich-werden.html"Vampir-Lady" möchte unsterblich werden" (letzter Zugriff am 24.2.2012)

9   vgl. Zum Frauentag. Maria, eine Frau des 21. Jahrhunderts. http://www.focus.de/panorama/videos/zum-frauentag-maria-eine-frau-des-21-jahrhunderts_vid_30160.html (letzter Zugriff am 10.3.2012)

Abb.3:   *"Vampire Lady" Maria Jose Cristerna 2011.* © *REUTERS/Tomas Bravo*

Die Topologien des Körperhandelns sind nicht jenseits von Stereotypisierungen angesiedelt, sondern durch diese gekennzeichnet. Eine Analyse der kosmetischen Bearbeitung des Körpers lässt sich nicht auf ein Konzept reduzieren, mit dem man davon ausgeht, dass wir einen Körper haben, der dann als Ausgangspunkt eines Denkens über den Körper dient. Für Lacan ist die Vorstellung, dass wir einen Körper haben, bereits historische gewordene Tatsache.

> „Das ist sehr lustig, es bringt eine wirklich seltsame Inkohärenz mit sich, daß man sagt – der Mensch *hat* einen Körper." (Lacan 1991, 97)

Was Lacan zurückweist, ist sowohl die traditionelle Vorstellung des Körpers als Beschränkung und Anhängsel des Menschen selbst als auch die Vorstellung, dass der Mensch mit dem Körper identisch ist. Freilich haben Menschen einen Körper und diese Frage des Körper-Habens, die Lacan hier aufwirft, ist keineswegs nebensächlich oder unbedeutend. Sie ist sogleich existenziell, insofern wir mit dem Körper etwas tun. Und sie ist eine Frage, mit der wir Erklärungen über den Körper und über uns abgeben können. Und genau hierin liegt die Bedeutung dieser Frage, da sie bereits immer auf die Frage, was im Reden über den Körper verhandelt wird, hinausläuft. Das Reden über den Körper verleiht dem Körper seine Bedeutungen und reproduziert ihn immer wieder. Der Körper ist im Zusammenhang mit den symbolischen Praktiken zu denken. Als ein Körperhandeln ist auch die kosmetische Chirurgie „eine Art von Tun, [...] eine unablässig vollzogene Tätigkeit". In dieser Tätigkeit erscheint der Körper als etwas, das ich habe und als die Bedingung dafür, über das Selbst zu sprechen. Die Bedingungen für dieses Tun „wurzeln außerhalb meiner Selbst in einer Sozialität, die keinen Urheber kennt (und die Idee der Urheberschaft selbst grundlegend in Frage stellt)" (Butler 2009a, 9). Die Vorstellungen einer körperlichen Autonomie bilden somit ein „lebhaftes Paradox" (S. 40), das nicht den Körper in Frage stellt, jedoch die Bedingungen der Möglichkeiten des Körper-Habens denken lässt. Die chirurgische Bearbeitung des Körpers im Umfeld der Kunst zielt auf die Herstellung von Individualität und auf neue Formen von Weiblichkeit. Der Versuch, diese Praktiken zu beschreiben, zeigt die Grenzen jener Kategorien von Weiblichkeit und Körper auf. Auch wenn die chirurgischen Bearbeitungen des Körpers von dem Begehren getragen sind, die Bereiche des Möglichen zu verwirklichen, so können sie jedoch die Vorstellungen von Realität nicht abstreifen.

Das Unbehagen an einer Praxis

Die chirurgische Gestaltung des Körpers betrifft Fragen der Selbstermächtigung und -entmächtigung und damit Fragen gegenwärtiger Subjektivität. Die technologischen Bearbeitungen des Körpers können einerseits als Ressource für erweiterte Autonomie betrachtet werden, weil sie die „zwangsweise auferlegten Ideale, wie Körper zu sein haben" in Frage stellen (S. 52). In diesem Sinne eröffnen Technologien einen Raum für ein Denken darüber, „dass die Dinge anders hätten sein können", aber es nicht sind (Haraway 1995, 109). Andererseits erzeugen sie ein Unbehagen, dass vielleicht an eine technologisierte Gesellschaft zu adressieren sei, in der sich „das Ideal der Emanzipation individueller Subjektivität in neue Zwänge und Ausbeutungsformen verkehrt" hat (Ehrenberg 2011, 52)?

Wenn die kosmetische Chirurgie aber Möglichkeiten bietet, die Kategorien, die den Diskurs der kulturellen Differenz strukturiert und legitimiert haben, nun im Rahmen der technologischen Gestaltung zu bearbeiten, dann könnten diese Differenzkategorien an Bedeutung verlieren. Sollten wir – wie Haraway in einer rhetorischen Frage aufwirft – dann nicht glücklich sein? Zumindest werden chirurgisch-kosmetisch bearbeitete Körper in Zukunft fester Bestandteil alltäglicher Normalitäten sein. Die digitalen Bilder zeigen uns bereits seit Jahren eine verheißungsvolle Zukunft: ein Mensch aus allen Hautfarben und Nationen zusammengesetzt verkörpert im Grenzbereich starrer Geschlechterbinaritäten die Visionen postmoderner Identitäten. Wieso aber erzeugen diese Körperpraktiken ein Unbehagen und „why do I feel so uncomfortable?", wie Haraway fragt (Haraway 2004, 282).

Wenn die jeweiligen Argumentationen erst im Zuge der Auseinandersetzung mit den Praktiken formuliert werden, dann kann es nicht das Ziel sein, diese Praktiken in einem bereits vorausgesetzten Interpretationsschema zu bewerten. Nimmt man jedoch das Unbehagen ernst, wie kann man sich dann kritisch mit der kosmetischen Chirurgie auseinandersetzen, ohne bereits theoretische Vorannahmen zu fixieren? Eine Kritik kann nicht kontextunabhängig die Grenzen dessen, was erlaubt und was nicht erlaubt ist, festlegen. Wenn eine kritische Auseinandersetzung mit der kosmetischen Chirurgie von einem Unbehagen ihrer Praktiken getragen ist, so gilt es diese Prozesse zu verstehen und zugleich einer einheitlichen Interpretation zu widerstehen. Die Praktiken der kosmetischen Chirurgie sind von ambivalenten Interpretationen und vielfältigen Handlungsfeldern gezeichnet. Diese Vielfalt lässt sich nicht in eine Kohärenz ihrer Interpretation überführen, denn die Aufgabe der kritischen Auseinandersetzung mit diesen Praktiken liegt genau darin, das Selbstverständnis und die Selbstverständlichkeiten zu hinterfragen.

Weder der Körper, das Leiden, noch das Geschlecht oder das Subjekt sind der alleinige Anfang eines Nachdenkens über Enhancement, noch können diese Kategorien als allgemeine Basis einer kritischen Reflexion vorausgesetzt werden. Somit kann eine kritische Auseinandersetzung mit Enhancement nicht auf eine Entscheidungsfrage nach dem Ja oder Nein hinauslaufen, so als ließe sich endgültig festlegen, welche Praktiken ein kritisches Potential beinhalten und welche Bereiche dieses Potential nicht aufweisen. Die Unmöglichkeit ist jedoch nicht als ein Defizit zu betrachten, so als wären hier die Bereiche identifiziert, die es zu überwinden gilt. Wenn eine kritische Auseinandersetzung mit Körper-Enhancement nur im Sinne einer immanenten Kritik erfolgen kann, dann gilt es, die Aufmerksamkeit darauf zu lenken, welche Prämissen ihr zugrunde gelegt werden und diese auch zum Gegenstand der kritischen Selbstreflexion zu machen. Die Wechselwirkungen und vielfältigen Überlagerungen des theoretischen Nachdenkens und der praktischen Aneignung verlaufen in unterschiedliche Richtungen und erzeugen vielfältige Erscheinungsformen von Geschlecht und Körper, die weder Tatsachen noch das unhinterfragte Fundament einer Kritik bilden. Kritik lässt sich nicht auf einen Standpunkt festlegen, sondern sie richtet ihren Fokus auf die Gewordenheiten und positioniert sich entlang der Kategorien und des Materials. Somit wird auch Kritik flexibel, um „widersprüchliche Interpretationen in grundsätzlichen Fragen auszuhalten" (Butler 2009a, 283). Gerade die Bereiche, die als abgeschlossen und selbstverständlich erscheinen, können immer wieder in die Debatte hinein geholt werden. Der Komplexität Rechnung zu tragen, heißt mittels der aufgeworfenen Fragen die Diskussion lebendig zu halten. Weder verabschieden Praktiken der chirurgischen Bearbeitung des Körpers die ‚alten' Kategorien noch werden sie einfach nur reproduziert. Wenn mit diesen Praktiken die Hoffnung auf eine *Post-Gender-Welt* verbunden ist, dann ist mit ihr weder eine Verabschiedung noch ein Verlust der Kategorien von Gender, „race" und Körper verbunden, vielmehr erinnert diese Hoffnung daran, wie die Realität strukturiert ist. Die Vision vom Ende der Geschlechterdifferenz verweist – wie Butler schreibt – vielmehr auf ein Begehren, diese „Realität" hinter uns zu lassen, und sie ist zugleich „ein weiterer Beweis ihrer anhaltenden Kraft und Wirksamkeit" (S. 285).

Insofern ist ein Schreiben über Körper-Enhancement zugleich auch eine Form des Handelns, mit dem sich die Kritik im Spannungsfeld von Gegebenem und Möglichem positioniert.

Bibliographie

Ach, Johann S. (2006): Komplizen der Schönheit? Anmerkungen zur Debatte über die ästhetische Chirurgie. In: Ders./ Pollmann (Hrsg.): No body is perfect, Baumaßnahmen am menschlichen Körper – Bioethische und ästhetische Aufrisse. Bielefeld: Transcript, S. 187 - 206.

Angerer, Marie-Luise (2006): Beauty Cuts. Von Klemmstellen und Querstreifen. In: Haustein, Lydia/ Stegmann, Petra (Hrsg.): Schönheit. Vorstellungen in Kunst, Medien und Alltagskultur. Göttingen: Wallstein, S. 165 - 176.

Balsamo, Anne (1997): Technologies of the Gendered Body. Reading the Cyborg Women. Durham: Duke University Press.

Balsamo, Anne (2007): Auf Messer Schneide. Kosmetische Chirurgie und die technologische Produktion des geschlechtlich bestimmten Körpers [1992]. In: Bruns, Karin / Reichert Ramón (Hrsg.): Reader Neue Texte. Texte zur digitalen Kultur und Kommunikation. Bielefeld: Transcript, S. 279 - 292.

Braidotti, Rosi (2002): Metamorphoses. Towards a Materialist Theory of Becoming. Cambridge: Blackwell.

Braidotti, Rosi (2006): Posthuman, All Too Human. Towards on New Process Ontology. In: Theory, Culture and Society 23 (7-9), S. 197 - 208.

Braidotti, Rosi (2008): Biomacht und posthumane Politik. In: Angerer, Marie-Luise / König, Christiane (Hrsg.): Gender goes Life. Die Lebenswissenschaften als Herausforderung für die Gender Studies. Bielefeld: Transcript, S. 19 - 41.

Braidotti, Rosi (2009): Zur Transposition des Lebens im Zeitalter des genetischen Biokapitalismus. In: Weiß, Martin G. (Hrsg.): Bios und Zoë. Die menschliche Natur im Zeitalter ihrer technischen Reproduzierbarkeit. Frankfurt a. M.: Suhrkamp, S. 108 - 135.

Brinkbäumer, Klaus / Gorris, Lothar / Hüetlein, Thomas u.a. (2009): Der Mann, der niemals lebte. In: Der Spiegel, Nr. 27, S. 114 - 122.

Butler, Judith (1991): Das Unbehagen der Geschlechter. Frankfurt a.M..

Butler, Judith (2002): Was ist Kritik? Ein Essay über Foucaults Tugend. In: Deutsche Zeitschrift für Philosophie, Heft 2, S. 249 - 265.

Butler, Judith (2009): Außer sich: Über die Grenzen sexueller Autonomie. In: Dies: Die Macht der Geschlechternormen. Frankfurt a.M.: Suhrkamp, S. 35 – 70.

Butler, Judith (2009a): Die Macht der Geschlechternormen. Frankfurt a.M.: Suhrkamp.

Butler, Judith (2009b): Körper in Teilen. Eine Antwort an Monique David-Ménard. In: Deuber-Mankowsky, Astrid / Holzhey, Christoph F. E. / Michaelsen, Anja (Hrsg.): Der Einsatz des Lebens. Lebenswissen, Medialisierung, Geschlecht. Berlin: Bbooks, S. 49 - 57.

Davis, Kathy (2008): Surgical passing. Das Unbehagen an Michael Jacksons Nase. In: Villa, Paula-Irene (Hrsg.): schön normal. Manipulation am Körper als Technologien des Selbst. Bielefeld: Transcript, S. 41 - 66.

Degele, Nina (2008): Normale Exklusivitäten. Schönheitshandeln, Schmerznormalisieren, Körper inszenieren. In: Villa, Irine-Paula (Hrsg.): Schön normal. Manipulationen am Körper als Technologien des Selbst. Bielefeld: Transcript, S. 67 - 84.

Ehrenberg, Alain (2011): Depression: Unbehagen in der Kultur oder neue Formen der Sozialität. In: Menke, Christoph / Rebentisch, Juliane (Hrsg.): Kreation und Depression. Freiheit im gegenwärtigen Kapitalismus. Berlin: Kadmos, S. 52 - 62.

Eßmann, Boris / Uta Bittner / Balres, Dominik (2011): Die biotechnische Selbstgestaltung des Menschen. Neuere Beiträge zur ethischen Debatte über das Enhancement. In: Philosophische Rundschau. Eine Zeitschrift für philosophische Kritik. Band 58, S. 1 - 21.

Fischer, Jonathan (2009): Schwerelos Gleiten. Gegen alle Regeln: Der wegweisende Tänzer und Entertainer Michael Jackson. In: Süddeutsche Zeitung, 27./28. Juni, S. 13.

Foucault, Michel (1992): Was ist Kritik. Berlin: Merve.

Garland Thomons, Rosemarie (1996): Extraordinary Bodies. Figuring physical Disability in American Culture and Literature. New York: Colombia University Press.

Gilman, Sander (2006): Glamour und Schönheit. Vorstellungen von Glamour im Zeitalter der Schönheitsoperationen. In: Haustein, Lydia / Stegmann, Petra (Hrsg.): Schönheit. Vorstellungen in Kunst, Medien und Alltagskultur. Göttingen: Wallstein, S. 177 - 195.

Haraway, Donna (1991): A Manifesto for Cyborg. In: Dies: Simians, Cyborgs and Women. The Reinvention of Nature. New York: Routledge, S.149 - 181.

Haraway, Donna (1995), „Wir sind immer mittendrin" Ein Interview mit Donna Haraway. In: Dies.: Die Neuerfindung der Natur. Primaten, Cyborgs und Frauen. Frankfurt a. M.: Campus, S. 98 - 123.

Haraway, Donna (2004): Race: Universal Donors in a Vampire Culture. It's All in the Familiy: Biological Kinship Categories in the Twentieth-Century United States. In: Dies: The Haraway Reader. New York / London: Routledge, S. 251 - 294.

Hark, Sabine (2009): Was ist und wozu Kritik? Über Möglichkeiten und Grenzen feministischer Kritik heute. In: Feministische Studien. Zeitschrift für interdisziplinäre Frauen- und Geschlechterforschung. Stuttgart: Lucius & Lucius, S. 22 - 35.

Hülk, Walburga / Schuhen, Gregor / Schwan, Tanja (2006): Vorwort. In: Dies.: (Post-) Gender. Choreographien / Schnitte. Bielefeld: Transcript, S. 7 - 9.

Jefferson, Margo (2008): Über Michael Jackson. Berlin: Berliner Taschenbuch Verlag, S. 95.

Lacan, Jacques (1991): Das Seminar II (1954-1955). Das Ich in der Theorie Freuds und in der Technik der Psychoanalyse. Berlin / Weinheim: Quadriga, S. 97.

Lykke, Nina (1996): Introduction. In: Dies./ Braidotti, Rosi (Hrsg.): Between Monsters, Goddesses and Cyborgs. Feminist Confrontations with Science, Medicine and Cyberspace. London / New Jersey: ZED Books.

Villa, Paula-Irene (2007): Der Körper als kulturelle Inszenierung und Statussymbol. In: APuZ. Aus Politik und Zeitgeschichte. Beilage zur Wochenzeitung „Das Parlament", 30. April, Heft 18, S. 20.

Prometheus steigt herab: Beeinträchtigung oder Enhancement?

Trijsje Franssen

Einführung: Fragen zum Human Enhancement[1]

Eine der wichtigsten Fragen der unter ethischen Gesichtspunkten geführten Diskussion um das Human Enhancement ist, ob Enhancement (nach einer bestimmten Definition) grundsätzlich akzeptabel ist und, sollte dies der Fall sein, ob uns die moralische Pflicht gebietet, es an Menschen anzuwenden, sobald dies möglich ist. Einige Theoretiker verwenden das Konzept der Normalität, um eine Trennlinie zwischen Therapie und Enhancement zu ziehen, um festzulegen, was als Krankheit oder Behinderung gilt und welche Behandlungen moralisch hinnehmbar bzw. notwendig sind (therapeutische, die jemanden in einen normalen Zustand versetzen) und welche nicht (dem Enhancement dienende, die normales, gesundes Leben verbessern). Der dem Enhancement positiv gegenüberstehende Theoretiker John Harris aber behauptet, das Konzept der Normalität sei moralisch irrelevant, da die Unterschiede zwischen Therapie und Enhancement keinesfalls moralischer Natur seien. In einem frühen Beitrag definiert er Behinderung auf etwas andere Art, nämlich als „physical or mental condition we have a strong rational preference not to be in [...], a condition which is in some sense a ‚harmed condition'" (Harris 1993).

Harris gesteht ein, seine Definition sei „necessarily vague, but we know what injury is and we know what disability or incapacity is" (Harris 1993, 180) – ein Zustand, der beispielsweise die Lebenserwartung verkürzt, oder besonders anfällig gegenüber Infektionen macht. Er legt dar, dass Krankheit und Behinderung immer relativ zum possible functioning zu verstehen sei, der möglichen Alternative der Zustände in einem bestimmten Punkt. Was mancher als normalen Zustand (normal state) charakterisieren würde, könnte auch ein geschädigter sein (harmed condition), weshalb wir nicht nur die moralische Verpflichtung zur Heilung von Be-

---

einträchtigungen, sondern auch die moralische Pflicht zu Enhancement hätten (Harris 2007, 3):

> "The overwhelming moral imperative for both therapy and enhancement is to prevent harm and confer benefit. Debated in that moral light, it is unimportant whether the protection or benefit conferred is classified as enhancement or improvement, protection, or therapy." (Harris 2007, 154)

Der vorliegende Beitrag kritisiert diese Definition aus verschiedenen Blickwinkeln. Erstens genügt die Definition nicht den von Harris selbst eingeforderten Ansprüchen. So behauptet er, eine Definition der Behinderung müsse unabhängig von den Gefühlen des Subjekts wie auch von den sozialen Verhältnissen sein. Und dennoch charakterisiert er sie durch Redewendungen wie ‚Vorenthaltung wertvoller Erfahrungen' („the deprivation of worthwhile experience"; Harris 2008, 98) oder, dass einer Person ‚Freuden' („pleasures"; ibid.) vorenthalten blieben – Dinge, die nur schwer ohne Bezug auf die Gefühlswelt des Subjekts zu bestimmen sind. Wenn Behinderung stets im Verhältnis zum possible functioning steht, ist es überdies unmöglich zu behaupten, dass das Konzept von sozialen und kulturellen Verhältnissen unabhängig sei. Zweitens kann auch Harris' nachdrückliche Behauptung, unsere Präferenz, nicht geschädigt zu werden und zu bleiben, sei rational, in Frage gestellt werden. Das Konzept der Rationalität ist keinesfalls so unkompliziert, wie Harris uns dies glauben lassen möchte, insbesondere weil es Menschen mit Behinderung, die ihren Frieden mit ihrer Behinderung geschlossen haben und diese auch nicht missen mögen, automatisch als irrational klassifiziert. Drittens hätte es radikale und befremdliche Konsequenzen, seine Definition anzuerkennen. Harris behauptet (unter anderem), dass Enhancement grundsätzlicher Bestandteil der Entwicklungsgeschichte des Menschen sei. Hierdurch führt er jedoch das Konzept der Normalität wieder ein. Denn was vormals ein Ideal war, der durch Enhancement bereicherte Mensch, erscheint nämlich als die neue Norm – während er doch gerade ausführlich die Normalität als moralisch irrelevant zurückwies.

Um die weite Verbreitung dieser und ähnlicher Ideen innerhalb der Enhancement-Debatte zu verdeutlichen, werde ich mich im Folgenden mit einigen Befürwortern des Enhancement befassen, die allesamt den durch Enhancement veränderten Menschen mit der mythologischen Figur des Prometheus vergleichen. Ich bin der Auffassung, dass für sie das, was einst ein Ideal war, zum Standard des wahren Menschen geworden ist. Wenn aber der veränderte Mensch die Norm ist, – was sowohl Harris als auch andere Befürworter zu behaupten scheinen – wird der nicht veränderte

Mensch ein dysfunktionales Wesen. Diese Annahme hat unter anderem zur Konsequenz, dass alle gegenwärtigen Menschen zu Untermenschen oder Beeinträchtigten erklärt werden, was wichtige Fragen zur Beeinträchtigung als solche sowie die praktischen Folgen, beispielsweise im Hinblick auf soziale Beziehungen, Rechtsanspruch und Gleichheit, aufwirft.

John Harris und die Debatte um Human Enhancement

Die gegenwärtige Human Enhancement Debatte konzentriert sich auf die Frage, ob wir versuchen sollten, den Menschen durch – zumeist noch im Entstehen begriffene – Technologien, wie die der Fortpflanzung, des Klonens oder des Genetic Engineering zu enhancen oder zu verbessern. Mit Rückgriff auf eine Vielzahl von Argumenten plädieren die dem Enhancement positiv gegenüberstehenden Theoretiker dafür, solche Verbesserungen anzustreben. Besagte Technologien werden den Befürwortern des Enhancements zufolge Krankheiten heilen, Ungleichheit reduzieren, uns physisch und psychisch stärken, uns glücklicher machen und, nach Ansicht mancher, schlussendlich sogar eine ganz neue Spezies hervorbringen. Diese posthumane Spezies wird nach Ansicht des berühmten Verfechters (und führenden Transhumanisten) Nick Bostrom physische und kognitive Leistungsfähigkeiten besitzen, die „the maximum attainable by any current human being" (Bostrom 2008, 107) weit überschreiten. Das andere Lager, von seinen Gegnern „ die Biokonservativen" getauft, blickt mit Skepsis auf die von den Anhängern des Human Enhancement prognostizierten möglichen Auswirkungen. Von praktischen Zweifeln hinsichtlich der Realisierung bis hin zu leidenschaftlicher Verurteilung jedweder möglichen Anwendung bei Menschen wird hier auf verschiedene Weise gegen das Enhancement argumentiert. Dieses werde uns nicht glücklicher, stärker und gleicher machen – ganz im Gegenteil: Es bedrohe unsere Würde, zerstöre unsere Autonomie, fördere Ungerechtigkeit und entmenschliche uns gar. Ein Teil der Diskussion nimmt die Unterscheidung zwischen Therapie auf der einen Seite und Enhancement auf der anderen in den Blick. Diese dient meist als Antwort auf die Frage, welche Eingriffe oder Veränderungen der Funktionsweisen des menschlichen Körpers moralisch akzeptabel oder sozial unabdingbar wären, und welche nicht.

Skeptiker des Enhancement verwenden jeweils ein Konzept von Normalität oder species-typical functioning,[2] um eine Trennlinie zwischen (gu-

---

2   Wie von C. Boorse (1975) formuliert und von vielen anderen aufgegriffen.

ter) Therapie und fragwürdigem Enhancement ziehen zu können. Der Bioethiker Norman Daniels zum Beispiel argumentiert, dass die Verpflichtungen eines gerechten Gesundheitssystems in Vorbeugung und Behandlung von Krankheit und Behinderung lägen, die er jeweils wie folgt definiert:

> "[d]isease and disability, both physical and mental, are construed as adverse departures from or impairments of species-typical normal functional organization, or normal ‚functioning' for short." (Daniels 2001, 3)

Therapie, anders ausgedrückt, bedeute, Krankheiten zu heilen, es stelle das *normal functioning* wieder her. Enhancement wiederum zöge die Verbesserung von normalem, gesundem Leben nach sich: „[i]n effect, anything to do with maintaining normal function falls under the scope of ‚treatment' as opposed to enhancement." (Daniels 2009, 34) Demnach hätten wir eine moralische Verpflichtung, Krankheiten zu heilen, während eine solche Verpflichtung hinsichtlich des Enhancement eben nicht bestehe. Und auch wenn dies nicht heißt, dass Enhancement prinzipiell verworfen werden muss, glaubt Daniels dennoch, dass wir diesbezüglich mit großem Bedacht handeln sollten, denn „if we are trying to improve on an otherwise normal trait, the risks of a bad outcome, even if small, outweigh the acceptable outcome of normality [...]. I believe this argument has great force" (ibid, 38). Andere vertreten sogar einen noch entschiedeneren Standpunkt und weisen alles zurück, was über den normalen Zustand hinausgeht. Besonders Eingriffe in das menschliche Erbgut betreffend argumentiert W. French Anderson:

> "[A] line can be drawn and should be drawn to use gene transfer only for the treatment of serious disease and not for any other purpose. Gene transfer should never be undertaken in an attempt to enhance or ‚improve' human beings." (Anderson 1990, 21)

Denn ein genetischer Eingriff, der über den normalen Zustand hinausträgt, sei, wie er es an anderer Stelle formuliert, „fraught with danger" (Anderson 1994, 759).[3]

Wenig überraschend beziehen die Befürworter des Human Enhancement im Hinblick auf die moralische Verpflichtung der Gesundheitssysteme eine andere Position. Der Bioethiker und entschiedene Verteidiger des Enhancement John Harris zum Beispiel argumentiert, statt Enhancement

---

3 Das Konzept der Normalität ist nicht unproblematisch, sondern vielmehr mit Wert- und normativen Vorstellungen beladen (vgl. Scully/Rehmann-Sutter 2001). So rückt es z.B. Behinderung in den Kontext des „Abnormalen", da es sie über ihre Abweichung von normaler Funktionalität definiert. Ich werde das Problem der Normalität weiter unten behandeln.

zu verbieten oder eine Grenzlinie mithilfe eines Konzepts der Normalität zu ziehen, sei es vielmehr unsere moralische Pflicht, Enhancement anzuwenden.

Harris meint, man könne unter moralischen Gesichtspunkten nicht sinnvoll zwischen Enhancement und Therapie unterscheiden und kritisiert das Konzept der Normalität, wie es von Daniels und anderen verwendet wird. Er führt mehrere Gründe an, die seine Meinung stützen:

- Erstens sei das, was ein ‚normales gesundes Leben' bedeute, ständigem Wandel unterworfen („is determined in part by technological and medical and other advances" (Harris 2007, 93)). Es ist heutzutage in Industrieländern normal, gegen Pocken geschützt zu sein, dies war aber nicht immer so. In ein paar Jahrzehnten werden wir es für normal erachten, Lebenserwartungen von 120 Jahren zu haben, während dies heutzutage offensichtlich nicht der Fall ist.

- Zweitens mag das, was abnorm ist, dennoch moralisch akzeptabel oder gar verpflichtend sein. Harris äußert Zweifel, dass im hypothetischen Falle einer neuen Möglichkeit zur genetischen Immunisierung gegen HIV diese nur aufgrund ihres abnormen und enhancenden Charakters nicht verpflichtend gemacht, anstatt lediglich erlaubt würde. Ähnlich sehen wir mit Blick auf Impfungen: „Interestingly, there has been very little resistance to this form of enhancement." (Harris 2007, 21) In der Tat ist Impfung nach den Definitionen von Normalität ebenfalls eine Enhancement-Technologie, da z.B. die Immunität gegenüber Masern nicht Teil des normal functioning ist. Offensichtlich ist die moralische Verpflichtung eines Gesundheitssystems weder abhängig von der Normalität eines Eingriffs noch davon, ob er lediglich eine Form der Therapie ist.

- Drittens kann mitunter auch Normales inakzeptabel sein – schmerzhaftes Gebären zum Beispiel, oder Alterserkrankungen. Würden wir Heilmethoden für letztere entwickeln und diese zu signifikanter Verlängerung der Lebenserwartung oder gar zu Unsterblichkeit führen, so wäre dies Harris zufolge offenbar sowohl Therapie als auch Enhancement: „This, however, is only because treating disease seems typical of therapy, not because normal species functioning does or can play any role at all in the argument." (Harris 2007, 45) Noch einmal ist daran zu erinnern, dass gemäß Daniels‘ Definition von Krankheit in Relation zur Normalität die Behandlung von Alterserkrankungen eine Form des Enhancements und damit nicht verpflichtend wäre.

- Viertens könnte genau dieselbe Therapie, welche die normale Funktion eines bestimmten Menschen wiederherstellt, für andere ein Enhancement darstellen. Harris stellt sich eine Form der Behandlung für Menschen mit Hirnschäden vor, die bei Menschen mit normal funktionierendem Kleinhirn radikal leistungssteigernd wirken würde. Die Behandlung von Hirnschäden durch eine Stammzelltherapie zum Beispiel kann leicht als Mittel zum Enhancement eines gesunden Hirns gedacht werden; ebenso könnte eine Therapie der Amnesie das Gedächtnisverögen eines normalen Gehirns steigern.

Kurz: Harris zufolge ist das Konzept der Normalität moralisch unbedeutend. Ob eine Krankheit oder eine Behandlung als normal bezeichnet wird, ist kontext- und geschichtsabhängig. Gleiches gilt für Enhancement und Therapie: Was heute als Enhancement gilt, mag morgen als Therapie bezeichnet werden, und was für den einen Behandlung ist, mag bezogen auf den anderen radikales Enhancement sein. Die Unterscheidung zwischen Enhancement und Therapie kann nicht unter Bezug auf die Normalität getroffen werden und hat auch keine ethische (oder erklärende) Bedeutung. Daher sollten unsere moralischen Beweggründe für die Behandlung von Menschen auf keinem dieser drei Konzepte beruhen. Des Weiteren gilt dasselbe Argument bei Berufung auf die Natur oder das Natürliche in der Bestimmung dessen, was moralisch richtig ist. Es ist z. B. natürlich, dass Menschen krank werden, sodass „[w]hat is natural is morally inert and progress dependent" (Harris 2007, 35).

Stattdessen solle die moralische Akzeptanz eines Eingriffs oder unsere Verpflichtung, ihn vorzunehmen Harris zufolge abhängig sein von den „harms this will prevent and the goods that this will bring about" (Harris 2007, 54). Da Enhancements per Definition offensichtlich gut für uns seien –eine Verbesserung, eine Veränderung zum Besseren, und zum Schutz der Sicherheit des Menschen (Harris 2007, 35, 36, 131, 151) etc. – sollten Menschen Anspruch auf ihren Einsatz haben, vielleicht gar dazu verpflichtet sein. Es gehe darum, Menschen vor Schaden zu schützen, und das Versäumnis, jemanden mittels Enhancements zu heilen und zu schützen (man denke an eine künftige Krankheit oder einen ‚unnötigen' Tod) bedeute, ihm zu schaden. Deshalb gebe es „no moral difference between attempts to cure dysfunction and [...] to enhance function" (Harris 1993, 184): Die Unterscheidung zwischen Therapie und Enhancement solle fallengelassen werden.

Ebenso, wie er emphatisch die Wichtigkeit von Schadensprävention hervorhebt, definiert Harris Behinderung als „physical or mental condition we have a strong rational preference not to be in [...], a condition which is in some sense a ‚harmed condition‘" (Harris 1993, 180). Um seinen Gedanken genauer zu umreißen fragt er, wie eine Person, die durch industrielle Abwässer eine Beeinträchtigung erlitten zu haben glaubt, ein Gericht davon überzeugen würde, dass sie geschädigt wurde. „The answer is obvious but necessarily vague. Whatever it would be plausible to say in answer to such a question is what I mean [...] by disability and injury." (ibid.) Wäre sie aufgrund der Fabrikabfälle besonders anfällig für Infektionen, oder ihre Lebensspanne wäre verkürzt, so werde sicherlich anerkannt, so Harris, dass ihr eine Verletzung und vielleicht sogar eine dauerhafte Beeinträchtigung zugefügt wurde. Gleichermaßen hieße dies: Wenn fast jedem standardmäßig von Geburt an durch Schutz vor Infektionen zu längerer Lebenserwartung verholfen würde, „it would surely be plausible to claim that failure to protect [...] constituted an injury and left them disabled" (ibid).

Harris zufolge sind Krankheit und Beeinträchtigung aus den oben genannten Gründen nicht in Bezug auf normales Funktionieren einer Spezies definierbar (Harris 2007, 53). Vielmehr seien sie in Bezug auf mögliches Funktionieren einer Spezies (Harris 2009, 150) zu definieren: Was als beeinträchtigt oder dysfunktional gelte, hinge von den möglichen Alternativen der jeweiligen Situation ab. Falls verfügbar (falls möglich), wenn der Nutzen groß genug und des Risikos wert ist, seien wir deshalb moralisch verpflichtet, Enhancements zur Verbesserung unserer Funktionalität anzuwenden – auch wenn dies bedeutet, menschliche Natur zu verändern, denn „changes in human nature [...] seem ethically uninteresting" (Harris 2009, 136). Nochmals, wenn wir es versäumen, menschliche Funktionalität zu verbessern, wo dies möglich ist, sei dies gleichbedeutend mit dem Versäumnis, Krankheit oder Beeinträchtigung unbehandelt zu lassen. Gäbe es z.B. eine Gentherapie zur Heilung einer Genstörung, „to fail to use it would be deliberately to harm those individuals" (Harris 1993, 183 Hervorhebung TF). Demgemäß hieße auch das Versäumnis, die Lebenserwartung eines Menschen zu verlängern, ihm Schaden zuzufügen.

Kritik: Soziokulturelle Faktoren und Harris' Wiedereinführung der Normalität

Es gibt mehrere Aspekte von Harris' Definition von Behinderung, die ich im Folgenden diskutiere. Zuallererst definiert er Behinderung, wie wir gesehen haben, unabhängig vom Konzept der Normalität, wegen dessen Ambiguität und Relativität. Ferner vermeide seine Definition, wie er sagt, den

Fehler der „post hoc ratification by the subject of the condition – it is not a prediction about how the subject of the condition will feel" (Harris 1993, 181), so dass sie auch für momentan Bewusstlose wie Embryonen angewandt werden könne. Harris will offensichtlich eine Definition vermeiden, die von subjektivem Empfinden oder Leiden abhängig ist. Stattdessen will er Behinderung objektiv definieren: Auf Fakten und rationalem Urteilsvermögen aufbauend (ich werde unten auf den zweiten Aspekt zu sprechen kommen). In Antwort auf Newell (1999) und Reindal (2000), die ihn (oder ihm nahestehende Ansätze) wegen der Vernachlässigung sozialer und kultureller Faktoren kritisieren, welche Behinderung zu einem Problem – und damit erst zu einer Behinderung – werden lassen, behauptet Harris, diese Faktoren spielten in der Tat keine Rolle, wenn es um Behinderung als solche gehe: „The harm of deafness [...] is the deprivation of worthwhile experience." (Harris 200, 98) Soziale Faktoren könnten eine Behinderung erschweren, aber Behinderungen „are disabilities because there are important options and experiences that are foreclosed by lameness, blindness and deafness. There are things to be seen, heard and done, which cannot be seen, or heard, or done by the blind, deaf and the lame whatever the social conditions. [...] [T]here are pleasures, sources of satisfaction, options and experiences that are closed to them. In this lies their disability" (ibid.).

Auch wenn er zugesteht, dass sich beeinträchtigte Menschen mit sozial erzeugten Problemen konfrontiert sehen, behauptet er, dass „these are separate sorts of harms although, of course, they are causally related" (ibid.). Mit diesen Problemen sollten wir fertig werden „independently of whether or not they are triggered by disability. Hence they are not a definition or conception of disability but part [...] of what is bad about disability" (ibid.).

Mit anderen Worten, das Konzept der Behinderung sei weder durch soziale und kulturelle Bedingungen bestimmt, noch sei es lediglich, so Harris, von den Empfindungen des Subjekts abhängig. Stattdessen hänge es von der „deprivation of worthwhile experience" ab, von der Tatsache, dass ihm oder ihr „pleasures" und „sources of satisfaction" vorenthalten bleiben. Wie können diese Charakterisierungen jedoch unabhängig sein von den Empfindungen des Subjekts oder dem sozialem Kontext? Auch wenn Harris den Fokus, wie es scheint, auf die Objekte und Quellen legen möchte, die diese Freuden und Befriedigungen hervorrufen, ist es unwahrscheinlich, dass diese kontextunabhängig sind. Natürlich könnte man argumentieren, dass Klang unabhängig von jeder Interpretation schlicht existiert, und ihn gehörlose Menschen nicht wahrnehmen können. Es scheint vernünftig, wie Harris zu behaupten, dass Gehörlosigkeit, Blindheit usw. tatsächlich einen gewissen Verlust an Fähigkeiten beinhalten. Jedoch ist es nach Ansicht des Wissenschaftsphilosophen John Dupré bei Analyse von Beeinträchtigungen „essential to distinguish between intrinsic capacities and relational capacities" (Dupré 1998, 229), das heißt: Zwischen den neurologischen oder physiologischen Fähigkeiten, und den im selben Maße von der Umwelt, technischen Hilfsmittel und anderen Instrumenten abhängigen. Denn im Allgemeinen kommt es nicht bloß auf die intrinsische Anlage einer Fähigkeit an, sondern auch auf die konkrete Entfaltung einer Fähigkeit in einem bestimmten Kontext. Wenn entweder die Gehörlosen kein Problem in ihrer Gehörlosigkeit sähen – was in der Tat einige von ihnen sagen – oder jede öffentliche Einrichtung den praktischen Bedürfnissen gehörloser Menschen angepasst würde (etwa durch allgegenwärtige Dolmetscher, die in Gebärdensprache übersetzten oder wenn alle mit so klarer Artikulation sprächen, dass Lippenlesen sehr einfach wäre), wäre es ausgesprochen schwer, sie weiterhin als beeinträchtigt zu bezeichnen. Kurz gesagt: Ob etwas als Beeinträchtigung zu charakterisieren ist, kann in starkem Maße von umgebenden und soziokulturellen Faktoren abhängig sein. Deshalb greift es zu kurz, eine Behinderung, wie es Harris tut, isoliert in den Blick zu nehmen.

Zugleich scheint sich Harris in dieser Hinsicht selbst zu widersprechen, denn wenn Behinderung relativ zur möglichen Funktionsweise und zu alternativen Zuständen ist, ist es unmöglich zu behaupten, das Konzept sei wirklich unabhängig von sozio-kulturellen Bedingungen denkbar. Wie er in seiner Kritik des Konzepts der Normalität betont, seien die möglichen Alternativen eines Menschen (ob praktisch oder theoretisch) mit einer bestimmten Einschränkung von technologischen und medizinischen Entwicklungen, vom Gesundheitssystem des jeweiligen Landes, der politischen Situation usw. abhängig. Auf der einen Seite definiert Harris so Beeinträchtigung in Bezug auf die mögliche Funktionalität, welche in starkem Maße durch soziokulturelle und umweltbedingte Faktoren bestimmt ist, während er auf der anderen Seite behauptet, dass sie unabhängig von sozialen Bedingungen sei.

Eine ähnliche Schwierigkeit wohnt seinem Konzept des Schadens inne. Harris behauptet, dass *harm* oder eine *harmed condition* etwas Objektives sei, das unabhängig von sozialen Umständen existiert: Es gebe dann einfach Dinge zu sehen, hören und tun, die nicht gesehen, gehört oder getan werden könnten (z.B. Duprés *intrinsic capacities*). Aber wiederum charakterisiert er Schaden (und folglich auch Behinderung) als Verlust einer wertvollen Erfahrung – und betont selbstverständlich, dass Enhancement gut für uns sei, eine Verbesserung, es gewähre Vorteile, und schütze die

Sicherheit der Menschen usw. Jedoch kann die Bedeutung von Worten wie
‚wertvoll‘, ‚befriedigend‘, oder einfach ‚besser‘ oder ‚Wohl‘ nicht unabhängig von sozialen, (sub-)kulturellen und historischen Umständen oder
Diskursen bestimmt werden. Was im Viktorianischen Zeitalter unter
‚Wohl‘ verstanden worden wäre, unterscheidet sich deutlich von dem, was
wir darunter im 21. Jahrhundert verstehen.

Wenn wir Harris‘ eigene Argumente in Bezug auf Normalität in den
Blick nehmen, scheint es, als stimme er in diesem Punkt zu. Wie erwähnt
sagt er, dass das, was als ‚normal’ oder ‚natürlich’ gilt, ständigen Veränderungen unterworfen sei. Er argumentiert des weiteren, dass wir die Be-
handlungsmethoden für Alterserkrankungen nur deshalb als Therapie cha-
rakterisierten, „because treating disease seems typical of therapy“ (Harris
2007, 45). Ob etwas also als Therapie gilt, ist nicht nur eine Angelegenheit
des Kontexts, sondern auch eine semantische Frage. Dass wir etwas als
Therapie verstehen, hängt vor allem von der Bedeutung ihrer Bezeichnung
und deren täglichem Gebrauch ab, und zwar die Behandlung von Krankheiten. Deshalb gilt, selbst bei Berücksichtigung der Behauptungen Harris‘, dass Worte wie ‚wertvoll‘ oder ‚Wohl‘ von Kontext, Kultur und Diskurs abhängig sind. Da Harris Schaden (harm) unter Bezugnahme auf diese
Worte definiert, widerspricht er sich in seiner gleichzeitigen Behauptung,
Beeinträchtigungen seien Beeinträchtigungen, egal unter welchen sozialen
Bedingungen.

Der zweite Aspekt seiner Definition, den ich diskutiere, ist seine nach-
drücklich vertretene Ansicht, dass Beeinträchtigungen Zustände seien, die
wir aus rationaler Überlegung nicht für erstrebenswert halten, oder die sich
eine rationale Person wegwünschen würde (Harris 1993, 180; 2000, 98).
Dies ist ein bedeutsames Detail, da Harris bei jedem Rückgriff auf seine
Definition sicherstellt, dass ein Verweis auf die Rationalität enthalten ist.
Um zu unterstreichen, dass Schaden und Behinderung nicht durch soziale
Umstände bestimmt sind, sondern z.B. durch biologische und technologische Bedingungen, fügt er das Element der Rationalität an. Dies hebt die
vermeintliche Neutralität seiner Definition hervor. Angeblich ist ein rationales Urteil ein objektiveres als ein irrationales (oder eines, das von Emotionen geleitet ist), das jemanden dazu verleiten könne, behindert oder
schadhaft sein zu wollen. Dennoch ist das, was für ihn als Rationalität oder
als rationale Person gilt, genau wie Schaden von sozialen Umständen und
auch kulturellen Prämissen abhängig, wodurch die Definition nicht so objektiv ist, wie Harris es gerne hätte. Des Weiteren würden sich auch dann
weitere Fragen ergeben, wenn sich unmissverständlich festlegen ließe, was
Rationalität oder eine rationale Person ist.

Man stelle sich vor, jemand, den wir rationalen Personen als irrational, aber nicht als behindert betrachten würden, klassifizierte sich selbst als behindert. Sollte das Urteil dieser Person aus vorgefertigten Gründen keinerlei Gewicht haben? Oder was wäre, wenn ein Mensch, den wir selbst als behindert beschreiben würden, sich nicht als solches begriffe? Machte das ihn – oder zumindest sein Urteil – irrational? Wir wollen zum Problem der Gehörlosigkeit zurückkehren. 2001 verwendete ein lesbisches Paar in den USA vorsätzlich das Sperma eines gehörlosen Freundes, um die Chancen auf ein ebenfalls gehörloses Kind zu erhöhen. Sharon Duchesneau und Candy McCullough hatten Erfolg; das Neugeborene war gehörlos. Einer der für sie wichtigen Gründe für ihre Wahl war, dass in ihren Augen Gehörlosigkeit keine Beeinträchtigung, sondern vielmehr eine Identität sei. Sie gaben an, sie könnten ihrem Sohn sogar noch bessere Eltern sein, da sie mit ihm in ihrer eigenen (Zeichen-)sprache kommunizieren könnten, und in die Gehörlosengemeinschaft einführen, der sie selbst gerne und mit Überzeugung angehörten.[4]

Natürlich könnte man die Tat der Eltern als hochgradig egoistisch verurteilen. Dennoch können die beiden als guter Beleg dafür dienen, dass die Angehörigkeit zur Gemeinschaft der Gehörlosen als sehr befriedigend erfahren werden kann. Sie wird als eine Kultur wahrgenommen, mit ihrer eigenen Sprache, Geschichte und Lebensart.[5] Wenn dies der Fall ist, bestimmen offensichtlich in großem Maße soziale Faktoren, ob der Zustand einer Person als Behinderung wahrgenommen wird oder nicht. Der Umstand, dass einer Person ihre mögliche Funktionalität oder ihre Enhancement-Möglichkeiten wertlos erscheinen, zeigt, dass auch diese wertbeladen sind und so nicht als unbestreitbar vorteilhaft betrachtet werden können, wie es Harris behauptet. Folglich ist der schadlose Zustand nicht notwendigerweise der rationalste, oder die einzige rationale Option. Ein schadhafter mag auch rational sein – zumindest wenn wir vorerst die Definition des Oxford English Dictionary für das Wort *rational* als „based on or in accordance with reason or logic" oder „able to think sensibly or logically" (2003, 1461) akzeptieren. Wenn die Teilhabe an dieser Gesellschaft einer Person solchen (sozialen) Nutzen einträgt, ist es verständlich, dass dieser Nutzen bei der Bestimmung ihrer *rational preferences* ins Gewicht fällt. Es zeigt, dass dasjenige, was als rational gilt, keineswegs objektiv ist, dass es vernünftig sein kann, einen schadhaften Zustand zu bevorzugen,

---

4   Für eine bioethische Diskussion des Problems, vgl. Scully (2008).
5   Für eine Diskussion der deaf culture, siehe Blume (2010).

und noch einmal, dass was als behindert gilt, nicht unabhängig von sozialen Bedingungen ist, wie von Harris behauptet.

Die Annahme, dass es jemanden irrational mache, wenn er schadhaft bleiben möchte, ist angreifbar, weil es einfach ist, Fälle zu finden, in denen sich Menschen aus sehr anständigen Gründen dazu entschließen, zu Schaden zu kommen: Ein Soldat, etwa, der auf sich schießen lässt um im Gefecht einen Kameraden zu retten. Ein weiteres Beispiel liefern die mutigen und selbstlosen Arbeiter, die sich zum Reaktor in Fukushima begaben, nachdem dieser explodiert war, und sich so starker Radioaktivität aussetzten. Sollten all diese Menschen oder ihre Taten als irrational bewertet werden, weil sie sich in Situationen begaben, „which a rational person would wish to be without" (Harris 2000, 98)?

All diese Kritikpunkte betreffen Harris' Verwendung des Konzepts der Normalität. Erstens führt Harris das Konzept der Normalität wieder ein, indem er behauptet, die reine Tatsache, dass Gehörlosen, Blinden und Lahmen gewisse Möglichkeiten und Erfahrungen fehlen, bringe ihre Behinderung hervor: Es gebe eine Reihe von Fähigkeiten, ohne die man sich schlicht von anderen unterscheidet, weil man ohne sie benachteiligt oder schadhaft sei, unabhängig von den (sozialen) Umständen. Zweitens tauscht Harris Daniels' Definition von Behinderung als Abweichung von *species-typical functioning* gegen eine *harmed condition* aus, die sich ein rationales Individuum stark fortwünschen würde. Damit legt er nahe, dass Konzepte von Schaden und Rationalität die Probleme mit dem Konzept der Normalität vermeiden, in der Annahme, sie besäßen einige Objektivität, die letzterem hingegen abgesprochen wird. Doch genau hierdurch erhebt seine Definition den unbeschadeten Zustand und Rationalität zum Standard: Es wird schlicht als Tatsache vorausgesetzt, dass Menschen nicht geschädigt werden wollen, und dass eine normale Person rationale Entscheidungen trifft. In anderen Worten, diese Fakten sind tatsächlich werturteilsbeladen oder normative Aussagen: Gute Gesundheit bedeutet, nicht geschädigt zu sein, und eine rationale Entscheidung ist eine gute. Zusammenzufassend: Harris stellt mit seiner Definition implizit die nicht geschädigte, rationale und in vollem Umfang befähigte Person als die normale dar, und führt wiederum ein Konzept der Normalität ein, das gegenüber seiner eigenen Kritik anfällig ist.

Das dritte Problem, das ich nun diskutiere, ist, was passieren würde, wenn wir Harris' Definition von Behinderung akzeptieren würden. Ich glaube, dass dies sehr weitreichende Konsequenzen hätte. Denn wenn radikales Enhancement möglich würde,

- wären jene, die nicht enhanced wären, nach Harris behindert, da sie mit Blick auf die möglichen Alternativen in einer *harmed condition* wären.
- machten sich jene, die nicht enhancen – Eltern etwa, die ihre Kinder nicht enhancen – schuldig, diesen zu schaden.
- schadeten sich diejenigen, die sich nicht enhancen, selbst. Da dies ein sehr komplexer Punkt ist, werde ich mich ihm den Großteil des zweiten Teils meine Beitrages widmen.
- Der durch Enhancement veränderte Mensch mag bloß wie eine futuristische Idee erscheinen, wie ein Ideal. Aber trifft dies zu auf diese „healthier, fitter, and more intelligent individuals", diese „better people" (Harris 2007, 2)? Harris zufolge nutzen wir bereits Enhancement-Technologien, und sogar so etwas wie Lebensverlängerung durch Gentechnologie ist nicht länger utopische Fantasie. Denn für Harris ist der manipulierte Mensch alles andere als ein unerreichbarer Perfektionsstandard.

> "I point out the continuity that exists between therapy and enhancement, the fact that the human enhancement has always been both a conscious and unconscious part of human development and of evolution, and I underline the familiarity of the multifarious attempts we humans have made not only to better ourselves in the sense of improving our material circumstances and wellbeing, but literally to better ourselves." (2007, 4)

Indem Harris behauptet, der Mensch habe stets versucht, sich zu enhancen und zu verbessern, definiert er Human Enhancement als normal – Impfung sei zum Beispiel „of course an enhancement technology and one that has been long accepted" (2007, 21). Trotz seiner Verachtung für das Konzept der Normalität stellen Harris Argumente nicht lediglich den nicht geschädigten, rationalen und voll befähigten Menschen als normal dar, sondern implizieren ein Ideal – den gesteigerten Menschen – als solches. Offensichtlich ist der gesteigerte – oder sich steigernde – Mensch nicht länger ein Ideal, sondern er ist zur Norm geworden, zum Standard, dem wir gerecht werden müssen.

Ähnliche Gedanken finden sich auch bei anderen Pro-Enhancement Theoretikern. Was man sich eigentlich als Idealbild des Menschen dächte, wird hier als Norm vorgeschlagen. Im folgenden illustriere ich dies anhand einiger Ideen von pro-Enhancement Theoretikern, die in einem klassischen Beispiel eines Ideals einen neuen Standard gefunden haben: In der mythologischen Figur des Prometheus.

Der prometheische Standard

Einer dieser Verfechter ist der Biophysiker Gregory Stock. Er argumentiert, dass biologisches Enhancement weder länger aufzuhalten sei, noch dass dies wünschenswert wäre. Einige Menschen denken, wie er anführt, dass uns die Gefahren, die die Enhancement-Technologien mit sich bringen, erst noch klar werden – vom Betrug im Sport bis zum Designerbaby oder gar die Vernichtung der Menschheit als solcher – und dass wir deshalb davon absehen werden, in die menschliche Genetik einzugreifen. Er selbst ist sich hingegen sicher, dass sie zur Verwendung kommen wird, denn „when we imagine *Prometheus* stealing fire from the gods, we are not incredulous or shocked by his act. *It is too characteristically human*" (2003, 2. Hervorhebung TF).

Er glaubt, dass es uns nicht möglich sein wird, das Human Enhancement aufzuhalten, weil wir Prometheus zu sehr ähneln. Prometheus war ein kluger Titan, ein Gott aus dem Göttergeschlecht, das den Olympiern vorausging. Aischylos berichtet in seiner Fassung des Mythos, dass Zeus plante, die gesamte Menschheit vom Erdboden zu tilgen. Prometheus hatte Erbarmen mit den Sterblichen, stahl Feuer aus dem Himmel und machte es ihnen zum Geschenk. Auch gewährte er ihnen Weisheit und lehrte sie allerlei Handwerk und Künste. Als Zeus hiervon erfuhr, wurde Prometheus schwer bestraft. Zeus kettete den unsterblichen, aufsässigen Gott an die Spitze des Kaukasus, wo täglich ein Geier seine Leber verzehrte, bis ihn Herkules Jahrhunderte später befreite. Insbesondere seit der Romantik verkörpert der Titan ein Ideal des Menschen. Er verkörpert den schöpferischen Rebellen, der Gefahren begegnete, Grenzen überschritt und der Menschheit durch Wissen und Technologie den Fortschritt brachte.

Dank seiner mutigen und technologischen Natur ist Prometheus in jüngerer Vergangenheit beinah zu einer Ikone der Enhancement-Debatte geworden. Wie erwähnt, wird häufig auf ihn Bezug genommen, sogar von Seiten der Gegner des Enhancement.[6] Aber repräsentiert er noch immer ein unerreichbares, beispielhaftes Idol? Interessanterweise ist er zumeist nicht als Ideal dargestellt, sondern als der typische Mensch, oder gar, wie unten klar werden wird, als der wahre Mensch. Um zu Stock zurückzukehren: Seine Argumentation ist, dass wir das Human Enhancement nicht werden aufhalten können, da wir bereits wie Prometheus sind: Gefahren entgegentretend, rebellierend und – seit Platos Version des Mythos wird dem Titan

---

6   Natürlich verweisen die Gegner dieser Ansicht genauso auf Prometheus, um vor den Risiken des Enhancement zu warnen, und betonen dabei (wenn auch oft nur implizit) die negativen Seiten des Mythos.

auch die Miterschaffung der Menschheit zugesprochen – an der Geburt des Menschen beteiligt. Ferner wäre es nicht menschlich, das Feuer nicht zu stehlen: „To forego the powerful [enhancement] technologies [...] would be as *out of character for humanity* as it would be to use them without concern for the dangers they pose." (Stock 2003, 2. Hervorhebung TF)

Der Rechtsphilosoph Ronald Dworkin behauptet etwas ganz Ähnliches, und fordert ein, Genforschung nicht zu fürchten, sondern vielmehr zu wagen, unseren Zustand selbst zu erschaffen:

> "Playing God is indeed playing with fire. But *that is what we mortals have done since Prometheus*, the patron saint of dangerous discoveries. We play with fire and take the consequences, because the alternative is cowardice in the face of the unknown." (Dworkin 2000, 446. Hervorhebung TF)

Der Biotechnologie-Unternehmer Donrich Jordaan nimmt auf dieses Zitat Dworkins in einem Artikel Bezug, in dem er Francis Fukuyama kritisiert, einen politischen Philosophen, der leidenschaftlich gegen Biotechnologie und Enhancement argumentiert. Jordaan schreibt, Fukuyama fehle ebendieser prometheische Mut. Es sei diesem Mut geschuldet, dass wir heute in einer modernen Gesellschaft lebten. Ihm sei es zu verdanken, dass wir solch „awesome improvements to the human condition" (Jordaan 2009, 590) erreicht hätten – vorher sei alles von Elend, Unwissen und Katastrophe geprägt gewesen. Und so schließt er seinen Beitrag wie folgt: „Beware the day when we betray our *promethean heritage*. Beware the *antipromethean heresy* of Fukuyama." (ibid. Hervorhebung TF)

Analyse

Das prometheische Ideal ist für die Befürworter des Enhancements, weit davon entfernt nur eine futuristische Idee zu sein, bereits eine neue Norm geworden. Was vormals ein per definitionem unerreichbares Ideal war, wurde für sie der Standard des besonders Menschlichen. Jeder dieser drei Theoretiker – wir wollen sie Prometheiker nennen – versucht, uns auf seine eigene Weise davon zu überzeugen, dass wir alle wie Prometheus seien: Schaffende und Rebellen, die mit dem Feuer spielen und natürliche und technologische Grenzen überschreiten. Prometheischer Mut sei ein unverzichtbarer Teil unserer Natur, unser Erbe und unsere kulturelle Verfassung.[7] Ferner betonen sie, dass wir stets wie Prometheus gewesen seien:

---

7   Indem er Fukuyama der antipromethean heresy schuldig spricht, unterstellt Jordaan gar eine gewisse religiöse Heiligkeit.

Genau wie Harris behaupten sie, dass wir schon immer in unser Leben verbessernd eingegriffen hätten um unsere Situation zu verbessern, ob im wörtlichen Sinne durch die Erfindung des Feuers, durch Impfungen oder andere Maßnahmen. Sie wollen zeigen, dass Enhancement – im weitesten Sinne – nicht so unnatürlich ist, wie ihm viele seiner Gegner vorwerfen. Wichtig ist, dass dies nicht nur eine Beschreibung dessen ist, was wir sind, es ist keine neutrale Beschreibung, sondern beinhaltet einen starken moralischen Imperativ. Die Behauptung zieht die Schlussfolgerung nach sich, dass unsere wahre Natur prometheisch ist, da es nur allzu menschlich (Stock) sei, mit dem Feuer zu spielen – es wäre sogar außerhalb des Charakters der Menschheit (Stock) oder ein Verrat (Jordaan) an unserer prometheischen Natur, uns nicht auf das Enhancement einzulassen. Was die Prometheiker also wirklich sagen, ist, dass wir mit dem Feuer spielen, so an unserer eigenen Erschaffung teilhaben und dazu diesen prometheischen Mut zeigen sollten: Ein wahrer Mensch will steigernd in seine Natur eingreifen.

Es ergibt sich daraus die Frage: Wenn aber das steigernd eingreifende oder gesteigerte Wesen die Norm ist, was macht dies aus Menschen, die keine Enhancement-Technologie verwenden? Abnormale vielleicht. Dworkin und Jordaan würden sagen: Feiglinge. Aber bei genauerem Hinsehen sogar dysfunktionale oder schlimmer: Nicht-menschliche Wesen, wie Stock vorschlägt. Wenn wir prometheischen Mut besitzen müssen, um zu zeigen, wer wir wirklich sind, wenn nur Enhancement uns wahrhaft menschlich macht, dann ist nicht zu steigern unter-menschlich bzw. der nicht gesteigerte Mensch ein Untermensch.

Um für einen Moment zu Harris zurückzukehren: Seine Argumentation ist ein wenig anders. Er appelliert nicht an ein Konzept des wahren Menschen und würde dies vermutlich niemals wollen. Mit seiner Betonung der Tatsache, Enhancement sei immer Teil der menschlichen Entwicklungsgeschichte gewesen (Harris 2007, 4), will er dennoch zeigen, dass wir es bereits anwenden. Selbst ohne diese letztgenannte Behauptung läuft Harris Argumentation darauf hinaus, den gesteigerten Menschen als normal zu etablieren. Denn für ihn sind, wenn es um die Beurteilung unseres (Gesundheits-)zustandes geht, wie erwähnt, unsere Möglichkeiten von größter Bedeutung. Aber die sich ständig wandelnden Chancen und Möglichkeiten bestimmen kein Ideal oder ein unerreichbares Wesen, sondern eine Norm, der wir gerecht werden müssen, um nicht plötzlich zu Geschädigten zu werden. Wenn aber der ideale, gesteigerte Mensch die neue Norm wird, sinkt das vormals Normale auf einen Status des Untermenschlichen ab, das heißt: Der nicht gesteigerte Mensch wird automatisch zum untermenschlichlichen Wesen, genauso wie in der pro-prometheischen Argumentation. Somit betrachten sowohl Harris als auch die Prometheiker den nicht gesteigerten Menschen als defizitär.

Als Ikone der Enhancement-Debatte verkörpert Prometheus sowohl den gesteigerten als auch den wahren Menschen. Dies heißt, dass der alte Gott, vormals die romantische Idealvorstellung des Menschen, in die Realität herabsteigt – er ist nicht beeinträchtigt, aber ebensowenig behält er seine vormalige perfekte Stellung. Indem er Sinnbild des gesteigerten Menschen wird und vom Ideal zur Norm herabsteigt, zieht er die Sterblichen mit sich und zwingt sie ebenfalls, ihre vormalige Stellung zu verlassen.

Konsequenzen

Um mit der Forderung der Prometheiker zu beginnen: Eine der beachtenswerten Konsequenzen ist, dass alle zeitgenössischen Menschen im Vergleich zum Standard des durch Enhancement gesteigerten Menschen untermenschlich sind. Die Zitate zu Prometheus zeigen, dass der Mensch sich von einem normalen (i. S. v. gewöhnlichen) Mitglied der menschlichen Spezies, das versucht, so perfekt wie möglich zu sein, in ein dysfunktionales Wesen verwandelt, solange er sich dem Enhancement verweigert. Er ist dann kein Mensch, obgleich mit der Möglichkeit, durch Enhancement ein wahrer Mensch zu werden. Was einst eine utopische Vorstellung war, ein Ideal, ist folglich eine reale Möglichkeit geworden. Zugleich hat es die Kluft zwischen unserem tatsächlichen Wesen und dem uns möglichen, gesteigerten, wahren Menschsein größer denn je gemacht: Verglichen mit diesem wahren Menschen sehen uns die Prometheiker als defekt, defizitär oder nicht-menschlich. Und obschon sie das Enhancement nicht ausdrücklich zum moralischen Imperativ erheben, hat die prometheische Anrufung eindeutig eine normative Bedeutung.

Noch einmal: Harris argumentiert eindeutig, dass es, wenn möglich, unsere Pflicht sei, uns der Möglichkeiten des Enhancements zu bedienen. In einem seiner Aufsätze (Harris 2005) argumentiert er, wir hätten ebenfalls die moralische Pflicht zur biomedizinischen Forschung – für ihn scheint es nur eine Frage der Zeit zu sein, bis es uns möglich sein wird, unsere Fähigkeiten radikal zu steigern. Da es bereits Forschungen zur Steigerung des Lebensalters gibt, könnten wir vielleicht sogar sagen, dass für Harris deshalb auch die Möglichkeit der Lebensverlängerung existiert. Dies hieße, dass wir nach seinen Standards bereits über Möglichkeiten radikalen Enhancements verfügen und es demgemäß eine neue Norm gibt, der wir zu entsprechen haben. Dies würde implizit bedeuten, dass zeitgenössische Menschen nicht nur untermenschlich, sondern auch beeinträchtigt sind, solange wir nicht alles versuchen, diese und andere Enhancement-Techniken weiterzuentwickeln und uns selbst zu enhancen. Eins ist sicher, nämlich dass wir gegenüber unseren zukünftigen, gesteigerten Mitmenschen behindert sind.

Um die beiden Argumentationsstränge zusammenzuführen: Wir stellen fest, dass Harris und andere, indem sie ein Ideal in eine Norm überführen, den nicht-gesteigerten Menschen als abnormales, untermenschliches, masochistisches oder gar behindertes Wesen zurücklassen – trotz ihrer vermeintlichen Sorge für den Menschen.

Soziale Beziehungen, Ressourcen, Bürgerliche Freiheit und die Frage nach dem guten Leben

Dies ist natürlich eine extreme Schlussfolgerung: Jeder von uns, gegenwärtige nicht gesteigerte Menschen, ist behindert. Dies wirft wichtige Fragen zu Beeinträchtigung als solcher, sowie zu den Konsequenzen hinsichtlich sozialer Beziehungen, Rechtsansprüchen und Auswirkungen auf Individuen auf. Welchen Einfluss werden etwa diese neuen Klassifikationen auf soziale Beziehungen haben? Angenommen, wir sind behindert, was macht das aus jenen, die zuvor als behindert bezeichnet worden sind? Sind sie Behinderte zweiter Ordnung? Wie dargelegt, ist es praktisch unmöglich, solche Konzepte zu verwenden, ohne dabei auf ein Konzept der Normalität, Norm oder Normativität zurückzugreifen. ‚Behinderter zweiter Ordnung' eignet sich nicht besonders gut als deskriptive Phrase. Man würde kaum von Menschen mit Behinderungen erwarten, sich mit dieser Bezeichnung zufrieden zu geben.

Auch sind die Chancen gering, dass sich die gegenwärtig als gesund geltenden (d.h. ‚gesund' nach geläufiger Klassifikation des Commonsense) plötzlich als den Behinderten oder Posthumans gleichend betrachtet werden. Hinsichtlich letzterer behauptet der Biokonservative George Annas, es sei tatsächlich höchst unwahrscheinlich, dass sie sich als Gleichgestellte wahrnehmen werden. „Instead, it is most likely […] that we [current humans, TF] will see them [posthumans, TF] as a threat to us, and thus seek to imprison or simply kill them before they kill us." (2001)[8] Oder, fährt er

---

8   Vgl.http://www.gjga.org/inside.asp?action=item&source=documents&id=19& detail=print (zuletzt aufgerufen am 23. März 2012).

fort, sie würden kommen und uns versklaven oder als „unterlegene Unterrasse" töten: Ein ‚genetischer Genozid' könnte uns erwarten (ibid.).

Annas' Beschreibung malt offenkundig ein ziemlich dystopisches Bild der Zukunft. Dennoch lohnt es sich zu bedenken, wie die neuen Klassifikationen die Beziehungen zwischen Gruppen und Individuen innerhalb der Gesellschaft beeinflussen werden und soziale Spannungen nach sich ziehen könnten. Es wird sowohl nach heutiger Ansicht Behinderte als auch gesunde Menschen Zeit und Anstrengung kosten, die neuen Kennzeichnungen zu ändern oder sich an sie zu gewöhnen. Eine mögliche Konfliktquelle könnte die Verteilung von Ressourcen sein. Wenn wir eigentlich alle behindert sind, dann hat ein Kranker – im traditionellen Sinn des Wortes – nicht mehr Anspruch auf Hilfe als die Gesunden. Vielleicht hätten einige Behinderte zweiter Ordnung Priorität vor anderen, aber der Unterschied ist dennoch klein. Selbst wenn wir zum jetzigen Zeitpunkt noch nicht zu Behinderten geworden sind, würden wir Harris zufolge eine große Menge an Ressourcen für die Erforschung von Enhancement benötigen. Es könnte zu Auseinandersetzungen kommen, wenn große Mengen an Finanzmitteln für die Erforschung jeder neuen Möglichkeit des Enhancements bereitgestellt werden, während manche Menschen ihrer Ansicht nach dieses Geld viel dringender brauchten. Es wäre für sie sinnvoll, die neuen Standards zu akzeptieren und zu verlangen, diese Mittel ihnen zukommen zu lassen.

Des Weiteren sollte die Frage gestellt werden, was mit der bürgerlichen Freiheit und den Rechtsansprüchen geschieht. Der Bioethiker Daniel Wikler hat etwa behauptet, wenn die Mehrheit der Menschen durch kognitives Enhancement wesentlich klüger würde als wir es heute sind, wäre es „within their rights to deprive the rest of us of our rights, presumably with humanitarian intent" (Wikler 2009, 354). Genau wie wir heutzutage die Freiheit derer, „who are judged to be insufficiently intelligent to handle their own affairs" beschränken (Wikler 2009, 345), wären diese dazu berechtigt, uns volle Staatsbürgerschaft und bürgerliche Freiheiten vorzuenthalten.

Auch wenn es derzeit keine extremen kognitiven Unterschiede gibt, könnte plötzlich eine Mehrheit kognitiv gesteigerter Menschen entstehen, die zu wissen glaubt, was für uns gegenwärtige Menschen das Beste ist. In der heutigen Gesellschaft erachten sich gesunde Menschen als autorisiert, sehr weitreichende Entscheidungen für Menschen von geringer Intelligenz oder mit geistigen Behinderungen zu treffen. Einige von ihnen werden in Einrichtungen für betreutes Wohnen oder psychiatrische Kliniken überwiesen. In vielen Ländern haben sie kein Wahlrecht, und falls doch, ist es ihnen in der Realität nicht möglich, dieses wahrzunehmen. Wenn wir die gegenwärtige Situation mit einer zukünftigen vergleichen, in der es zwei Arten von Menschen gäbe – Menschen auf heutigem Stand und gesteigerte – so wäre es sehr wahrscheinlich, dass die sich die Post-Humanen Wesen analog zu unseren heutigen Standards und Argumentationsweisen dazu berechtigt sähen, dem Rest von uns unsere Rechte zu entziehen. Des Weiteren könnten sie vielleicht sogar diejenigen unter uns, die Enhancement-Technologien für uns selbst oder andere ablehnen würden, dazu zwingen, unsere moralische Pflicht zu erfüllen, um aus ihrer Sicht wahre oder bessere Menschen zu werden.

Man könnte auch drittens fragen, welche Auswirkung eine moralische Pflicht zum Enhancement auf die Individuen selbst hätte. Hätte dies wirklich, wie Harris behauptet, bessere Menschen zur Folge? Man stelle sich vor, es wäre technologisch möglich, uns zu steigern, und wir wären moralisch dazu verpflichtet, dies auch zu tun. Es ist nicht ganz klar, ob Harris von einer persönlichen Pflicht oder einer durch die Gesundheitspolitik getragenen staatlichen Verpflichtung spricht. Wie dem auch sei, in beiden Fällen ergäbe sich sozialer Druck, uns durch Enhancement zu steigern um nicht länger beeinträchtigt zu sein. Um uns des rational festgestellten geschädigten Zustands zu entziehen und uns dem Rest der Gesellschaft anzuschließen, der bereits jene wertvollen Erfahrungen genießen würde, die uns verwehrt blieben. Wir könnten genau zwei Dinge tun: Uns enhancen oder eben nicht. Aber in jedem Fall könnte sich die Existenz der gegebenen Enhancement-Möglichkeiten für unseren, sich vor dem Hintergrund eben dieser Möglichkeiten ergebenden Status als behindere Person sehr negativ auswirken. Auch wenn sie uns ein besseres, wertvolleres und angenehmeres Leben versprechen, so schreiben sie zur gleichen Zeit unseren Zustand als behindert fest und betonen, dass wir weniger Fähigkeiten und Leistungsvermögen hätten als unsere Mitbürger, und dass uns Dinge entgingen, die angeblich dazu beitrügen, ein gutes Leben zu führen. Wäre ich nicht zu Enhancement bereit, käme ich nicht nur nicht meiner Verpflichtung nach, sondern diese Pflicht sowie die Möglichkeiten des Enhancements, welche mir meinen Status des Behinderten aufzwängen, konfrontierten mich ständig mit meiner eigenen Unzulänglichkeit. Um fair zu bleiben: Harris gesteht durchaus zu, dass der Umstand, dass manche Erfahrungen Beeinträchtigten verschlossen bleiben, keinesfalls bedeutet, dass ihnen nicht andere Formen wertvoller Erfahrung offenständen („find other and different worthwhile things to do and to experience"; Harris 2000, 98). Trotzdem gilt, dass ich im Vergleich zu anderen und meinen möglichen Alternativen immer noch unzulänglich wäre, auch wenn ich andere wertvolle Erfahrungen machen würde. Nach Harris' Definition würde sich eine rationale Person – und diese mag in der Praxis die Mehrheit der Gesellschaft repräsentieren – nicht in meinem Zustand befinden wollen. Auch wenn ich persönlich mit meinem Zustand zufrieden sein könnte, so müsste ich mich dennoch täglich mit meiner Andersartigkeit auseinandersetzen, mit der Tatsache, dass mir im Vergleich zu anderen etwas fehlt. Auch wenn mich mein Zustand im Prinzip nicht stört, könnte dieser Zustand gleichwohl Unsicherheit oder Unzufriedenheit wachrufen.

Machte ich Gebrauch von Enhancement, könnte ich neue Quellen der Zufriedenheit genießen, die mir vorher verschlossen waren. Sobald sich jedoch neue Möglichkeiten auftäten, fiele ich umgehend in meinen Zustand der Behinderung und in mein Bedürfnis nach Verbesserung zurück, was wiederum die beschriebene Ausgangssituation zur Folge hätte. Kurz gesagt: Eine Pflicht, wie sie Harris vorschlägt, könnte bei uns, ob wir nun beeinträchtigt oder auch gesteigert seien, ein tiefes Gefühl der Unzufriedenheit mit uns selbst hervorrufen. Selbst in unserem normalen prometheischen Zustand wären wir niemals lange gut genug, sondern sähen stets den Geier wiederkehren, der uns wieder zu Behinderten machte. Wir würden stets jemanden oder etwas benötigen um uns weiter zu steigern. Dies ist natürlich ein sehr unangenehmes, frustrierendes und sogar entfremdendes Gefühl. Anstelle jemanden zu ermutigen, sich weiter zu verbessern, hätte eine solche Pflicht den umgekehrten Effekt, d.h. die Ambitionen und den Antrieb einer Person zu hemmen, da man seine Ziele als im Verhältnis zu den eigenen Mitteln, Fertigkeiten und Leistungsvermögen unerreichbar wahrnähme. Die Frage lautet also, ob die moralische Verpflichtung zu Enhancement nicht das Gegenteil dessen erreichen würde, was sie eigentlich erreichen soll und, anstelle von ‚besseren' Menschen, unzufriedene, frustrierte und von sich selbst entfremdete Individuen erschafft, die ihrer herkuleischen Erlösung harren.

Fazit

Der prometheische Antrieb, zu verbessern, umzuformen und zu erschaffen könnte somit nicht ganz so positiv zu sehen sein, wie dies das Lager der Enhancement-Befürworter erwartet. Das soll nicht heißen, dass der abenteuerliche Drang ohne jeden Wert ist, oder dass wir jedweden prometheischen Enthusiasmus verwerfen sollten, wie es manche seiner Gegner tun. Dennoch glaube ich, dass wir nicht sogleich die Trennung zwischen Therapie und Enhancement aufweichen sollten, sobald wir uns der Schwierigkeit bewusst werden, jemanden oder ein Verhalten als normal zu charakterisieren, sondern auch zugestehen sollten, wie schwierig es ist, die Menschheit ohne irgendein Konzept der Normalität und seiner dazugehörigen Normativität zu klassifizieren. Wie wir sehen konnten, führt Harris selbst das vormalige Ideal des gesteigerten Menschen als neue Norm ein. Was als beeinträchtigt gilt, hängt auch bei ihm von physiologischen und relationalen – sozialen – Faktoren ab, und ist durch sein Verhältnis zur Norm bestimmt. Das Konzept der Normalität wird vermutlich immer zu einem gewissen Grad präsent sein, ob wir dies gutheißen oder nicht. Deshalb glaube ich, dass es wichtig ist, sich den Gebrauch des Konzepts und seiner Wertannahmen bewusst zu machen, genau wie seinen Einfluss auf das Konzept der Behinderung, auf die Position, die es dem Enhancement zuweist, sowie vor allem den Einfluss auf Gesellschaft und (Gruppen) von Individuen, sobald sich Klassifikationen ändern.

Aus dem Englischen übersetzt von Sabine Ohlenbusch.

Bibliographie

Anderson, W. F. (1990): Genetics and Human Malleability. In: The Hastings Center Report 20(1), S. 21 - 24.

Anderson, W. F. (1994): Genetic Engineering and Our Humanness. In: Human Gene Therapy 5(6), S. 755 - 760.

Annas, G. (2001): Genism, Racism, and the Prospect of Genetic Genocide. presented at the UN World Conference Against Racism. Durban, South Africa, 3. September 2001. http://www.gjga.org/inside.asp?action=item&source=documents&id=19& detail=print (zuletzt abgerufen am: 23. März 2012).

Blume, S. (2010): The Artificial Ear: Cochlear Implants and the Culture of Deafness. New Brunswick, New Jersey, London: Rutgers University Press.

Boorse, C. (1975): On the Distinction between Disease and Illness. In: Philosophy of Public Affairs 5, S. 49 - 68.

Bostrom, N. (2008): Why I Want to Be a Posthuman When I Grow Up. In: Gordijn, B. and Chadwick, R. (Hrsg.): Medical Enhancement and Posthumanity. Dordrecht: Springer.

Daniels, N. (2009): Can Anyone Really Be Talking about Ethically Modifying Human Nature? In: Bostrom, N. and Savulescu, J. (Hrsg.): Human Enhancement. Oxford: Oxford University Press.

Daniels, N. (2001): Justice, Health and Health Care. In: American Journal of Bioethics. 1(2), S. 3 - 15.

Dupré, J. (1998): Normal People. In: Social Research 65(2), S. 221 - 248.

Dworkin, R. (2000): Sovereign Virtue. Cambridge Mass., London: Harvard University Press.

Harris, J. (1993): Is Gene Therapy a Form of Eugenics? In: Bioethics 7(2/3), S. 178 - 187.

Harris, J. (2000): Is There a Coherent Social Conception of Disability? In: Journal of Medical Ethics 26(2), S. 95 - 100.

Harris, J. (2005): Scientific Research Is a Moral Duty. In: Journal of Medical Ethics 31(4), 242 - 248.

Harris, J. (2007): Enhancing Evolution. Oxfordshire: Princeton University Press.

Jordaan, D. (2009): Antipromethean Fallacies: A Critique of Fukuyama's Bioethics. In: Biotechnology Law Report 28(5), S. 577 - 590.

Newell, C. (1999): The Social Nature of Disability, Disease and Genetics: A Response to Gillam, Persson, Holtug, Draper and Chadwick. In: Journal of Medical Ethics 25, S. 172 - 175.

Mundy, L. (2002, March 31): A World of Their Own. In: Washington Post Magazine, W22.

Reindal, S. M. (2000): Disability, Gene Therapy and Eugenics: A Challenge to John Harris. In: Journal of Medical Ethics 26, S. 89 - 94.

Scully, J. L., Rehmann-Sutter, Ch. (2001): When Norms Normalize. The Case of Genetic Enhancement. In: Human Gene Therapy 12, S. 87 - 96.

Scully, J. L. (2008): Disability Bioethics: Moral Bodies, Moral Difference. Lanham: Rowman & Littlefield.

Soanes, C. and Stevenson, A. (Hrsg.), (2003): Oxford Dictionary of English. Oxford: Oxford University Press.

Stock, G. (2003): Redesigning Humans. London: Profile Books.

Wikler, D. (2009): Paternalism in the Age of Cognitive Enhancement: Do Civil Liberties Presuppose Roughly Equal Mental Ability? In: Bostrom and Savulescu (Hrsg.): Human Enhancement. Oxford: Oxford University Press.

IV.
Ethik von Enhancement

Mood Enhancement und Authentizität der Erfahrung: Ethische Überlegungen

Lisa Forsberg

„Nimm mal an, es gäbe eine Erfahrungsmaschine, die uns jede gewünschte Erfahrung zugänglich machen könnte. Neuropsychologen könnten dein Gehirn in einer Weise stimulieren, dass du denken und fühlen könntest, einen großartigen Roman zu schreiben, Freundschaften zu schließen, oder ein interessantes Buch zu lesen. Die ganze Zeit über würdest du in einem Behälter schweben und an dein Gehirn wären Elektroden angeschlossen. Solltest du dich für dein ganzes Leben an diese Maschine anschließen, und die Wünsche für dein Leben vorprogrammieren? [...] Wenn du in dem Behälter bist, würdest du natürlich nicht wissen, dass du dort bist: du würdest denken, dass all dies tatsächlich geschieht. [...] Würdest du dich anschließen? Was könnte sonst wichtig sein, als wie wir unser Leben von innen heraus fühlen?" (Nozick 1974, 42f.)

Dieser Abschnitt stellt uns die Erfahrungsmaschine vor. Es ist ein berühmtes Gedankenexperiment, das Robert Nozick in *Anarchy, State and Utopia* benützte, um Theorien zu widerlegen, die das Wohlergehen eines Menschen an seinem mentalen Zustand messen *(mental state theories of wellbeing)*. Nozick konzipierte das Gedankenexperiment der Erfahrungsmaschine, um folgendes Argument zu machen: Obwohl wir mehr Genuss verspüren, wenn wir an die Erfahrungsmaschine angeschlossen sind, als wenn wir es nicht sind, haben wir doch gute Gründe, dies zu unterlassen. Es ist für uns demnach nicht nur wichtig, so viel Genuss wie möglich zu erfahren.

Nozick führt drei Gründe an, uns nicht an die Erfahrungsmaschine anzuschließen. Erstens: Wir wollen gewisse Dinge *tun* und nicht nur *die Erfahrung haben,* diese Dinge zu tun. Laut Nozick „ist dies nur deshalb so, weil wir zuerst die Dinge tun wollen, von denen wir dann die Erfahrung haben" (ebd., 43). Zweitens: Für uns ist wichtig, eine bestimmte Person zu *sein* und nicht nur *zu erfahren,* diese Art von Person zu sein, während wir tatsächlich eine formlose Masse sind, die an die Erfahrungsmaschine angeschlossen ist (Nozick schreibt: „an indeterminate blob" – ein unbestimmter Klecks). Drittens: Wären wir an die Erfahrungsmaschine angeschlossen, wären wir auf eine menschgemachte Version der Realität limitiert. In der Erfahrungsmaschine bestünde kein „*tatsächlicher* Kontakt mit einer tieferen Realität, auch wenn die Erfahrung dieser Realität simuliert werden kann" (ebd.).

Alle diese Punkte stimmen mit einer Argumentation überein, nach der *authentische* oder *reale* Erfahrungen oder mentale Zustände wertvoller sind als ihre durch ein erfahrungsinduzierendes Hilfsmittel wie die Erfahrungsmaschine hervorgerufenen Entsprechungen. Sie weisen große Ähnlichkeit zu einigen Einwänden gegen den Gebrauch von Medikamenten zur Aufhellung der Stimmung auf *(mood enhancement)*. Argumentativer Kern dieser Bedenken ist, dass Stimmungsaufheller nachteilige Effekte auf die Authentizität menschlicher Erfahrung haben könnten.

Dieser Beitrag beschäftigt sich mit zwei Argumentationslinien, die von Autoren vorgeschlagen werden, die den Gebrauch von Stimmungsaufhellern auf der Grundlage von angeblich negativen Effekten auf die Authentizität menschlicher Erfahrung ablehnen. Beide lehnen diese Neuropharmaka aus dem Grund ab, dass ihr Gebrauch auf irgendeine Art die Authentizität in der menschlichen Erfahrung oder in der Existenz unterminiert. Das erste Argument stützt sich auf die Analogie zwischen Stimmungsaufhellern und Nozicks Gedankenexperiment der Erfahrungsmaschine, um zu argumentieren, dass authentische Erfahrungen wertvoller sind als inauthentische. Das zweite Argument beruht auf der Idee, dass die Medikalisierung des menschlichen Glücks – das Abblocken natürlicher Reaktionen auf Ereignisse des Lebens durch den Gebrauch von Medikamenten – zu einer Inauthentizität der Erfahrung führt, und dass dies ein Grund ist, keinen Gebrauch von Stimmungsaufhellern zu machen. Ich vertrete in diesem Beitrag die These, dass beide Argumentationslinien deshalb scheitern, weil sie die (möglicherweise) überzeugenden Gründe für ein Verbot (einiger Arten) von Stimmungsaufhellern verfehlen.

Gibt es eine Analogie zwischen Stimmungsaufhellern und Nozicks Erfahrungsmaschine?

In den letzten Jahren hat die Aussicht auf die Steigerung unserer kognitiven Kapazitäten oder unserer Stimmung umfassende Aufmerksamkeit erhalten.[1] Es wurde darauf hingewiesen, dass pharmakologische Mittel, die zur Veränderung vieler Aspekte unserer kognitiven Fähigkeiten oder unserer Stimmung eingesetzt werden können, bereits existieren. Pharmakologi-

---

1   Bostrom 2009; Butcher 2003; Chatterjee 2004, de Jongh et al. 2008; Naam 2005; President's Council on Bioethics 2003; Sandberg 2009.

sche Wirkstoffe wie Methylphenidat, Modafinil usw. können zum kognitiven Enhancement eingesetzt werden (Elliott et al. 1997, 196-206). Bezüglich Stimmung wurde dargelegt, dass pharmakologische Wirkstoffe wie die selektiven Serotonin-Wiederaufnahmehemmer (SSRI) die Stimmungslage auch bei solchen Individuen positiv beeinflussen, die nicht unter einer affektiven Störung leiden. Basierend auf seinen eigenen Erfahrungen mit Patienten kommt Peter Kramer beispielsweise in *Listening to Prozac* zu dem Schluss, dass Psychopharmaka das Potential in sich bergen, bei kleineren Simmungsproblemen das Allgemeinbefinden zu verbessern oder die Stimmung von Individuen zu heben, die nicht im klinischen Sinne als depressiv gelten. Dies nannte er „kosmetische Psychopharmakologie" und meinte, dass dies für die Gemütslage das sein könnte, was die kosmetische Chirurgie für das physische Erscheinungsbild ist (Kramer 1997). Die Idee der Stimmungsaufheller oder der kosmetischen Psychopharmakologie wurde in vielen Kommentaren diskutiert (Chatterjee 2004, 968-74; Stein 2008). Obwohl die Wirksamkeit solcher Wirkstoffe am gesunden Menschen fraglich ist (Repantis et al. 2010, 187-206), könnten wir um des Arguments willen vermuten, dass es bereits ziemlich wirksame stimmungsaufhellende Präparate gibt.[2] Es wurde argumentiert, dass der Gebrauch solcher Techniken das Risiko trägt, die Authentizität unserer Erfahrung zu unterminieren.[3]

Inwieweit könnte der Gebrauch (einiger Arten) der Stimmungsaufhellung analog zum Anschließen an Nozicks Erfahrungsmaschine sein? Beide Einwände zum Gebrauch stimmungsaufhellender Substanzen, sowohl diejenigen, die sich auf das Gedankenexperiment der Erfahrungsmaschine berufen, als auch der Einwand gegen Stimmungsverbesserer, der darauf gründet, dass natürliche Reaktionen auf Lebensereignisse gewahrt werden sollten, fußen auf der Idee, dass die Stimmungsaufhellung auf irgendeine Art verhindert, authentisch zu leben oder authentische Erfahrungen zu machen (Levy 2007). Dies könnte beispielsweise durch Interventionen geschehen, die der Verbesserung des Wohlbefindens dienen und uns „von den Handlungen und Erfahrungen trennen, die für gewöhnlich mit [verschiedenen] Stimmungen einhergehen" (President's Council on Bi-

---

2 Autoren, die den Gebrauch neuropharmakologischer Stimmungsaufheller aufgrund seiner Auswirkungen für die Authentizität ablehnen (vgl. Elliott 2003) gehen davon aus, dass diese Medikation stärker sei, als Substanzen, die einen verbessernde Effekte hätten, in den heutigen westlichen Gesellschaften allerdings weithin akzeptiert sind, wie Kaffee und Alkohol.

3 President's Council on Bioethics 2003; Elliott 1999, 2003 und 2004.

oethics 2003, 238-239); oder – in ähnlicher Weise wie bei Nozicks Erfahrungsmaschine – unsere Verbindung zur Realität unterbrechen, die für das menschliche Wohlergehen notwendig ist (Elliott 1999, 68).

Der Begriff der Authentizität

Trotz des häufigen Gebrauchs des Begriffs der Authentizität in akademischen Debatten über die Zulässigkeit und Erwünschtheit (verschiedener Formen) des kognitiven und emotionalen Enhancements,[4] bleibt der Begriff schwer fassbar, seine Rolle und Wichtigkeit unklar und sein Verhältnis zum Enhancement ein Gegenstand intensiver Debatten. Wie Eric Parens bemerkt, "weiß jeder, der das Wort ‚Authentizität' benutzt hat, oder versucht hat herauszufinden, wie andere es benutzen, wie unklar und schwer fassbar es ist" (Parens 2005, 41). Wie er beobachtet, neigen diejenigen, die den Einsatz von Enhancement ablehnen, dazu, sich auf den Begriff Authentizität zu berufen, um Gründe für dessen Unzulässigkeit vorzubringen, während Befürworter von Enhancement argumentieren, dass der eigentliche Zweck von Enhancenemt darin besteht, Individuen in die Lage zu versetzten, sich ein Leben zu erschaffen, das authentischer ist als ihr eigenes (ebd. 34-41). Es scheint *a priori* unklar zu sein, wie sich Enhancement und Authentizität wechselseitig beeinflussen. Einige Formen von Enhancement könnten Authentizität verringern, während andere die Menschen sogar dazu befähigen könnten so zu sein, wie sie gerne wären.

Authentizität wird oft im Sinne von „sich selbst gegenüber wahrhaftig sein" verstanden (Levy 2007, 73). Aber was bedeutet es in der Praxis, sich selbst gegenüber wahrhaftig zu sein, und wie wissen wir, ob wir uns selbst gegenüber wahrhaftig sind oder nicht? Nach Neil Levy sind authentische Individuen solche, die

> „[...] die sozialen Rollen, die ihnen auferlegt wurden, nicht passiv hinnehmen.
> Sie entscheiden nicht einfach zwischen konventionellen Lebensweisen, die ihre Gesellschaft zur Verfügung stellt. Stattdessen suchen sie nach einem *eigenen* Weg und gestalten ihn aktiv, in Bezug darauf, wer sie zutiefst und wirklich sind." (ebd., 74)

Es ist jedoch fraglich, wie wir auf dieser Grundlage authentische von inauthentischen Individuen unterscheiden sollen. Woher wissen wir, ob ein bestimmtes Individuum sein verstecktes Potential aktiviert hat? Wie wis-

---

4   Bolt 2007; Kraemer 2011, 51-64; Parens 2005; President's Council on Bioethics 2003.

sen wir, ob jemand seine eigene Lebensweise auf der Grundlage dessen, wer sie oder er wirklich und zutiefst ist, aktiv erschaffen hat? Levy beispielsweise hat vorgebracht, dass dieses Ideal der Authentizität spezifisch für moderne Gesellschaften ist:

> „Authentizität [...] könnte in vormodernen Gesellschaften, in denen es nur relativ wenige soziale Rollen gab und die Menschen wenig Freiheiten hatten, sich zwischen ihnen zu bewegen, nicht existieren. [...] Authentizität verlangt das Wachstum von Städten [in deren] Anonymität [...] Menschen sich [...], wenn sie wollten, von den Erwartungen ihrer Familien, ihrer Kirche, ihren Freunden und sogar von sozialen Konventionen losreißen und sich selbst nach ihrem eigenen Bild erneuern konnten." (ebd.)

Dieser Ansatz mutet sehr anspruchsvoll an, da von Individuen verlangt wird, sich von sozialen Normen und Lebensweisen in einer Art und Weise loszureißen, die ein niedriges Ausmaß von Determinismus in der Welt voraussetzt. Tatsächlich könnte man fragen, in welchem Ausmaß viele von uns überhaupt ein in diesem Sinn authentisches Leben leben, oder bis zu welchem Grad wir von uns annehmen können, die Freiheit zu haben, welche notwendig ist, um ein „authentisches Selbst" zu realisieren. Man könnte versuchen, den Begriff Authentizität zu bewahren, in dem man zwischen frei gewählten Lebensweisen – wie etwa ein Mönch zu sein oder nicht, zu heiraten oder nicht, Lehrer zu werden oder nicht – und Lebensweisen unterscheidet, die uns größtenteils auferlegt wurden – wie etwa daran gehindert worden sein, großartige Musik zu komponieren, weil man in einer Fabrik arbeiten musste, um seinen Lebensunterhalt zu bestreiten, oder die Mitgliedschaft in einem Kult, oder vielleicht Prostitution. Wenn sich allerdings das „authentische Handeln" in die Richtung von, sich in Abstimmung mit informierten Wünschen frei verhalten' interpretiert wird, dann kann der Begriff Authentizität das nicht mehr leisten, was Kritikern der Enhancement-Technologien von ihm erwarten. Aus dieser Sichtweise heraus würde sich jemand, der umfassende Kenntnis über die Effekte einer steigernden Intervention hat und darüber eine freie, informierte Entscheidung trifft, die Intervention in Anspruch zu nehmen, authentisch verhalten.

Ebenso sind andere Ansichten davon, was es heißt, ein authentisches Individuum zu sein oder ein authentisches Leben zu führen, die von Gegnern des Gebrauchs von Stimmungsaufhellern angeführt werden, im Hinblick auf das Ideal von Authentizität nicht fordernd genug. Levy beispielsweise führt an, dass obwohl es

> „[...] wahr ist, dass sich einige von uns entscheiden, Lebensweisen anzunehmen, oder in ihnen zu verharren, die in gewisser Hinsicht dem Ideal von Authentizität antithetisch gegenüberstehen – wir treten in Klöster ein oder halten

uns an Religionen, die jeden Aspekt unserer Leben regulieren, bis hin zu dem
Punkt, an dem wir uns entscheiden, wen wir heiraten und welche Karriere
(wenn überhaupt) wir anstreben sollen, [...] sogar wenn wir Lebensweisen annehmen, die voraussetzen, dass wir die Kontrolle über signifikante Entscheidungen an andere abgeben, rechtfertigen wir unsere Entscheidungen, indem
wir uns auf Authentizität berufen: Wir finden diese Lebensweise persönlich
erfüllend; im Grunde genommen ist dies unsere Art und Weise, uns selbst zu
sein." (ebd., 74f.)

Man kann fragen, welche Handlungsweise *keine* authentische Entscheidung oder Lebensweise darstellen würde – wenn nämlich alle Lebensstile,
die Levy als „in gewisser Hinsicht dem Ideal von Authentizität antithetisch
gegenüberstehend" beschreibt, in Wirklichkeit als authentische Lebensstile
angesehen werden müssen. Auch wenn wir zugestehen, dass die uns durch
Umstände auferlegten Entscheidungen in unserem Leben nicht zwangsläufig inauthentisch sein müssen – zum Beispiel in Fällen, in denen wir uns
mit diesen Entscheidungen identifizieren – zeigt uns Levys Sicht keine
Möglichkeit, authentische von inauthentischen Lebensentscheidungen unterscheiden zu können. Wie wüssten wir denn, ob die Entscheidung einer
bestimmten Person, die Kontrolle über eine bestimmte Entscheidung abzugeben, authentisch ist oder nicht? So lange wir nicht sagen wollen, dass
alle Entscheidungen authentisch sind, müsste jede vorgeschlagene Sichtweise auf Authentizität eine Methode mitliefern, mit der entschieden werden kann, welche Verhaltensweisen dieses Ideal erfüllen und welche es
nicht erfüllen. Die Sichtweise darauf, was es bedeutet, ein authentisches
Individuum zu sein, oder ein authentisches Leben zu führen, wie sie von
Levy angeführt wird, scheint keine Möglichkeit zu bieten, authentische
Entscheidungen, Individuen oder Lebensstile von inauthentischen zu unterscheiden. Es könnte argumentiert werden, dass uns dies letztlich dazu
führt, die analytische Tragfähigkeit des Begriffs Authentizität überhaupt in
Frage zu stellen. In Abwesenheit einer Methode zur Unterscheidung des
Authentischen vom Inauthentischen ist das Ideal der Authentizität jeden-
falls nur begrenzt analytisch brauchbar und eignet sich insbesondere nicht
als Methode zur Unterscheidung von Interventionen, die für Individuen
zulässig sein sollten, von denen, an deren Durchführung sie gehindert werden sollten.

Behandlung, Enhancement und Authentizität

Der Einwand gegen stimmungsaufhellende Neuropharmaka, der darauf
aufbaut, dass die Authentizität unserer Existenz oder unserer Erfahrung

untergraben werden könnte, wurde gegen Interventionen gerichtet, die als stimmungs*steigernd* eingestuft werden müssen. Er wurde weniger gegen die Interventionen gerichtet, welche zwar auch die Stimmung verbessern, aber in dieser Funktion Teil einer akzeptierten medizinischen Praxis sind – wie es beispielsweise beim Einsatz von Antidepressiva bei Personen, die unter einer Depression leiden, der Fall ist. Allerdings setzt dieser Einwand voraus, dass zwischen Therapie und Enhancement zuverlässig unterschieden werden kann, – was umstritten ist.

Diese Unterscheidung wurde herangezogen, um Fälle, in denen eine Intervention gerechtfertigt oder zwingend notwendig ist, von Fällen zu unterscheiden, in denen eine Intervention zweifelhaft, oder gemäß einigen Autoren sogar unzulässig wäre (President's Council on Bioethics 2003, Sandel 2004). Einige Autoren bezweifeln allerdings, dass eine Unterscheidung zwischen Therapie und Enhancement tatsächlich getroffen werden kann, und dass sie, selbst wenn wenn sie getroffen werden könnte, überhaupt moralisch relevant wäre (Bostrom 2009, 311-341; Harris 1992, 2009, 311-341). Darüber hinaus kann argumentiert werden, dass Interventionen, die entweder auf die kognitiven Kapazitäten oder die Stimmung abzielen, in einem Feld angesiedelt sind, in dem es besonders schwer ist, zwischen Therapie und Enhancement zu unterscheiden. Die Gründe hierfür sind vielfältig. Erstens: Im Falle der Interventionen, die auf die kognitiven Kapazitäten oder die Stimmung abzielen, gibt es vergleichbare Interventionen, die in manchen Kontexten als medizinische Behandlung gelten; in anderen Kontexten hingegen würde sie als Enhancement-Technologie angesehen.[5] Untersuchungen ergaben, dass z.B. durch den Einsatz selektiver Serotonin-Wiederaufnahmehemmer (SSRI) das Wohlbefinden verbessert wird, unabhängig davon, ob die Probanden an einer Depression leiden oder nicht (Kramer 1997). Der Einsatz von Stresshemmern wie Propranolol (Beta-Blocker), um anstrengende Situationen besser meistern zu können, ist auch außerhalb der Gruppe von Patient/innen mit klinischer Erkrankung gut belegt (Dees 2007). Tatsächlich wurde die Geschwindigkeit, mit der der Gebrauch von SSRI und ähnlichen Medikamenten in den letzten Jahrzehnte angestiegen ist, als Zeichen für eine Entwicklung hin zur „Medikalisierung des Unglücklichseins" gewertet. Zum Teil besteht sie in der Off-label-Anwendung, zum Teil in der Stimmungsverbesserung. Robert Whitaker hat beobachtet, dass in den zwei Jahrzehnten nach der 1987 erteilten Zulassung des bekannten Antidepressivums Prozac durch die US Food and Drug Administration die Zahl der Amerikaner, die als Resultat eines Lei-

---

5   Farah 2002, Kramer 1997; Turner 2006.

dens an einer geistigen Behinderung[6] für Unterstützungszahlungen berechtigt waren, auf 3.97 Millionen gestiegen: „2007 galt einer von 76 Amerikanern behindert. Das ist mehr als doppelt so viel wie 1987, und sechs mal so viel wie 1955." (Whitaker 2010)

Gegner der pharmakologischen Stimmungsaufhellung tendieren zu der Aussage, dass diese Art der Medikalisierung des Unglücklichseins zu einer Inauthentizität der menschlichen Existenz oder der menschlichen Erfahrung führt. Carl Elliot gibt zu bedenken, dass

> „ [...] manche Arten, auf die Welt zu reagieren, vernünftig sind, auch wenn sie verstören. [...] Bei all dem, was Antidepressiva Gutes tun, bleibt die nagende Vermutung, dass das, was sie behandeln sollen, in der Tat vollkommen sinnvolle Reaktionen auf die eigenartigen Zeiten sind, in denen wir leben." (Elliott 1999, 68)

Folglich gibt es die Sorge, dass eine Blockierung der „vollkommen vernünftigen" Reaktionen auf unsere Umwelt durch den Einsatz von Substanzen, die das Allgemeinbefinden verbessern,

> „[...] unseren Sinn dafür gefährdet, was es bedeutet, natürlich menschlich zu sein. Wir könnten vergessen, was das volle Gedeihen des menschlichen Glücks wirklich beinhaltet. Das volle menschliche Gedeihen umfasst mehr als freudige Gefühle und bedarf einer Verbindung zur Realität; dies steht im Gegensatz zur unnatürlichen oder künstlichen Verbesserung der Stimmung, die durch Drogen hervorgerufen wird." (Bolt 2007, 287)

Dass ein vollständiges menschliches Wohlergehen *(full human flourishing)* etwas anderes meint, als nur die Anwesenheit von Glücksgefühlen, etwas nämlich, wofür besonders eine Verbindung zwischen Stimmung und Realität nötig ist, hat große Ähnlichkeiten mit der Idee, auf der Nozicks Gedankenexperiment der Erfahrungsmaschine basierte. Die Behauptung, dass der Gebrauch von Stimmungsaufhellern das gefährden könnte, was es heißt, Mensch zu sein – eben durch die Unterbrechung der Verbindung zwischen erlebter Stimmung und Realität –, kann als Behauptung interpretiert werden, die dem Externalimus in der Philosophie des Geistes ähnelt. Aus diesem Blickwinkel hängen die Inhalte unserer geistigen Zuständen von Dingen ab, die teilweise außerhalb der erfahrenden Person liegen. Folglich können wir, an die Erfahrungsmaschine angeschlossen, beispielsweise die Erfahrung haben, unsere Dissertation erfolgreich zu verteidigen. Diese Er-

---

6   Dies bezeichnet Individuen, die entweder Supplement Security Income (für geringverdienende Personen in den USA, die entweder über 65 Jahre alt, blind oder behindert sind Anm.d.Ü.) beziehen oder solche, die in der Social Security Disability Insurance registriert sind.

fahrung würde sich von der Erfahrung außerhalb der Erfahrungsmaschine unterscheiden, die Dissertation *tatsächlich* erfolgreich zu verteidigen. Dies wäre auch der Fall, wenn diese beiden Erfahrungen in der Wahrnehmung oder subjektiv ununterscheidbar wären. Die Idee ist, dass die authentische Erfahrung davon, *etwas tatsächlich zu* tun, auf irgendeine Art wertvoller ist, als lediglich *die Erfahrung* davon zu haben, etwas zu tun. In welchem Sinn können authentische Erfahrungen wertvoller sein als inauthentische?

Es kann für die Überlegenheit authentischer Gefühle gegenüber den illusorischen oder halluzinatorischen Gefühlen argumentiert werden, wie sie uns von der Erfahrungsmaschine eingeflößt werden. Allerdings ist es für die Fürsprecher dieser Idee schwierig, Beweisgründe dafür zu finden, dass die Erfahrungen, die den an die Erfahrungsmaschine angeschlossenen Individuen eingeflößt wurden, den authentischen Erfahrungen, die kein Nachfragen verlangen und nicht zirkulär verlaufen, qualitativ unterlegen sind. Wenn die Unterlegenheit der von der Erfahrungsmaschine hervorgerufenen Erlebnisse z.B. mit der Annahme begründet werden soll, dass die Qualität unserer Erfahrungen nicht exklusiv durch deren subjektiven Inhalt festgelegt ist, sondern dass ihre Qualität auch von ihrem Ursprung bestimmt ist, dann ist das vorausgesetzt worden, was eigentlich zu beweisen gewesen wäre. Auch wenn man weiterhin akzeptiert, dass die Qualität einer Erfahrung sowohl vom subjektiven Inhalt als auch von ihrem Ursprung her festgelegt ist, wäre ein weiteres Argument einzufordern, um uns davon zu überzeugen, dass die Erfahrungsmaschine als Ursprung von Erfahrungen dem „authentischen" Ursprung unterlegen ist.

Natürlich kann man einwenden, dass diese Analogie zwischen stimmungsaufhellenden Neuropharmaka und der Erfahrungsmaschine etwas „unrealistisch" ist. Es könnte argumentiert werden, dass das *mood enhancement* kaum so wirksam ist wie das Anschließen an die Erfahrungsmaschine. Anders als die Erfahrungsmaschine lässt eine Stimmungsaufhellung nämlich keine Halluzinationen oder Illusionen entstehen. Es kann zwar unsere Stimmung verbessern, aber es ist unwahrscheinlich, dass es zu völlig neuen Erfahrungen führt, die keine Verbindung zur Realität aufweisen. Aus dieser Sichtweise heraus könnten die von der Erfahrungsmaschine hervorgerufenen Erfahrungen als weniger authentisch eigeschätzt und dementsprechend als weniger wertvoll eingestuft werden als die Arten von Erfahrungen, die aus der realen Welt stammen. Wenn der Gebrauch stimmungsverbessernder Substanzen *keine* Erfahrungen schafft, denen die Verbindung mit der Realität gänzlich abgeht, sind die durch Stimmungsaufheller hervorgerufenen Erfahrungen weniger inauthentisch und in der Folge weniger problematisch als die von der Erfahrungsmaschine herbeigeführten Erfahrungen. In diesem Beitrag argumentiere ich aber: Da uns die Proponenten des Authentizitätsideals nicht sagen können, wie man authentisch von inauthentisch unterscheiden kann, können inauthentische Erfahrungen nicht das Problem sein. Sie sind weder das Problem, wenn sie durch Stimmungsaufheller bedingt sind, noch wenn sie von der Erfahrungsmaschine hervorgerufen werden.

Mood Enhancement und die natürliche Antwort auf Lebensereignisse

Die Behauptung, dass es Gründe dafür gibt, eine Verbindung zwischen unserer Stimmung und der Wirklichkeit zu bewahren, kann auch als Behauptung gedeutet werden, dass es wertvoll ist, natürliche emotionale Reaktionen auf Lebensereignisse zu bewahren. Weil der Serotoninspiegel als Reaktion auf Lebensereignisse steigt oder fällt, könnte man zum Beispiel argumentieren, dass eine künstliche Veränderung des Serotoninspiegels die Authentizität menschlicher Erfahrung oder Existenz unterminieren könnte (Levy 2007, 82).

Es liegen empirische Daten vor, die aussagen, dass bestimmte emotionale Reaktionen auf Lebensereignisse tatsächlich adaptiv sind. Es gibt z.B. Hinweise darauf, dass die Stimmung den Menschen dabei hilft, sich in sozialen Positionen einzupassen, in denen sie sich befinden, oder in einer bestimmten Situation mit einem sozialen Status übereinzustimmen, der ihnen zugeschrieben wird, und dass demnach die Fähigkeit für solche Reaktionen im Laufe der menschlichen Evolution einen Vorteil darstellte.[7] Weil es z.B. eine Fehlanpassung bedeutet hätte, wenn Menschen ungeachtet der gesellschaftlichen Meinung eine hohe Selbsteinschätzung haben (Nesse 1991, 34), besteht Anlass dafür zu glauben, dass ein weitverbreiteter Einsatz von Stimmungsaufhellern oder Medikamenten gegen Angststörungen die Regulierung sozialer Hierarchien beeinträchtigen könnte (ebd., 37).

Aus anderen Forschungen ergibt sich, dass die stimmungshafte oder emotionale Antwort wichtige Funktionen haben zur Allokation der eigenen Ressourcen. Tatsächlich wurde gezeigt, dass Menschen allgemein die Tendenz haben, ihre eigenen Fähigkeiten und Fertigkeiten zu optimistisch zu beurteilen und den Grad der Kontrolle, den sie über ihr Leben und ihre Umwelt haben, und die Wahrscheinlichkeit mit der sich die Dinge für sie in Zukunft gut entwickeln werden, zu überschätzen (ebd., 35). Solche Re-

---

7   Edwards et al. 1997; Nesse 1991, 37, 2000.

aktionen sind wertvoll, da sie dazu ermutigen, bei Unternehmungen zu verbleiben, auch wenn sie zwischenzeitlich nicht profitabel sind, sich auf lange Sicht aber wahrscheinlich auszahlen (ebd., 35; Benatar 2006).

Negative Gefühle haben allerdings auch wichtige Funktionen im Hinblick auf die Verteilung der den Menschen zur Verfügung stehenden Ressourcen. Wie Nesse beobachtet hat, sind „die wichtigen Lebensentscheidungen von Fragen danach geprägt, ob der Status quo zu erhalten oder das Muster der Ressourcenverteilung zu ändern ist" (Nesse 1991, 34). Negative Gefühle oder eine niedergeschlagene Stimmung ermutigen uns, unsere Ressourcen aus Unternehmungen zurückzuziehen, die wahrscheinlich vergeblich sind. Diese Reaktionen tauchen beispielsweise dann auf, wenn unsere Bemühungen bezüglich einer bestimmten Unternehmung wiederholt fehlschlagen. Wie die Psychiaterin Emmy Gut bemerkt, „taucht eine Depression oft dann auf, wenn eine primäre Lebensstrategie gerade versagt und keine Alternativen verfügbar zu sein scheinen [und daher] die Charakteristika der Depression, nämlich der Rückzug und die Grübelei, dabei helfen, die Motivation für eine tiefe Neubewertung der Lebensziele und Lebensstrategien aufzubringen" (ebd., 35). Manche Formen von Leid (ebd.) sind demnach Teil evolutionärer Mechanismen, die sich entwickelt haben, um uns beim Überleben in unserer Umwelt zu helfen (ebd., 37).

Folgt aus der Tatsache, dass „natürliche" Reaktionen auf Lebensereignisse adaptiv sein können, dass wir nicht in sie eingreifen sollten, z.B. durch den Gebrauch von Stimmungsaufhellern? Nicht zwangsläufig, wie Nesse beobachtet:

> „Wenn die Mechanismen, welche die Emotionen regulieren, Produkte der Evolution sind, scheint sich daraus zu ergeben, dass ein Eingriff in diese in der Regel unklug ist. Im Grunde genommen hatte die natürliche Selektion Millionen Jahre Zeit, um diese Mechanismen zu formen, und mittlerweile sollten die Reizschwellen auf beinahe optimalem Level eingerichtet sein. Doch die tägliche medizinische Praxis widerspricht dieser Schlussfolgerung. Menschen nehmen gewohnheitsmäßig Aspirin gegen Schmerzen und Fieber ein, mit wenigen unerwünschten Konsequenzen; Medikamente gegen Übelkeit lindern viel Leiden, während Komplikationen nur gelegentlich auftauchen; zehn Millionen Amerikaner benutzen Medikamente gegen Angststörungen und trotzdem gibt es keine Epidemie riskanten Verhaltens." (ebd.)

Die Tatsache, dass diese Art Routineeingriffe in natürliche menschliche Reaktionen auf Lebensereignisse, welche in der modernen Gesundheitsversorgung praktiziert wird, nicht zu einem Rückschlag negativer Konsequenzen geführt hat, kann bedeuten, dass viele unserer natürlichen Reaktionsweisen auf Lebensereignisse über-responsiv sind. Einer der Hauptgründe

dafür, dass viele Arten emotionaler Reaktionen überempfindlich zu sein
scheinen, besteht darin, dass viele von ihnen nicht die Gesellschaft wider-
spiegeln, in der wir heute leben, sondern eher diejenige, in der sie sich zunächst entwickelt haben. Aus einer evolutionären Sichtweise heraus kann
es verschiedene Gründe dafür geben, dass unsere natürlichen Reaktionen
im Kontext unserer heutigen Gesellschaft über-responsiv sind. Erstens verändert sich die Art, wie Menschen ‚programmiert' sind, um emotional auf
Lebensereignisse zu reagieren, nicht mit dem gleichen Tempo, in dem sich
ihre Gesellschaften in den letzten Jahrhunderten verändert haben. Zweitens: Es gibt in der evolutionären „Programmierung" inhärente Mechanismen, die veranlassen, die Reizschwelle für diese Arten der Reaktionen so
niedrig anzusetzen, dass sie „einfach zu aktivieren" sind. Der Grund hierfür besteht darin, dass die Konsequenzen eines Scheiterns der Auslösung
der richtigen Verteidigungsreaktion (beispielsweise das Scheitern des Aus-
lösens einer Fluchtreaktion bei der Begegnung mit einem hungrigen Tiger)
im Laufe der Evolution viel schädlicher gewesen wäre, als die Kosten einer
Überempfindlichkeit (ebd.).

Wie Nesse bemerkt hat, „[w]enn viel Leiden unnötig ist, sollte es viele
Anlässe geben, bei denen es sicher blockiert werden kann" (ebd.). Aus der
Prämisse, dass viele der emotionalen Reaktionen nützliche Reaktionen auf
Lebensereignisse sein können, folgt also nicht, dass alle Arten der Steigerung des Allgemeinbefindens, die in solche Reaktionen eingreifen können,
falsch wären. Stattdessen kann dies darauf hindeuten, dass die Blockade
emotionaler Reaktionen *manchmal* kontraproduktiv sein kann. Die Ver-
meidung des Einsatzes von Stimmungsaufhellern könnte wünschenswert
sein, um eine bestimmte Art der emotionalen Reaktion, die nützlich wäre,
nicht zu blockieren; beispielsweise in Bezug darauf, die Investition unserer
Ressourcen in verschiedene Lebensprojekte anzuleiten. Dies wäre dennoch
kein Grund dafür, alle ‚natürlichen' emotionalen Reaktionen zu erhalten,
weil sie möglicherweise natürlicher oder authentischer sind, als die Reaktionen, die durch den Gebrauch stimmungshebender Substanzen hervorgerufen werden. Stattdessen legt dies nahe, dass wir mehr Forschung brauchen,
um die Situationen, in denen emotionale Reaktionen blockiert werden
können, ohne ein Risiko einzugehen, identifizieren zu können und von solchen Situationen unterscheiden zu können, in denen negative Gefühle nützlich sind und daher mit ihrem Blockieren ein Risiko eingegangen wird
(ebd.). Wenn Personen untersucht werden könnten, denen die Fähigkeit für
Stimmungsschwankung fehlt, könnte dies z.B. zeigen, ob diese Individuen
eher substantielle Mengen von Ressourcen an vergebliche Unternehmungen verschwenden, während sie die Möglichkeiten nicht ausschöpfen, die

sich eröffnen, oder ob sie sich eher immer wieder derselben Gefährdung unterwerfen (ebd., 33, 37). Aber auch ohne solche Studien ist es vernünftig anzunehmen, dass eine Blockade zumindest bestimmter Arten emotionaler Reaktionen kontraproduktiv wäre. Dies geschieht aber nicht wegen Bedenken über die Authentizität, sondern eher auf der Basis der wahrscheinlichen Konsequenzen für langfristiges Wohlbefinden.

Die Tatsache, dass emotionaler Stress eine angemessene Reaktion auf Lebensereignisse darstellen kann, kann als Grund erscheinen, Eingriffe in solche Reaktionen zu unterlassen; wie könnte man dann aber in einigen Fällen das Verhindern des natürlichen Verlaufs (bei medizinischer Behandlung) rechtfertigen, während mit Bezug auf den Wunsch, der Natur (oder der Evolution) ihren Lauf zu lassen, in anderen Fällen gerade das Unterlassen eines solchen Eingriffes gerechtfertigt ist? In John Harris' Worten ist die Medizin im Grunde genommen „ein umfassender Versuch, den Lauf der Natur zu durchkreuzen" (Bostrom 2009, 134).

Als Gesellschaft könnten wir *andere* Gründe haben, den Gebrauch bestimmter Stimmungsverbesserer zu untersagen, wenn ihr Gebrauch das Funktionieren der Gesellschaft selbst unterminieren würde. Dies könnte beispielsweise für Arten der Stimmungsverbesserung gelten, die den Einzelnen daran hindern, Dinge zu tun, die für die Gesellschaft wertvoll sind, z.B. einen Beruf auszuüben oder sich solidarisch zu verhalten. Dies ist vergleichbar mit der Erfahrungsmaschine, in der einem die *Erfahrung* eingeflößt wird, dass man einen Beruf ausübt und sich solidarisch verhält, während man tatsächlich mit am Gehirn angeschlossenen Elektroden in einem Behälter schwebt.[8] Der Unterschied zwischen der Erfahrungsmaschine und den Stimmungsaufhellern ist der, dass im letzteren Fall Menschen um uns herum, die nicht alle Stimmungsaufheller benützen würden, negativ davon betroffen wären, wenn einige Menschen sie benützen.

Eine andere Art und Weise, wie *mood enhancement* das Funktionieren der Gesellschaft potentiell negativ beeinflussen kann, ist das Erzeugen einer „Individualisierung des Leidens". Der oben genannte Punkt bezüglich des Serotoninspiegels, der in Reaktion auf Lebensereignisse fällt, könnte hier relevant sein. Die Individualisierung von Leiden und die anhaltende Suche nach schnellen Lösungen – beispielsweise in Form pharmakologischer Enhancements – kann, wie Levy hervorgehoben hat, ein politischer Rückschritt sein; sie kann die Aufmerksamkeit von sozialen oder politi-

---

8   Dies läuft im wesentlichen auf den praktischen Einwand gegen das Anschließen an Erfahrungsmaschinen hinaus, dass es immer jemanden braucht, der die Maschinen in Stand hält, an die die Leute angeschlossen sind.

schen Problemen ablenken und folglich die Suche nach sozialen oder politischen Lösungen erschweren (Levy 2007, 127-8). Die Gründe, die sich aus den potentiellen gesellschaftlichen Auswirkungen eines weitverbreiteten Gebrauchs von Stimmungsaufhellern ergeben, können in manchen Fällen triftig sein und eine Einschränkung ihres Gebrauchs rechtfertigen. Diese Gründe sind aber konsequenzialistischer Natur und stammen nicht aus der Anwendung des Ideals von Authentizität auf den Fall der Stimmungsaufheller: Das Konzept der Authentizität leistet das nicht, was diejenigen, die die Stimmungsverbesserer ablehnen, sich von ihm versprechen.

Schluss

Wenn wir uns in einer Situation finden würden, in der wir gezwungen wären, uns zwischen größerem Glück für uns selbst und einem „authentischen" Leben zu entscheiden, hätten wir einen guten allgemeinen Grund dafür, letzteres dem ersteren vorzuziehen? Nozick argumentierte, dass wir uns nicht an die Erfahrungsmaschine anschließen sollten, auch wenn sichergestellt wäre, dass sie uns alle Erfahrungen bereitstellen würde, die wir ersehnen, da einem in der Erfahrungsmaschine gelebtes Leben die erforderliche Verbindung zur Realität fehlt, die für ein „authentisches" Leben vonnöten ist.

Es ist behauptet worden, dass dieses Argumentat auch auf die Stimmungsaufheller angewendet werden kann: Der Einsatz von Stimmungsaufhellern sollte deshalb vermieden werden, weil es unsere Erfahrungen oder sogar unsere Existenz weniger authentisch machen könnte. Dieser Beitrag hat dagegen argumentiert, dass weder die Argumente, welche die Erfahrungsmaschine heranziehen, noch die Argumente, nach denen natürliche Reaktionen auf Lebensereignisse bewahrt werden sollten, aufzeigen können, dass Stimmungsaufheller nicht wünschbar oder unzulässig sind. In einigen Fällen kann es sich als nicht wünschbar (kontraproduktiv) herausstellen, während es in anderen zugleich sowohl wünschbar als auch zulässig sein kann. Beide Argumentationslinien, auf die sich die Advokaten einer Zurückweisung von Stimmungsaufhellern auf der Grundlage der Authentizität stützen, scheitern daran, dass sie keinen Weg aufzeigen, um Fälle, in denen der Gebrauch der Stimmungsverbesserer unzulässig ist von solchen zu unterscheiden, in denen er zulässig ist (falls es solche Fälle gibt). Stattdessen setzen sie das Ergebnis voraus, welches sie beweisen wollten: Nämlich dass Authentizität etwas ist, das wir wertschätzen und in unserem Leben anstreben sollten. Tatsächlich argumentieren sie, dass Authentizität nicht nur geschätzt werden sollte, sondern dass es (manchmal) höher zu schätzen sei als das Glück. Das gilt zumindest dann, wenn wir mit einer Entscheidung konfrontiert sind, die derjenigen ähnelt, ob wir uns an die Erfahrungsmaschine anschließen sollten oder nicht. Diese Wahl ist möglicherweise nicht so umstritten, wie es scheint, denn, wie der südafrikanische Philosoph David Benatar bemerkt hat:[9]

> „Es gibt wirklich einige Beweise dafür, dass glücklichere Menschen mit größerem Selbstvertrauen dazu neigen, einen weniger realistischen Blick auf sich selbst zu haben. Diejenigen mit einem realistischeren Blick neigen zu Depressionen oder haben ein geringes Selbstvertrauen oder beides." (Benatar 2006, 65)

Wenn wir tatsächlich – zu einem gewissen Teil – zwischen einem höheren Grad von Glück und einem höheren Grad von Authentizität wählen müssten, ist davon auszugehen, dass die Beweislast bei denen liegt, die argumentieren, dass Authentizität dem Glück vorzuziehen sei. Sie müssen erklären, warum das so ist.

Der vorliegende Beitrag hat sich mit zwei Argumentationslinien beschäftigt, auf die sich Gegner des Einsatzes von Stimmungsaufhellern berufen, auf der Grundlage seiner vermeintlich zerstörerischen Auswirkungen für die Authentizität der menschlichen Erfahrung. Beide Argumentationslinien weisen die Stimmungsverbesserung zurück, weil sie irgendwie die Authentizität menschlicher Erfahrung und Existenz unterminiert. Der erste Argumentationsstrang stützt sich auf eine Analogie zwischen der Stimmungsverbesserung und Nozicks Gedankenexperiment der Erfahrungsmaschine und behauptet, dass authentische Erfahrungen wertvoller seien als inauthentische Erfahrungen. Gemäß diesem Argument ist Stimmungsaufhellung falsch, weil die Erfahrungen, die sie uns gibt, inauthentisch sind. Und diese Erfahrungen sind weniger wertvoll als authentische. Es wurde ausgeführt, dass dieses Argument scheitert, weil es keine Möglichkeit bietet, authentische oder authentizitätsfördernde Erfahrungen oder Entscheidungen von inauthentischen oder die Authentizität unterminierenden Erfahrungen oder Entscheidungen zu unterscheiden.

Gemäß der zweiten Argumentationslinie ist die Stimmungsaufhellung falsch, weil sie in die natürlichen emotionalen Reaktionen auf Lebensereignisse eingreift. Es wurde aufgezeigt, dass dieses Argument scheitert, weil es keine Möglichkeit bietet, wertvolle natürliche Reaktionen auf Lebensereignisse – bei denen tatsächlich gute Gründe bestünden, auf ihre Blockade zu verzichten – von über-responsiven oder überflüssigen natürli-

---

9   Dazu auch Weinstein (1980, 1984), Taylor (1989, 1998), Matlin and Stang (1978).

chen Reaktionen auf Lebensereignisse zu unterscheiden, die wir sicher blockieren könnten.

Es wurde argumentiert, dass es für uns als Gesellschaft tatsächlich Gründe geben könnte, den Gebrauch (einiger Formen) der Stimmungsaufhellung zu untersagen. Jedoch wären diese Gründe konsequentionalistischer Natur; basierend auf potentiellen Effekten auf die Gesellschaft eines (weit verbreiteten) Gebrauchs stimmungsverbessernder Substanzen. Das Konzept der Authentizität scheint das nicht zu leisten, was sich diejenigen, die Stimmungsaufheller zurückweisen, von ihm erhoffen. Demnach kann es tatsächlich gute Gründe geben, vom Gebrauch gewisser Arten von Stimmungsaufhellern abzuraten; die möglichen Auswirkungen auf die Authentizität menschlicher Erfahrung gehören jedoch nicht dazu.

Aus dem Englischen übersetzt von Eléna Bösenberg und Christoph Rehmann-Sutter

Bibliographie

Benatar, D. (2006): Better never to have been. The harm of coming into existence. Oxford: Clarendon Press.

Bolt, L. L. E. (2007): True to oneself? Broad and narrow ideas on authenticity in the enhancement debate. Theoretical Medicine and Bioethics, 28(4), S. 285 - 300.

Bostrom, N., and Savulescu, J. (Hrsg.), (2009): Human Enhancement. Oxford: Oxford University Press.

Bostrom, N., Sandberg, A. (2009): Cognitive Enhancement: Methods, Ethics, Regulatory Challenges. Science and Engineering Ethics, 15, S. 311 - 341.

Butcher, J. (2003): Cognitive enhancement raises ethical concerns. Academics urge pre- emptive debate on neurotechnologies. The Lancet, S. 132.

Chatterjee, A. (2004): Cosmetic Neurology: The Controversy over Enhancing Movement, Mentation, and Mood. Neurology 63, S. 968 - 974.

De Jongh, R., Bolt, I., Schermer, M., Olivier, B., (2008): Botox for the brain: enhancement of cognition, mood and pro-social behavior and blunting of unwanted memories. Neuroscience and Biobehavioral Reviews, 32(4), S. 760 - 76.

Dees, R. H. (2007): Better Brains, Better Selves? The Ethics of Neuroenhancements. Kennedy Institute of Ethics Journal, 17(4), S. 371 - 395.

Edwards, D. H., Kravitz, E. A. (1997): Serotonin, social status and aggression. Current Opinion in Neurobiology 7, S. 811 - 819.

Elliott, C. (1999): A philosophical disease: Bioethics, culture and identity. New York: Routledge.

Elliott, C. (2003): Better than well: American medicine meets the American dream. New York: Norton.

Elliott, C.; Chambers, T. (2004): Prozac as a Way of Life. North Carolina: University of North Carolina Press.

Elliott, R., Sahakian, B. J., Matthews, K., Bannerjea, A., Rimmer, J., and Robbins, T. W. (1997): Effects of methylphenidate on spatial working memory and planning in healthy young adults. Psychopharmacology, 131(2), S. 196 - 206.

Farah, M. J. (2002): Emerging ethical issues in neuroscience. Nature Neuroscience, 5(11), S. 1123 - 1129.

Harris, J. (1992): Wonderwoman and Superman: the Ethics of Human Biotechnology. Oxford: Oxford University Press.

Harris, J. (2009): Enhancements Are a Moral Obligation. In: Bostrom, N., Sandberg, A. (Hrsg.): Cognitive Enhancement: Methods, Ethics, Regulatory Challenges. Science and Engineering Ethics 15.

Kraemer, F (2011): Authenticity Anyone? The Enhancement of Emotions via Neuro-Psychopharmacology. Neuroethics 4(1), S. 51 - 64.

Kramer, P. (1997): Listening to Prozac. New York: Penguin Books.

Levy, N. (2007): Neuroethics. Challenges for the 21st Century. New York: Cambridge University Press.

Matlin, M. W. and Stang, D. J. (1978): The Pollyanna Principle: Selectivity in Language, Memory, and Thought. Cambridge, Mass: Schenkman Pub. Co.

Naam, R. (2005): More than Human: Embracing the Promise of Biological Enhancement. New York: Harper Collins.

Nesse, R. M. (1991): What Good Is Feeling Bad? The Evolutionary Benefits of Psychic Pain. The Sciences 30, S. 30 - 37.

Nesse, R. M. (2000): Is Depression an Adaptation? Arch Gen Psychiatry 57, S. 14 - 20.

Nozick, R. (1974): Anarchy, State, and Utopia. New York: Basic Books.

Parens, E. (2005): Authenticity and Ambivalence: Toward Understanding the Enhancement Debate. The Hastings Center Report 35(3), S. 34 - 41.

President's Council on Bioethics (2003): Beyond Therapy: Biotechnology and the Pursuit of Happiness. New York: Harper Collins University Press.

Repantis, D., Schlattmann, P., Laisney, O., Heuser, I. (2010): Modafinil and methylphenidate for neuroenhancement in healthy individuals: A systematic review. Pharmacological Research 62, S. 187 - 206.

Sandberg, A. (2009): Cognitive Enhancement: Methods, Ethics, Regulatory Challenges. Science and Engineering Ethics 15(3), S. 311 - 41.

Sandel, M. (2004): The case against perfection. Ethics in the age of genetic engineering. Harvard University Press.

Stein, D. J. (2008): Philosophy of Psychopharmacology. Cambridge: Cambridge University Press.

Taylor, S. H. (1989): Positive Illusions: Creative Self- Deception and the Healthy Mind. New York: Basic Books.

Taylor, S. H. and J. D. (1998): Illusion and Well-Being: A Social Psychological Perspective on Mental Health. Psychological Bulletin 103(2), S. 193 - 210.

Turner, D. C., Sahakian, B. J. (2006): Neuroethics of Cognitive Enhancement. BioSocieties 1, S. 113 – 123.

Weinstein, N. D. (1980): Unrealistic Optimism about Future Life Events. Journal of Personality and Social Psychology 39(5), S. 806 - 20.

Weinstein, N. D. (1984): Why it Won't Happen to Me: Perceptions of Risk Factors and Susceptibility. Health Psychology 3(5), S. 431 - 57.

Whitaker, R. (2010): Anatomy of an Epidemic. New York: Broadway Paperbacks: 7.

Die ethische Relevanz von Körperbildern für die Enhancement-Debatte

Annika den Dikken

Einleitung

In der Debatte um Human Enhancement finden die Motivationen wenig Beachtung, wie z.B. kulturell geprägte Körperbilder. Dieser Beitrag soll deshalb ausloten, ob persönliche und kulturelle Körperbilder in die ethische Debatte eingebunden werden könnten. Auf Grundlage phänomenologischer, sozialwissenschaftlicher und feministischer Argumente werde ich beleuchten, was unter Körperbildern zu verstehen ist. So zeige ich basierend auf feministischer Theorie, dass Körperbilder kulturell hervorgebracht werden. Diese Annahme liefert einige interessante Ansatzpunkte für die ethische Diskussion. Zwei zentrale Einsichten werden dabei zu reflektieren sein: Erstens werde ich zeigen, dass Körperbilder Ergebnis menschlichen Handelns sein können. Allein der Einsatz von Technologien zum Human Enhancement impliziert, dass man sein Körperbild aktiv ändern kann. Zweitens werde ich mich mit dem Konzept der Verletzbarkeit befassen. Bewirken Körperbilder Verletzbarkeit? Und schließlich: Ab wann wird die auf kulturell hervorgebrachten Körperbildern beruhende Verletzbarkeit zum moralischen Problem? Ich schließe mit einer Untersuchung von Problemen und Fragen ab, die in konkreten Situationen thematisiert werden müssen, um festzustellen, wann Körperbilder zu moralisch problematischen Verletzbarkeiten führen.

Körperbilder - ein interdisziplinärer Ansatz

Unter Körperbildern verstehe ich hier alle Einstellungen *gegenüber menschlichen Körpern* wie z. B.: Wahrnehmungen, Überzeugungen, Erfahrung oder Emotionen. Obwohl diese Definition sehr weit gefasst ist, sind Aussagen davon ausgenommen, die bloß Körper (oder deren Gebrauch) beschreiben („Ich klatschte in die Hände" oder „Sie entnahmen dem toten Körper die Organe"). Vielmehr beinhaltet mein Begriff, wie wir unseren Körper wahrnehmen, welche Vorstellungen wir von ihm haben und welche Erwartungen wir an ihn stellen. Mit einem Wort: Wie imaginieren wir unseren Körper? Und was ist das Bild unseres Körpers? Oder: Welchen Eindruck hinterlässt unser Körper bei anderen? Diese Definition könnte auch die symbolischen Bedeutungen des Körpers umfassen. Wofür steht, um ein Beispiel zu geben, der weibliche Körper?

Das Körperbild ist seit den 1940er Jahren Objekt wissenschaftlichen Interesses unterschiedlicher Fachrichtungen. In diesem Abschnitt skizziere ich die jeweilige Wahrnehmung von Körperbildern in drei dieser Disziplinen, nämlich der Phänomenologie, den Sozialwissenschaften, sowie der feministischen Philosophie.[1] Obgleich ich mich diesen getrennt widme, ist darauf hinzuweisen, dass sich die Autorinnen der verschiedenen Felder wechselseitig beeinflussten. So hat etwa insbesondere die phänomenologische Perspektive ihren Eingang in die feministische Philosophie gefunden. Da jedoch jede dieser Disziplinen je nach Charakter und Interessen des Forschungsfelds ganz eigene Einsichten bezüglich Körperbildern liefert, behandle ich sie hier trotzdem als getrennte Felder. Das Körperbild erlangte in jedem dieser drei Felder aus je eigenen Gründen Bedeutung. Wie wir im Weiteren sehen werden, bieten sie uns spezifische Erkenntnisse, die uns veranschaulichen können, welchen Stellenwert Körperbilder in ethischen Überlegungen einnehmen können.

Shaun Gallagher, Professorin für Philosophie und Kognitionswissenschaften, deren Interesse der Phänomenologie und dem Embodiment gilt, entwickelt unter Rückgriff auf Merleau-Ponty die konzeptuelle Unterscheidung zwischen Körperbild und Körperschema. Dabei ist das Körperschema *(body schema)* ein System vorbewusster Prozesse wie motorischer Fähigkeiten und Gewohnheiten, welche Bewegung und Körperhaltung ermöglichen. Das Körperbild *(body image)* hingegen betrifft Wahrnehmungen, Vorstellungen, Überzeugungen und Haltungen, sobald diese auf den eigenen Körper rekurrieren (Gallagher 1996a, vgl. auch Gallagher 1995 und Gallagher 1996b). Um eine solche selbstreferenzielle Intentionalität zu beschreiben, bezieht sich Gallagher auf Studien aus der Psychologie und der Psychiatrie und unterscheidet drei Intentionen:

(a) die Wahrnehmungserfahrung des Subjekts von seinem/ihrem Körper;
(b) das konzeptuelle Verständnis des Subjekts vom Körper im Allgemeinen (einschließlich mythischen und wissenschaftlichen Wissens); und
(c) die emotionale Haltung des Subjekts seinem Körper gegenüber.

Der Psychologe Thomas Cash beschreibt die *inside-view* (oder das *self-image*) als eine Art des Körperbilds. Die inside-view des Individuums stellt

---

1 Für eine allgemeine Geschichte des Körperbilds vgl. (Grosz 1994).

die subjektive Erfahrung des eigenen Körpers dar, im Kontrast zur objektiven oder sozialen „Realität" seines Erscheinungsbildes. Ein Körperbild umfasst dabei die körperliche Selbstwahrnehmung und Einstellungen, einschließlich Gedanken, Überzeugungen, Gefühle und Verhaltensmuster. Als solches ist er eine facettenreiche Erfahrung des Embodiments (Cash 1990; Cash 2004). Inside-views zeigen uns, wie Menschen ihren Körper erleben oder interpretieren. Empfinde ich meinen Körper als schön, schlank oder gesund? Fühle ich mich krank, oder halte ich mich für attraktiv? Innerhalb der Psychologie wird dieser Typ des Körperbilds umfangreich erforscht. Unzufriedenheit mit dem eigenen Körper ist dabei eine mögliche Ausprägung der inside-view.

Wir identifizieren uns nicht nur mit unseren Körpern, wir reagieren auch auf die Körper anderer. Cash nennt soziale Stereotypisierung und behavioristische Reaktion anderer auf die körperliche Erscheinung die *outside-view*. Seiner Ansicht nach haben Äußerlichkeiten in einer Vielzahl von Kontexten von ersten Eindrücken, dem Knüpfen von Freundschaften, dem „dating and mating" sowie den Berufschancen Bedeutung (Cash 2004). Diese outside-views kommen oftmals in Form von Komplimenten oder Hänseleien zum Ausdruck. Andernfalls bleiben sie oft unartikuliert, ohne dadurch die Meinungen über andere weniger zu beeinflussen. Das Verhältnis von inside- und outside-views ist sehr komplex. Immerhin haben Studien gezeigt, dass es ein stark ausgeprägtes Abhängigkeitsverhältnis zwischen den Kommentaren anderer und Unzufriedenheit mit dem eigenen Körper gibt (Levine 2002, 81).

Man hat nicht nur ein Körperbild von sich selbst und anderen. Wir vergleichen unsere Erfahrungen des eigenen Körpers häufig mit *Körperidealen* (Tiggemann 2002). Diese idealisierten Körperbilder bringen zum Ausdruck, wie nach unserer Auffassung unsere Körper, oder die anderer, sein sollten. Diese Körperbilder stellen somit an unsere Körper gerichtete Wünsche und Erwartungen dar. Während inside- und outside-views die Wahrnehmung und Erfahrung von Körpern betreffen, sind Körperideale auf Evaluation ausgerichtet. Sie können etwa bestimmen, dass schlanke Körper besser als dicke sind, große besser als kleine, gesunde besser als kranke.[2] Dabei können unsere Körperideale mit unseren inside-views identisch sein. Wir mögen Schlankheit als sehr wichtig betrachten und selber unseren Körper als dünn erfahren. Für eine Reflexion über Körperbilder wird es

---

2   Diese wertende Begrifflichkeit ist hier keinesfalls im moralischen, sondern vielmehr im funktionalen, ästhetischen und medizinischen Sinne zu verstehen.

aber gerade interessant, wenn Körperbilder und Körperideale voneinander abweichen, wie sie es oftmals tun.

Mitglieder einer Gruppe teilen häufig dieselben Körperideale, ob dies nun die Familie, eine Gemeinschaft oder die gesamte Gesellschaft ist. Körperbilder werden in diesen sozialen Gruppen geformt, verbreitet und anerzogen. Körperideale formen eine gemeinsame Vorstellung davon, welche Körper besser als andere sind, wie wir auszusehen und wie unsere Körper zu funktionieren haben. Darüber hinaus definieren sie ihr eigenes Gegenteil. Kulturelle Körperbilder bestimmen zum Beispiel, was allgemein unter Krankheit, Abnormität und Fehlbildungen verstanden wird. Solche allgemeinen, positiven wie negativen Vorstellungen können mit Cash als soziale Körperbilder bezeichnet werden (Cash 1990). Im Weiteren werde ich den Terminus des *kulturellen Körperideals* gemäß seiner allgemeinen Verwendung innerhalb der *feminist studies* verwenden:

Feministische Theoretikerinnen betrachteten den menschlichen Körper aus eigenen Interessen heraus. Sie erkannten eine Parallele in der Objektivierung von Körpern und der Marginalisierung der Frau. Die einflussreiche Dichotomisierung von Körper und Geist schuf eine Hierarchie, in der der Geist der positiv besetzte Terminus war. Historisch wurde der Geist gemeinhin mit den Fähigkeiten des Mannes assoziiert, während der Körper mit dem Weiblichen verbunden wurde. Susan Bordo fasst die Schlussfolgerung der Feministinnen wie folgt zusammen:

> "[If] the body is the negative term, and if woman is the body, then women are that negativity, whatever it may be: distraction from knowledge, seduction away from God, capitulation to sexual desire, violence or aggression, failure of will, even death." (Bordo 2004, 5)

Im Zuge der feministischen Bestrebungen, die Problematik sexueller Differenzen zu entwirren, entstand ein ganzes Spektrum an Literatur zum Körper. Dennoch lassen sich zwei hauptsächliche Perspektiven unterscheiden, durch die feministische Theoretikerinnen das kulturelle Verständnis des Körpers in den Blick nahmen: Auf der einen Seite führten sie die phänomenologischen Berichte des belebten Körpers wieder ein. Ein Fokus auf den belebten Körper in der Welt anstelle des Körpers als Objekt veranlasste sie zur Aufgabe der Annahme, dass sich Rationalität und Embodiment (Verkörperung) als Gegensatz gegenüberstünden. Auf der anderen Seite bedachten feministische Theoretikerinnen, vor allem in Anlehnung an Foucault, das Konzept der kulturellen Einschreibung. Sie befanden, dass menschliche Körper nicht bloße biologische Entitäten, sondern vielmehr

Produkte eben solcher kultureller Einschreibung sind. Somit zeigten sie, wie kulturelle Normen den Körper formen.

Elizabeth Grosz vereint diese Herangehensweisen in ihrer Monographie *Volatile Bodies*.[3] Sie veranschaulicht diese anhand des Möbius Bands, also der dreidimensionalen Darstellung einer Acht. Dieses Modell ermöglicht, den Dualismus von Körper und Geist aufzubrechen, da beide getrennt erscheinen, beide aber gleichzeitig fließend in einander übergehen. Dasselbe trifft auf die Vorstellung von psychischem Innern und körperlichem Äußeren zu. Im zweiten Teil ihres Buches erkundet Grosz „the ways in which the social inscriptions of the surface of the body generate a psychical interiority" (Grosz 1994, 115).

Die Autorinnen und Autoren, denen sie sich zuwendet, verstehen den Körper als Objekt oder als „soziales Konstrukt", welches durch kulturelle Praktiken und Institutionen der Macht geprägt sind, die die Grenzen des Körpers darstellen. Auf das Möbius Band zurückgreifend können wir den Körper buchstäblich als Band verstehen, in welches die kulturellen Einflüsse eingeprägt sind. Der Außenseite dieses Bandes zu folgen führt uns fließend auf die Innenseite des anderen Teils. Dies bedeutet, dass dem Subjekt seine Identität durch kulturelle Produktion und Schriften direkt eingeschrieben wird.

Susan Bordo erklärt in ihrem Buch *Unbearable Weight* ebenfalls mit Nachdruck, dass „the body that we experience and conceptualize is always *mediated* by constructs, associations, images of cultural nature" (Bordo 2004, 35). Im Kapitel „Material Girl" zeigt sie anhand einer kritischen Untersuchung imaginativer Darstellungen in der Populärkultur, dass kulturelle Bilder normierende Kraft haben. Sie plädiert für größere Aufmerksamkeit gegenüber der Bedeutung sozialer Kontexte sowie den Auswirkungen seiner Bilder. Bordo lädt ein zu erkunden, „what culture continually presents to them as their individual choices [...] as instead culturally situated and culturally shared" (Bordo 2004, 300).

Dieses Paradox zwischen individueller Entscheidung und kulturell geteilten Bildern (vgl. auch Bordo 1999) kann bis in die Enhancement-Debatte verfolgt werden. Auf der einen Seite erscheint es als selbstbestimmtester aller Schritte, den eigenen Körper zu verändern. Andererseits ist jedoch zu bezweifeln, ob die Entscheidung, solche Technologien zu nutzen, wirklich eine individuelle ist, wenn kulturell verbreitete Schön-

---

3   Grosz verwendet den Begriff *body image*, bezieht sich aber ausschließlich auf Schemata der Körperhaltung (Grosz 1994, 85).

heits- und Leistungsideale solch normierende Kraft besitzen, wie Bordo
darlegt.

Vorteile einer interdisziplinären Herangehensweise an die Enhancement-Debatte: Von diesen unterschiedlichen theoretischen Perspektiven
aus lassen sich einige im Kontext des Body-Enhancements relevante Charakteristika von Körperbildern in den Blick nehmen. Ein solcher interdisziplinärer Blickwinkel erlaubt eine Auseinandersetzung mit verschiedenen
Körperbildern, die:

1) Gefühle, Erfahrungen, Wahrnehmungen und Ideale hinsichtlich des
   menschlichen Körpers mit einbezieht;
2) existierende Körperbilder mit Körperidealen in Bezug setzt; und
3) Körperbilder und –ideale zueinander in Beziehung setzt.

Diese Erkenntnisse sind für die Enhancement-Debatte von Bedeutung:

Zu 1) Es zeigt sich, dass wir im Kontext der Verwendung von Enhancement-Technologien über den menschlichen Körper nicht ausschließlich
   in begrifflichen Kategorien denken dürfen. Es reicht nicht aus zu fragen,
   was der menschliche Körper sei. Wenn wir den menschlichen Körper
   ausschließlich ontologisch beschreiben, übergehen wir die Motivationen
   der Menschen, ihren Körper zu verändern. Dabei sind es gerade die Erfahrungen mit dem eigenen Körper, ihre Zufriedenheit bzw. Unzufriedenheit, die in Menschen den Wunsch nach Enhancement aufkeimen
   lässt.
Zu 2) Insbesondere die Diskrepanz zwischen Körperbildern und Körperidealen nährt den Wunsch der Menschen, den eigenen Körper zu verändern. So vermag etwa die Existenz eines stark ausgeprägten Körperideals, das von der eigenen Körpererfahrung abweicht, den Wunsch nach
   Enhancement hervorzurufen. Folglich lohnt es sich zu erkunden, warum
   und auf welche Weise Menschen diese Körperideale ausbilden.
Zu 3) Offenbar sind Körperbilder nicht ausschließlich persönlicher oder
   individueller Natur. Sie sind soziale Phänomene. Kulturelle Körperbilder existieren auf einer allgemeinen Ebene und beeinflussen die Körperbilder. Folglich ist der Wunsch dieser Individuen, ihre Körper zu
   verbessern, (häufig) an diese kulturellen Körperbilder gebunden. Um
   das Interesse am Einsatz von Body-Enhancement besser zu verstehen,
   ist es wichtig, eben diese kulturellen Körperbilder zu analysieren.

Die kulturelle Hervorbringung von Körperbildern

Kulturell hervorgebrachte Körperbilder bestimmen unsere Möglichkeiten des Handelns. An dieser Stelle stellt sich nun vor allem die Frage, warum die Frage der kulturellen Hervorbringung im Kontext ethischer Überlegungen von solcher Bedeutung ist.

Die Sozialwissenschaften haben gezeigt, dass Körperbilder Einfluss auf das Verhalten des Menschen haben. Es werden nicht nur persönliche Körperbilder durch kulturelle beeinflusst, Menschen ändern gleichermaßen ihr Verhalten aufgrund ihrer Körperbilder (Cash 1990, 345). Ein naheliegendes Beispiel ist, Diäten zu halten oder Sport zu treiben, um Schlankheitsidealen zu genügen. Der Zusammenhang zwischen Körperidealen und der Entscheidung für kosmetische Eingriffe wurde ebenfalls nachgewiesen (Pruzinsky 1990).

Die *feminist* und *gender studies* gehen hier noch einen Schritt weiter. Sie zeigen auf, dass kulturelle Vorstellungen nicht nur unser Verhalten, sondern auch dessen Grenzlinien beeinflussen. Feministische Theoretikerinnen wollen durch ihre Analysen sozialer Konstruktion und kultureller Produktion insbesondere aufzeigen, dass sich die Möglichkeiten gesellschaftlichen Handelns für Frauen von denen der Männer unterscheiden. Dabei gelten ihnen die verinnerlichten Vorstellungen von sexueller Differenz als deren eigener Ursprung. Dies ist eine komplexe, von Polaritäten geprägte Materie.

Innerhalb der *feminist* und *gender studies* ist insbesondere die Bedeutung der *gender*-Konzeption für diese sozialen Konstruktionen in den Fokus genommen worden. Sie hinterfragen den Ursprung sexueller Differenz, sowie deren Verankerung in gängigen Vorurteilen. Sie zeigen auf, dass kulturelle Vorstellungen bestimmen, wie Frauen leben können. Kultur bestimmt, welche Kleidung als anständig gilt, ob Frauen arbeiten können, und in welchen Positionen. Sie bestimmen, ob Frauen von der Kanzel reden dürfen. Folglich umgrenzt diese kulturelle Hervorbringung die Möglichkeiten weiblichen Handelns. Andrea Dworkin beschreibt dies wie folgt:

> "Standards of beauty describe in precise terms the relationship that an individual will have to her own body. They prescribe her motility, spontaneity, posture, gait, the uses to which she can put her body. They define precisely the dimensions of her physical freedom. And of course, the relationship between physical freedom and psychological development, intellectual possibility, and creative potential is an umbilical one." (Dworkin 1974, 113)

Betrachten wir die kulturellen Einflüsse auf unser Leben, so wird schnell klar, dass unsere Handlungsmöglichkeiten nicht nur durch die *gender-*

Problematik bestimmt sind. Andere Disziplinen haben ähnliche Mechanismen hinsichtlich Rasse, Ethnizität, Homosexualität und Behinderung nachgewiesen. Nun können wir fragen, was das für die kulturelle Hervorbringung von Körperbildern bedeutet.

Wir können eine Parallele zwischen kultureller Hervorbringung von *gender* und Körperbildern ziehen: Körperbilder umreißen ebenfalls den Raum, in dem wir zum Handeln fähig sind. So stellen etwa religiöse Glaubensgemeinschaften ein kulturelles Umfeld dar, in dem bestimmte Körperbilder hervorgebracht bzw. reproduziert werden. Kopftücher sind hier ein naheliegendes Beispiel, da jüngst eine Debatte entstand, ob der islamischen Tradition der Verschleierung von Haaren und/oder des Gesichts nicht ein schädlicher Einfluss auf die betroffenen Frauen unterstellt werden muss. Aber letztlich trägt jede Religion solche Körperbilder in sich: In den Niederlanden wird etwa von Frauen der Reformierten Kirche erwartet, während des Gottesdienstes das Haar mit Hüten zu bedecken. In der jüdischen Kultur unterziehen sich die Gläubigen verschiedenen Reinigungsritualen, etwa im Zusammenhang mit Geschlechtsverkehr, Menstruation und Geburt. Diese und andere religiöse Körperbilder verdeutlichen, wie Gläubigen vorgeschrieben wird, wie sie ihre Körper einzusetzen, zu pflegen und oft auch einzuschränken haben.

Dies heißt im Umkehrschluss, dass bei Verstoß gegen religiöse Gesetze und Körperbilder die religiöse Überzeugung des Gläubigen in Frage gestellt wird oder dies gar Strafen nach sich ziehen kann. Die Konsequenz ist, dass Körperbilder, im religiösen Kontext oft Körperkonzepte, den Rahmen stecken, innerhalb dessen Menschen mit oder in Bezug zu ihrem Körper handeln können oder dürfen. In den Niederlanden lehnen einige Mitglieder der reformierten Kirche jeden Eingriff in den Körper ab, damit auch Impfungen bei ihren Kindern oder Bluttransfusion.

Wenden wir uns nun einem Beispiel zu, das uns näher an die Enhancement-Debatte führt. Verschiedene Theoretikerinnen haben das Konzept der „Normalität" ins Blickfeld gerückt (so etwa Scully 2001a; Scully 2001b; Silvers 1998). Vorstellungen des Normalen existieren in jeder Kultur: Wie ein normaler Körper aussieht (ist er z.B. weiß, schwarz oder kann er verschieden gefärbt sein), wie ein normaler männlicher bzw. weiblicher Körper aussieht, wie der normale Körper eines fünfjährigen Kindes aussieht. Oftmals teilen wir solche Vorstellungen unbewusst, was sich etwa zeigt, wenn unsere Augen beim Anblick von Körpern, die wir als nicht normal betrachten, gleichsam von diesen angezogen werden.

Die kulturelle Hervorbringung von Normalitätsbegriffen ist schlicht unvermeidbar. Der Mensch braucht einfach eine Vorstellung von Normalität in seinem Leben, schließlich können wir nicht durch die Straßen gehen und bei jeder Begegnung aufs Neue überrascht sein. Umgekehrt wird man uns immer überraschen können. Wie breit unsere Vorstellungen von Normalität auch sein mögen, es werden sich immer Ausnahmen finden. Ein zu enges Verständnis von Normalität führt dazu, mehr Menschen als außergewöhnlich zu sehen. Manche mögen dies als begrüßenswert betrachten, aber dies sind meist jene, die die Norm in Intelligenz, Schönheit oder Fitness übertreffen. Oder sie entscheiden sich bewusst, von der Norm abzuweichen, indem sie sich durch außergewöhnliche Kleidung, Haarschnitte oder Körperschmuck zu profilieren versuchen. Menschen „unterhalb" der Normalitätsschwelle haben oft die Empfindung, in ihrem Handeln und ihren Möglichkeiten beschränkt zu sein. Sie haben weniger soziale Kontakte, haben Schwierigkeiten, einen Lebenspartner zu finden oder bemühen sich vergeblich um angestrebte Karrieren.

Kulturelle Hervorbringung erschafft unsere Handlungsspielräume. In Bezug auf Körperbilder bedeutet dies, dass sie uns befähigt, unsere Körper zu nutzen und zu fühlen, zu erfahren, sowie verstanden und geschätzt zu werden. Dies bestimmt zugleich ihre Grenzen. Es bedeutet, dass kulturelle Hervorbringung all jene einschränkt, die nicht dem Normalen entsprechen und so marginalisiert werden. Sie werden verletzlich, weil ihnen die Chancen anderer verwehrt bleiben.

Wenn kulturelle Hervorbringung also in gleichem Maße Handlungsspielräume schafft wie beschränkt, so können wir sagen, dass durch die Beschränkung Menschen in ihrem Handeln nicht frei sind. Folglich könnten wir uns fragen, ob der Wunsch nach Enhancement entgegen Kathy Davis (Davis 1995) nicht weniger den bloßen Wunsch nach Normalität widerspiegelt, sondern vielmehr den nach Befreiung lästiger Einschränkung. Dies wäre letztlich nur zu verständlich.

Der Gedanke, dass kulturelle Hervorbringung die Grenzen unseres Handlungsspielraums festlegt, wirft Fragen auf. Etwa, ob wir noch wirklich über den eigenen Körper entscheiden können. Die westliche Kultur erhebt hohe Ansprüche: Körperideale fähiger, gesunder, junger, dünner und athletischer Körper setzen die Grenzen, innerhalb derer Menschen zu leben haben. Was kann man tun, wenn man diese Grenzen sprengt? Man könnte argumentieren, der so entstehende Druck des „Hineinpassens" führe zu einem Verhalten, das Anpassung an kulturelle Norm zum Ziel hat. Bordo argumentiert, dass Körperideale nicht nur "homogenisiert", sondern auch "normalisiert": „[T]hey function as models against which the self continually measures, judges, ,disciplines', and ,corrects' itself." (Bordo 2004, 25) Ob sich dies in Form von Diäten oder invasiven Enhancement

ausdrückt, hängt von Faktoren wie Persönlichkeit und verfügbaren (finanziellen) Mitteln ab. Hinwendung zum Enhancement kann somit als Ergebnis kultureller Hervorbringung von Körperbildern betrachtet werden, die
teils als bedrängend oder repressiv wahrgenommen werden.

Man könnte dem entgegensetzen, dass wir als Individuen grundsätzlich
frei über unseren Körper verfügen können. Selbst wenn alle Frauen Botox
verwenden würden, könnte ich mich entscheiden, dies nicht zu tun? Natürlich trifft dies zu, aber man könnte das Gleiche hinsichtlich der oben erwähnten Feminismus-Problematik einwenden. Einige Frauen gingen zur
Armee, als ihnen dies untersagt war (sie gaben „einfach" vor, Männer zu
sein). Man kann sich persönlich dazu entscheiden, rassistische Diskriminierung zu überwinden. Aber Michel Foucault hat aufgezeigt, dass soziale
Strukturen immer auch Strukturen der Macht mit sich bringen (Foucault
1977; Foucault 1988; Gatens 1999, 229; Shildrick 1999, 436). Diese können mitunter äußerst stark und dauerhaft sein. Man mag sie mit einem fein
gewobenen Netz vergleichen, dessen Stärke auf der Vielzahl seiner Veräs-
telungen beruht: Ebenso beruht die Stärke sozialer Konstrukte auf der
Komplexität ihres jeweiligen Ursprungs im Lauf der Zeit und der Vielzahl
der sie unterstützenden Handelnden. Daraus resultiert, dass es dem Individuum schwer fällt, gegen diese Machtstrukturen zu handeln. Schnell findet
man sich in Situationen wieder, in denen es kaum möglich erscheint, seine
Entscheidungen frei vom Einfluss kultureller Ideale zu fällen. In diesen
Fällen macht die kulturelle Hervorbringung den Menschen verletzbar gegenüber solchen Machtmustern. Diese finden ihren Ausdruck in Normalisierung, Stigmatisierung, Dominierung und Marginalisierung.

Körperbilder und menschliches Handeln

Ethisches Reflektieren und Entscheiden beschäftigt sich mit der Frage nach
dem richtigen Handeln. Dabei gilt es, die Aspekte menschlichen Handelns
zu bedenken, die letzteres beeinflussen und formen bzw. oder aus diesem
hervorgehen. Des Weiteren müssen Körperideale, wenn sie von Relevanz
für diese ethischen Überlegungen sein sollen, in gewissem Maße in Bezug
zu menschlichem Handeln stehen (den Dikken 2011). Wir haben bereits
festgehalten, dass Körperbilder menschliches Handeln mitbestimmen können, genauso wie die kulturelle Hervorbringung unseren Handlungsspielraum formt. Aber können Körperbilder auch das Resultat menschlichen
Handelns sein? Zwei offensichtliche, aber widersprüchliche Antworten
bieten sich an. Man könnte sagen: Ja, Körperbilder können aus menschli-

chem Handeln resultieren. Es ist gerade der Akt des Enhancement, durch welches der Mensch versucht, die eigene oder anderer Menschen Wahrnehmung seines Körpers zu verändern. Der Wunsch nach solcher Veränderung impliziert, dass Menschen glauben, Körperbilder seien durch menschliches Handeln veränderlich. Studien, die sich mit den Auswirkungen von *makeovers* beschäftigen, kamen zu dem Ergebnis, dass diese tatsächlich Körperbilder verändern können (Pruzinsky 1990).

Umgekehrt könnte man aber auch sagen, dass Körperbilder zumeist von anderen Phänomenen abhängen. Man denke an Krankheiten oder Unfälle, welche die Wahrnehmung unserer Körper verändern. Ohne näher über Körperbilder nachzudenken, könnten viele Menschen denken, dass sie uns passieren, dass es sie in unserer Kultur einfach gibt. Demgemäß hätten weder Menschen Kontrolle über sie, noch wären sie Ergebnisse menschlichen Handelns.

Dass Körperbilder von anderen Phänomenen als von menschlichem Handeln abhängig sind, schließt die Möglichkeit nicht aus, dass sie durch menschliches Handeln hervorgebracht werden können. Auf der einen Seite können sie Veränderungen unterliegen, die außerhalb unserer Kontrolle liegen, wie etwa im Fall von Krankheit, Hormonschwankungen, Unfall oder dem Altwerden. Auf der anderen Seite können Menschen versuchen, ihr Körperbild durch Diäten, Sport, äußerliche Körperpflege oder die Verwendung von Enhancement-Technologien zu verändern. Menschen können des Weiteren durch Komplimente oder Spott auf die Körperbilder anderer Einfluss nehmen. Dabei ist zu beachten, dass in manchen Fällen Körperbilder Ergebnisse menschlichen Handelns sein können, was sie auch für ethische Überlegungen interessant machen könnte. Umgekehrt heißt dies, dass Körperbilder, die nicht mit menschlichem Handeln in Verbindung stehen, keine Rolle für die Ethik spielen.

Eigene ethische Überlegungen: Wie oben erwähnt, wird im Allgemeinen menschliches Handeln als notwendige Bedingung der Ethik betrachtet. Das Ergebnis des obigen Abschnitts ist, dass es nicht eindeutig zu entscheiden ist, ob Körperbilder für die Ethik von Bedeutung sind. Teils sind sie eng an menschliches Handeln gebunden, teils nicht. Manchmal ist gar nicht zu entscheiden, ob wir von Handlung oder Kontrolle sprechen können.

Dennoch zeigt uns der Umstand, dass Körperbilder in manchen Situationen mit menschlichem Handeln in Verbindung stehen, dass es sich lohnt, eine letzte Frage stellen. Wenn es menschliches Handeln gibt, sind moralische Überlegungen einzubeziehen? Sind solche Handlungen einem moralischem System unterworfen, oder sollten sie es sein?

Ein weiterer Punkt ist anzufügen. Teils ist die Ethik an Situationen interessiert, in denen Menschen nicht länger zum Handeln fähig sind. Obschon Handeln als notwendige Vorbedingung gesehen wird, erscheint der Verlust der Möglichkeit bzw. Freiheit zu handeln unter Umständen auch von moralischer Bedeutung. Vor allem im Gesundheitswesen begegnet uns diese Problematik. So sollen etwa medizinische Einverständniserklärungen dafür Sorge tragen, dass Patienten die Möglichkeit behalten, wohlüberlegt zu urteilen und zu entscheiden.

Um festzustellen, ob und wann Körperideale von ethischer Relevanz sind, bedarf es der Untersuchung zweier weiterer Punkte. Erstens gilt es abzuwägen, ob die Handlungen mit Einfluss auf Körperbilder in gewissem Grade einem Moralsystem unterliegen. Zweitens ist zu prüfen, unter welchen Bedingungen kulturelle Körperbilder Menschen ihre Fähigkeit zum freien Handeln rauben. Im nächsten Abschnitt werde ich unter Bezug auf das Konzept der Vulnerabilität untersuchen, wann Körperbilder zu moralischen Konflikten führen können. Ich werde nachweisen, dass (kulturelle) Körperbilder in gewissen Situationen zu Verletzbarkeit führen, unter anderem dahingehend, dass der persönliche Handlungsspielraum eingeschränkt wird. Dies mündet in moralischer Problematik.

Körperbilder und Verletzbarkeit

Die Untersuchung von Körperbildern hat gezeigt, dass diese zu Stigmatisierung, Diskriminierung und Marginalisierung führen können. Dies sind moralische Begriffe, aber welcher Platz gebührt ihnen innerhalb ethischer Überlegungen? Ich verwende den Begriff der Verletzbarkeit an dieser Stelle als allgemeines moralisches Konzept, um genauer auszutarieren, wie Körperbilder innerhalb des Felds der Ethik zu verorten sind. Vor dem komplexen Hintergrund kultureller Hervorbringung ist der umfassende Begriff der Verletzbarkeit überaus nützlich, um einige wichtige Fragen greifbar zu machen.

Um den Nutzen des Konzepts für unseren Kontext darzulegen, werde ich von seiner Verwendung bei Robin E. Goodin ausgehen, die uns ermöglicht, Verletzbarkeit in konkreten Kontexten zu hinterfragen (Shivas 2004, 85), in unserem Falle also im Kontext der Körperbilder. Goodin zieht für seine allgemeine Definition der Verletzbarkeit den *Oxford English Dictionary* zu Rate. Demnach ist etwas verletzbar, insofern es verwundet werden kann. Es ist empfänglich für Verletzungen, ob im wörtlichen oder im übertragenen Sinne. Verletzbar zu sein bedeute, von Schaden bedroht zu sein

(Goodin 1985, 110). Goodin definiert die Verletzbarkeit darauf aufbauend als Zustand, in dem „one depends on someone for something" (Goodin 1985, 112). Wir können stets fragen: Welcher Schaden kann mir zugefügt werden? In anderen Worten: Was ist der drohende Schaden? Und wir können fragen: Wer (oder was) könnte mir diesen Schaden zufügen?

Die *vulnerability studies* vertreten den Standpunkt, dass jeder Mensch als körperhaftes Lebewesen existenziell verletzlich sei.[4] Verletzbarkeit ist ein Charakteristikum jedes Menschen, da jedes Lebewesen den Tod als Schwäche teilt. Es ist unmöglich, sich den menschlichen Körper unabhängig von dieser *Conditio Humana* zu denken (Kottow 2003; Kottow 2004; Kemp 2000; O'Neill 1996). Die Verletzbarkeit als Bedingung des Menschseins bezieht sich auf unsere tiefgreifende Anfälligkeit, Schaden erleiden zu können.

Verletzbarkeit ist nicht nur Grundeigenschaft menschlichen Daseins, es betrifft menschliches Leben auch auf andere Weise, nämlich hinsichtlich unserer konkreten Anfälligkeit für Schäden (Goodin 1985; Kottow 2003; Kottow 2004; O'Neill 1996; Shivas 2004). Onora O'Neill folgend definiert Michael H. Kottow diesen Aspekt als Schwäche *(susceptibility)*, welche er als distinktiv menschlich beschreibt. O'Neill unterscheidet zwischen allgemeiner und spezifischer Verletzbarkeit, wobei letztere eben nicht allgemeine Schadensanfälligkeit, sondern konkrete Situationen der Abhängigkeit beschreibt. Verletzbarkeit ist ein wesentliches Merkmal des Menschen, während eine Schwäche eine spezifische und zufällige Bedingung ist, die zu diagnostizieren und behandeln ist (Kottow 2004, 284). Letztere betreffe Menschen mit konkret benennbaren Identitäten. Die Handelnden (die ich weiter unten behandeln werde), von denen diese abhängen, existieren und können recht klar umschrieben werden. Die potenziellen Gefahren sind allgegenwärtig und keinesfalls rein hypothetisch.

Ich werde den Terminus Verletzbarkeit in beiderlei Sinn verwenden, wobei der erste Typ der Verletzbarkeit nie ganz vom zweiten zu trennen ist und der letztere sogar in den Ersten einfließt. Darüber hinaus ist die existenzielle Verletzbarkeit ein anthropologisches Konzept. Diese existenzielle Verletzbarkeit aller Lebewesen ist unveränderlich. Ob Menschen zu Schaden kommen oder nicht, ihre grundlegende Verletzbarkeit bleibt davon unberührt. Wie Kottow schreibt: „Vulnerability is an essential and

---

4   Goodin führt an, dass neben dem Menschen auch Tiere und nicht-lebende Dinge verletzbar seien. So ist zum Beispiel eine Katze durch Schläge verwundbar, ein Haus hingegen durch einen Hurricane. Ich beziehe mich ausschließlich auf die Verletzbarkeit von Lebewesen.

universal mode of being human, it is not an ethical dimension in itself, but of course it does have a legitimate and strong claim to inspire a bioethical principle of protection." (Kottow 2004, 284) Goodin indes beschreibt Verletzbarkeit als eine ethische Dimension, die situationsbezogen und kontextuell ist, womit er sich also auf den zweiten oben erwähnten Typ der Verletzbarkeit bezieht. Wie Kottow richtig bemerkt, kann diese Vorstellung von Verletzbarkeit diagnostiziert und behandelt werden. Weil Verletzbarkeit als Conditio Humana eher anthropologisch zu verstehen ist, während der spezifische oder konkrete Typus der Verletzbarkeit in ethischer Dimension betrachtet werden kann, ist die Verwendung des Begriffs Verletzbarkeit im ethischen Kontext nicht zwingend verwirrend. Seiner Unterscheidung zwischen Verletzbarkeit und Schwächen folge ich hingegen nicht. Schwächen sind stark mit Konnotationen der Empfänglichkeit oder Bereitschaft zu empfangen belegt. Man kann eine Schwäche für Liebe, Glücklichsein oder starke Emotionen haben. Verletzbarkeit hingegen beinhaltet immer auch das Risiko, verletzt zu werden. Dadurch ist ihr immer auch eine moralische Dimension eigen. Aus diesem Grund werde ich fortan stets die ethische Dimension der Verletzbarkeit ansprechen, es sei denn, ich verweise explizit auf sie als allgemein menschliche Bedingung.

Von großer Bedeutung ist die Frage, wer verletzbar ist. Die obigen Ausführungen zeigen, dass die Antwort darauf immer auch vom jeweiligen Verständnis von Verletzbarkeit abhängt. Als Conditio Humana betrifft die Verletzbarkeit alle Menschen gleichermaßen. An dieser Stelle meine ich, dass spezifische Individuen spezifische Schadensformen erleiden können. So bedarf es etwa genetischer Voraussetzungen, um an Chorea Huntington zu erkranken. Nur wer am Straßenverkehr teilnimmt, kann einen Verkehrsunfall erleiden. Selbstverständlich sind nicht alle Beispiele so klar zu umreißen. So bedeutet der Verweis auf spezifische Individuen keinesfalls, dass dies unbedingt klar identifizierbare Personen sein müssen. Eine zufällig entstandene Gruppe kann gefährdet sein, Schaden zu nehmen. Wer läuft Gefahr, durch einen terroristischen Anschlag Schaden zu nehmen? Die Menschen, die am 11. September 2001 ihr Leben verloren, hatten keinerlei Ahnung, dass dies auf sie zutraf, und dennoch machte sie die konkrete Situation verletzbar, solch unglaublichen Schaden zu erleiden.

Es ist gleichermaßen schwer zu entscheiden, welche spezifischen Individuen potenziell durch Körperbilder zu Schaden kommen können. Sicherlich haben nicht alle weiblichen Teenager, die Modezeitschriften lesen, gebrochene Körperbilder. Sozialwissenschaftler versuchen herauszufinden, durch welche Elemente es in verschiedenen sozialen Gruppen zur Störung von Körperbildern kommt. Es ist jedoch höchst zweifelhaft, ob derlei Studien zu Methoden führen werden, die vorhersagen können, welche Individuen durch kulturelle Körperbilder verletzbar werden. Auf der anderen Seite erlauben sie, zuerst einmal zu zeigen, wer bereits verletzbar ist. Außerdem kann man auf diese Weise prüfen, welche Körperbilder bzw. damit verbundene Handlungen zu Verletzbarkeit führen.

Die kulturelle Hervorbringung von Körperbildern birgt die Gefahr, Menschen verletzbar zu machen oder gar zu verletzen. Es zeigt sich, wie leicht Menschen durch die an sie herangetragenen Schönheitsideale beeinflussbar sind. Man könnte fragen, ob sie sich je gänzlich gegen diese hervorgebrachten Bilder schützen können, da kulturelle Produktion, wie wir gesehen haben, meist Hand in Hand mit der Machtproblematik, Marginalisierung und Dominierung einhergehen.

Wann sind Körperbilder relevant für ethische Überlegungen?

Unsere Untersuchung führt uns zu einer letzten Frage: Wann sind Körperbilder von Relevanz für ethische Überlegungen? Aus zweierlei Gründen kann an dieser Stelle keine klare Antwort gegeben werden. Zum einen liegt dies in Methodik und Ziel dieser Untersuchung begründet. Ich habe mich entschieden, nicht aus der Perspektive einer einzigen ethischen Theorie zu schreiben. Dieser Beitrag will vielmehr eine Erkundung sein, die dem Feld der Ethik einen wichtigen neuen Ansatzpunkt liefern soll, nämlich den des Körperbildes. Eine einzige ethische Theorie würde hier das Blickfeld zu sehr einschränken. Zweitens hat die obige Diskussion gezeigt, dass Körperbilder stets von einem spezifischen Kontext abhängig sind, der bei einer solchen Beurteilung jeweils zu berücksichtigen ist.

Dennoch ist es möglich, einen ersten Schritt in Richtung der Beantwortung dieser Frage zu wagen. Das Ordnen der dargelegten Probleme wirft etwa wichtige Fragen über Körperbilder auf, die auf ihre Relevanz für ethische Überlegungen zu prüfen sind. Was keinesfalls heißen soll, dass dies die einzigen Fragen sind, die Körperbilder in ethischem Zusammenhang relevant machten. Aber vor dem Hintergrund der zuvor gewonnenen Erkenntnisse sind dies die Fragen, die diesbezüglich am meisten Einsicht versprechen.

Goodins Definition erlaubt uns den Zugang zum ethischen Problemkreis Körperbild und Body-Enhancement.[5] Nach ihm bedeutet verletzbar

---

5   In meiner Dissertation bespreche ich die verschiedenen Elemente der Goodin'schen Definition sowie ihr Abhängigkeitsverhältnis untereinander eingehender (den Dikken 2011).

zu sein, bezüglich einer Sache von jemandem abhängig zu sein. Wie wir oben gesehen haben, ist es von Bedeutung, dass wir erkennen können, ob ein konkretes Individuum verletzbar bezüglich Körperbildern ist. Leidet die Person, die sich Enhancement-Technologien zunutze machen will, unter einem gebrochenen Körperbild? Wird der Einsatz von Enhancement das Körperbild einer Person ändern? Diese letzte Frage sollte damit auch an die Versprechen des Enhancements herangetragen werden. Verändert sich das Körperbild immer ganz nach Wunsch des Individuums? Wird er oder sie zufriedener mit ihrem Körper sein? Besteht die Gefahr, dass ein Eingriff das bestehende Körperbild gar verschlechtert? Könnte das Enhancement einer Person das Körperbild anderer Menschen mitbeeinflussen? Sollten sich etwa gewisse gesellschaftliche Vorbilder zu Enhancement entschließen, wäre es nicht wahrscheinlich, dass andere Ähnliches erwägen würden? Und wenn viele Reiche denken, sie sollten in ihren Körper eingreifen, was bedeutet dies für arme Menschen?

Hinsichtlich der kulturellen Hervorbringung von Körperbildern könnten wir weitere Fragen stellen. Die in den Prozess eingebundenen Menschen könnten sich fragen, ob einige Menschen oder Gruppen durch neu geschaffene Körperbilder verwundbar werden. Wenn wir ein bestimmtes Körperbild als erstrebenswertes Ideal sehen, marginalisiert dies jene, die ihm nicht gerecht werden können? Können dem Ideal alle oder nur manche Menschen gerecht werden? Animieren wir zu Einförmigkeit oder zu Vielseitigkeit? Letzteres wird vermutlich weniger Menschen verletzbar machen. Weitere solche Fragen wären zu stellen, um zu eruieren, ob bestimmte Menschen(-gruppen) durch Körperbilder verletzbar werden könnten.

Des Weiteren gilt es zu klären, ob wir bezüglich Goodins Definition Abhängigkeitsverhältnisse nachweisen können. Welche Abhängigkeiten können hinsichtlich Körperbildern existieren? Mit Blick auf die Technologien des Enhancements ließe sich fragen: Wem zuliebe wollen bestimmte Menschen das Enhancement? Tun sie es, um ihren Ehepartnern zu gefallen? Fürchten sie, niemals einen Ehepartner zu finden? Versuchen sie, die Erwartungen ihrer Eltern, Kollegen und Trainer zu erfüllen? Ist die Sicherheit ihres Arbeitsplatzes von Aussehen oder Leistungsfähigkeit abhängig? Auch wenn manche Menschen behaupten, ein ausschließlich persönliches Interesse am Enhancement zu haben, so hat Kathy Davis nachgewiesen, dass es sich oft um eine Suche nach Selbstbestimmung handelt, die sich gegen die Mechanismen kultureller Unterdrückung stellt (Davis 1995).

Gerade bezüglich der kulturellen Hervorbringung könnte man auf vielerlei Abhängigkeitsverhältnisse verweisen. Um gesunde Körperbilder entwerfen zu können, sind Menschen von ihren Familien, Kollegen, Religionsgemeinschaften, vom Gesundheitssystem etc. abhängig. In der Tat könnten alle Faktoren, die Körperbilder beeinflussen, ein solches Abhängigkeitsverhältnis mit sich bringen. Um sagen zu können, ob eine Verletzbarkeit bezüglich des Körperbildes vorliegt, bedürfte es der genauen Analyse, welche Abhängigkeitsverhältnisse im konkreten Kontext vorliegen.

Goodins These, dass Verletzbarkeit die Abhängigkeit von jemandem in einer Sache bedeutet, konzentriert sich auf die Gefahren, die verletzbar machen könnten. Ich habe im Verlauf dieser Untersuchung den potenziell aus Körperbildern resultierenden Schaden eher abstrakt behandelt, etwa unter Verwendung der Termini Dominanz, Marginalisierung und Macht. Um jedoch eine Beurteilung spezifischer Situationen zu ermöglichen, bedarf es wohl einer konkreteren Beschreibung der möglichen Bedrohungen. Wird es bei den Betroffenen zur Störung der Körperbilder kommen? Werden ihnen Hoffnungen gemacht, die sich nicht erfüllen lassen? Ist das vorgestellte Ideal jemals erreichbar? Könnte es sein, dass Menschen zu Ausgestoßenen werden, oder sozial isoliert? Kann die Behandlung ihrer Gesundheit schaden? Kann Enhancement die sozialen Beziehungen belasten? Wird ein aufgebessertes Körperbild wirklich das Leiden eines Menschen beenden? Durch solcherlei Fragen lässt sich der Vielzahl der möglichen Gefahren nachspüren.

Sobald erkannt wird, was einen möglichen Schaden darstellen könnte, gilt es zu unterscheiden, ob er von bestimmten Handlungen der Menschen selbst ausgeht oder er jenen zugefügt wird. Oft wird dies schwer unterscheidbar sein. Selbst wenn die involvierten Personen dahingehend befragt würden, die Gefahr könnte ihnen nicht bewusst sein. Sind wir uns bewusst, wenn unser Körperbild in Gefahr schwebt, zu zerbrechen? Gemeinhin wird uns dies erst bewusst, wenn es bereits gebrochen ist. Und selbst dann können sich Betroffene dessen teilweise nicht bewusst sein, etwa im Fall der Anorexia Nervosa. Es dauert mitunter sehr lange, bis Menschen sich eingestehen, dass sie unter einer Störung des Körperbildes leiden.

Des Weiteren ist von ethischer Relevanz, ob die betroffenen Personen ihre Entscheidungen bezüglich ihres Körperbildes aus freiem Willen treffen. In einigen Fällen ist ersichtlich, dass die Entscheidung nicht frei gefällt ist. Meistens wird es hingegen scheinen, als seien die Entscheidungen autonom, auch wenn sie unter der Oberfläche durch soziale und kulturelle Prozesse gesteuert sein können. Es ist deshalb höchst bedeutsam, welche Gründe die Menschen jeweils zu diesen Entscheidungen bewegen. Welche Position nehmen sie in den vorliegenden Abhängigkeitsverhältnissen ein? Können sie zwischen ihren eigenen Ansichten und denen anderer unterscheiden? Sind sie sich gegenwärtiger kultureller Ideale bewusst und wissen sie, in welchem Verhältnis ihre eigene Sicht zu diesen Idealen steht? Können sie eine kritische Sichtweise gegenüber solchen kulturellen Bildern einnehmen? Solche Fragen könnten uns helfen zu klären, ob Menschen ihre Körper wirklich aus sich selbst heraus ändern wollen oder dieser Wunsch eher durch andere Menschen oder kulturelle Prozesse bedingt ist.

Es ist von großer Bedeutung, zu berücksichtigen, welche Handlungsträger involviert sind. Wir müssen feststellen, ob eine Person oder eine Gruppe von Personen jemanden verletzlich macht oder ihm schadet. Nur wenn die Handlungen tatsächlich von anderen Menschen ausgehen, liegt ein ethisches Problem vor. Deshalb müssen wir nach den beteiligten Handlungsträgern fragen. Um Einsicht in eine konkrete Situation zu gewinnen, sind am besten alle Handlungsträger offenzulegen. Ist dies gewährleistet, ist zu erkennen, welcher Handlungsträger die Person unmittelbar oder indirekt verletzlich macht bzw. ihr Schaden zufügt. Man denke an eine junge Frau, die sich wünscht, ihr Gesicht zu verändern. Man könnte herausfinden, dass ihre Familie, ihr Freund, ihr Umfeld und ihr Arzt bei ihrer Entscheidung eine Rolle spielen. Aber nicht alle müssen dazu beigetragen haben, ihr Körperbild zu stören. Vielleicht versichern ihr die Eltern und der Freund sehr oft, dass sie sehr hübsch sei. Vielleicht wurde sie von Gleichaltrigen gehänselt. Obendrein mag der Arzt ihr Gefühl der Unattraktivität bestätigen. Aber es kann genauso gut umgekehrt sein. Sie kann von Kommentaren über ihr Äußeres seitens ihrer Eltern und ihres Freundes verunsichert worden sein, während Kollegen und Arzt sagen, dass nichts an ihr auszusetzen sei. Es kommt gänzlich auf die spezifische Situation an, wer die Handlungsträger in einem solchen Prozess sind. Um die Situation also bewerten zu können, muss bestimmt werden, welche Handlungsträger eine Rolle in diesem Prozess spielen, und auf welche Weise.

Abschließend stellt sich die zentrale Frage, ob vermeidbar ist, dass Menschen verletzbar werden oder Schaden erleiden. Ist er unvermeidbar, so ergibt sich kein moralisches Problem. Dennoch gibt es hier fließende Übergänge. Ist ein Individuum nur durch eine Person, einen Elternteil, einen Ehepartner, durch den Trainer oder dergleichen beeinflusst, ist es einfacher, diesem Einfluss zu widerstehen, als wenn viele Handlungsträger ihr/sein Körperbild beeinflussen. Man könnte einer einzelnen Person untersagen, weiter abfällig zu kommentieren, man könnte vermeiden, einen weiteren Einfluss dieser Person vermeiden. Des Weiteren könnte der/die Handlungsträger/in selbst die negativen Auswirkungen ihres Verhaltens bemerken und sie umkehren. Es ist wesentlich schwerer, den Auswirkungen von Gruppenverhalten oder kulturellen Prozessen Herr zu werden.

Es ist klar geworden, dass Körperbilder auf vielerlei Art für das Feld ethischer Überlegungen hinsichtlich Enhancement-Technologien von Bedeutung werden können. Wie oben erwähnt, wird es notwendig sein, verschiedene ethische Theorien in realen Kontexten zur Anwendung zu bringen um konkrete moralische Beurteilungen zu ermöglichen. Dieser Beitrag bietet hingegen eine Erkundung an, welche Problemstellungen und Fragen im Prozess moralischer Überlegungen mit Blick auf Enhancement-Technologien und Körperbilder besonderer Beachtung bedürfen. Als nächstes wird nötig sein, die Möglichkeiten zu untersuchen, die verhindern können, dass Menschen im Kontext der Verwendung von Enhancement-Technologien durch Körperbilder verletzbar werden bzw. Schaden erleiden. Es lohnt sich zu überlegen, welche Verantwortung in diesem Kontext von den jeweils Beteiligten übernommen werden könnte.[6]

Aus dem Englischen von Sabine Ohlenbusch

Bibliographie

Bordo, S. (2004): Unbearable Weight: Feminism, Western Culture, and the Body. 10th anniversary ed., Berkeley, Calif.: University of California Press.

Cash, T. F. (2004): Body Image: Past, Present, and Future. Body Image 1(1), S. 1-5.

Cash, T. F. (1990): The Psychology of Physical Appearance: Aesthetics, Attributes, and Images. In: T. F. Cash and T. Pruzinsky (Hrsg.): Body Images: Development, Deviance, and Change. S. 51-79.

Davis, K. (1995): Reshaping the Female Body: The Dilemma of Cosmetic Surgery. New York [etc.]: Routledge.

Dikken, A. den (2011): Body Enhancement. Body Images, Vulnerability and Moral Responsibility. [Dissertation].

Dworkin, A. (1974): Woman-Hating. New York: Dutton.

Foucault, M. (1977): Discipline and Punish: The Birth of Prison. London: Allen Lane.

Foucault, M. (1988): Power/Knowledge: Collected Interviews and Selected Writings (1977-1984), L. D. Kritzman (Hrsg.), Brighton: Harvester Press.

Gallagher, S. (1995): Body Image and Body Schema in a Deafferented Subject. The Journal of Mind and Behaviour 16(4), S. 369-389.

Gallagher, S. (1996): The Earliest Sense of Self and Others: Merleau-Ponty and Recent Developmental Studies. Philosophical Psychology 9(2), S. 211-234.

Gallagher, S. (1996): The Moral Significance of Primitive Self-Consciousness: A Response to Bermudez. Ethics 107(1), S. 129-142.

---

6   Vgl. den Dikken 2011.

Gatens, M. (1999): Power, Bodies and Difference. In: J. Price and M. Shildrick (Hrsg.): Feminist Theory and the Body: A Reader. New York: Routledge, S. 225-234.

Goodin, R. E. (1985): Protecting the Vulnerable: A Reanalysis of our Social Responsibilities. Chicago [etc.]: The University of Chicago Press.

Grosz, E. A. (1994): Volatile Bodies: Toward a Corporeal Feminism. Theories of Representation and Difference. Bloomington: Indiana University Press.

Kemp, P., Rendtorff, J. and Johanssen, N. M. (Hrsg.), (2000): Bioethics and Biolaw, Vol. II. Four Ethical Principles. Vol. 2. Copenhagen: Rhodos International Science and Art Publishers [etc.].

Kottow, M. H. (2004): Vulnerability: What Kind of Principle is it? Medicine, Health Care and Philosophy 7(3), S. 281-287.

Kottow, M. H. (2003): The Vulnerable and the Susceptible. Bioethics 17(5-6), S. 460-471.

Levine, M. P. and Smolak, L. (2002): Body Image Development in Adolescence. In: T. F. Cash and T. Pruzinsky (Hrsg.): Body Image: A Handbook of Theory, Research, and Clinical Practice. S. 74-82.

O'Neill, O. (1996): Towards Justice and Virtue: A Constructive Account of Practical Reasoning. Cambridge [etc.]: Cambridge University Press.

Pruzinsky, T. and Edgerton, M. T. (1990): Body-Image Change in Cosmetic Plastic Surgery. In: T. F. Cash and T. Pruzinsky (Hrsg.): Body Images: Development, Deviance, and Change. S. 217-236.

Scully, J. L. (2001): Drawing a Line: Situating Moral Boundaries in Genetic Medicine, Bioethics 15(3), S. 189-204.

Scully, J. L. and Rehmann-Sutter, Ch. (2001): When Norms Normalize: The Case of Genetic Enhancement. Human Gene Therapy 12, S. 87-95.

Shildrick, M. and Price, J. (1999): The Broken Body. In: J. Price and M. Shildrick (Hrsg.): Feminist Theory and the Body: A Reader. New York, N.Y.: Routledge; [etc.], S. 432-444.

Shivas, T. (2004): Contextualising the Vulnerability Standard. The American Journal of Bioethics 4(3), S. 84-86.

Silvers, A. (1998): A Fatal Attraction to Normalizing: Treating Disabilities as Deviations from 'Species-Typical' Functioning. In: E. Parens (Hrsg.): Enhancing Human Traits: Ethical and Social Implications. Washington, D.C.: Georgetown University Press, S. 95-123.

Tiggemann, M. (2002): Media Influences on Body Image Development. In: T. F. Cash and T. Pruzinsky (Hrsg.): Body Image: A Handbook of Theory, Research, and Clinical Practice. S. 91-98.

Das gute alte Hirn
Wie die Sorgen um eine alternde Gesellschaft und die Ideen zum kognitiven Enhancement in den Neurowissenschaften interagieren

Morten Hillgaard Bülow

Den Diskussionen über kognitives Enhancement am Menschen liegen verschiedene Annahmen über die Wissensproduktion in den Neurowissenschaften und die Anwendbarkeit neurowissenschaftlicher Ergebnisse zu Grunde. Von utopischen Vorstellungen über den (trans-)humanen Aufstieg bis hin zur aktuellen Verwendung von Medikamenten als so genannte „smart drugs", die eigentlich für neurodegenerative Krankheiten entwickelt wurden, scheint sich alles aus den Erwartungen und Hoffnungen darüber zu entwickeln, was die Neurowissenschaften können oder können werden. Es ist auffällig, aber vielleicht nicht überraschend, dass die Diskurse und Praktiken, die das kognitive Enhancement betreffen, in der gleichen historischen Periode aufblühten, in der ein „neurowissenschaftlicher Turn" in den Naturwissenschaften stattfand (Littlefield & Johnson, *im Ersch.*) und „Neuro-" zugleich in vielen sozialen und kulturellen Zusammenhängen populär wurde (Frazetto & Anker 2009). Es ist nahezu trivial geworden, auf die allgemeine Beobachtung hinzuweisen, dass Entwicklungen im Bereich der Neurowissenschaften nicht in einem sozialen oder kulturellen Vakuum stattfinden. Sie können den Kontext, in dem sie sich befinden, sowohl beeinflussen als auch von ihm beeinflusst werden. Die Debatten und die Praxis, die sich auf kognitives Enhancement beziehen (einschließlich dieses Kapitels), können als Teil dieser komplexen und wechselseitigen Beziehung zwischen Wissenschaft und Gesellschaft verstanden werden. Noch interessanter wäre es vielleicht, einen Schritt näher zu treten und sich zu fragen, was die Neurowissenschaften mit den Diskussion über eine Verbesserung des Menschen verbindet, oder spezifischer, wie sich die Wissensproduktion in den Neurowissenschaften auf die Hoffnungen und Wünsche zu einem kognitiven Enhancement bezieht.

Ein zweiter Ausgangspunkt dieses Kapitels ist der, dass die Debatte um Enhancement eine starke, aber oft übersehene Verbindung zu den Entwicklungen in der Altersforschung und den damit verbundenen Diskussionen über das Altern in der Gesellschaft aufweist. Ähnlich wie die Debatten um das Enhancement und die Neurowissenschaften verbreiteten sich seit den 1980er Jahren Konzepte wie „erfolgreiches Altern", die eine „neue Gerontologie" (Rowe & Kahn 1998) formten, die für die Entwicklungen im Bereich der Altersforschung paradigmatisch wurde.[1] Erfolgreiches Altern ist ein konzeptioneller Rahmen, der (unter anderem) von der aufkommenden Sorge um die möglichen Konsequenzen alternder Bevölkerungen generiert wird. Er stellt dieser Sorge die Betonung positiver Aspekte und eine mögliche Optimierung des Alterungsprozesses gegenüber. Dadurch positioniert er die Debatte dort, wo sich jene wissenschaftlichen und sozialen Sorgen überkreuzen, welche wichtige Teile der Debatten um die Neurowissenschaften und Enhancement antreiben. Eine Untersuchung neurowissenschaftlicher Praktiken, die in Beziehung zu Konzepten wie „erfolgreiches Altern" stehen, könnte deshalb eine neue Perspektive auf die Debatten um Enhancement ergeben.

Ein weiterer wichtiger Punkt in der Geschichte ist, dass diese Überkreuzung auch stark mit den Definitionen von Normalität und dessen, was es heißt, menschlich zu sein, zu tun hat. Die Vorstellungen und Praktiken, die mit erfolgreichem Altern, Verbesserung des Menschen und Neurowissenschaften verbunden sind, beinhalten eine Verschiebung in der Wahrnehmung von Normalität. In Bezug auf die Neurowissenschaften im Allgemeinen wird immer wieder behauptet, dass das Wissen über unser Gehirn das Potential hat, unser Verständnis davon zu ändern, was es heißt, menschlich zu sein. Die Altersforschung beinhaltet ständige Diskussionen über die Definition von „normalem", „pathologischem" und „erfolgreichem" Altern. Altersbedingte neurodegenerative Krankheiten wie Morbus Alzheimer werden als „entmenschlichend" bezeichnet und Diskussionen über Enhancement berufen sich manchmal auf Konzepte wie „Transhumanismus" oder den „posthumanen Menschen". Aber in welchem Zusammenhang stehen diese sich überschneidenden Phänomene und wie ändern sie unsere Vorstellung von „Normalität"?

Basierend auf einer historischen Analyse des Konzepts des „erfolgreichen Alterns" in neurowissenschaftlichen Publikationen seit den 1980er Jahren bis heute, wird sich dieses Kapitel damit auseinandersetzen, wie die Zielsetzungen und die Produktion von Wissen innerhalb der altersbezogenen Neurowissenschaften mit der Idee des „cognitive enhancement" verknüpft sind. Ein besonderer Diskussionspunkt wird das Konzept der Normalität sein und die Veränderung unserer Wahrnehmung davon, was es heißt, menschlich zu sein. Das sind Vorstellungen, die durch die Untersuchung dieses verwobenen Feldes beleuchtet werden können. In den nächs-

---

1   Sie wurden während ihrer Geschichte auch heftig diskutiert und angezweifelt; siehe z.B. Holstein & Minkler 2003.

ten Teilen dieses Beitrags werde ich zunächst das Konzept des „erfolgreichen Alterns" einführen und die zentralen Behauptungen zu Normalität, Kausalität und den Zielen der Altersforschung herausstellen, die diesem Konzept innewohnen. Dann werde ich den konzeptuellen Rahmen des „successful ageing" mit gegenwärtigen Diskussionen über das Enhancement von Menschen in Beziehung setzen und versuchen zu erläutern, wie (oder ob) diese Ideen in den Neurowissenschaften miteinander verbunden sind.

Erfolgreiches Altern

Im Zusammenhang der Altersforschung findet man die Idee vom „erfolgreichen Altern" bereits in den 1960er Jahren, weiter verbreitet wurde diese jedoch erst in den späten 1980er Jahren, nachdem der Gerontologe John Rowe und der Psychologe Robert Kahn einen Artikel mit dem Titel „Human Aging: Usual and Successful" in der Zeitschrift *Science* (Rowe & Kahn 1987) veröffentlichten. Rowes und Kahns Artikel wurde seither in wissenschaftlichen Publikationen verschiedenster Disziplinen zitiert, von der Molekularbiologie und der Zahnheilkunde bis hin zur Psychologie und Soziologie.[2]

Der Artikel kann als Versuch gelten, den Fokus, die Methoden und das Verständnis des Alterns in der Alterungsforschung zu ändern und die grundlegenden Konzepte darüber, was Altern bedeutet und was innerhalb dieser Forschungsrichtung Krankheit bedeutet, in Frage zu stellen.[3] Die Frage was Altern „ist", also die Ontologie des Alterns, wird schnell zu der Frage was einen „normalen" humanen Lebensverlauf ausmacht (oder ausmachen sollte). Dies ist eine Problemstellung, die nicht von den Fragen trennbar ist, wie Forscher Wissen über das Altern erlangen und Forschung

---

2   Web of Science:
    http://apps.webofknowledge.com.ep.fjernadgang.kb.dk/summary.do?qid=3&prod
    uct=WOS&SID=P1EJ%40PkKM8KOflLJbd9&search_mode=CitedReferenceSea
    rch; kein öffentlicher Zugang. Für weitere Informationen: http://wokinfo.com
    /products_tools/multidisciplinary/webofscience/ (beide Seiten zuletzt aufgerufen
    am 21.05.2012). Laut Web of Science wurde der Artikel jedes Jahr seit seiner
    Publikation zwischen 30 und 50 Mal zitiert (805 Mal bis zum Ende des Jahres
    2009). Ich arbeite an einem Artikel über die Geschichte des Konzepts des erfolgreichen Alterns innerhalb der Altersforschung, der auf der Rezeption von Rowe
    und Kahns wegweisendem Artikel aus dem Jahr 1987 basiert.

3   Die Diskussion über das Verhältnis zwischen Altern und Krankheit reicht zurück
    bis in die Antike (Kampf & Botelho 2009; Cole 1992).

praktizieren sollten, sowie auch von den Fragen, welche klinischen oder sozialen Interventionen die Forschenden vertreten, sich vorstellen oder praktizieren. Dies sind keine trivialen Fragen und, wie erwähnt, sind es außerdem Fragen, die fundamental für die Diskussion über Enhancement sind. Ich werde auf sie zurückkommen.

Die „Normalität" herausfordern. Aus der Sicht von Rowe und Kahn (1987) hatte die Idee von Normalität in der früheren Altersforschung drei zentrale Probleme. Erstens habe sie Personen in Kategorien von normal und krank eingeteilt und dabei die enorme Heterogenität unter alten Menschen vernachlässigt. Zweitens habe sie das Konzept der Normalität auf eine große Gruppe von Menschen angewandt und dabei impliziert, dass die Menschen in einem unbeschadeten Zustand waren oder kaum Risiken ausgesetzt sind. Und drittens wurde das Konzept „normal" so benützt, dass der Zustand „natürlich" war und deshalb nicht verändert werden sollte. In anderen Worten, diese Auffassung von Normalität habe, laut Rowe und Kahn, den Zustand einer großen Gruppe von alten Menschen generalisiert und naturalisiert und sie damit außerhalb der Aufmerksamkeit medizinischer Studien zum Altern positioniert.

Sie argumentierten weiter, dass dieses Konzept von Normalität im Ganzen zu einer „gerontology of the usual" geführt habe. Dabei sei eine große Gruppe von Menschen in der Kategorie der Normalität vernachlässigt worden. Gerontologen hätten die „Gewöhnlichkeit" gefördert, an Stelle dessen, was als „Erfolg" gewertet werden könnte (Rowe & Kahn 1987, 143). Aus Rowes und Kahns Perspektive ist das Problem daran, dass „die Gewöhnlichkeit" meistens zu einem Funktionsabbau oder zu Krankheiten im späteren Leben führe. Das „Gewöhnliche" sei also im Durchschnitt nur eine Präambel zu Krankheit und Niedergang. Auf diese Weise erscheine das Gewöhnliche nicht wirklich als „normal" sondern als potentiell (vielleicht präsymptomatisch) krank oder risikobehaftet.[4]

---

4   Vgl. die Aussage des Soziologen Nikolas Rose über genetische Suszeptibilität: „Dies generiert die Empfindung, dass manche, vielleicht alle Menschen, obwohl eigentlich gesund, asymptomatisch oder prä-symptomatisch krank sind" (Rose 2007, 19). Wie Rose veranschaulicht, sind Risiko und Suszeptibilität bekannte Begriffe im biopolitischen Management des Lebens geworden und sind auch Begriffe, welche eng mit der Frage von Optimierung und Enhancement verwandt sind. Die Tendenz hin zur Sicht von Gesundheit und Krankheit im Sinne von Risiko wurde in vielen aktuellen arbeitswissenschaftlichen Studien hinreichend debattiert und kritisiert; siehe z.B. Petersen 1996, Petersen & Wilkinson 2008 und Dickel in diesem Band.

Stattdessen schlugen Rowe und Kahn vor, dass das „normale Altern" als aus „gewöhnlichem" und „erfolgreichem Altern" bestehend angesehen werden sollte. Sie argumentierten, erfolgreiches Altern sei möglich, weil „alte Menschen mit minimalen oder keinen physiologischen Ausfällen, im Vergleich zum Durchschnitt ihrer jüngeren Mitmenschen" existieren (Rowe & Kahn 1987, 143f). Und so wurden erfolgreich alternde Individuen definiert als Individuen mit wenigen oder gar keinen Ausfällen von physiologischen Funktionen. Dies machte das Erreichen eines solchen „erfolgreichen" Zustandes zum Ziel der Altersforschung.

Die „Kausalität" hinterfragen. Während die „Gerontologie des Gewöhnlichen" den durchschnittlichen altersbedingten Verfall für etwas „alters-intrinsisches" (ibid.) hielt, veränderte sich nun die Perspektive so, dass sie den Verfall in seiner starken Abhängigkeit von Sozial- und Umweltfaktoren betrachtete:

> "It is at least a reasonable hypothesis [...] that attributions of change to age per se may often be exaggerated and that factors of diet, exercise, nutrition, and the like may have been underestimated or ignored as potential moderators of the aging process. If so, the prospects for avoidance or even reversal of functional loss with age are vastly improved, and thus the risk of adverse health outcomes reduced." (Rowe & Kahn 1987, 144)

Im Gegensatz zu einer Sicht auf das Altern als etwas, das durch einen unvermeidbaren physiologischen und kognitiven Verfall definiert ist, betont die Vorstellung vom erfolgreichen Altern, dass Individuen selbst die Möglichkeit haben, einen solchen Verfall zu vermeiden, indem sie sich selbst durch änderbare Lebensstilfaktoren in Stand halten und verbessern. Im Wesentlichen betont diese Sicht auf den Alterungsprozess das Unbestimmte, das offene Ende und die Multikausalität des Alterns.

Diese Sichtweise auf das Altern bringt außerdem eine Verschiebung in der Forschungsperspektive mit sich, vom Fokus auf das Behandeln hin auf das Verhindern von Krankheiten und auf das Verhindern der „üblichen" Faktoren, die letztlich zu Krankheit oder zum Rückgang physiologischer oder mentaler Funktionen führen. Wenn man die Interpretation etwas weiter treibt, scheint es nicht weit hergeholt, dass dieser Veränderung der Forschungsperspektive die Sicht zu Grunde lag, erfolgreiches Altern sei in Wirklichkeit der normale Zustand, in dem sich der Körper idealerweise befinden soll. Da alle anderen auf irgendeine Art auf medizinische Intervention angewiesen zu sein schienen, können Rowe und Kahn dahingehend interpretiert werden, dass sie die Idee des „Gewöhnlichen" als Darstellung des Alterns per se nicht nur ablehnen und pathologisieren, sondern statt dessen für die Vorstellung eines erfolgreichen, fähigen, krankheitsfreien

Körpers als „normalen" Körper werben.[5] Bezogen auf die Enhancement-Debatte: Es scheint nicht gut genug zu sein, durchschnittlich gesund zu sein (oder sich so zu fühlen); um erfolgreich zu altern, muss man *besser als gesund* sein.[6] Ich werde in Kürze darauf zurückkommen.

Enhancement und erfolgreiches Altern

Der Begriff und die Ziele des erfolgreichen Alterns passen gut in die Diskurse um Public Health, die sich in den meisten westlichen Ländern seit den 1980ern entwickelt haben. Darin wird die individualisierte Verantwortung für die Gesundheitsvorsorge (oder vielleicht Selbst-Sorge) in Form von Fitness und gesundem Lebensstil zunehmend gefördert (Petersen 1996). Medizinische Technologien waren nicht nur darauf aus, die Individuen zu behandeln und zu korrigieren, sondern sie zu „optimieren" (Rose 2007). Außerdem kann, wie zuvor erwähnt, die Vorstellung vom erfolgreichen Altern (und die damit zusammenhängenden Auffassungen wie optimales Altern, gesundes Altern, positives Altern, etc.) als Teil eines Diskurses der wachsenden Sorge um die alternde Bevölkerung gesehen werden, der sich in westlichen Gesellschaften seit den 1980er Jahren entwickelt hat. Unter Berücksichtigung der großen Anzahl von potentiell oder präsymptomatisch kranken „gewöhnlich Alternden" gemäß Rowe und Kahns Definition, wird es schwierig, diese als etwas anderes als eine in den Gesundheitssystemen tickende Zeitbombe zu sehen, eine altersbezogene Krankheits- und Invaliditätsbombe, die darauf wartet hochzugehen, es sei denn, sie werden irgendwie physisch und mental in die Kategorie der „erfolgreich Alternden" überführt.

Die Sorgen, die mit dieser Idee einer „alternden Gesellschaft" zusammenhängen und mit den daraus folgenden Konsequenzen für nationale Gesundheitssysteme, Rentenkassen, der Erhaltung der gesunden Arbeitskraft und der Fähigkeit, sich auf dem globalisierten Markt zu behaupten, haben ein gutes Motiv geliefert, individualisierte Lösungen (und Hoffnungen) voranzutreiben, die durch Vorstellungen wie „erfolgreiches Altern" ange-

---

5 Eher wie eine aristotelische teleologische Sichtweise auf die Entwicklung als etwas, das (wenn es nicht von Umwelt gebremst wird) eine spezifische phänotypische causa finalis hat.

6 „Besser als gesund" ist ein berühmter Ausdruck aus dem Buch *Listening to Prozac* des amerikanischen Psychiaters Peter Kramer (1997) und wird auch im Titel des populären Buches des amerikanischen Philosophen Carl Elliot (2003) über das menschliche Enhancement benutzt.

boten werden. Vielleicht auch, um das Enhancement des Menschen voranzutreiben. Sowohl die Europäische Union (EU) als auch die National Science Foundation der USA (NSF) haben Berichte von so genannten „converging technologies" (CT)[7] veröffentlicht, in denen *human enhancement* ein zentraler Diskussionspunkt ist, und in denen dieses Anliegen auch mit Altersforschung in Verbindung gebracht wird (Roco & Bainbridge 2002; Innovation 2007). Ein vom EU-Parlament in Auftrag gegebener Bericht beschreibt es so: „Es darf gesagt werden, dass ein Nebeneffekt der schnell wachsenden Forschung und Entwicklung von Pharmazeutika gegen altersbedingte neurodegenerative Krankheiten eine neue Klasse von Medikamenten sein wird, die für die Verbesserung der Leistung von jungen, gesunden Menschen genutzt werden können." (Human Enhancement Study 2009, 7)

Gleichzeitig ist in den Diskussionen über Enhancement, die auf Websites von Gruppen laufen, die die Idee von Enhancement vorantreiben (z.B. der transhumanistischen Bewegung), eine der zentralen Hoffnungen und Argumente für die Entwicklung von Enhancement-Technologien die Möglichkeit, solche Technologien als Mittel zur Lebensverlängerung zu benutzen und um altersbedingtes physisches oder kognitives Schwächerwerden zu verhindern (Bostrom 2005; Humanity+). Sowohl Fürsprecher des Enhancement als auch EU-Berichte heben hervor, dass die biomedizinische Wissenschaft zunehmend Technologien produziert, die das Potential haben, die Fähigkeiten von gesunden Leuten zu verbessern, ebenso wie Krankheiten zu behandeln (Human Enhancement Study 2009; Humanity+; Innovation 2007).

Die Neurowissenschaft wird oft als eine der dominanten biomedizinischen Wissenschaften im Interesse der Altersforschung und der Enhancement-Diskussionen angesehen (Kirk 2008; Humane Erweiterungsstudie 2009; Innovation 2007). Nicht nur wird dem Gehirn und der Kognition in heutigen westlichen Wissensgesellschaften ein besonders bedeutender kultureller Wert zugeschrieben, sondern Entwicklungen innerhalb der neurowissenschaftlichen Altersforschung scheinen auch signifikante Verbindungen zum kognitiven Enhancement zu haben: „The growing problem of neurodegenerative diseases in ageing societies has turned research and development in therapeutic cognitive enhancers into a very dynamic field with significant resources." (Human Enhancement Study 2009, 26, s. a. Daffner 2010) Sowohl Individuen als auch die Gesellschaft haben Gründe,

---

7   Üblicherweise definiert als eine Konvergenz von Nano-, Bio-, Info-, und Kogno-Wissenschaften/Technologien (NBIC).

die kognitiven Funktionen zu verbessern und neurodegenerativen Krankheiten vorzubeugen (vgl. Beddington et al. 2008).

Des weiteren kann man sagen, dass, wie in der Einleitung erwähnt, die
Ideen und das Wissen über Kognition und Gehirnfunktionen einen gewal-
tigen Einfluss sowohl auf verschiedene Bereiche der Kultur ausüben als
auch auf die Ansichten der Menschen über sich selbst und ihre Identität
(Frazetto & Anker 2009; Dumit 2004; Rose 2003). So hebt es eine Studie,
bezogen auf die Diskussionen um die *converging technologies*, hervor:

> „[...] 'neuro/ brain enhancement' als Forschungsfeld steht im Zentrum der
> Converging-Technologies-Debatte. Es zieht durch seine Pläne zur Simulation
> und Manipulation von Gehirnprozessen den größten Teil der Aufmerksamkeit
> auf sich. Falls sie erfolgreich sind, könnten sie einen direkten Einfluss auf un-
> sere Konzepte des menschlichen Selbst und seiner Identität haben." (Beckert,
> Blümel & Friedewald 2007, 382)

Dies sind nicht nur abstrakte Gedanken über mögliche Zukünfte. Medika-
mente, die in der Forschung an altersbedingten Krankheiten wie Morbus
Alzheimer entwickelt wurden, werden jetzt schon von jungen, gesunden
Individuen eingenommen, um ihre kognitiven Fähigkeiten zu verbessern
(Greely et al. 2008; Beckert, Blümel & Friedewald 2007; Human Enhancement Study 2009; Humle & Friislund 2010).[8] Im gegenwärtigen Diskurs
über das Altern existiert ein unterschwelliger Bedarf an Optimierung und
Verbesserung. Ein möglicher (sich ausbreitender) Nebeneffekt der riesigen
Aufmerksamkeit für Krankheiten wie Alzheimer ist die Produktion von
neuen Medikamenten, die in ursprünglich nicht vorgesehenen Zusammenhängen wie kognitives Enhancement von Jungen und Gesunden genutzt
werden können. Heilmittel für die Alten verwandeln sich in Enhancement
für die Jungen.[9]

---

8   Die bekanntesten verwendeten kognitiven Enhancer wie Ritalin oder Modafinil
    sind (oder waren, im Falle von Modafinil) zugehörig zu einer anderen altersbe-
    dingten neurologischen Störung, nämlich dem Aufmerksamkeits-Defizit-
    Hyperaktivitäts-Syndrom (ADHS), aber einige Alzheimer-Medikamente wie Do-
    nepezil werden jetzt auch als kognitive Enhancer bezeichnet. Für eine Diskussion
    über ethische, gesetzliche und grundsätzliche Folgen dieser Medikamente siehe
    Mehlman 2004.
9   Ich danke Miriam Eilers für diesen Formulierungsvorschlag.

Neurowissenschaften

In welchem Bezug stehen diese Debatten und entstehenden Praktiken zur Wissensproduktion in den Neurowissenschaften, speziell zu den Neurowissenschaften in der Altersforschung? Um uns dieser Frage anzunähern, sehen wir uns noch einmal die Vorstellung von Normalität und Steigerung an, dieses Mal mit Blick auf neurowissenschaftliche Publikationen.[10]

Viele der stetig wachsenden Menge altersbezogener neurowissenschaftlicher Veröffentlichungen aus den letzten etwa 20 Jahren behandeln verschiedene Aspekte altersbedingter kognitiver Beeinträchtigungen, überwiegend (aber nicht ausschließlich) der Alzheimer Krankheit (AD). Einer der (impliziten oder expliziten) Hauptdiskussionspunkte in diesen Publikationen ist deshalb, wie auch in Rowe und Kahns Artikel über erfolgreiches Altern, was als Teil eines normalen Alterungsprozesses zu definieren sei und was pathologisches Altern ist. Die Publikationen haben außerdem das gemeinsame Ziel, Wissen zu produzieren, das erlaubt, irgendwie in die Voraussetzungen der Behinderungen einzugreifen (seien sie normal oder nicht). Ein Übersichtsartikel aus *Current Opinion in Neurobiology* stellt es folgendermaßen dar:

„Neue Entdeckungen stellen die seit langem bestehende Sicht in Frage, Altern sei durch fortschreitenden Verlust und Niedergang charakterisiert. Beweise für funktionale Reorganisation, Kompensation und wirksame Interventionen versprechen eine optimistischere Sicht auf den neurokognitiven Status im späteren Leben. Die Schwierigkeiten, die mit der Zuordnung von Funktionen zu altersspezifischen Aktivierungsmustern verbunden sind, müssen relativ zur Leistung und im Licht des pathologischen Alterns gesehen werden. Neue biologische und genetische Marker, gepaart mit den Fortschritten in den bildgebenden Verfahren, ermöglichen eine genauere Charakterisierung des gesunden Alterns. Dieser interdisziplinäre Zugang der kognitiven Neurowissen-

---

10 Der Term Neurowissenschaft ist in sich selbst facettenreich, da die neurowissenschaftliche Forschung die Kooperation von vielen verschiedenen Fachrichtungen beinhaltet und sie eine große Bandbreite von Bereiche und Anwendungen enthält. Ich nähere mich diesen Veröffentlichungen aus der Perspektive der Altersforschung, genauer aus der Perspektive historischer Forschung, die ich derzeit betreibe. Darin bearbeite ich Material aus denjenigen neurowissenschaftlichen Veröffentlichungen (Neurobiologie, Neurologie, Neuroradiologie und ähnlichen Sparten), die Rowe und Kahns Artikel zitieren, oder Berichte über neurowissenschaftliches Wissen über Gehirnalterung. Eine große Gruppe von verwandten Veröffentlichungen, die ich hier jetzt nicht behandeln will, enthält Publikationen aus der Entwicklungspsychologie, wo Konzepte von mentaler Gesundheit und erfolgreichem Altern in eine enge Verbindung zueinander gebracht wurden (siehe Baltes & Balter 1989).

schaften enthüllt dynamische und optimierende Prozesse des Alterns, die zur Unterstützung des erfolgreichen Alterns des Geistes nutzbar gemacht werden könnten." (Reuter-Lorenz & Lustig 2005, 245)

Dies ist nur eines von vielen Beispielen innerhalb dieses Feldes. Alles in allem hat die neurowissenschaftliche Forschung eine Sicht auf Gehirnfunktionen ermöglicht, die auf der einen Seite Plastizität und Komplexität betont und auf der anderen Seite nach biologischen Markern und Pfaden sucht, um Eingriffe zu ermöglichen, die das doppelte Ziel haben Krankheiten wie Alzheimer zu behandeln (wie es später im Artikel erwähnt wird), aber auch den alternden Verstand zu optimieren (s. a. Daffner 2010). Gene, kardiovaskuläre Funktionen, kognitive Plastizität und die Fähigkeit zur Kompensation, kognitives Training, emotionale Bias und einiges mehr werden als Faktoren erwähnt, die an der Leistung und den Prozessen des Gehirns beteiligt sind (Reuter-Lorenz & Lustig 2005, 247). Diese Komplexität macht die Identifikation von „normalen" und „gesunden" Merkmalen schwer, da jeder individuelle Lebenslauf einzigartig ist und eine einzigartige Kombination von Faktoren den Zustand des Gehirns beeinflusst. (Dies, so könnte man ergänzen, gilt sogar für Laborratten.)

Sogar im Fall einer weithin bekannten neurodegenerativen Krankheit wie Morbus Alzheimer gab es, und gibt es immer noch, eine ausgedehnte Debatte darüber, wie man die Krankheit definiert und charakterisiert (Lock 2005, s. a. Whitehouse & George 2008). Obwohl AD einige definierende Eigenschaften wie „Gehirn-Plaques" und „Alzheimer-Fibrillen" aufweist, konnte keine zwingende Korrelation zwischen der Anzahl solcher Hirnanomalien und der kognitiven Funktion eines Individuums gefunden werden. Man kann also ein biologisch „abnormales" Gehirn haben und immer noch gut funktionieren. Oder man kann ein weniger abnormales Gehirn haben und schwerwiegende Probleme (Rose 2009). In der klinischen Praxis ist die Diagnose der Alzheimer Krankheit nur „wahrscheinlich", da viele andere Faktoren zu manchen gleichen Symptomen führen können und die klinische Diagnose (bis heute) nur post-mortem bestätigt werden kann. Vielleicht gerade wegen dieser Unsicherheit und Komplexität stellt sich eine Frage immer wieder ein, nämlich wie man normales von pathologischem Altern unterscheiden kann. Ist das, was als normales Altern des Gehirns angesehen wird, in sich selbst ein Zeichen von Demenz, also etwas das nicht normal sondern krank ist, oder sind umgekehrt Demenzen wie AD sogar eine normale Entwicklung im Alterungsprozess unseres Gehirns (vgl. Goodwin 1991)?

Zurück zum Thema Enhancement. Wenn man diskutiert, wie man neurodegenerative Erkrankungen wie Alzheimer vermeiden, verhindern oder

hinauszögern kann, dann ist eines der Konzepte, die eine mögliche Optimierung erklären und positive Eingriffe in altersbedingte Hirnprozesse ermöglichen, das Konzept der kognitiven Reserve (Daffner 2010; Liberati;
Raffone & Belardinelli 2011). Wie der Name sagt ist die Idee hinter der
kognitiven Reserve, dass eine Person in jüngerem Alter durch eine Kombination von angemessener Ernährung, Ausbildung und kultureller Stimula-
tion Reserven aufbaut, die in späteren Lebensstadien nutzbar sind. Die Idee
ist, dass durch den Aufbau kognitiver Reserven entweder ein starkes, be-
lastbares kognitives System entsteht, oder eine Fülle an Ressourcen bereit
gestellt werden, die dann altersbedingte kognitive Schwierigkeiten oder
Ausfälle kompensieren können (Kirk 2008; Daffner 2010; Liberati, Raffone & Belardinelli 2011).

Der Aufbau kognitiver Reserven kann vielleicht sogar als Versuch angesehen werden, die Grenze zu erhöhen, bevor die unvermeidlich höher
werdende Schwelle des funktionalen Rückgangs mit der Zeit erreicht wird.
Eine Erhöhung der Grenze meint die Anwendung neurowissenschaftlichen
Wissens über das Potential des Körpers zu nutzen, welches die kognitiven
Funktionen verbessert und schützt, die sonst schneller und/oder schwerer
unter Ausfallerscheinungen zu leiden hätten. Konsequenterweise könnte
das Streben nach mehr kognitiven Reserven auch als Streben nach Erhöhung der Messlatte der Normalität gesehen werden, nämlich dessen, was
die „üblichen" menschlichen Kognitionsleistungen werden sollten, durch
das ganze Leben hindurch und auch im hohen Alter.[11]

Perspektiven auf Enhancement

Die Sprache der altersbezogenen Neurowissenschaften ist nicht weit entfernt von derjenigen der Enhancement-Debatten. Schließlich haben neurowissenschaftliche Artikel der letzten 20 Jahre oft Schlussfolgerungen oder

---

11 Nikolas Rose (2009) schlägt in der Diskussion um die „Genetik der Krankheiten"
    eine andere Interpretation vor, nämlich dass wir diese als „Pathologie ohne Nor-
    malität" ansehen sollten. Da es immer eine Krankheit gibt, für die wir ein Risiko
    tragen, und „da es kein normales menschliches Genom gibt; ist Variation die
    Norm" (Rose 2009, 74). Das Gleiche könne auch über das Gehirn gesagt werden.
    Obwohl in der Realität (wenn ich dieses Wort benutzen darf) kein normales men-
    schliches Hirn existiert und die Gehirne unendlich variieren, würde ich trotzdem
    argumentieren, dass es ein Ideal der Normalität gibt, und ein Ideal des Anhebens
    der Norm, welches die Politik und die Praktiken neurowissenschaftlicher Alters-
    forschung beeinflusst.

Zusammenfassungen veröffentlicht, die ähnlich wie folgende lauten: „these findings suggest ways in which biological aging can be manipulated to promote good function in aged individuals." (Collier & Coleman, 1991, 685) Dies enthält genau das, wovon die Diskussionen um Enhancement eigentlich handeln: Vielversprechende biomedizinische oder biotechnologische Entwicklungen, die eine „gute Funktion" unterstützen. Allerdings bietet die neurowissenschaftliche Altersforschung auch andere Perspektiven auf Enhancement. Neurowissenschaftliche Entwicklungen könnten in der Zukunft optimierende Eingriffe ermöglichen oder implizit Möglichkeiten schaffen, das zu ändern, was als normaler Alterungsprozess angesehen werden kann. Was aber der größte Teil solcher Forschung impliziert, ist nicht, dass es möglich sei, die Funktion über das „Normale" hinaus zu verbessern. Es ist eher so, dass sie eine Veränderung des Blickwinkels mit sich bringen, vom Anstreben des Durchschnittlichen im Bereich der normalen Funktionen hin zum Streben nach einem optimierten Zustand innerhalb desselben Bereiches. Und in den meisten Fällen verweisen Zitate wie das obige einfach auf Behandlungen des funktionalen Rückgangs, die bereits stattgefunden haben.

Auf der anderen Seite fokussieren sowohl die Neurowissenschaften als auch die Altersforschung, die sich auf erfolgreiches Alterns konzentriert, auf Präventivmaßnahmen. Diese basieren oft auf der Verbesserung der kognitiven Funktion von eigentlich „normalen" Individuen durch Eingriffe in den Lebensstil oder Einnahme von Substanzen. Eine vorherrschende Diskussion in den Enhancement-Debatten dreht sich darum, wann medizinische, technologische, oder pharmazeutische Eingriffe als Behandlung angesehen werden sollten und wann es eine Verbesserung ist. Ich vermute, dass diese Unterscheidung weder die schwierigste noch die konstruktivste ist. Therapie impliziert, dass das Subjekt in einem Zustand ist, in dem es als weniger gut funktionierend angesehen wird als es seiner Situation angemessen wäre (z.B. bekommt es deshalb ein Cochlea-Implantat), während Enhancement eine Verbesserung von etwas ist, das bereits gut funktioniert, wenngleich nicht perfekt (z.B. Golfspieler Tiger Wood's Operation zur Verbesserung der Sehkraft). Obwohl das Urteil, ob etwas gut oder weniger gut als angemessen funktioniert, willkürlich ist und abhängig ist von verhandelbaren Definitionen der Normalität, bleibt es immer noch eine Unterscheidung, die man als analytisches Werkzeug benützen kann, um zu klären, ob etwas in einem speziellen historischen und kulturellem Kontext ein Enhancement ist. Eine weitaus schwierigere Unterscheidung ist meiner Meinung nach die zwischen Prävention und Enhancement.

Wie bereits erwähnt, wirken Präventivmaßnahmen oft durch die Verbesserung der kognitiven Funktionen von ansonsten „normalen" Individuen. Das ist etwas, was als eng verwandt mit dem Thema Optimierung angesehen werden kann. Mit den Worten des britischen Soziologen Nikolas Rose: „Das, um was es hier geht, kann nicht mit der binären Logik der Behandlung versus Enhancement aufgeteilt werden: Es ist eine konstante Arbeit der Modulation des Selbst in Relation zu angestrebten Formen des Lebens." (Rose 2009, 80) Im Kontext dieses Kapitels könnte man also fragen, ob die Optimierung des menschlichen körperlichen Potentials ein Enhancement darstellt, oder ob es sich immer noch im Bereich der „Normalität" befindet.[12]

Abschließende Bemerkungen

Es gibt eine enge Verbindung zwischen bestimmten Teilen der Enhancement Debatte und der Wissensproduktion, die durch neurowissenschaftliche Veröffentlichungen über erfolgreiches Altern verbreitet wird: Beide streben nach einer Verbesserung oder Optimierung körperlicher und/oder kognitiver Funktionen und einem langen gesunden Leben; und beide konzentrieren sich auf die Entwicklung neuer medizinischer oder technologischer Methoden, um entsprechende Maßnahmen zu möglich zu machen. Beide Auffassungen von erfolgreichem Altern und von Enhancement drehen sich um individuelle Fähigkeiten und beide betrachten (von Beginn an) nicht die sozialen Ungleichheiten. Und sowohl in den Neurowissenschaften als auch im erfolgreichen Altern und im Enhancement gibt es eine deutliche Zukunftsorientierung. Das Erreichen der denkbar besten Zukunft ist das, worum es bei kognitiven Reserven, Prävention und bei der Verbesserung von menschlichen Fähigkeiten geht.

---

12 Die Schwierigkeit, zwischen Prävention/Optimierung und Enhancement zu unterscheiden, hängt davon ab, ob man Enhancement als etwas ansieht, das ganz neue sensorische, kognitive oder andere Fähigkeiten verschafft, die jenseits des Potentials existierender menschlicher Körper sind (wie das Sehvermögen im Infrarotbereich, Schnittstellen zwischen Computer und Gehirn etc.), oder ob jemand auch Verbesserungen innerhalb des Bereiches des bereits bestehenden menschlichen Potentials als Enhancement definiert. Und was ist, wenn etwas, das in manchen Menschen durch Training oder durch eine glücklichen Kombination von Umständen auftritt (außergewöhnliches Erinnerungs- oder Sehvermögen zum Beispiel) auch durch technologische/pharmakologische Methoden hervorgerufen werden kann, ist das dann Enhancement? Sind die Mittel der Verbesserung so wichtig?

Aber es gibt auch eine Diskrepanz zwischen den Bereichen der Prävention/Optimierung und dem Enhancement: Neurowissenschaften und erfolgreiches Altern sind nicht posthuman oder transhuman, was allerdings nicht bedeutet, dass diese beiden Felder nicht unser Verständnis der Bedingungen des Menschseins verändern können. Die letzten paar Jahrzehnte haben nicht nur eine Veränderung der Erwartungen an bestimmte wissenschaftliche Bereiche wie Neurowissenschaften, Genetik oder Altersforschung gesehen, sondern vielleicht auch der Erwartungen an fundamentalere Konzepte wie Normalität und Kausalität. In mancher Hinsicht wurde Normalität pathologisiert, oder, wie ich hier vorschlagen möchte, dazu gedrängt, ein strengeres Regime von Prävention und Optimierung anzunehmen. Im Untergrund dieser Konzepte wachsen neue Ideen darüber, was es heißt, Mensch zu sein. Diese Ideen sind bereits in den sich verändernden wissenschaftlichen Perspektiven enthalten. Die praktischen und politischen Konsequenzen dieser neuen Ontologien sind das, was wir in den Studien zum Enhancement des Menschen reflektiert sehen. Aber vielleicht ist es auch an der Zeit, sich eingehender mit deren Grundlagen zu befassen.

Ich werde dieses Kapitel auf eine etwas andere Art beenden. Im Jahr 2002 hat der französische Künstler Gilles Barbier sechs Wachsmodelle von lebensgroßen Superhelden in einer Installation ausgestellt, die in dem Bild unten zu sehen ist. Altern und Enhancement sind die Schlüsselthemen in diesem intelligenten Kunstwerk, das wie eine Illustration der Hoffnungen und Ängste wirkt, die mit diesen Themen zusammenhängen. Hier können wir über die schlaue Verkörperung der Idee von alternden Superhelden lachen, vielleicht lachen wir sogar aus Erleichterung, weil wir wissen, dass sie Fiktion sind. Möglicherweise hat das Lachen sogar einen kathartischen Effekt, indem er die BetrachterInnen an ihre eigene Sterblichkeit erinnert, an den Fluss der Zeit und an den scheinbar unvermeidbaren altersbedingten Verfall von physischen und mentalen Funktionen. Wer wollte nicht ein zeitloser, niemals alternder, physisch und/oder mental verbesserter Superheld sein?

Abb. 1:   Gilles Barbier de Preville – L`hospice   © VG Bild-Kunst, Bonn 2012

Die Kunstinstallation kann auch als Kommentar gesehen werden zu den gegenwärtigen Diskussionen und Sorgen über das Altern in den meisten westlichen Ländern, welche dieses Kapitel behandelt hat. Leistungsstarke Individuen, hier verkörpert als „Superhelden", altern erfolgreich; sie enden nicht in Altersheimen oder auf einer Trage. Auf diese Weise zeigt das Kunstwerk die Ideale aufzuzeigen, die nicht nur in der Popkultur sondern auch in zeitgenössischen Diskursen über das Altern und in den Debatten über das Enhancement des Menschen enthalten sind. Wie im Scherz stellt es unsere Erwartungen auf den Kopf. Aber ich glaube, die Installation begegnet diesem Witz auch mit einer ernsteren Frage, einer Frage, die ich vor kurzem auch von dem amerikanischen Historiker des Alterns, Thomas Cole gehört habe. Sie könnte unter Berücksichtigung der diskursiven und ontologischen Veränderungen, die ich hier versucht habe darzustellen, äußerst wichtig sein. Die Frage lautet: Welchen Wert messen wir gebrechlichen Menschen bei?

Übersetzt von Janina Broschk und Christoph Rehmann-Sutter

Bibliographie

Beckert, B., Blümel, C. and Friedewald, M. (2007): Visions and realities in converging technologies. Innovation: The European Journal of Social Science Research 20 (4), S. 375-395.

Beddington, J., Cooper, C. L., Field, J., Goswami, U., Huppert, F. A., Jenkins, R., Jones, H. S., Kirkwood, T. B. L., Sahakian, B. J. and Thomas, S. M. (2008): The mental wealth of nations. Nature 455, S. 1057-1060.

Bostrom, N. (2005): A History of Transhumanist Thought. Journal of Evolution and Technology 14(1).

Clark, A. (2008): Supersizing the Mind. Embodiment, Action and Cognitive Extension. Oxford: University Press.

Cole, T. R. (1992): The Journey of Life: A Cultural History of Aging in America. United States of America: Cambridge University Press.

Collier, T. J. and Coleman, P. D. (1991): Divergence of Biological and Chronological Aging: Evidence From Rodent Studies. Neurobiology of Aging 12, S. 685-693.

Daffner, K. R. (2010): Promoting Successful Cognitive Aging: A Comprehensive Review. Journal of Alzheimer's Disease 19, S. 1101-1122.

Dumit, J. (2004): Picturing Personhood. Brain Scans and Biomedical Identity. Princeton: Princeton University Press.

Elliot, C. (2003): Better than well: American medicine meets the American dream. New York and London: W. W. Norton & Company.

Foucault, M. (2004), [1974]: The Crisis of Medicine or the Crisis of Antimedicine? Foucault Studies 1, S. 5-19. Translated by Edgar C. Knowlton and Clare O'Farrell.

Frazetto, G. and Anker, S. (2009): Neuroculture. Nature Reviews Neuroscience 10 (11), S. 815-821.

Goodwin, J. S. (1991): Geriatric Ideology: The Myth of the Myth of Senility. Journal of the American Geriatrics Society 39(6), S. 627-631.

Greely et al. (2008): Towards responsible use of cognitive-enhancing drugs by the healthy. Nature, 456, S. 702-705.

Greene, J. A. (2007): Prescribing by Numbers: Drugs and the Definition of Disease. United States of America: The Johns Hopkins University Press.

Holstein, M. B. and Minkler, M. (2003): Self, Society, and the "New Gerontology". The Gerontologist 43(6), S. 787-796.

Human Enhancement Study (2009): European Parliament Science and Technology Options Assessment. Available at: http://www.europarl.europa.eu/stoa/publications/studies/stoa2007-13_en.pdf (14.08.2009).

Humanity+ (homepage): http://www.humanityplus.org (20.05.2012).

Humle, T. and Friislund, M. (2010): 'Study drugs' vinder frem på universiteter. Information, 1.sektion: 4 (12.06.2010) [journalist study about the use of so called study drugs in Danish universities. I have access to the study data through personal contact].

Innovation: The European Journal of Social Science Research 20(4), December 2007, Special Issue: Converging Science and Technologies: Research Trajectories and Institutional Settings.

Kampf, A. and Botelho, L. A. (2009): Anti-Aging and Biomedicine: Critical Studies on the Pusuit of Maintaining, Revitalizing and Enhancing Aging Bodies. Medicine Studies 1, S. 187-195.

Kirk, H. (2008): Med hjernen i behold – Kognition, træning og seniorkompetencer. Copenhagen: Akademisk Forlag.

Kramer, P. (1997), [first edition 1993]: Listening to Prozac. United States of America: Penguin Books.

Liberati, G., Raffone, A. and Belardinelli, M. O. (2011): Cognitive reserve and its implications for rehabilitation and Alzheimer's disease. Cognitive processing, 04. June 2011. Available at: http://www.springerlink.com/content/m40638p55957 x44r/about/ (17.10.2011).

Littlefield, M. and Johnson, J. (Hrsg.) Forthcoming (2012): The Neuroscientific Turn: Trandisciplinarity in the Age of the Brain. University of Michigan Press.

Lock, M. (2005): Alzheimer's Disease: A Tangled Concept. Complexities: Beyond Nature & Nurture. Chicago and London: The University of Chicago Press, S. 196-222.

Mehlman, M. J. (2004): Cognition-Enhancing Drugs. The Milbank Quarterly 82 (3), S. 483-506.

Petersen, A. R. (1996): Risk and the regulated self: the discourse of health promotion as politics of uncertainty. Journal of Sociology 32(1), S. 44-57.

Petersen, A. R. and Wilkinson, I. (2008): Health, risk and vulnerability: an introduction. Health, risk and vulnerability. USA and Canada: Routledge, S. 1-15.

Reuter-Lorenz, P. A. and Lustig, C. (2005): Brain aging: reorganizing discoveries about the aging mind. Current Opinion in Neurobiology 15, S. 245-251.

Roco, M and Bainbridge, W. (Hrsg.) (2002): Converging Technologies for Improving Human Performance. NSF/DOC-sponsored report. Available at: http://www.wtec.org/ConvergingTechnologies/Report/NBIC_report.pdf. (29.05.2009).

Rose, N. (2003): Neurochemical selves. Society 41(1), S. 46-59.

Rose, N. (2007): The Politics of Life Itself. Princeton: Princeton University Press.

Rose, N. (2009): Normality and pathology in a biomedical age. Sociological review 57 (Suppl.), S. 66-83.

Rowe, J. W. and Kahn, R. L. (1987): Human Aging: Usual and Successful. Science 237(4811), S. 143-149.

Rowe, J. W. and Kahn, R. L. (1998): Successful aging. USA: Pantheon Books.

Savulescu, J. and Bostrom, N. (Hrsg.) (2009): Human Enhancement. New York: Oxford University Press.

Whitehouse, P. J. and George, D. (2008): The Myth of Alzheimer's. United States of America: St. Martin's Press.

Körperverachtung oder Phänomenologie der Leiblichkeit?
Eine Kritik am Transhumanismus

Nikolai Münch

Einleitung

Die Frage, ob der Mensch durch biotechnologische Mittel, über das Heilen von Krankheiten hinaus, ‚verbessert' werden kann, darf oder sollte, und wenn ja, wie weit und unter welchen Rahmenbedingungen, ist umstritten (z.B. Savulescu/ Bostrom 2009 oder Coenen et al. 2010). Das ist insofern wenig überraschend, als es in der Debatte um das Enhancement um grundsätzliche Fragen zu gehen scheint, die das Menschsein insgesamt betreffen. Allerdings werden anthropologische Argumente zumeist vor allem mit den Gegnern des Enhancements wie Jürgen Habermas und Francis Fukuyama verbunden. Mir geht es im Folgenden darum zu zeigen, dass auch Befürworter des Enhancements keineswegs anthropologisch enthaltsam sind. Dazu werde ich eine Strömung herausgreifen, deren Vertreter sich in den letzten Jahren als vehementeste Befürworter einer ‚Verbesserung' des Menschen etabliert haben: die Transhumanisten. Einer der gegenwärtig einflussreichsten Vertreter des Transhumanismus ist der schwedische Philosoph Nick Bostrom, der zur Zeit das *Future of Humanity Institute* der Universität Oxford leitet. Er ist Mitbegründer der *World Transhumanist Association* (WTA), des organisatorischen Dachs der Transhumanisten, und Autor des für die WTA programmatischen *Transhumanist FAQ* (Bostrom 2003b). Auf die Arbeiten Bostroms wird sich die folgende Untersuchung konzentrieren; aufgrund seiner Rolle innerhalb der transhumanistischen Bewegung kann man aber wohl davon ausgehen, dass Bostrom als exemplarisch für den Transhumanismus in seinen Grundzügen gelten kann.

Ziel ist es zu zeigen, dass nicht nur Gegner des Enhancements, sondern auch Bostrom als Beispiel einer seiner radikalsten Befürworter auf umstrittenen anthropologischen Prämissen aufbaut. Es wird darum gehen zu zeigen, welches Konzept des menschlichen Geistes und des Körpers der Argumentation Bostroms zugrunde liegt. Dies soll anhand der von Bostrom vertretenen Uploading-Idee geschehen. Das Ergebnis wird sein, dass die transhumanistische Position, wie sie Bostrom vertritt, eine unplausible Konzeption des menschlichen Körpers beinhaltet und dass diese „Körperverachtung" als Indiz einer übergreifenderen Sicht auf den Menschen gelten kann.

Ich werde zunächst den Bostromschen Transhumanismus in seinen Zielen, anvisierten Mitteln und seiner Argumentation beschreiben (2). Danach wird die Uploading-Idee in den Fokus rücken. Es wird deutlich, dass diese Enhancement-Vision nicht auf einem Cartesischen Dualismus aufbaut (3), sondern auf einer computerfunktionalistischen Beschreibung des Menschen (4). Anschließend sollen die Konsequenzen des Computerfunktionalismus für die Sicht auf den menschlichen Körper herausgearbeitet werden, die in Nietzsches Worten als „Verachtung des Leibes" beschrieben werden können (5). Als Kontrastbild dazu soll auf die Leibphänomenologie Maurice Merleau-Pontys rekurriert werden, um Bostroms Uploading-Idee und seine übergreifende Argumentation mit diesen phänomenologischen Analysen zu konfrontieren (6).

Der Transhumanismus – Ziele, Mittel und Argumentation

Der Begriff „Transhumanismus" taucht zuerst 1957 bei dem englischen Biologen Julian Huxley auf, der als einer der Vordenker des gegenwärtigen Transhumanismus gelten kann (Huxley 1957; vgl. Heil 2010, 129).

Erst in den letzten ca. 25 Jahren aber hat sich der Begriff eingebürgert, um eine Bewegung zu bezeichnen, der es um eine Überwindung des Menschen mit Hilfe rationaler wissenschaftlich-technischer Mittel geht (Coenen 2009, 268). Zwar basiert der Transhumanismus nicht auf einem monolithisch-geschlossenem Set von Ideen – auch Nick Bostrom spricht nur von einem „looslely defined movement" (Bostrom 2003a, 493) – dennoch lassen sich gemeinsame Grundüberzeugungen ausmachen. So können zumindest die hier exemplarisch anhand Bostrom dargestellten Ziele als mehr oder weniger gemeinsame Überzeugungsbasis der Transhumanisten gelten.

Ausgangspunkt der transhumanistischen Überlegungen ist die Überzeugung, dass der Mensch, in seiner gegenwärtigen (biologischen) Verfassung als homo sapiens, sich in einem relativ frühen Durchgangsstadium seiner Entwicklung befindet. Kontrastiert mit den zukünftig möglichen Weiterentwicklungen kommt die gegenwärtige Verfassung des Menschen daher primär als faktische und kontingente Begrenzung der menschlichen Möglichkeiten und Fähigkeiten in den Blick (Bostrom 2003a, 494). Bei diesen begrenzten und daher zu verbessernden menschlichen Möglichkeiten denken die Transhumanisten vor allem an vier Bereiche. Zum einen geht es ihnen um die Verlängerung der so genannten Gesundheitsspanne

(„health-span" Bostrom 2008, 108): Die Zeit, in der Menschen unbeeinträchtigt von Alterungsprozessen und Krankheiten sowohl mental als auch physisch „fit" sind, soll so weit wie möglich, am besten unbegrenzt, ausgedehnt werden. Zum zweiten soll die kognitive Leistungsfähigkeit des Menschen weitest möglich erhöht werden. Das betrifft sowohl allgemeine intellektuelle Fähigkeiten wie Gedächtnisleistung, Konzentration oder logisches Schlussfolgern, als auch speziellere wie z.b. mathematisches Verständnis (Bostrom 2008, 117; Bostrom/Roache 2011). Ein drittes Ziel ist die Steigerung emotionaler Fähigkeiten. Bostrom spricht zum Teil auch von „mood and personality enhancement" (Bostrom/Roache 2007, 11-14). Was unter diesem Schlagwort angepeilt wird, sind die Fähigkeiten, das Leben zu genießen, also Freude, Spaß und sinnlichen Genuss zu empfinden, Interesse und Begeisterung aufzubringen, Ausgeglichenheit, Einfühlungsvermögen einerseits zu steigern, andererseits „negative" Gefühle wie Aggression, Hass, Verachtung usw. dann zu vermeiden, wenn sie der Situation nicht angemessen sind (Bostrom 2008, 119f.). Ein vierter Punkt, ist die Steigerung der physischen Fähigkeiten. Zum Teil überschneiden sich diese Fähigkeiten mit denen, die Bostrom schon unter den Bereich der Gesundheitsspanne subsumiert hat, und die von daher für ihn Priorität genießen, wie etwa die Stärkung des Immunsystems etc. Darüber hinaus ist hier an Fähigkeiten wie Kraft, Ausdauer usw. zu denken. Vereinzelt fasst Bostrom auch die ‚Verbesserung' des Menschern mit Hilfe neuer Sinne, wie Sonar oder magnetischer Orientierung ins Auge (Bostrom 2003c, 4).

In all diesen Bereichen sehen die Transhumanisten den Menschen als begrenzt durch seinen evolutionären Entwicklungsstand, der dann durch eine ständige Verbesserung der conditio humana immer weiter überstiegen werden soll. Die Mittel dieser Transzendierung der menschlichen Grenzen sind rationaler Natur: angewandte Wissenschaft und Technik. Insbesondere der Gen- und Nanotechnik, der Informationstechnologie und der Künstlichen Intelligenz werden dabei große Potentiale zugesprochen (Bostrom 2003b, 7-20).

Was den Transhumanismus dabei von anderen in der Enhancement-Debatte vertretenen Positionen unterscheidet, ist die prinzipielle Schrankenlosigkeit solcher Eingriffe – die Sicherheit der verwendeten Mittel vorausgesetzt. Während gemäßigtere Befürworter einer technologischen ‚Verbesserung' des Menschen eine unbegrenzte Steigerung der menschlichen Fähigkeiten ablehnen, weil eine Transzendierung der menschlichen Daseinsweise Entfremdungen von wertvollen Werten und Erfahrungen mit sich brächte, die an eben diese Daseinsweise gebunden wären (Agar 2010, 12f. und Kapitel 9; vgl. auch Agar 2007) oder die Gefahr einer qualitativ

neuen sozialen Ungleichheit sehen (Gesang 2007, 9, 50f.), haben Transhumanisten solche Bedenken nicht. Gegen eine Begrenzung des Enhancements relativ zu einem wie auch immer definierten menschlichen Maßstab,
ist das explizite Ziel eine technologische Überwindung des homo sapiens
durch posthumane Wesen - "future beings whose basic capacities so radi-
cally exceed those of present humans as to be no longer unambigiously
human by our current standards" (Bostrom 2003b, 6). Die Vision des
Uploading, als das wohl am weitesten reichende Mittel einer solchen Überschreitung der gegenwärtigen conditio humana, ist daher auch ein Allein-
stellungsmerkmal des Transhumanismus in der Enhancement-Debatte. Bevor die Uploading-Idee vor allem unter dem Gesichtspunkt des Körpers
und der Leiblichkeit weiter untersucht wird, soll noch kurz ein Blick auf
die Argumentationsstrategie Bostroms geworfen werden. Wie wird die
transhumanistische Vision einer technologischen Transzendierung des
Menschen begründet?

Die möglichen Gewinne, die aus dem Einsatz der von Bostrom vorgeschlagenen Mittel zu erwarten wären, sind aus seiner Sicht „obvious" (Bostrom 2003a, 498; Bostrom 2008, 113, 116). Dennoch: Gibt es nach oben
keine Grenze? Ist es wünschenswert, einen posthumanen Zustand zu erreichen? Um eine positive Antwort auf diese Fragen nahe zu legen, entwickelt Bostrom verschiedene Argumentationsstrategien.

Eine erste Strategie besteht darin, in suggestiven Beschreibungen posthumaner Zustände und Lebensweisen dem Leser auszumalen, in welchen
wertvollen Bahnen ein Leben mit posthumanen Fähigkeiten verlaufen
würde:

> "Let us suppose that you were to develop into a being that has posthuman
> healthspan and posthuman cognitive and emotional capacities. At the early
> steps of this process, you enjoy your enhanced capacities. You cherish your
> improved health: you feel stronger, more energetic, and more balanced. [...]
> You also discover a greater clarity of mind. You can concentrate on difficult
> material more easily and it begins making sense to you. You start seeing con-
> nections that eluded you before. [...] You are able to sprinkle your conversa-
> tion with witty remarks and poignant anecdotes. Your friends remark on how
> much more fun you are to be around. Your experiences seem more vivid.
> When you listen to music you perceive layers of structure and a kind of musi-
> cal logic to which you were previously oblivious; this gives you great joy.
> You continue to find the gossip magazines you used to read amusing, albeit in
> a different way than before; but you discover that you can get more out of
> reading Proust and Nature. [...] You have just celebrated your 170th birthday
> and you feel stronger than ever. Each day is a joy. You have invented entirely
> new art forms, which exploit the new kinds of cognitive capacities and sensi-

bilities you have developed. You still listen to music – music that is to Mozart what Mozart is to bad Muzak. You are communicating with your contemporaries using a language that has grown out of English over the past century and that has a vocabulary and expressive power that enables you to share and discuss thoughts and feelings that unaugmented humans could not even think or experience." (Bostrom 2008, 111f.)

Wäre ein solches Leben mit gesteigerten Fähigkeiten nicht „besser" als ohne, fragt Bostrom. Offensichtlich überspringt er dabei aber zugleich alle strittigen Fragen. Ist eine solche Freude an jedem gelebten Tag überhaupt durch Enhancement-Technologien erreichbar? Viel mehr als eine Illustration der Versprechungen, die für Bostrom mit radikalem Enhancement verbunden sind, leistet diese Strategie nicht. Es macht allerdings die Fluchtpunkte von Bostroms Argumentation deutlich. Das von ihm vorgeschlagene radikale Enhancement wird vor allem an den unterstellten positiven Konsequenzen für das Wohlbefinden gemessen und dadurch legitimiert. Dabei gilt, dass es nach oben keine Grenze gibt, dass die Stellschrauben des Wohlbefindens beliebig weiter gedreht werden können.

Eine zweite Strategie zielt weniger auf die Versprechungen radikalen Enhancements ab, sondern hebt die begrenzten Möglichkeiten des Menschen in seiner gegenwärtigen Konstitution hervor. Man stelle sich – so Bostrom – den Raum möglicher Daseinsweisen vor. Dieser bestehe aus Kombinationen von Fähigkeiten oder anderen allgemeinen Parametern des Lebens und sei – so die Annahme – allein durch die physikalischen Gesetze beschränkt. In diesem physikalisch definierten Möglichkeitsraum sei Tieren, z.B. den Schimpansen, nur ein kleiner Teil zugänglich, dem Menschen schon mehr. Nun sind dem Menschen aber wertvolle Daseinsweisen möglich, die dem Schimpansen verschlossen sind. Daher sei es nur plausibel, dass auch der Raum, den der Mensch bisher nicht erreichen kann, wertvolle Daseinsweisen enthält – und genau dieser Teil des Möglichkeitsraums sei nur posthumanen Wesen zugänglich (Bostrom 2008, 122; vgl. auch Bostrom 2003a, 494f. und Bostrom 2003c, 2f.). Bostrom setzt voraus, dass die Beschreibung wertvoller Lebensweisen allein durch ein Set von Fähigkeiten oder allgemeiner Parameter plausibel ist.

Das wichtigste Argument Bostroms ist aber ein drittes. Während das eben skizzierte Argument davon ausgeht, dass in dem „Möglichkeitsraum", der nur posthumanen Wesen zugänglich sein soll, wertvollere Daseinsweisen darauf warten, gelebt zu werden, verknüpft der dritte Argumentationsstrang diese Daseinsweisen mit den Wertvorstellungen der heutigen Menschheit. Er will dafür argumentieren, „that some of our ideals may well be located outside the space of modes of being that are accessible to us with our current biological constitution" (Bostrom 2003a, 495). Es geht Bostrom darum zu zeigen, dass von unserem heutigen evaluativen Standpunkt aus gute Gründe dafür sprechen, posthumane Fähigkeiten zu entwickeln. Nicht die Aufgabe unserer Werte und Wertvorstellungen mache den Weg frei, den Menschen in seiner gegenwärtigen Konstitution zu überwinden, sondern die konsequente Verfolgung heute vertretener Werte führe den Menschen über ihn selbst hinaus.

> "Transhumanism does not require us to say that we should favour post-human beings over human beings, but that the right way of favoring human beings is by enabling us to realize our ideals better and that some of our ideals may well be located outside the space of modes of being that are accessible to us with our current biological constitution." (ebd.)[1]

Die Gründe, die uns in den posthumanen Bereich führen sollten, seien dieselben, die bereits heute breit akzeptierten und praktizierten Praktiken unterliegen: „in order to protect and expand life, health, cognition, emotional well-being, and other states or attributes that individuals may desire in order to improve their lives." (Bostrom/Roache 2007, 3) Der Schutz und die Förderung insbesondere von Leben, Gesundheit, Kognition und emotionalem Wohlbefinden (die drei Kernbereiche des von Bostrom vorgeschlagenen Enhancements), so das Argument, sind Werte, die am individuellen Verhalten ebenso abzulesen seien, wie auch an den staatlichen Reglementierungen. Sowohl individuell als auch gesellschaftlich stelle man etwa enorme Ressourcen für Bildung bereit, die letztlich auch die Steigerung kognitiver Kapazitäten zum Ziel habe. Diese alten, „herkömmlichen" Mittel seien aber in ihrer Reichweite begrenzt. Die Verwirklichung unserer Werte reiche nur so weit, wie unsere gegenwärtige biologische Konstitution dies erlaube. Mit den neuen Mitteln, die der Transhumanismus erhofft, könne diese Grenze überwunden werden. Daher sind es die „alten Werte", die mit neuen Mitteln verfolgt, uns über die Grenzen des Menschlichen hinaustragen (vgl. Bostrom 2008; Bostrom/Sandberg 2009; Bostrom/Roache 2011).

---

1   Dies ist auch der Grund warum Bostrom seine transhumanistische Philosophie als im Kern konservatives Unternehmen einstuft: "I therefore do not regard my claim as in any strong sense revisionary. On the contrary, I believe that the denial of my claim would be strongly revisionary in that it would force us to reject many commonly accepted ethical beliefs and approved behaviors. I see my position as a conservative extension of traditional ethics and values to accommodate the possibility of human enhancement through technological means." (Bostrom 2008, 113).

Man könnte diesen Typ von Argumenten auch als „Kontinuitätsargumente" bezeichnen. Sie dienen Bostrom nicht nur dazu, seinen Standpunkt zu stützen, sondern werden von ihm auch gegen Kritiker des Enhancements ins Feld geführt, insbesondere will er damit eine Abgrenzung von Therapie und Enhancement unterlaufen, die von Gegnern als moralisch bedeutsame Schranke gesehen wird (Bostrom/Roache 2007, 1-3). Die Kontinuitätsargumente erfüllen die Funktion, den Gegnern des Enhancements die Gründe aus der Hand zu nehmen (Murray 2007, 497f.).

Auf diese Argumentationsstränge wird nach der Analyse des Aspekts der Leiblichkeit als Indiz für den Bostromschen Zugang zum Menschen insgesamt zurückzukommen sein. Doch zunächst soll die Sicht auf den menschlichen Körper und Geist anhand der Uploading-Idee analysiert werden.

Transhumanistischer Dualismus?

Das Uploading, an anderer Stelle auch als „whole brain emulation" (Bostrom/Sandberg 2008) bezeichnet, ist insofern ein für den Transhumanismus charakteristischer Aspekt, weil es in der breiteren Enhancement-Debatte eher wenig diskutiert wird. „Uploading [...] is the process of transferring an intellect from a biological brain to a computer." (Bostrom 2003b, 17)[2] Es geht also darum, die Struktur des menschlichen Gehirns zu scannen und dann auf einen Computer zu transferieren bzw. zu replizieren. Gemäß den Vorstellungen Bostroms blieben dabei das Bewusstsein und die Identität vollständig erhalten. Damit soll eine Verlängerung der Gesundheitsspanne sowie eine kognitive Leistungssteigerung erreicht werden. Der Upload unterläge nicht dem biologisch bedingten Alterungsprozess und könnte durch regelmäßige Updates bei Bedarf, etwa nach einem Unfall, neu gestartet werden. „Thus your lifespan would potentially be as long as the universe's." (ebd., 18) Daneben wären kognitive Enhancement-Maßnahmen, so Bostrom, an der Computer-Hardware einfacher durchzuführen, als am biologischen Gehirn: „For instance, if you were running on a computer thousand times more powerful than the human brain, then you would think a thousand times faster." (ebd.)

---

2 Neben der schon erwähnten 130 Seiten starken Roadmap zur „wohle brain emulation" (Bostrom/Sandberg 2008) wird die Uploading-Idee bei Bostrom zudem verhandelt in Bostrom 2003c, 4; Bostrom 2005, 7-12 sowie Bostrom/Yudkowksy (i.E.), 10f.

Was verrät die Uploading-Vision über die implizierte Sicht des Menschen, seinem Körper und dessen Verbindung zum Geist? Die Idee des Uploading wird von Kritikern mit einer klassischen Position der Leib-Seele-Debatte, mit einem Dualismus Cartesischer Prägung in Zusammenhang gebracht:

> „Leitbild des Transhumanismus ist hingegen die völlige Entmaterialisierung. Er treibt den Dualismus von res cogitans und res extensa auf die Spitze, indem er Letztere als beliebig formbar erklärt und den Geist völlig vom menschlichen Leib ‚befreien' will." (Coenen 2009, 274)[3]

Der Substanzdualist Descartes vertrat die Position, dass die Welt aus genau zwei Substanzen bestehe, aus der *res externa*, der körperlichen Substanz, dessen wesentliches Merkmal die Ausdehnung ist, und der *res cogitans*, der immateriellen geistigen Substanz, dessen wesentliches Attribut das Denken ist. Die Unterscheidung dieser beiden Subtanzen ist dabei für Descartes nicht nur begrifflich-analytischer Art; sie sind vielmehr real voneinander verschieden. Das Mentale wird damit ontologisch eigenständig. Gedanken, Empfindungen oder Schmerzen werden zu einem Modus bzw. Zustand der immateriellen geistigen Substanz. Der Körper hingegen wird als ausgedehnter materieller Gegenstand gedacht, der wie alle anderen Dinge auch, rein nach mechanistischen Prinzipien funktioniert. Neben einer metaphyischen Untermauerung seiner mechanistischen Physik und Physiologie gegen die aristotelisch-scholastische Tradition, verfolgte Descartes mit seiner Zwei-Substanzen-Lehre auch das Ziel, die Unsterblichkeit der Seele zu sichern. Dies schien sich nur bewerkstelligen zu lassen, wenn die Seele keine Eigenschaft des vergänglichen Körpers wäre, sondern von ihm ontologisch unabhängig ist (Descartes 1972, 15ff., 61ff., vgl. Perler 2006, 169-180 sowie Beckermann 2008, 4-7, 29-37). Obwohl der Mensch als ein aus beiden Substanzen zusammengesetztes Wesen gezeichnet wird, scheint sich Descartes fast ausschließlich für die *res cogitans* zu interessieren. Nur die denkende Substanz scheint unmittelbar zugänglich und erkennbar, nur sie wird mit „Ich" angesprochen; der Mensch erscheint als „denkendes Ding" (Descartes 1972, 27).

---

3   In ähnliche Richtung weist Krüger 2004, 198. Krügers Position ist allerdings zwiespältig. Er erkennt zwar funktionalistische Motive, wie sie hier im Folgenden beschrieben werden sollen, bei den von ihm untersuchten Transhumanisten, macht aber daran ihren vermeintlichen Dualismus fest. Zudem betont er die Traditionslinie zu Descartes (ebd., 178-180). Es wird sich im Folgenden zeigen, dass die Verbindung Funktionalismus-Dualismus bei Bostrom in diesem Sinne unplausibel ist.

Diese Skizze des Cartesischen Dualismus lässt die Intuition, die hinter einer Verknüpfung der transhumanistischen Uploading-Idee mit dem Dualismus liegt, erkennbar werden. Sie liegt darin, dass auch die Transhumanisten den menschlichen Geist, der allein Bewusstsein und Identität ausmacht, vom vergänglichen Körper trennen wollen, um die Sterblichkeit zu überwinden. Aber trotz der Parallelen liegt der transhumanistische Ansatz konträr zu dem Descartes'. Gegen die These eines transhumanistischen (Substanz-)Dualismus spricht deren dezidiert naturalistische Grundposition:

"Transhumanism is a naturalistic outlook. At the moment, there is no hard evidence for supernatural forces or irreducible spiritual phenomena, and transhumanists prefer to derive their understanding of the world from rational modes of inquiry, especially the scientific method." (Bostrom 2003b, 46)

Mit dem Begriff des Naturalismus wurden in der Geschichte wie in der Gegenwart der Philosophie viele unterschiedliche Ansätze belegt (Keil/Schnädelbach 2000, 11f.). Im Zusammenhang der Philosophie des Geistes aber ist eine naturalistische Sicht, ungeachtet dessen, was sie im Detail bezeichnen soll, mit dem Ansatz Descartes' nicht vereinbar. Denn nach Descartes müsste es neben physischen Dingen mit der res cogitans auch unabhängige nicht-physische Dinge geben und damit auch irreduzibel geistige Phänomene, die die Transhumanisten gerade ablehnen. Aber die Uploading-Idee ist auch ohne die Prämisse einer immateriellen geistigen Substanz einholbar. Im Folgenden wird zu zeigen sein, dass sie im Falle Bostroms auf einer computerfunktionalistischen Sicht des menschlichen Geistes beruht, die ebenfalls Konsequenzen für die Konzeptualisierung des menschlichen Körpers nach sich zieht.

Die computerfunktionalistische Sicht

Für die „Loslösung" des Geistes vom Körper im Uploading braucht Bostrom nicht zwangsläufig eine immaterielle mentale Substanz. Er beruft sich auf das Argument der multiplen Realisierbarkeit (Bostrom/Sandberg 2008, 15 und Bostrom 2003d, 244). Dieses Argument ist eine der Kernthesen der funktionalistischen Theorie des Geistes. Die funktionalistische Theorie des Geistes wurde in den 1960er Jahren insbesondere von Jerry Fodor und Hilary Putnam entwickelt. Einer ihrer wesentlichen Anstöße – und der Grund, warum sie eng mit der Multirealisierbarkeit verbunden ist – war die Unzulänglichkeit der sogenannten Identitätstheorie. Diese behauptet, vereinfacht gesagt, dass jeder mentale Zustandstyp mit einem physikalischen Zustandstyp identisch ist (dazu Beckermann 2008, 98-141). Wesen, die eine andere Neurophysiologie haben, wie etwa Tiere oder auch Marsmenschen und Computer, könnten somit nicht die gleichen mentalen Zustände haben wie Menschen. Gewichtiger als diese Einwände aber waren Forschungsergebnisse, die zeigen, dass bestimmte mentale Zustände bei verschiedenen Personen nicht mit identischen neuronalen Zuständen korreliert sind, und dass sogar bei ein und derselben Person diese Korrelationen sich im Laufe des Lebens verändern können. Das legt den Schluss nahe, dass mentale Zustände wie Schmerz durch verschiedene physikalische Zustände realisiert werden können (Multirealisierbarkeit). Der Funktionalismus greift dieses Argument auf. Auf welche Weise erlaubt der Funktionalismus Multirealisierbarkeit?

Die Grundthesen des Funktionalismus lassen sich knapp zusammenfassen (Beckermann 2008, 142):

(1) Mentale Zustände sind ihrer Natur nach funktionale Zustände.
(2) Funktionale Zustände eines Systems sind allein durch ihre kausale Rolle charakterisiert, d.h. durch die Inputs von außerhalb des Systems, durch die sie verursacht werden, durch die Outputs, die sie außerhalb des Systems verursachen, und durch die kausalen Relationen zu anderen Zuständen innerhalb des Systems.

Das Standardbeispiel für einen solcherart funktional definierten mentalen Zustand ist Schmerz. Funktionalistisch betrachtet ist Schmerz ein mentaler Zustand, der eine bestimmte kausale Rolle erfüllt, man kann ihn also charakterisieren durch seine typischen Ursachen und Wirkungen. Verursacht wird er typischerweise durch eine Verletzung oder ähnliches (Input), er selbst verursacht Verhalten wie Stöhnen oder Handlungen wie zum Arzt zu gehen (Output) und er verursacht den Wunsch, Schmerz zu beseitigen oder Ablenkung (kausale Relation zu anderen Systemzuständen). Für den Funktionalismus hat ein Wesen genau dann den mentalen Zustand Schmerz, wenn es in einem Zustand ist der diese kausale Rolle erfüllt.

Die funktionalistische Basis des Uploading ist auch an Bostroms Beschreibung seiner Durchführung ablesbar (Bostrom/Yudkowksy i.E, 10f.). Beim ersten Schritt geht es zunächst darum, die für die Operationen des Gehirns funktional relevanten Teile zu scannen. In einem zweiten Schritt wiederum, sollen die computationalen Eigenschaften dieser funktional relevanten Basiselemente hinzugefügt werden. Dieser zweite Schritt erlaubt es, Bostroms Funktionalismus genauer als Computerfunktionalismus zu spezifizieren. Während der Funktionalismus in seiner allgemeinen Form, wie oben beschrieben, davon ausgeht, dass mentale Zustände funktionale Zustände sind (oder anders formuliert: Der Geist ist die funktionale Organisation des Gehirns), besagt der Computationalismus in seiner allgemeinen Formulierung hingegen, dass die funktionale Organisation des Gehirns computational ist, d.h. sie besteht in einer von Algorithmen geleiteten schrittweisen Manipulation von syntaktisch definierten Symbolen, die semantische Eigenschaften (Bedeutung) haben. In diesen weiten Formulierungen sind beide Standpunkt logisch voneinander unabhängig. Der Computerfunktionalismus kombiniert beide Standpunkte zu der These, dass der Geist die computationale Organisation des Gehirns ist (Piccini 2010, 270f.). Oder auf einem gängigen (obwohl interpretationsbedürftigen) Slogan gebracht: Der Computerfunktionalist betrachtet den Geist als die Software des Gehirns.

Was fügt nun der Computationalismus dem Funktionalismus genau hinzu? Zunächst lässt sich ein Computer als ein System verstehen, das sich allein durch seine funktionalen Zustände beschreiben lässt. Allerdings wird der Computer auf einer tieferen Ebene paradigmatisch. Der Computer ist eine Symbolverarbeitungsmaschine, die Zeichenketten mithilfe einfacher Grundoperationen, deren Reihenfolge der zu Grunde liegende Algorithmus bestimmt, erzeugt und verarbeitet. Auf eben diese computationale Ebene zielt Bostroms zweiter Uploading-Schritt ab, in dem es darum geht, „the computational structure and the associated algorithmic behaviour of its components" (Bostrom/Yudkowksy i.E, 10) dem zuvor gescannten *wetware*-Schaltplan hinzuzufügen. (Menschliches) Denken erscheint in dieser Sichtweise als Berechnen, als regelgeleitete, formale Manipulation von Symbolen, analog zu der Arbeitsweise einer Turing-Maschine bzw. eines Computers und kann daher prinzipiell von geeigneten Computern in allen Details und Aspekten repliziert werden: "This is the basis for brain emulation: if brain activity is regarded as a function that is physically computed by brains, then it should be possible to compute it on a Turing machine." (Bostrom/Sandberg 2008, 7)

Die Idee des Uploading basiert nicht auf einem Cartesischen Dualismus, sondern ist Ergebnis einer Naturalisierung des menschlichen Geistes durch das computerfunktionalistische Modell. Denken erscheint in dieser Sichtweise als Berechnen, als regelgeleitete, formale Manipulation von Symbolen, analog zu der Arbeitsweise der Turing-Maschine. Daher kann man auch davon sprechen, dass die computerfunktionalistische Sicht eine mechanistische Erklärung von Denken unternimmt (Dupuy 2009, xf., 3f.), denn Denkvorgänge lassen sich grundsätzlich mechanisch mit Hilfe von Turing-Maschinen duplizieren. Unter der Prämisse, menschliches Denken und Bewusstsein sei ein Anwendungsfall von Strukturen, die sich überall in der Natur finden lassen, werden aus dieser Sicht die Algorithmen einmal von der Turing-Maschine materialisiert, das andere mal vom biologischen menschlichen Gehirn. In dieser Hinsicht steht die Computermetapher des menschlichen Geistes in Kontinuität zur älteren Maschinenmetapher, die insbesondere im Aufklärungsmaterialismus Konjunktur hatte. Und wenn man „Naturalismus" nicht in den Kategorien begreifen will, die die Antithese Natur vs. Kultur vorgibt, „dann steht die Computermetapher des Geistes in völliger Kontinuität zu den meisten neuzeitlichen Naturalisierungsbestrebungen" (Keil 1993, 149).

Konsequenzen des Computerfunktionalismus für die Sicht auf den Körper

(1) Eine erste Konsequenz, die Bostroms Version des Computerfunktionalismus nach sich zieht, könnte man als „Gehirnzentriertheit" bezeichnen. Diese „Gehirnzentriertheit" hängt damit zusammen, was man innerhalb des funktionalistischen Rahmens als In- und Output versteht. Wie oben beschrieben sind hier mentale Zustände durch ihre kausalen Rollen definiert, d.h. durch die Ereignisse außerhalb des Systems, durch die sie verursacht werden (Inputs), durch die Outputs, die sie außerhalb des Systems verursachen und ihre kausalen Beziehungen zu anderen mentalen Zuständen innerhalb des Systems. Was aber gilt als Input oder Output? Die Frage ist deshalb wichtig, weil durch ihre Beantwortung auch die Systemgrenzen des Mentalen festgelegt werden. Dem Funktionalismus stehen im Prinzip drei mögliche Antworten zur Verfügung (Beckermann 2008, 175). Eine Möglichkeit wäre, Inputs als die elektrochemischen Signale, die das Gehirn von den Sinnesorganen erhält, zu bestimmen. Outputs wären analog dazu die elektrochemischen Signale, die das Gehirn an die Muskeln schickt. Eine zweite Möglichkeit wäre, Inputs als die physikalischen Reize zu verstehen, die von den Sinnesorganen verarbeitet werden (etwa die Schallwellen, die aufs Ohr treffen). Outputs wären dann die Bewegungen der Gliedmaßen. Eine dritte Version die Systemgrenzen zu bestimmen, wäre die Begriffe In- und Output weiter zu fassen, nämlich als die verschiedenen Umweltsituationen, in denen wir uns befinden und die Veränderungen in der Umwelt, die wir durch unser Handeln bewirken.

Bostrom vertritt den ersten Standpunkt: Inputs und Outputs werden als elektrochemische Signale verstanden, die das Gehirn von den Sinnesorganen empfängt bzw. an sie versendet. Diese Sichtweise In- und Output betreffend wird auch explizit formuliert: „The emulation produces and receives neural signals corresponding to motor actions and sensory information." (Bostrom/Sandberg 2008, 30)

Wird die Systemgrenze des Mentalen so eng gezogen, ist das eigentliche logische Subjekt mentaler Zustände das Gehirn. Das würde bedeuten, dass nicht Franz Schmerzen empfindet, sondern sein Gehirn.[4] Denn hier befindet sich letztlich das Subjekt. Zudem scheint es aus dieser Sicht für die mentalen Zustände, samt ihrer phänomenalen Qualität (grob: wie fühlt es sich an?) egal zu sein, wie die elektrochemischen Signale zustande kommen und was sie bewirken. Ob das Gehirn an einen mechanischen (Roboter-)Körper angeschlossen ist, ob es statt mit Augen mit einer Kamera verbunden ist, ob es überhaupt einen „weltlichen" Körper hat, oder ob die Signale durch die Simulation einer virtuellen Welt erzeugt werden, macht letztlich für den mentalen Zustand keinen Unterschied (Bostrom/Yudkowski i.E., 11). Denn dies alles ist dem mentalen System letztlich äußerlich. Kausalen Einfluss nehmen ausschließlich die neuronalen bzw. elektrochemischen Signale, die das Gehirn (als physische Realisation) empfängt. Und auch ob ein biologischer Körper, ein Roboterkörper oder „nur" ein virtueller Körper durch die Output-Signale gesteuert wird, macht keinen Unterschied, denn der Output der im kausalen System des Geistes eine Rolle spielt, ist das nur Signal, das das Gehirn verlässt.

Wird der Körper so aus dem Subjekt ausgegliedert und vorgeschaltet, erscheint er mit allen Sinnesorganen als Werkzeug, das dem bewussten „Ich", das allein im Gehirn realisiert wird, zuarbeitet. Dass Bostrom Körper und Sinnesorgane primär als Werkzeuge, als kontingente Geräte der In- und Outputverarbeitung betrachtet, wird etwa da deutlich, wo er physisches Enhancement analog zur Verwendung „externer Werkzeuge" versteht (Bostrom/Roache 2007, 11). Wenn der Körper dem Subjekt äußerlich, ein reines Werkzeug ist, dann wird auch prinzipiell kaum ein Unterschied zwischen der Verwendung eines Gabelstaplers oder der Verwendung des Werkzeugs „Körper" zu beachten sein. Wenn der Körper (ob mechanisch oder biologisch) kein integraler Bestandteil des Subjekts ist, besitzt er auch kein besondere Schutzwürdigkeit. Ein Eingriff in den menschlichen Körper bedarf so keiner besonderen Begründungspflicht.

---

4   Das ist allerdings nicht biologistisch mißzuversthen, denn das Gehirn ist nach der funktionalistischen Sicht, eine mehr oder weniger kontingente Realisierung der eigentlich entscheidenden funktionalen Organisation (Multirealisierbarkeit).

(2) Eine zweite Konsequenz, die eng mit der „Gehirnzentriertheit" zusammenhängt, ist eine Art „Anti-Biologismus". Über die Bestimmung von In- und Output hinaus, gibt es einen zusätzlichen Aspekt des Funktionalismus, der insbesondere den biologischen Körper des Menschen, insbesondere sein Gehirns betrifft. „[T]he computer model of the mind has a built-in antibiological bias." (Block 1990, 391) Das hängt mit der oben beschriebenen Implikation der Multirealisierbarkeit zusammen. Da das Entscheidende bei mentalen Zuständen ihre funktionale Rolle ist, ist das physisches Substrat, durch das die funktionale Organisation realisiert ist irrelevant. Aus dieser Sicht mag es daher nahe liegen, die physische Basis des Mentalen danach zu beurteilen, wie gut sie „ihre Funktion", nämlich die der Realisierung des Geistes, ausfüllt. Bostrom lässt wenig Zweifel daran, dass die „biologische Hardware" des Menschen, sein Gehirn, bei dieser Bewertung schlecht abschneidet. „The three-pound, cheese-like thinking machine that we lug around in our skulls can do some neat tricks, but it also has significant shortcomings." (Bostrom 2003b, 3)

Der Körper erscheint daher aus transhumanistischer Perspektive als ein rein kontingentes Werkzeug der Inputaufnahme bzw. Outputverarbeitung. Der Körper ist auf diese Weise nur kausal mit dem „Ich" verknüpft, als ein Glied in der kausalen Kette, die Inputinformationen liefert und Outputinformationen verarbeitet. Darüber hinaus ist er kein integraler Bestandteil des bewussten Subjekts, zu dessen Beschreibung allein seine im Gehirn realisierten mentalen Zustände ausreichend sind. Der Körper ist damit in gewisser Weise vernachlässigbar und beliebig umgestaltbar, ohne dass sich in grundlegender Weise etwas am Wesen der menschlichen Erfahrung oder menschlichen Identität änderte. Eine solche Umgestaltung bzw. Ausschaltung des Körpers ist sogar wünschenswert. Denn seine kausal spezifizierten Funktionen erfüllt der biologische menschliche Körper zwar, aber nur leidlich. Er ist mit einem erheblichen Mangel behaftet: seiner Unzuverlässigkeit und Vergänglichkeit.

In gewisser Weise ist eine solche Sicht diejenige der „Verächter des Leibes", gegen die Nietzsches Zarathustra predigt (Nietzsche 1988, 39-41). Ihnen, die den Körper als bloße Materie verachten, in ihm nur instrumentellen Wert sehen und nur das rein Geistige zu schätzen wissen, hält er entgegen: „Leib bin ich ganz und gar, und Nichts ausserdem." (ebd., 39) Zarathustra beharrt darauf, dass der Leib nicht nur ein Gegenbegriff zum Geist ist, sondern das ganze Sein des Menschen bezeichnet: Jede Selbsterfahrung sei leiblich, jede Welterfahrung leiblich vermittelt. „Der Leib erweist sich somit als das grundlegende Apriori, hinter das auf keine Weise zurückgegangen werden kann, ohne daß es zugleich wieder bestätigt wird." (Pieper 1990: 150)[5]

Körperverachtung oder Phänomenologie der Leiblichkeit? Merleau-Ponty als Kontrastbild

Als Kontrastbild zu einer solchen „Leibverachtung" soll die Phänomenologie Merleau-Pontys herangezogen werden, insbesondere sein opus magnum, die *Phänomenologie der Wahrnehmung* (Merleau-Ponty 1966). Zwar ist Merleau-Ponty nicht der einzige, der den menschlichen Körper bzw. Leib als bedeutendes Feld der philosophischen Reflexion wieder ins Bewusstsein rief – auch andere verwiesen auf die irreduzibel körperliche Dimension der menschlichen Existenz – wie das Beispiel Nietzsche zeigt. Doch kann Merleau-Ponty als „something like the patron saint of the body" (Shusterman 2005, 151) gelten. „[N]one can match the bulk of rigorous, systematic, and persistent argument that Merleau-Ponty provides to prove the body's primacy in human experience and meaning." (ebd.) Daher soll es im Folgenden darum gehen, anhand seines Denkens zu zeigen, dass der menschliche Leib keinesfalls ein zu vernachlässigender Aspekt ist, sondern eine basale Dimension der menschlichen Existenz – eine Dimension, die unsere Selbstverhältnis ebenso grundlegend prägt, wie unser Verhältnis zur Welt.

Ansatzpunkt Merleau-Pontys ist das Wahrnehmungsphänomen. In Auseinandersetzung mit der philosophischen Tradition geht es ihm darum, die irreduzible Leiblichkeit des Wahrnehmens aufzuzeigen. Dazu wählt er eine phänomenologische Herangehensweise: Nicht ein objektivierter Blick von außen, sondern nur der Nachvollzug des Wahrnehmungsphänomens aus der Ersten-Person-Perspektive könne verständlich machen, wie uns die Wahrnehmung eine Welt enthülle. Die Wahrnehmung kommt daher primär als ein grundlegender Aspekt des In-der-Welt-seins bzw. Zur-Welt-seins des Menschen in den Blick.[6] In eins mit der Wahrnehmung ist auch dieses Zur-Welt-sein irreduzibel leiblich. Im Folgenden werde ich mich auf zwei zusammenhängende Punkte der Leibphänomenologie Merlau-Pontys konzentrieren und versuchen aufzuzeigen inwiefern sie die computerfunktio-

---

5 Betrachtet man diesen Aspekt der Leiblichkeit im Zarathustra, scheint es nicht angebracht, die transhumanistische Bewegung in die Nähe von Nietzsche und seinen Übermenschen zu rücken (Sorgner 2009). Kritisch zu dieser These ebenfalls Hauskeller 2010. Bostrom sieht ebenfalls nur oberflächliche Gemeinsamkeiten des Transhumanismus mit Nietzsches Denken (Bostrom 2005, 4f.).

6 Zu den Parallelen und Differenzen zwischen Heideggers In-der-Welt-sein und Merleau-Pontys Zur-Welt-sein vgl. Schües 1992.

nalistische Sicht Bostroms als unplausibel erweisen können. Konkret kann
man mit Merleau-Ponty zum einen zeigen, dass die Welt, wie sie uns in der
Wahrnehmung entsteht, grundlegend auf leiblichen Vorgaben basiert
(Waldenfels 1986: 159), und zum anderen, dass der Leib als „natürliches
Ich" fungiert und daher der Leib integraler Bestandteil des konkreten Ich
ist (Waldenfels 1986: 161). Diese beiden Punkte, die das Welt- und Selbstverhältnis des Menschen betreffen, unterminieren einige Konsequenzen der
computerfunktionalistischen Sichtweise Bostroms: (1) die instrumentelle
Sicht auf den menschlichen Körper, (2) die Annahme der Gehirnzentriertheit und (3) die Gleichsetzung von Denken und Rechnen.

(1) Zunächst ist die rein instrumentelle Sicht auf den menschlichen Körper,
wie sie Bostroms Version des Computerfunktionalismus nach sich zieht,
vor dem Hintergrund der Phänomenologie Merleau-Pontys unplausibel.
Den Körper als reines Objekt der Welt zu behandeln, das aus kontingenten
Gründen dem menschlichen Geist nur näher steht, weil es in der kausalen
Kette der Input-Aufnahme eben weiter „hinten" angesiedelt ist, wird der
Rolle des Körpers nicht gerecht. Mit Merleau-Ponty lässt sich zeigen, dass
der Körper nicht nur als Werkzeug der Inputaufnahme, Fortbewegung etc.
dient. Vielmehr ist unser Zur-Welt-sein ein irreduzibel leibliches.
    Wie lässt sich zeigen, dass der Leib konstitutiv für unser Zur-Welt-sein
ist? Grundlegend für Merleau-Ponty ist, dass Wahrnehmung immer schon
bedeutungsvoll ist. „Dem Sehen wohnt bereits ein Sinn inne, der ihm seine
Funktion im Anblick der Welt wie in unserer Existenz zuweist." (Merleau-
Ponty 1966: 75) Etwas wahrzunehmen heißt ihmzufolge, etwas zu begreifen. Die Registrierung bedeutungsloser Sinnesdaten, nach dem Bild
des Empirismus wird dem nicht gerecht (ebd., 21ff.), denn schließlich finden wir in unserer Erfahrung weder atomistische qualitative Häppchen der
Außenwelt vor, die von unserer wahrnehmungsmäßig kohärenten Umwelt
abstrahiert sind, noch fertig abgeschlossene Objekte (vgl. Carman 2008,
45-53; Good 1998, 36-42). Ebensowenig kann der Intellektualismus unsere
Wahrnehmungserfahrung angemessen beschreiben (Merleau-Ponty 1966,
53ff.), denn explizite propositionale Urteile beruhen eben auf jener grund-
legenderen Form des Verstehens, das nicht die Anwendung irgendwelcher
Konzepte beinhaltet (vgl. Carman 2008, 53-61; Good 1998, 42-50). Was
der Möglichkeit der Wahrnehmung isolierter Qualitäten oder der Formulierung expliziter Urteile vorausgeht und ihnen zugrunde liegt, ist nach Merleau-Ponty das „phänomenale Feld" (Merleau-Ponty 1966, 77). „Dieses
Feld der Phänomene ist keine ‚Innenwelt', die ‚Phänomene' selbst sind

keine Bewußtseinszustände oder ‚psychische Tatsachen'" (ebd., 81), sondern „that aspect of the world always already carved out and made available and familiar to us by our involuntary bodily perceptual capacities and unthinking behaviours" (Carman 2008, 64).

Wir sind also immer schon in einer bedeutungsvollen Welt, nicht in dem Sinne, in dem das Wasser im Glas oder das Kleid im Schrank ist (vgl. Heidegger 2006, 54), sondern in einem existenzielleren Sinne: Das Subjekt lässt sich, anders als das Wasser im Glas, gar nicht unabhängig von diesem Bedeutungsfeld erschöpfend beschreiben und verstehen. „Das heißt wollen wir Aussagen treffen über eine Person, also Zustands-Beschreibungen derselben abgeben, muß unsere Charakterisierung bestimmte Bereiche der Umwelt eben dieser Person mit bezeichnen. Natürlich nicht irgendwelche Bereiche – vielmehr nur jene, die für die Person Bedeutung haben." (Taylor 1986, 194) Es ist dieses Feld der Bedeutungen, die das Subjekt zu dem machen, was es ist.

Dieses bedeutungsgeladene phänomenale Feld, das uns in unserer Wahrnehmung begegnet, ist konstituiert von unserem Körper. Anders ausgedrückt ist unser Zur-der-Welt-sein ein irreduzibel leibliches. Merleau-Ponty spricht daher vom Leib als „Vehikel des Zur-Welt-seins" (Merleau-Ponty 1966, 106). Das phänomenale Feld erscheint als ein bedeutungsvolles Feld, das bereits immer schon von den Strukturen unseres Körpers und dessen eigenen Möglichkeiten und Fähigkeiten strukturiert ist (Carman 2008, 106). Es wird konstituiert von den sensomotorischen Strukturen, Fähigkeiten und Möglichkeiten des Körpers. „The structure of perception, we might say, just *is* the structure of the body." (Carman 2008, 81; Hervorh. i.Org.)

Allerdings darf man diese körperliche Perspektivtät nicht als eine subjektive Deformation der Wahrnehmung (Merleau-Ponty 1976, 216) verstehen; im Gegenteil ist diese körperliche verankerte Perspektivität des phänomenalen Feldes die Voraussetzung dafür, dass wir überhaupt ein bedeutungsvolles Wahrnehmungsfeld haben, ohne das wir die Orientierung verlören. Die Begrenztheit ist die Kehrseite der Offenheit zur Welt. Der Körper „begrenzt unsere Erkenntnis und macht sie dadurch auch erst möglich" (Bermes 2004, 74). Merleau-Ponty bezeichnet das phänomenale Feld daher auch als „transzendentales Feld" (Merleau-Ponty 1966, 85). Damit ist angezeigt, dass es nicht nur darum geht, welche kausalen Auswirkungen der Körper oder die Lage und Beschaffenheit unserer Sinnesorgane auf unsere Wahrnehmung haben. Zu sagen, Wahrnehmung sei irreduzibel körperlich, meint nicht, dass ich wegen der Konstitution meiner Augen nicht um die Ecke sehen kann, sondern dass die Art unserer Wahrnehmung essentiell körperlich ist: Die Natur, und nicht nur der konkrete Inhalt, unserer Erfahrung ist von unserer körperlichen Konstitution bestimmt. Darum ergeben Beschreibungen der Situationen, in denen wir sind, nur Sinn vor dem Hintergrund der Körperlichkeit, es geht um die Bedingungen der Intelligibilität (Taylor 1995a, 62f.; vgl. auch Taylor 1995b). Daher kann Wahrnehmung – und damit einhergehend, der Weltbezug und die Welteingebundenheit des Menschen – nicht verstanden werden, wenn man von den konkreten körperlichen Umständen absieht, in denen sich der Mensch befindet. Eben das aber setzt das computerfunktionalistische Bild Bostroms voraus.

Eine phänomenologische Analyse des Wahrnehmungsphänomens zeigt also, dass wir die Welt als immer schon bedeutungsvoll wahrnehmen. Ohne dieses bedeutungsgeladene Feld lässt sich auch das Subjekt nicht angemessen beschreiben. Die bedeutungsvolle Welt, wie sie uns in unserer Wahrnehmung erscheint, ist aber unauflöslich mit dem menschlichen Leib verknüpft, weil er die Bedingung der Möglichkeit dafür ist, dass wir die Welt als so bedeutungsvoll wahrnehmen, wie wir es tun. Das computerfunktionalistische Bild Bostroms kann diese Ebene menschlicher Leiblichkeit, die über die rein instrumentelle Funktion des Körpers weit hinausgeht, nicht einfangen und verfehlt damit auch das leiblich vermittelte Welt- und Selbstverhältnis des Menschen.

(2) Damit eng zusammen hängt die Gehirnzentriertheit des Computerfunktionalismus. Für Bostrom ist das Bewusstsein, das personale Ich, komplett mit den Funktionen des Gehirns identisch. Etwas anderes wird durch das Uploading auch gar nicht reproduziert. Dabei sollen alle Aspekte des menschlichen Geistes, bis hin zur personalen Identität erhalten bleiben. Aus der Sicht Merleau-Pontys aber ist menschlicher Geist und Bewusstsein nicht einfach das, was das Gehirn tut. Das Subjekt oder „Ich" lässt sich nicht ausschließlich im Gehirn verorten, weil die Struktur des Körpers bereits der Struktur unserer bedeutungsvollen Wahrnehmung den Rahmen vorgibt. Der theoretische Rahmen, der der Uploading-Idee zugrunde liegt, abstrahiert schlicht vom Körper und damit auch von der spezifischen leiblichen Welteinbettung des Menschen. Ohne dieses leibliche Zur-Welt-sein aber lässt sich die phänomenale Erfahrung des Menschen – welche physiologischen oder physikalischen Grundlagen ihr auch zugrunde liegen – nicht beschreiben und verstehen. Es sind aber genau diese phänomenalen Erfahrungen, die durch das Uploading erhalten bleiben sollen – schließlich geht es wie die Betrachtung der Argumentation Bostroms gezeigt, hat um das subjektiv erlebte Wohlbefinden.

Untermauern lässt sich dieser Punkt durch das, was Merleau-Ponty das „natürliche Ich" nennt. Der Körper strukturiert nicht nur den Weltbezug, er ist auch konstitutiv für das Selbstverhältnis des Menschen. In gewisser Weise sind Selbst- und Weltbezug zwei Seiten der gleichen Medaille: „[D]enn wenn es wahr ist, dass ich meines Leibes bewußt bin im Durchgang durch die Welt [...], so ist es nicht minder wahr, dass mein Leib der Angelpunkt der Welt ist." (Merlau-Ponty 1966, 106) Was aber bedeutet dies für das Selbstverhältnis? Wenn unser Zur-Welt-sein ein essentiell körperliches ist, das Subjekt aber nicht abstrahiert von seiner Einbettung in die Welt beschrieben werden kann, heißt dies dann nicht, dass der Körper ein integraler Bestandteil des „Ich" ist? Eben diese Schlussfolgerung zieht auch Merleau-Ponty. Er spricht vom Leib als „natürlichem Ich", das „selbst das Subjekt der Wahrnehmung ist" (Merleau-Ponty 1966, 243). Was ist damit gemeint? Unser Verhalten beinhaltet eine Schicht von Unwillkürlichem und Ungewußtem, das weder rein auf physiologischen Reflexen beruht, noch uns reflexiv völlig transparent wäre und zur Verfügung stünde. So erscheint etwa eine Farbe nicht als eindeutig bestimmtes physisch Gegebenes, sondern als Farbgestalt in einem Gesichtsfeld, mit bestimmten Ausdruckswerten und aufgeladen mit kulturellen Bedeutungen. Dies alles entdecke ich, aber dieses Entdecken ist kein rein freies, zu dem ich mich entschließe und das ich auch immer unterlassen kann. Dieses Entdecken entsteht in gewisser Weise von selbst. Man könnte von einer „uneigentlichen Intentionalität" (Waldenfels 1986, 160) sprechen, die hier am Werk ist. Bereits der Wahrnehmung der Farbe, etwa dem Rot einer Ampel, ist Sinn und Bedeutung immanent, der aber meiner aktiven Setzung voraus liegt. Dem sich selbst transparenten personalen Subjekt, unterliegt eine eher vorpersonale Schicht körperlicher Erfahrung, die nichtsdestotrotz bereits bedeutungsgeladen ist. „Wollte ich infolgedessen die Wahrnehmungserfahrung in aller Strenge zum Ausdruck bringen, so müsste ich sagen, daß *man* in mir wahrnimmt." (Merleau-Ponty 1966, 253; Hervorh. im Org.) Die relative Anonymität der ursprünglichen Wahrnehmungserfahrung, auf die Merleau-Ponty hier abzielt, entspricht dieser Ebene des „natürlichen Ich". „Überall wird das bewußte Verhalten gestützt, getragen, angeregt von leiblichen Impulsen, die einen Sinn anbieten und in denen das Ich bereits lebt, anstatt sie bloß instrumental zu gebrauchen." (Waldenfels 1986, 161) Der Leib ist damit auf präpersonaler Ebene immer schon in das personale „Ich" integriert.

Bostrom bietet eine Konzeption des Menschen an, die von seiner körperlichen Konstitution abstrahiert. Er kann daher diese Ebene des „natürlichen Ich" nicht in den Blick bringen. Ungeachtet der Frage, ob etwa ein

Upload überhaupt Bewusstsein hätte – eine menschliche Erfahrungs- und Bedeutungswelt hätte er, folgt man Merleau-Ponty, nicht. Er hätte sie nicht, weil die computerfunktionalistische Basis, die dem Uploading zugrunde liegt, diese phänomenale Ebene schon theoretisch nicht einfangen kann. Insofern also das Uploading auf einem Computerfunktionalismus basiert, wie Bostrom ihn vertritt, ist das Versprechen einer Replikation des Bewusstseins, mit all seinen phänomenalen Facetten unplausibel, weil diesem theoretischen Konzept von Anfang an die Mittel dazu fehlen, diese phänomenale Erfahrung einzufangen und zu erklären.[7]

(3) Wie kann man mit Merleau-Ponty zeigen, dass Denken nicht identisch mit Rechnen ist? Das computerfunktionalistische Modell begreift Denken als regelgeleitete, formale Manipulation von Symbolen. Das impliziert ein repräsentationalistisches Modell. Die Grundidee dabei ist, dass der Gehalt des subjektiven Erlebens der repräsentationale Inhalt eines Zustands ist, der auf einen bestimmten Teil der Welt gerichtet ist (Metzinger 2006, 315). Dieser Teil der Welt wird intern für das Subjekt des Bewusstseins noch mal abgebildet bzw. dargestellt. So soll insbesondere erklärt werden, dass mentale Zustände intentionale Zustände sind bzw. sein können, d.h. – vereinfacht ausgedrückt –, dass sie auf etwas beziehen, auf ein Objekt oder einen Inhalt gerichtet sind (man glaubt etwas, liebt etwas etc.) (vgl. Beckermann 2008, 291-300). Der Computer manipuliert Symbolketten (Zeichenketten von Bits) nach einem bestimmten Algorithmus. Diese Symbolketten wiederum, sind die Repräsentation der Gegenstände, die berechnet werden sollen, also der Zahlen, die als abstrakte Entitäten vom Computer nicht manipuliert werden können. Ebenso verhält es sich nach dem Repräsentationalismus im menschlichen Geist.

Dieses Bild basiert auf der Idee, dass ein Zustand oder eine Eigenschaft „in" unserem Geist dafür verantwortlich ist, einen Bezug zu „externen" Objekten herzustellen. Prinzipiell kann diese „innere" Eigenschaft des Subjekts von seiner situativen und körperlichen Einbettung isoliert werden.

---

7   Eine weitergehende Frage ist, ob man durch die Aufgabe eines gehirnzentrierten Modells der phänomenalen Erfahrung gerecht wird. Das versuchen, auch unter Berufung auf Merleau-Ponty, Ansätze wie der Enaktivismus oder die Extended-Mind-These (als Überblick siehe z.B. Thompson/Stapleton 2009). Zumindest letztere wird auch herangezogen, um Enhancement-Maßnahmen zu legitimieren (z.B. Levy 2007). Ob allerdings diese Ansätze der phänomenalen Erfahrung, wie sie Merleau-Ponty beschreibt gerecht werden können, ist umstritten. Kritisch dazu: Carman 2008, 225-229 oder Dreyfus 2007.

Nimmt man allerdings Merleau-Pontys phänomenologische Beschreibungen ernst, zeigt sich, dass es bereits eine präkonzeptionelle, „uneigentliche Intentionalität" gibt, die eng mit dem Leibsein des Menschen zusammenhängt und die nicht auf ein repräsentationalistisches Bild zurückgeführt werden kann (Carman 2008, 35f.; ausführlicher dazu Taylor 2005).

Fazit

Im transhumanistischen Bild liegt der Computerfunktionalismus aber nicht nur der Idee des Uploading zugrunde. Auch die Erweiterung der kognitiven Leistungsfähigkeit des Menschen wird nach dem Modell einer computerfunktionalistischen Informationsverarbeitung gedacht (exemplarisch Bostrom/Roache 2011). Auch hier können die auf Merleau-Ponty gestützen Bedenken angebracht werden. Wichtiger als diese Fragen der konkreten Enhancement-Maßnahmen erscheint aber der Gesamtansatz, in dem der Mensch innerhalb des transhumanistischen Bildes gedacht wird. Wie die oben beschriebene Argumentation Bostroms gezeigt hat, erscheint der Mensch als Bündel physikalisch beschreibbarer Fähigkeiten. Diese objektivierte Perspektive der dritten Person ist es, die den Rahmen abgibt, innerhalb dessen eine unproblematische Kontinuität vom Schimpansen über den homo sapiens hin zum transhumanen Wesen postuliert werden kann. Nur die physikalischen Gesetze zählen, die aber blieben für alle gleich. Diese Kontinuität unterliegt den Argumenten Bostroms. Was diese Perspektive aus den Augen verliert ist, dass es innerhalb dieses physikalischen Kontinuums – zumindest im computerfunktionalistischen Ansatz nach der Version Bostroms – sehr wohl zu Brüchen und qualitativen Sprüngen kommen kann, was die Ebene der phänomenalen Erfahrung, die Perspektive der Ersten Person betrifft. Mit der Phänomenologie Merleau-Pontys kann solchen möglichen Brüchen nachgespürt werden. So hat sich gezeigt, dass dem Menschen in der Wahrnehmung ein bedeutungsvolles phänomenales Feld erscheint, das auch von der Konstitution seines Körpers irreduzibel mitgeformt wird. Dieses Feld aber ist transzendental im oben beschriebenen Sinn, es bildet den Rahmen dafür, dass und wie uns die Welt bedeutungsvoll erschlossen ist. Welche Welt würde sich Wesen mit neuen Sinnesfähigkeiten wie Sonar in der Wahrnehmung enthüllen (Bostrom 2003c, 4)? Oder Wesen mit Augen am Hinterkopf? Sie wäre zumindest nicht mit der menschlichen Welt vergleichbar, und zwar nicht nur im quantitativen Sinn nicht vergleichbar, weil uns der Umfang der Sinnesinformationen fehlte, die diesen Wesen zur Verfügung stünden; diese Welt wäre eine grundsätzlich andere, weil sich mit der radikalen Veränderung des menschlichen Körpers der transzendentale Rahmen verändert und damit die grundsätzliche Ebene, vor der die bedeutungsvoll erschlossene menschliche Welt ihre Bedeutung bezieht. Darum gibt es hier kein beliebig fortschreibbares Kontinuum, sondern einen qualitativen Bruch. Wie aber kann man dann konsistent Aussagen über das mögliche höhere Wohlergehen transhumaner Wesen treffen?

Bibliographie

Agar, Nicholas (2007): Whereto Transhumanism? The Literature Reaches a Critical Mass. In: Hastings Center Report, 37 (3), S. 12 - 17.

Agar, Nicholas (2010): Humanity's end. Why we should reject radical enhancement. Cambridge Mass.: MIT Press.

Beckermann, Ansgar (2008): Analytische Einführung in die Philosophie des Geistes. (3. aktual und erw. Aufl.), Berlin: de Gruyter.

Bermes, Christian (2004): Maurice Merleau-Ponty zur Einführung, (2. erw. und aktual. Auflage), Hamburg: Junius.

Block, Ned (1990): The Mind as the Software of the Brain. In: Smith, Daniel E. / Osherson, Daniel N. (Hrsg.): An Invitation to Cognitive Science 3, Thinking, (2. Aufl.), S. 377- 425.

Bostrom, Nick (2003a): Human Genetic Enhancement: A Transhumanist Perspective. In: The Journal of Value Inquiry, (37), S. 493 - 506.

Bostrom, Nick (2003b): The Transhumanist FAQ. A General Introduction, Version 2.1, World Transhumanist Association, Online verfügbar unter: http://www.transhumanism.org/resources/FAQv21.pdf.

Bostrom, Nick (2003c): Transhumanist Values, Online verfügbar unter: http://www.nickbostrom.com/ethics/values.pdf.

Bostrom, Nick (2003d): Are We Living in a Computer Simulation? In: The Philosophical Quarterly 53(211), S. 243 - 255.

Bostrom, Nick (2005): History of Transhumanist Thought. Online verfügbar unter: http://www.nickbostrom.com/papers/history.pdf.

Bostrom, Nick (2008): Why I want to be a Posthuman When I Grow Up. In: Gordijn, Bert / Chadwick, Ruth (Hrsg.): Medical Enhancement and Posthumanity. Berlin: Springer, S. 107 - 137.

Bostrom, Nick / Roache, Rebecca (2007): Ethical Issues in Human Enhancement. In: Ryberg, Jesper (Hrsg.): New Waves in Applied Ethics. Basingstoke u.a., Palgrave Macmillan, S. 120 - 152. Zitiert nach der online verfügbaren Version: http://www.nickbostrom.com/ethics/human-enhancement.pdf.

Bostrom, Nick / Roache, Rebecca (2011): Smart Policy: Cognitive Enhancement and the Public Interest. In: Savulescu, Julian / Meulen, Ruudter / Kahane, Guy (Hrsg.): Enhancing Human Capacities. Malden u.a., Wiley-Blackwell, S. 138 - 149.

Bostrom, Nick / Sandberg, Anders (2008): Whole Brain Emulation: A Roadmap, Online verfügbar unter: www.fhi.ox.ac.uk/reports/2008-3.pdf.

Bostrom, Nick / Sandberg, Anders (2009): Cognitive Enhancement: Methods, Ethics, Regulatory Challenges. In: Science and Engineering Ethics, 15 (3), S. 311 - 341.

Bostrom, Nick / Yudkowksy, Eliezer (im Erscheinen): The Ethics of Artifical Intelligence. In: Ramsey, William / Frankish, Keith (Hrsg.): Cambridge Handbook of Artificial Intelligence, Cambridge (u.a.): Cambridge Univ. Press, Zitiert nach der online verfügbaren Version: http://www.nickbostrom.com/ethics/artificial-intelligence.pdf.

Carman, Taylor (2008): Merleau-Ponty, Routledge, London / New York.

Coenen, Christopher (2009): Transhumanismus. In: Bohlken, Eike / Thies, Christian (Hrsg.): Handbuch Anthropologie, Der Mensch zwischen Natur, Kultur und Technik. Stuttgart: Metzler, S. 268 - 276.

Coenen, Christopher / Gammel, Stefan / Heil, Reinhard et al. (Hrsg.) (2010): Die Debatte über "Human Enhancement". Historische, philosophische und ethische Aspekte der technologischen Verbesserung des Menschen, transcript, Bielefeld.

Descartes, René (1972): Meditationen über die Grundlagen der Philosophie mit den sämtlichen Einwänden und Erwiderungen, Hamburg: Meiner.

Dreyfus, Hubert L. (2007): Why Heideggerian AI Failed and How Fixing it Would Require Making it More Heideggerian. In: Philosophical Psychology 20(2), S. 247 - 268.

Dupuy, Jean-Pierre (2009): On the Origins of Cognitive Science. The Mechanization of the Mind, Cambridge, Ma.: MIT Press.

Extropy Institute (2003): Transhumanist FAQ. Online verfügbar unter: http://www.extropy.org/faq.htm.

Good, Paul (1998): Merleau-Ponty. Eine Einführung, Parerga, Düsseldorf/Bonn.

Gesang, Bernward (2007): Perfektionierung des Menschen, Berlin: de Gruyter.

Hauskeller, Michael (2010): Nietzsche, the Overhuman and the Posthuman: A Reply to Stefan Sorgner. In: Journal of Evolution and Technology 21, S. 5 - 8.

Heidegger, Martin (2006): Sein und Zeit, (19. Aufl.), Tübingen: Max Niemeyer.

Heil, Reinhard (2010): Trans- und Posthumanismus. Eine Begriffsbestimmung. In: Hilt, Annette / Jordan, Isabella / Frewer, Andreas (Hrsg.): Endlichkeit, Medizin und Unsterblichkeit. Geschichte - Theorie – Ethik, Stuttgart: Steiner (Ars moriendi nova, 1), S. 127 - 149.

Huxley, Julian (1957): Transhumanism. In: Ders.: New Bottles for New Wine, London: Chatto & Windus, S. 13 - 17.

Keil, Geert (1993): Kritik des Naturalismus, de Gruyter, Berlin/New York.

Keil, Geert / Schnädelbach, Herbert (2000): Naturalismus. In: Diess. (Hrsg.): Naturalismus. Philosophische Beiträge, Frankfurt am Main: Suhrkamp, S. 7 - 45.

Levy, Neil (2007): Rethinking Neuroethics in the Light of the Extended Mind Thesis. In: The American Journal of Bioethics 7(9), S. 3 - 11.

Merleau-Ponty, Maurice (1966): Phänomenologie der Wahrnehmung, Berlin: de Gruyter.

Merleau-Ponty, Maurice (1976): Die Struktur des Verhaltens, Berlin: de Gruyter.

Murray, Thomas H. (2007): Enhancement. In: Steinbock, Bonnie (Hrsg.): The Oxford Handbook of Bioethics, Oxford: Oxford Univ. Press, S. 491 - 515.

Metzinger, Thomas (2006): Repräsentionalistische Theorien des Bewusstseins I. Einleitung. In: ders. (Hrsg.): Grundkurs Philosophie des Geistes, Band 1, Phänomenales Bewusstsein, Paderborn: Mentis, S. 315 - 316.

Nietzsche, Friederich (1988): Also sprach Zarathustra. [= Kritische Studienausgabe Bd. 5], (2. Aufl.), Berlin: de Gruyter.

Perler, Dominik (2006): René Descartes, (2. erw. Aufl.), München: Beck.

Piccinini, Gualtiero (2010): The Mind as Neural Software? Understanding Functionalism, Computationalism, and Computational Functionalism. In: Philosophy and Phenomenological Research, LXXXI(2), S. 269 - 311.

Pieper, Annemarie (1990): "Ein Seil geknüpft zwischen Tier und Übermensch", Philosophische Erläuterungen zu Nietzsches erstem "Zarathustra", Stuttgart: Klett-Cotta.

Savulescu, Julian / Bostrom, Nick (Hrsg.), (2010): Human Enhancement, Oxford/New York: Oxford Univ. Press.

Schües, Christina (1992): Heidegger and Merleau-Ponty: Being-in-the-world with others? In: Macann, Christopher (Hrsg.): Martin Heidegger. Critical Assessment, Volume II: History of Philosophy, London/New York: Routledge, S. 345 - 372.

Shusterman, Richard (2005): The Silent, Limping Body of Philosophy. In: Carman, Taylor / Hansen, Mark B. (Hrsg.): The Cambridge Companion to Merleau-Ponty, Cambridge: Cambridge Univ. Press, S.151 - 180.

Sorgner, Stefan (2009): Nietzsche, the overhuman, and transhumanism. In: Journal of Evolution and Technology 20(1), S. 29 - 42.

Taylor, Charles (1986): Leibliches Handeln. In: Métraux, Alexandre / Waldenfels, Bernhard (Hrsg.): Leibhaftige Vernunft. Spuren von Merleau-Pontys Denken, München: Wilhelm Fink, S. 194 - 217.

Taylor, Charles (1995a): Lichtung or Lebensform. Parallels between Heidegger and Wittgenstein. In: Ders.(Hrsg.): Philosophical Arguments, Cambridge, Ma. / London: Harvard Univ. Press, S. 61 - 78.

Taylor, Charles (1995b): The Validity of Transcendental Arguments. In: Ders. (Hrsg.): Philosophical Arguments, Cambridge, Ma. / London: Harvard Univ. Press, S. 20-33.

Taylor, Charles (2005): Merleau-Ponty and the Epistemological Picture. In: Carman, Taylor / Hansen, Mark B. (Hrsg.): The Cambridge Companion to Merleau-Ponty, Cambridge u.a.: Harvard Univ. Press, S. 26 - 49.

Thompson, Evan / Stapleton, Mog (2009): Making Sense of Sense-Making: Reflections on Enactive and Extended Mind Theories. In: Topoi 28, S. 23 - 30.

Waldenfels, Bernhard (1986): Das Problem der Leiblichkeit bei Merleau-Ponty. In: Petzhold, Hilarion (Hrsg.): Leiblichkeit. Philosophische, gesellschaftliche und therapeutische Perspektiven, Paderborn: Junfermann, S. 149 - 172.

Nootropika, Smart Drugs
und das Problem der Governance

Natasha Burns

In den vergangenen Jahren wuchsen die Bedenken, dass auch smart drugs genannte Nootropika wie Methylphenidat (Ritalin), Modafinil and Adderall (gemischte Amphetaminsalze), die normalerweise Menschen mit kognitiven Beeinträchtigungen wie ADHS und dem Asperger-Syndrom als Autismusform verschrieben werden, vermehrt von gesunden Menschen zur Steigerung der kognitiven Leistungsfähigkeit verwendet werden. Obgleich gegenwärtige Nootropika nur eine eingeschränkte Leistungssteigerung versprechen, scheint es doch wahrscheinlich, dass in Zukunft effektivere Mittel entwickelt werden und ihr Missbrauch dramatisch zunehmen wird.

Unter gesunden Universitätsstudenten könnte die Verwendung schon gängig geworden sein und es gibt Anzeichen dafür, dass der Benutzerkreis bereits 15-Jährige umfasst (McCabe 2008). Unsere Forschergruppe stieß auf diese Problematik während der Arbeit für zwei Projekte der Europäischen Kommission, nämlich Globalising European Bioethics Education (GLEUBE)[1] und Advancing Higher Education Access for Disabled Students in Europe (AHEAD-EU)[2], während derer dieses Thema immer klarer in den Vordergrund trat. In der Auseinandersetzung mit diesem Umstand ergab sich die Frage: Wäre ein Student mit einer Störung aus dem autistischen Spektrum durch die Einnahme bestimmter Medikamente im Vorteil gegenüber einem Studenten mit Konzentrationsschwierigkeiten, jedoch ohne diagnostizierte psychische Erkrankung? Unter welchen Umständen wäre die Verwendung von Nootropika im Erziehungswesen akzeptabel? Besteht ein Bedarf für Regelungen?

In verschiedenen Interviews begegneten uns Aussagen folgender Art:

> „Als ich jünger war, wurden mir verschiedene Medikamente zur Behandlung von Asperger-Syndrom verschrieben. Ich fühlte mich permanent eingeschränkt, als wäre mein Verstand in einer Zwangsjacke. Ich sprach mit meinen Eltern [die Apotheker bzw. Allgemeinmediziner sind], und setzte sie ab. Ich glaube, ich habe zu Hause eine ganze Schublade voller Nootropika. Mir fehlen in der Tat einige der sozialen Kompetenzen meiner Mitstudenten, aber es gibt andere Wege zurechtzukommen ... ähm ... ja, ich wurde schon gefragt, ob ich Medikamente übrig hätte."

---

1 www.gleube.eu (zuletzt aufgerufen am 26. März 2012).
2 www.disabledstudents.eu (zuletzt aufgerufen am 26. März 2012).

Eine weitere Verbindung war auf der Facebook-Seite des GLEUBE-Projekts zu finden, wo ein Mitglied eingestand:

> „Ich benutze es [Adderall] nur an Unterrichtstagen, sie empfehlen einem, es täglich zu nehmen, aber ich hielt nicht aus, wie man sich davon fühlt. Zur Zeit habe ich es ein Jahr lang nicht genommen, um zu sehen, wie es mein Vorankommen beeinflusst; ich kann mit Sicherheit sagen, dass ich ohne das Medikament schlechter abschneide .... viele Leute wollen es kaufen; wenn ich wollte, könnte ich alles an einem Tag verkaufen."

Diese und andere Diskussionen verdeutlichten uns, dass die Problematik der Nootropika verschiedenen Faktoren unterliegt und potenziell für Beeinträchtigte und Nichtbeeinträchtigte gleichermaßen Bedeutung haben kann, somit also die Möglichkeit bietet, über die Notwendigkeit gesetzlicher Regelungen im weiteren Kontext von Gesellschaft und alltäglichem Leben nachzudenken. Nimmt man diese unterschiedlichen Lebenssituationen in den Blick, so ergibt sich ein größeres Gesamtbild: Die Disparitäten wachsen, ausgelöst durch das Handeln derer, die ihren Körper durch Mittel leistungsfähiger zu machen versuchen, die eigentlich zum Nutzen für Menschen mit kognitiven Beeinträchtigungen gedacht sind. Dieser Beitrag soll untersuchen, wie die Entwicklung von Nootropika für beeinträchtigte Menschen zur Leistungssteigerung gesunder Menschen zweckentfremdet wurde; eventuell auch zum Nachteil derjenigen Studenten die nicht bereit sind, eine solche Art des Enhancements zu gebrauchen. Es wird auch die Frage beantwortet, ob die Notwendigkeit besteht, die Einnahme von Nootropika gesetzlich zu regulieren, um eine weitere Ausweitung der Kluft zwischen Nutzern und Nicht-Nutzern zu vermeiden. Diese Untersuchung wird neue Daten über die Verbreitung unter Studenten beleuchten, dabei aber weder für noch gegen den Gebrauch von Nootropika argumentieren. Teil I wird die gegenwärtigen Bedenken bezüglich des Gebrauchs von smart drugs skizzieren, Teil II anschließend einen Überblick zu möglichen Regulationsmaßnahmen zur Aufrechterhaltung der Gerechtigkeit im akademischen Feld bieten.

Das Zeitalter der Nootropika

Kognitive Beeinträchtigungen können in verschiedenen Formen auftreten und oftmals sind sie schwierig zu diagnostizieren. Dies stellt in vielerlei Hinsicht eine Herausforderung dar, nicht nur für die Beeinträchtigten, sondern auch für Gesundheits-, Erziehungs- und Staatspolitik. Auch wenn man kognitive Beeinträchtigungen für diese Untersuchung auf mancherlei

Art definieren könnte, soll für den Zweck dieser Untersuchung folgende Definition gelten: Wir verstehen darunter lebenslange Beeinträchtigungen, welche geistigen und/oder physischen Behinderungen zuzuschreiben sind. Genauer gesagt sind die Aufmerksamkeitsdefizit-/Hyperaktivitätsstörung (ADHS), der Asperger-Autismus und die Narkolepsie Gegenstände der vorliegenden Untersuchung, die allesamt durch Nootropika wie Ritalin (Methylphenidat), Adderall (gemischte Amphetaminsalze) oder Modafinil (Prodigal) behandelt werden können, welche darüber hinaus für ihre kognitiv leistungssteigernde Wirkung bekannt sind. Vor diesem Hintergrund ist es bedeutsam, den Einfluss dieser Medikamente auf Gesellschaft, Erziehungswesen und Gesundheit zu bedenken.

Smart drugs sind innerhalb der akademischen Welt ein heftig umstrittenes Thema. In einem publizistisch stark rezipierten Vortrag am Royal Institute of Great Britain hat Barbara Sahakian über kognitives Enhancement und seine ethischen Auswirkungen auf die Gesellschaft referiert, vor allem hinsichtlich des Gebrauchs kognitiv leistungssteigernder Mittel bei Schulkindern, jungen Erwachsenen sowie akademischem Personal an den Universitäten.[3] Sahakian glaubt, dass in der Diskussion um Nootropika die Sicherheit unser oberstes Gebot sein müsse: „It's a real worry that students are taking these drugs, as we just don't know whether they are safe in the long term. They're so new. How could we know?"[4] Dieser Ansicht ist auch Universities UK, das repräsentierende Organ der Oberhäupter der Britischen Universitäten, welches schwerwiegende Bedenken hat, wenn Studenten Mittel nehmen, die ihnen nicht verschrieben wurden, da sie Gesundheitsrisiken für sie darstellten.

Verschiedenen Studien (Teter 2006) zufolge kaufen und verkaufen Studenten die verschreibungspflichtigen Medikamente wie Adderall und Ritalin nicht als Rauschmittel, sondern um bessere Noten, um einen Vorteil gegenüber anderen Studenten zu erzielen und um die eigene Aufnahmefähigkeit zu steigern. Vereinfacht gesprochen werden diese verschreibungspflichtigen Medikamente von den Studenten zur geistigen Leistungssteigerung missbraucht. Einer Studie zufolge wird geschätzt, dass beinahe 7 % aller Studenten an US-amerikanischen Universitäten Nootropika zu solchem Zweck eingenommen haben (McCabe 2005). Auf manchem Campus steigt diese Zahl bis auf 25 % der Studenten, die Nootropika im

---

3   http://www.rigb.org/contentControl?action=displayEvent&id=966 (zuletzt aufgerufen am 26. März 2012).

4   http://www.guardian.co.uk/education/2010/apr/06/students-drugs-modafinil-ritalin (zuletzt aufgerufen am 26. März 2012).

vergangenen Studienjahr verwendet hatten. Eine interessante, recht unge-
zwungene Umfrage wurde 2008 von der Zeitschrift *Nature* durchgeführt.
Dabei wurden Leser befragt, ob sie jemals Medikamente zur kognitiven
Leistungssteigerung eingenommen hätten. Von den 1400 Antwortenden
gab jeder fünfte zu, diese Substanzen einzunehmen. Am häufigsten wurden
Methylphenidat und Modafinil (jeweils 62 % und 44 %) genannt (The Lancet 2008). Es gibt Grund zur Annahme, dass solche Studenten lediglich
sogenannte early adopters eines Trends sind, der wahrscheinlich an Einfluss gewinnen wird (Maher 2008), potenziell sogar unter High School
Schülern. Weitere Unterfütterung lieferte Alan DeSantis von der University of Kentucky. Er untersuchte die Verwendung von Medikamenten wie
Ritalin and Adderall, weil er überrascht war, als er viele seiner Studenten
über deren Konsum dieser Mittel sprechen hörte. Er fand heraus, dass unter
den knapp 2.000 befragten Studenten in grundständigen Studiengängen
34 % angaben, diese ohne ausgestelltes Rezept verwendet zu haben. Des
Weiteren stieg dieser Prozentsatz, je näher die Studenten dem Abschluss
kamen. „If you were to ask what percentage of juniors and seniors are using ADHD stimulants, the number is well above 50, pushing 60 %. Add in
juniors and seniors who are in fraternities and sororities, the number is up
[to] 80 %."[5] Es ist offensichtlich, dass kognitiv leistungssteigernde Medikamente sehr interessant für Schüler der High School und Studenten sind,
im Wesentlichen könnte der größte nicht-therapeutische Markt für künftige
Nootropika in dieser Gruppe liegen (Low 2002 und Teter 2006).

Der größte Teil der Forschungsergebnisse bezieht sich auf den Vormarsch des Nootropika-Missbrauchs in den USA, wenn auch mittlerweile
die neuesten Forschungen die Ausbreitung des Konsums in Deutschland
untersuchen. Die Verfasser dieser Studie vermerken mit Interesse, dass
keinerlei Studien verfügbar sind, die sich ausschließlich mit dem Konsum
von Stimulantien zum kognitiven Enhancement befassen (Franke 2011).
Franke et al. haben eine Pilotstudie durchgeführt, in der 1547 Schüler und
Studenten einen Fragebogen zu Kenntnis und Verwendung von Mitteln zur
kognitiven Leistungssteigerung ausfüllten. Das Ergebnis zeigte, dass
1,55 % der Schüler und 0,78 % der Studenten solche Mittel schon einmal
zu sich genommen hatten, aber dass die Zahlen hinsichtlich der Verwendung im letzten Jahr bzw. Monat deutlich niedriger lagen. Allerdings be-
richteten 2,42 % der Schüler und 2,93 % der Studenten, schon einmal uner-
laubte Mittel zur Steigerung der kognitiven Fähigkeiten verwendet zu ha-

---

5   http://www.uky.edu/~addesa01/documents/DeSantisAdderall.doc (zuletzt aufgeru-
     fen am 26.März 2012).

ben, bei wiederum niedrigeren Zahlen hinsichtlich des letzten Jahres bzw. Monats. Franke et al. merken an, dass diese Zahlen im Kontrast zu jenen aus den USA stehen, und erklären dies mit Unterschieden bezüglich Legalität und Verfügbarkeit von Medikamenten in Europa und den USA. So ist zum Beispiel in Deutschland und Großbritannien zur Behandlung von ADHS nur Methylphenidat zugelassen, während in den USA auch Adderall zugelassen ist. Interessanterweise belegt die Studie außerdem, dass 50 % der Schüler und 75 % der Studenten, die jemals verschriebene Mittel eingenommen hatten, ebenfalls Mittel missbräuchlich zur Leistungssteigerung verwendet hatten. Die Studie schließt mit der Einsicht, dass die Notwendigkeit bestehe, Eltern die Problematik bewusst zu machen und Interventionsstrategien zu entwickeln, auch wenn ihre Untersuchung eine verhältnismäßig geringe Verbreitung nachweise.

Forschung dieser Art steckt in Europa noch in den Kinderschuhen, insbesondere in Großbritannien. Im März 2010 wurde öffentlich erklärt, dass der frühere Gesundheitsminister Lord Darzi of Denham eine Untersuchung am Imperial College in London hinsichtlich der Auswirkungen leiten werde.[6] Die entsprechenden Ergebnisse stehen noch aus. Professor Bert Gordijn, Lehrstuhlinhaber des Instituts für Ethik der Dublin City University, äußert Bedenken, dass gesellschaftlicher Druck bald jedermann veranlassen könnte, Nootropika zu nutzen, sobald manche Gruppen zu diesen greifen würden, um sich einen Vorteil zu verschaffen. „What seems abnormal today could become normal tomorrow. We are talking about medicalisation here."[7] Jedoch glaubt Professor Gordijn, dass es global eine generelle Tendenz zu solchen Technologien gebe: „While medicine has focused on curing disease, now it's coming up with improving on the traits of normal people."[8] Aber ist dies wirklich gerecht? Wenn wir unseren Fokus davon abwenden, denjenigen zu helfen, die dieser Mittel wirklich bedürfen, schränken wir sie nicht dadurch zusätzlich ein?

Man könnte fragen, warum wir einer Aufsichtsstrategie bedürfen sollten, wenn Nootropika tatsächlich unsere kognitiven Fähigkeiten so sehr verbessern können, wie wir sagen, und sie bereits so verbreitet sind. Ethische und philosophische Bedenken betreffen meist die Sicherheit des

---

6   http://www.dailymail.co.uk/health/article-1256481/Illegal-smart-drugs-bought-online-teenagers-exams-catastrophic-effect-health.html#ixzz1dWbD4mAb (zuletzt aufgerufen am 26. März 2012).

7   http://www.independent.ie/lifestyle/independent-woman/health-fitness/are-smart-drugs-cheating-our-students-out-of-their-future-1808926.html (zuletzt aufgerufen am 26. März 2012).

8   Ibid.

Missbrauchs von Nootropika sowie die Frage nach Gerechtigkeit, insbesondere im Fall von Studenten. Aber sind sie begründet? Ein Argument gegen die freie Verwendung von Nootropika ist, dass, da sie so neu sind, sie nur für den medizinischen Gebrauch getestet wurden; es gibt kaum Erkenntnisse über die Sicherheit der Anwendung für gesunde Individuen. Des Weiteren ist das heranwachsende Gehirn mit 25 immer noch in der Entwicklung,[9] weshalb der Einfluss dieser Mittel auf ein Gehirn in der Entwicklung potenziell hochgradig gefährlich wäre. Es gibt Grund zur Annahme, insbesondere bei Ritalin, dass die Langzeiteinnahme bei jungen Menschen mit ADHS schädliche Auswirkungen haben kann.

In zunehmendem Maße setzen Studien die Wirkung von Ritalin mit der von Kokain in Beziehung (Vastag 2001). Die Langzeitauswirkungen jahrelanger Ritalin-Einnahme auf den Dopamin-Haushalt sind eine weitere unbekannte Größe. Bisher gibt es nur zwei große epidemiologische Studien, die sich überdies widersprechen. Eine der beiden berichtet von häufigerer Drogensucht unter Kindern mit ADHS, die Ritalin einnahmen, verglichen mit ebenfalls betroffenen Kindern, die kein Ritalin einnahmen (Lampert 1998); die andere zeigte genau das gegensätzliche Ergebnis (Biedermann 1999). Darüber hinaus wurde berichtet, dass Modafinil über einen langen Zeitraum das Dopamin-Niveau anhebe, was zu einer Abhängigkeit ähnlich der von Heroin führen kann, und ebenso Herzfrequenz und Blutdruck ansteigen lassen könnte (Volkow 2009). Beinahe jeder in der Enhancement-Debatte engagierte Forscher hat weitere Studien über Auswirkungen dieser Medikamente auf ein gesundes Gehirn als Vorbedingung dafür eingefordert, eine weitere Entwicklung dieses Trends zu erlauben (Sahakian 2011). Sicherheitsbedenken mögen einer der Gründe für die gesetzliche Beschränkung dieser Mittel sein, aber es gibt weiteren Klärungsbedarf dahingehend, ob es gerecht ist, sich als gesunder Mensch gegenüber beeinträchtigten oder gesunden Studenten in einen Vorteil zu setzen.

In den Worten Eva Calderas gesprochen:

> „When we find ourselves able to use enhancement technologies to change more and more of what was formerly understood as ‚given‘, we experience the disruption of the boundary between chance and choice. If our traits are to become a matter of choice then what is left is our notion of shared responsibility for others whose choices – as opposed to chances – differ from our own or differ from the norm?" (Caldera 2008)

---

9   http://www.actforyouth.net/documents/may02factsheetadolbraindev.pdf   (zuletzt aufgerufen am 26.März 2012)

Nussbaum schreibt, dass die Präsenz von Menschen mit kognitiven Beeinträchtigungen in unserer Gesellschaft eine doppelte Herausforderung für die Theorien der Gerechtigkeit darstellt (Nussbaum 2010). Erstens besteht eine unmittelbare Herausforderung darin, Theorien zu entwickeln, die deren Bedürfnisse in den Blick nehmen, und Gesellschaften, die sich bemühen, ihnen gerecht zu werden, gute normative Anleitung bieten. Zweitens stellt sie eine indirekte Herausforderung dar, indem sie einen Abgleich für alle candidate theories of justice bietet, die einer solchen Prüfung oft nicht standhalten. Während Nussbaum argumentiert, dass selbst die besten Gerechtigkeitstheorien (John Rawls social contract zum Beispiel) versuchten, der Problematik von Beeinträchtigung gerecht zu werden, und zumindest in einem Punkt versagten, behauptet sie wenig überraschend, dass ihre eigene Version des capabilities approach besser als die meisten abschneide.

Jedoch erkennt Nussbaum an, dass Rawls Arbeit die bekanntesten Probleme der politischen Gerechtigkeit wie z.B. ökonomische Gerechtigkeit, Gerechtigkeit zwischen Menschen verschiedener Religionen, Ethnien und Klassen umfassend behandelt. An vier Stellen komme sie, wie Rawls selbst bemerkte, in Erklärungsnot, und zwar eben auch in Bezug auf Beeinträchtigte. Rawls erkannte, dass in jederlei Situation Fragen nach Gerechtigkeit als Fairness scheitern können.

An dieser Stelle ist es angebracht, John Rawls' Verständnis von Gerechtigkeit zu beleuchten. In der Theorie seines social contract ist Gerechtigkeit das Produkt eines Vertrages, infolge dessen sich alle Mitglieder der Gesellschaft bereit erklären, ihren Anteil an dem einfließen zu lassen, was er die natural lottery des Wohlstands, der Klasse und des Talents nennt. Auf diesen Vertrag einige sich eine hypothetische Gruppe gleichgestellter und rationaler Menschen, hinter einem sogenannten veil of ignorance, der jedem Einzelnen von der Erkenntnis abhalte über „his place in society, his class position or social status; [...] his fortune in the distribution of natural assets and abilities, his intelligence, strength and the like" (Rawls 1971). Da niemand seinen bzw. ihren Gewinn in der natürlichen Lotterie wirklich verdiene, sei es für alle rational, das Schicksal der anderen zu teilen. Im daraus resultierenden kooperativen Sozialsystem könnten soziale und ökonomische Ungleichheiten nur toleriert werden, wenn sie den Mitgliedern der Gesellschaft mit den wenigsten Vorteilen zu Gute kommen. Einfach ausgedrückt sei es der Gedanke, es könnte jeden erwischen, der alle am Vertrag festhalten lässt. Nussbaum argumentiert, dass diese Behauptung hinsichtlich Beeinträchtigungen zu kurz greift, weil es eine große Asymmetrie der Kraftverhältnisse zwischen den Parteien gebe, sodass es sich für sie nicht länger lohne, gleichberechtigte Mitglieder des Gesellschaftsver-

trages zu sein. In gewissem Sinn müsste Rawls den Gedanken der ungefäh-
ren Gleichheit an Macht und die eng verbundene Idee des wechselseitigen
Vorteils als Ziel des Gesellschaftsvertrags aufgeben, wollte er den Ansprüchen der Beeinträchtigten voll gerecht werden.

Der capabilities approach thematisiert die Balance zwischen Gleichheit
und Angemessenheit und kann zur Bestimmung des sozialen Minimums
als Maßstab dienen. Der Ansatz geht lediglich von der Idee von Angemessenheit oder Zulänglichkeit aus und sieht in Ungleichheiten oberhalb der
oben erwähnten Minimalschwelle eine weitere ungelöste Frage. Genau an
diesem Punkt sollte Governance ins Spiel kommen, um bereits errungene
Gleichheit und Angemessenheit zu schützen.

Um die capabilities theory an unsere ursprüngliche Frage heranzutra-
gen: Ist es gerecht, wenn kognitiv gesunde Menschen ein Gleichstellungs-
mittel nutzen, um über die Minimalschwelle hinaus Erfolg zu haben? Meiner Meinung nach verneint die capabilities theory dies. In Bezug auf Erziehung und kognitive Beeinträchtigungen sagt Nussbaum:

> „This is basically what I think the capabilities approach requires: affirmative
> measures to support the education of children with cognitive disabilities, so
> that they will have no education-related disadvantages as they prepare to enter
> society. So, not just adequacy but equal concern and equal protection."
> (Nussbaum 2010, 85)

Es ist wichtig, sich bewusst zu machen, dass gleicher Schutz und Respekt
nicht Gleichheit im Ergebnis der Ausbildung voraussetzen. Dass es immer
noch am Individuum liegt, ob es Erfolg hat oder nicht, während Nootropika die Grundbedingungen ändern.

Governance in der Welt des Enhancement

Unglücklicherweise gibt es keine allgemein anerkannte Definition von Governance. Es bleibt ein schwer fassbarer Begriff, der verschieden definiert
und konzeptualisiert ist. In ihrem Buch Governance beschreibt Anne Mette
Kjær zentrale Theorie-Debatten, die bestimmte Interpretationen der Governance nach sich zogen, und argumentiert:

> „It is possible to discern a core of governance which is common to the differ-
> ent usages. This core has to do with the conception of governance as referring
> to something more than government. Governance processes include state as
> well as non-state actors who are bound together in a plurality of networks.
> Governance theories share a broad institutional background, and they are all

reactions to perceived inadequacies of existing approaches within their sub-field." (Kjær 2004)

Deshalb gilt, dass nicht alles, was im öffentlichen Sektor passt, ins Feld internationaler Beziehungen übertragbar ist, jedes Unterfeld bedingt einen leicht andersartigen Ansatz.

Um uns zur ursprünglichen Frage zurückzubringen: Besteht Bedarf, den Gebrauch von Nootropika zu regulieren, um zu vermeiden, dass sich die Kluft zwischen Nutzern und Nicht-Nutzern vergrößert? Wir können an dieser Stelle mit einem schlichten Ja antworten, da bereits Strukturen der Governance bestehen. Die Frage muss deshalb lauten: Sind diese Strukturen und die sie umgebende Regulierung ausreichend? Diese Frage verdient gründliche Erforschung, die leider jenseits der Grenzen dieser Untersuchung liegt; dennoch werde ich hier einen kurzen Überblick über die wichtigsten Strukturen und ihre Effizienz in unserer gegenwärtigen Situation einfügen.

Es gilt zu beachten, dass im Vereinigten Königreich Methylphenidat (Ritalin) ein class B Medikament ist; solche Klassifizierung zieht Strafen sowohl für unerlaubten Besitz (Freiheittstrafe bis zu fünf Jahre) wie Handel (Freiheitsstrafe bis zu 14 Jahre) nach sich. Adderall und Modafinil sind gemäß dem Medicines Act verschreibungspflichtige Medikamente und sind dementsprechend nur mit Rezept erhältlich.[10] Ritalin hat viele der typischen Wirkungen von Kokain und Amphetaminen und ist in den USA als sogenannte Schedule II Substanz eingestuft. Medikamente dieser Kategorie gelten als besonders sucht- und missbrauchsgefährdend, aber haben einen legitimen medizinischen Nutzen. Modafinil ist ein Schedule IV Stimulanz; diese Kategorie gilt als weniger gefährlich als Medikamente der Schedules I bis III, auch wenn jüngste Studien diese Beurteilung in Zweifel ziehen (Volkow 2009). In Deutschland sind Modafinil und Methylphenidat nur mit einem speziellen Betäubungsmittelrezept erhältlich. Der Besitz solcher Medikamente ohne Rezept stellt ein ernsthaftes Vergehen dar,[11] aber in Großbritannien gibt es zumindest Bedenken hinsichtlich des Mangels an Präzedenzfällen und Strafverfolgung von Nootropika-Missbrauch. Es gibt Anhaltspunkte, dass Nootropika rapide zu einem neuen Missbrauchsphänomen werden, genau wie Legal Highs in Großbritannien während der letzten zwei Jahre. Ein kürzlich erschienenes *Review des Office of Science*

---

10 http://www.opsi.gov.uk/RevisedStatutes/Acts/ukpga/1968/cukpga_19680067_en_1 (zuletzt aufgerufen am 26. März 2012).

11 http://drugs.homeoffice.gov.uk/drugs-laws/other-laws (zuletzt aufgerufen am 26. März 2012).

and Technology[12] stellte einen bevorstehenden Wandel in der Haltung gegenüber Medikamenten- und Drogenmissbrauch, hauptsächlich gegenüber Cannabis und den relativ weichen Drogen. Die Studie sagt voraus, dass diese tolerantere Haltung auch Mittel zur kognitiven Leistungssteigerung betreffen wird. Des Weiteren weisen Studien zum Zusammenhang des Gebrauchs von ADHS-Medikamenten im Kindesalter und Drogenmissbrauch im späteren Alter darauf hin, dass die Langzeit-Anwendung die Wahrscheinlichkeit des Experimentierens mit härteren Drogen erhöht (Mc Cabe 2007).

Während es viele Herangehensweisen an das Konzept der Governance gibt, finden die nachfolgenden drei die häufigste Anwendung:[13]

Laissez-faire – Länder mit *Laissez-faire*-Haltung glauben an das Primat des freien Willens, reguliert durch den Markt der freien Wirtschaft. Verantwortung und Haftbarkeit obliegen hauptsächlich dem Individuum, nicht dem Staat. Forschung und Innovation werden als starke Kräfte im Dienst des menschlichen Wohls verstanden, weil sie Ausdruck individueller Kreativität sind und die den Individuen offenen Wahlmöglichkeiten erweitern. Diese Herangehensweise würde den Gebrauch von Nootropika zum Zwecke der Leistungssteigerung erlauben, dabei die Verantwortung für das einhergehende Risiko nach eigenem Ermessen dem Individuum übertragen.

Der Markt wird ebenfalls als starker Katalysator für Innovation gesehen, der, wenn er mit dem Potenzial der Enhancement-Technologien für Menschen kombiniert wird, zu einer radikalen Diversifikation der Menschheit führen könnte – und zu der daraus entstehenden Erweiterung der Auswahl- und der Meinungsfreiheit. Wirtschaftliche Konkurrenz sollte in Kombination mit dem Wetteifern durch kognitives Enhancement die menschliche Leistungsfähigkeit zu neuen Höhepunkten tragen. In einem solchen System kann es sogar dazu kommen, dass Eltern gezwungen oder gedrängt werden, ihren Kindern Nootropika zu besorgen, um bestehenden Erfolgsstandards zu genügen. Es wird jedoch auch erwartet, dass Skaleneffekte und das Trickle-Down wirtschaftlicher Erträge dabei helfen werden sicherzustellen, dass diese nicht inakzeptabel auf eine kleine Gruppe konzentriert bleiben. Transparenz in Form leicht zugänglicher Informationen über kognitive Leistungssteigerung wird die Effizienz und das Verhalten

---

12 http://webarchive.nationalarchives.gov.uk/+/http://www.bis.gov.uk/files/
    file15385.pdf (zuletzt aufgerufen am 26. März 2012).

13 http://www.cspo.org/documents/FinalEnhancedCognitionReport.pdf (zuletzt aufgerufen am 26. März 2012).

des Marktes zu Gunsten der gerechten Verteilung fördern. Dieser Ansatz gewährt meiner Meinung nach denjenigen zu viel Freiheit, die unausweichlich die Wissenschaft immer weiter vorantreiben wollen, ohne dabei die Interessen der Öffentlichkeit zu wahren. Im Bildungswesen stellt dies ein erhöhtes Risiko einer vergrößerten Kluft zwischen Beeinträchtigten und nicht Nichtbeeinträchtigten/Leistungsgesteigerter bzw. Nicht-Leistungsgesteigerter dar.

Kontrollierter technologischer Optimismus – Im Zentrum dieser Sicht steht das Bekenntnis zu Wissen und Innovation als Hauptquellen menschlichen Fortschritts. Jedoch wird dieser Ehrgeiz gedämpft durch die Erkenntnis und Akzeptanz der ständigen Spannung zwischen dem Verlangen, individuellen Ausdruck und technologische Innovation zu maximieren, und der Einsicht, dass dem Gemeinwohl nicht zwangsläufig durch individuelles Handeln gedient ist, das lediglich am Markt orientiert ist. Gleichermaßen ist sich diese Sicht der potenziell auftretenden Probleme bewusst, auch wenn sie zugleich optimistisch an die Fähigkeit der Enhancement-Technologien glaubt, die Gesellschaft zu verbessern. Beispiele für solche Probleme sind die Kommerzialisierung kognitiver Merkmale bei Menschen und kommerzielle Anreize, bestimmte Attribute als defizitär oder subnormal zu definieren, um den Einsatz von Enhancement-Technologien zu rechtfertigen. Nichtsdestotrotz zeigt diese Sichtweise eine gewisse Risikobereitschaft, die als unvermeidlicher Aspekt der technologischen Gesellschaft angesehen wird. Während dieser Ansatz theoretisch beide Welten zusammenbringt, könnte er, würde er erzwungen werden, dazu führen, dass sich der Druck öffentlicher Meinung und Ablehnung als zu groß erweist.

Kontrollierter technologischer Skeptizismus – Diese Sichtweise teilt wichtige Prinzipien mit dem Optimismus in Form ihres Bekenntnisses zur Bedeutung von Wahrheit und pluralistischem, demokratischem Diskurs und ihrer Erkenntnis der dynamischen Spannungen zwischen individuellen und kollektiven Motivierungen und Konsequenzen. Die skeptische Sicht nimmt an, dass Technologie nicht per se von Vorteil ist. So ist zum Beispiel für die Skeptiker unklar, ob die Steigerung von IQ/ Gedächtnis/ Konzentration notwendigerweise zu einer besseren Gesellschaft führt; klügere Menschen können, müssen aber nicht weiser sein. Insgesamt wird dem Techno-Hype unterstellt, die Ursachen sozialer Probleme zu ignorieren. Aus dieser Perspektive sollten effiziente Wege, soziale Probleme anzugehen, sich eher auf institutionelle und politische Strukturen konzentrieren, in welchen Technologie Anwendung findet, als auf die Technologien selbst. Die Anzahl der Menschen ohne Gesundheitsversicherung zu reduzieren, wird zum Beispiel als ein besserer Weg gesehen, menschliche Leistung zu verbessern, als auf kognitives Enhancement zurückzugreifen. Skeptiker bevorzugen, bei Regulierung und Einschränkung zu weit zu gehen, um Risiken zu vermeiden und politischen Institutionen den Raum zu geben, Technologien zu verstehen, sich ihnen anzupassen und sie falls nötig auf Grundlage demokratischer Debatten abzulehnen.

Skeptiker sprechen sich deshalb für eine klare Einschätzung darüber aus, warum Technologien entwickelt werden, was ihre wahrscheinlichen (sogar unvorhersehbaren) Auswirkungen sein werden und wer kurz- und langfristig von ihnen profitiert und wer nicht. Solche Einsichten verlangen nach einer Vielzahl von Expertenstimmen und der Einbindung der Öffentlichkeit und der Endnutzer; also verschreibt sich die skeptische Position auch einer breiteren Fassung dessen, was in Technologiedebatten als legitime Expertise gilt. Während sie mit den Optimisten die Ansicht teilen, technologische Diskurse seien derzeit durch sozio-politische Eliten dominiert, glauben Skeptiker aber, dass gegenwärtige Entscheidungsprozesse vor allem diesen Eliten nutze und zur Kommerzialisierung kognitiver Merkmale und fortgeschrittener sozialer Schichtung führen.

Während Skeptiker und Optimisten darin einig sind, dass sichergestellt sein muss, dass der demokratische Diskurs in die Governance von entstehenden Enhancement-Technologien eingebunden wird, sind Erstere auch eher zu gewisser politischer Intervention bereit. Aus dieser Perspektive verlangt das Potenzial der Technologien des kognitiven Enhancement, die Gesellschaft entscheidend zu verändern, ernsthafte Überlegungen zur Reichweite politischer Entscheidungen. Durch die Entwicklung einer öffentlichen Ordnung könnte die Gemeinschaft ihre Werte von Sicherheit, Fairness und Gerechtigkeit bewahren. Ich würde sagen, dass das Vereinigte Königreich genau zwischen diesen Positionen gegenüber der Governance zu verorten ist, mit dem Ergebnis, dass gesunden Menschen eine Hintertür zum Gebrauch dieser Medikamente geöffnet wird. Governance für solche Mittel ist zwar eingerichtet, jedoch derzeit ineffektiv und der Herausforderung nicht gewachsen, dass der Missbrauch unter Gesunden auf dem Vormarsch ist.

Schlussfolgerung

Für mich ergibt sich aus der obigen Darstellung der Diskussion, dass das Problem der Verwendung von Nootropika zur Leistungssteigerung ein dauerhaftes ist und sich wohl noch weiter verschärfen wird. Hauptbedenken betreffen dabei Fairness, Gerechtigkeit und vielleicht zuvörderst Sicherheit. Aus diesem Grund ist vorausschauende Gesetzgebung unabdingbar. In seiner jetzigen Form hat das Gesetz wenig Einfluss auf die Bekämpfung des Missbrauchs dieser Medikamente zur geistigen Leistungssteigerung. In gewisser Hinsicht wird ein Auge zugedrückt, was die Umsetzung der Gesetze schwieriger macht. Natürlich böte selbst eine strenge Durchsetzung kaum Handhabe gegen den wachsenden Markt der Medikamente zur kognitiven Leistungssteigerung, die einfach, schnell und relativ billig online zu erwerben sind. Auf Grundlage der Verfügbarkeit und Verbreitung von Mitteln zur geistigen Leistungssteigerung entweder durch Freunde mit einem Rezept oder den Kauf im Internet halte ich es für unmöglich, konkrete Regulierungen zu schaffen. Alle oben diskutierten Arbeiten vereint der Ruf nach Beschränkungen, Bewusstsein und Intervention zugunsten der Studenten, die den Gebrauch von Nootropika zur kognitiven Leistungssteigerung erwägen, zumindest bis die Sicherheit dieser Mittel vollständig erprobt ist.

Wo man die bestehenden Regulierungsmechanismen als fehlerhaft befand, vor allem hinsichtlich der ausreichenden Berücksichtigung der juristischen, ethischen und sicherheitsrelevanten Auswirkungen dieses entstehenden Marktes, muss die Gesellschaft eingreifen, um anfällige Individuen wie junge Menschen zu schützen. Jeremy Britton Whitbeck[14] erklärt, wir sollten stärker auf zielgerichtete Forschung ähnlich der des ELSA setzen, welche Infrastruktur und Finanzierung einer Neuroethik bereitstellen könnte, die Wissenschaft und Forschung, aber auch ähnliche Vorteile durch Begünstigung öffentlicher wie privater Beteiligung in diesem wachsenden Forschungsfeld hervorbringen würde. Diesen Vorschlag macht auch die britische Academy of Medical Sciences, eine Arbeitsgruppe, die vorschlägt, Schule und Arbeitsplatz eine aktive Rolle bei der Anwendung informeller Regulierung zukommen zu lassen. Eine breite Masse der Gesellschaft einzubinden, stärkt das Vertrauen, da ethische und gesellschaftliche Anliegen hinsichtlich des kognitiven Enhancements berücksichtigt werden, und stellt die gesellschaftliche Unterstützung bei der schlussendlichen Beseitigung dieser Zweifel sicher.

Letztlich bedarf es einer rationalen Auseinandersetzung bezüglich der Governance von Nootropika, um maximalen Nutzen bei minimalem Schaden für Individuum und Gesellschaft sicherzustellen, was nur durch weitere Erforschung geleistet werden kann. Angesichts mangelnder Forschungsdaten zu Sicherheit und Verbreitung des Gebrauchs können wir

---

14 http://ssrn.com/abstract=1849267 (zuletzt aufgerufen am 26. März 2012).

lediglich vermuten, dass der beste Weg vorwärts ein vorsichtiger sein sollte.

Danksagung

Diese Untersuchung entstand für die Klausurwoche Good Life Better, war aber ebenfalls zum Teil durch die Projekte Globalising European Bioethics Education (GLEUBE) and Advancing Higher Education Access for the Disabled (AHEAD-EU) unterstützt, die durch die Europäische Kommission mitgefördert werden. Diese Veröffentlichung reflektiert lediglich die Ansichten der Verfasserin, und die Kommssion kann in keiner Weise für die Verwendung der darin enthaltenden Daten verantwortlich gemacht werden. Sowohl Globalising European Bioethics Education (GLEUBE) als auch Advancing Higher Education Access for the Disabled (AHEAD-EU) wurden durch das Erasmus Mundus-Programm Action 3: Enhancing Attractiveness gefördert und hatten die Projektnummern 2008-2452/ 001-001 (GLEUBE) und 45626-1-2008-UK-ERAMUND EM4EA.

Aus dem Englischen übersetzt von Sabine Ohlenbusch.

Bibliographie

Anonymous (2008): Can a pill make you clever? The Lancet 371(9627), S. 1812.

Biederman, J., T. Wilens, et al. (1999): 19 J. Biederman, T. Wilens, E. Mick, T. Spencer, and S. Faraone, Pharmacotherapy of Attention-deficit/ Hyperactivity Disorder. Reduces Risk for Substance Use Disorder. Pediatrics 104(2), S. 20.

Caldera, E. (2008): Cognitive Enhancement and Theories of Justice: Contemplating the Malleability of Nature and Self. Journal of Evolution and Technology 18(1), S. 116-123.

Franke, A. G., C. Bonertz, et al. (2011): Non-Medical Use of Prescription Stimulants and Illicit Use of Stimulants for Cognitive Enhancement in Pupils and Students in Germany. Pharmacopsychiatry 44(02), S. 60, 66.

Kjær, A. M. (2004): Governance. Malden, MA: Polity Press.

Lampert, N. M. and C. S. Hartsough (1998): Prospective Study of Tobacco Smoking and Substance Dependencies Among Samples of ADHD and Non-ADHD Participants. J Learn Disabi (31), S. 533-544.

Low, K. G. and A. E. Gendaszek (2002): Illicit use of psychostimulants among college students: A preliminary study. Psychology, Health & Medicine 7(3), S. 283-287.

Maher, B. (2008): Poll results: Look who's doping. Nature 452, S. 674-675.

McCabe, S. E., J. R. Knight, et al. (2005): Non-medical use of prescription stimulants among US college students: prevalence and correlates from a national survey. Addiction 100(1), S. 96-106.

McCabe, S. E., C. J. Boyd, et al. (2007): Medical and Nonmedical Use of Prescription Drugs among Secondary School Students. The Journal of adolescent health: Official publication of the Society for Adolescent Medicine 40(1), S. 76-83.

McCabe, S. E. (2008): Misperceptions of non-medical prescription drug use: A web survey of college students. Addictive Behaviors 33(5), S. 713-724.

Nussbaum, M. (2010): The Capabilities of People with Cognitive Disabilities. Cognitive disability and its challenge to moral philosophy. In: E. F. Kittay and L. Carlson (Hrsg.), Chichester, West Sussex; Malden, MA: Wiley-Blackwell, S. 75-95.

Rawls, J. (1971): A theory of justice. Cambridge, MA: Belknap Press of Harvard University Press.

Sahakian, B. J. and S. Morein-Zamir (2011): Neuroethical issues in cognitive enhancement. Journal of Psychopharmacology 25(2), S. 197-204.

Teter, C. J., S. E. McCabe, et al. (2006): Illicit Use of Specific Prescription Stimulants Among College Students: Prevalence, Motives, and Routes of Administration. Pharmacotherapy 26(10), S. 1501-1510.

Teter, C. J., S. E. McCabe, et al. (2006): Illicit Use of Specific Prescription Stimulants Among College Students: Prevalence, Motives, and Routes of Administration. Pharmacotherapy: The Journal of Human Pharmacology and Drug Therapy 26(10), S. 1501-1510.

Vastag, B. (2001): Pay Attention: Ritalin Acts Much Like Cocaine. JAMA: The Journal of the American Medical Association 286(8), S. 905-906.

Volkow, N. D., J. S. Fowler, et al. (2009): Effects of Modafinil on Dopamine and Dopamine Transporters in the Male Human Brain. JAMA: The Journal of the American Medical Association 301(11), S. 1148-1154.

Autorenverzeichnis

Stuart Blume wurde in Manchester geboren, wo er die Manchester Grammar School besuchte. Er studierte am Merton College in Oxford und arbeitete anschließend in verschiedenen akademischen und administrativen Positionen: U.a. von 1975-1977 in der Social Research Coordinating Unit, The Cabinet Office in London, von 1977-1980 als Sekretär des Committee on Social Inequalities in Health, Department of Health in London (The Black Committee). Im Jahr 1982 wurde er an die Universität Amsterdam berufen, wo er Professor für Science and Technology Studies war und 2007 Emeritus wurde. Stuart Blume war darüber hinaus Berater für die OECD (1970-1995), Mitglied einer Arbeitsgruppe für Biosicherheit an der Netherlands Academy of Sciences (2006-9) und einer Arbeitsgruppe für qualitative Methoden an der Haute Autorité de Santé (Frankreich) (2007-8), Expert Advisor on Bioethics, World Federation of the Deaf (2009-2012) und als 'Professor 2' am Centre for Development and Environment, University of Oslo (2009-2011). Im Jahr 2000 wirkte er am Aufbau der Innovia Foundation for Medicine Technology and Society mit, dessen Chair er ist. Zu seinen wichtigsten Publikationen zählen: Insight & Industry: The Dynamics of Technological Change in Medicine (MIT Press 1992); The Artificial Ear: Cochlear Implants and the Culture of Deafness (Rutgers University Press, December 2009). Herausgegeben mit Virginia Berridge: Poor Health. Social Inequality before and after the Black Report (London, Frank Cass, 2002). Herausgegeben Renu Addlakha, Patrick Devlieger, Osamu Nagase & Myriam Winance: Disability & Society: A Reader (Delhi, Orient Blackswan, 2009).

Sigrid Bosteels studierte Soziologie und ist Wissenschaftlerin am Department of Social Welfare Studies of the Ghent University und dem University College of West-Flanders (Belgien). Derzeit verfasst sie ihre PhD-Dissertation (Arbeitstitel: Das „formbare" Kind. Legitimität früher Interventionen in Familien mit gehörlosen Kindern) und arbeitet in den Bereichen Sozialpädagogik, Kindheitsstudien und Disability Studies. Seit mehr als zehn Jahren ist sie Dozentin für Philosophie und Qualitative Forschung. Sie ist außerdem ausgebildet in philosophischen Disziplinen wie der sokratischen Methode und der Kunst des philosophischen Fragens (Methode nach Brenifier). Ihr besonderes Interesse gilt der Kombination von philosophischem Denken mit interpretativer und interdisziplinärer empirischer Forschung.

Morten Hillgaard Bülow studierte Geschichte, Philosophie und Science Studies an der Roskilde University, Dänemark. Zur Zeit ist er als Doktorand am Medical Museion, Faculty of Health Sciences an der Universität Kopenhagen, wo er Teilnehmer des Graduiertenprogramms des Center for Medical Science and Technology Studies ist. Er ist Mitglied und Stipendiat des interdisziplinären

Center for Healthy Aging (CEHA). Seit 2008 ist er im Vorstand des Danish Network for research on Men and Masculinities (NeMM). Er war Gastwissenschaftler am BIOS-Forschungszentrum, London School of Economics und am Department for Social Science, Health and Medicine, King's College London von September 2011 bis April 2012. Zuvor forschte er zur Geschichte der Testosteronforschung in Dänemark von 1910-1980 und zur Konstruktion von Maskulinität in diesem Forschungsfeld. Sein gegenwärtiger Forschungsschwerpunkt fokussiert die Geschichte des Konzepts des Successful Ageing in der Altersforschung. Dort kombiniert er unter anderem feministisch-materialistische Theorien und Bioethik zur Analyse der verschiedenen materiellen und diskursiven Realisierungsformen dieses Konzepts.

Natasha Burns graduierte an der University of Central Lancashire im Fach LLB Law. Im Jahr 2010 war sie wissenschaftliche Mitarbeiterin in den beiden Projekten Advancing Higher Education for Disabled Students in Europe (AHEAD-EU) and Globalising European Bioethics (GLEUBE).

Annika den Dikken studierte Theologie an der Universität Utrecht (Niederlande). Von 2001-2004 war sie als Researcher am Institut für Ethik in Utrecht, wo sie Berichte zur interkulturellen Ethik und Body Enhancement für das Niederländische Ministry of Health, Welfare and Sport verfasste. Von 2004-2010 war sie Doktorandin am Ethikinstitut und dem Department für Religionsstudien und Theologie an der Universität Utrecht und arbeitete an einem ethischen Forschungsprojekt zu Körperbildern, Vulnerabilität und Verantwortung in der Enhancement-Debatte. Zwischenzeitlich war sie Wissenschaftlerin im Europäischen Projekt Challenges of Biomedicine, wo sie empirische Forschung und ethische Analyse in zu Organtransplantation und Gentests durchführte. Im Jahr 2011 verteidigte sie ihre Doktorarbeit mit dem Titel Body Enhancement. Body Images, Vulnerability and Moral Responsibility. Seit 2011 arbeitet sie als Koordinatorin des IWFT Expertise Network on Gender and Religion.

Miriam Eilers schloss 2009 ihr Studium der Humanmedizin an der Universität zu Lübeck ab. Danach war sie als wissenschaftliche Mitarbeiterin am Institut für Medizingeschichte und Wissenschaftsforschung (IMGWF) der Univerität zu Lübeck und als Assistenzärztin in einer Klinik für Kinder- und Jugendpsychiatrie tätig. Seit April 2011 ist sie Doktorandin in der Mercator Forschergruppe Räume anthropologischen Wissens an der Ruhr-Universität Bochum und arbeitet zur Geschichte der Populärwissenschaft in der Weimarer Republik.

Lisa Forsberg ist Doktorandin am Centre of Medical Law and Ethics am King's College London. Sie studierte Politikwissenschaft und Analytische Philosophie an der Universität in Stockholm und graduierte in Medical Ethics and

Law am King's College. Seit 2005 arbeitete sie als wissenschaftliche Mitarbeiterin im Department für klinische Neurowissenschaften am Karolinska Institut, Schweden und ist mit einer Forschergruppe assoziiert. Ihr Dissertationsprojekt untersucht die Zustimmung zu kontroversen medizinischen Verfahren, in denen Neurotechnologien verwendet werden.

Trijsje-Marie Franssen erhielt nach ihrem Doppelbachelor in Spanisch und Philosophie ihren Masterabschluss in Philosophie an der Universität Amsterdam. Während ihres Masterstudiums absolvierte sie ein Praktikum in der Redaktion des monatlich erscheinenden Magazins Filosofie, in dem sie zwei Beiträge publizierte. Nachdem sie im Jahr 2006 graduierte, arbeitete sie als Teilzeit-Tutorin an der Universität Amsterdam, wo sie Module in Soziologie der Kunst, Kulturphilosophie und Philosophie des 19. und 20. Jahrhunderts unterrichtete. Seit 2009 promoviert sie im Fach Philosophie an der University of Exeter. Ihr Forschungsprojekt fokussiert die Rolle des Prometheus-Mythos in der gegenwärtigen Human-Enhancement Debatte und dessen Beziehung zur Normativität sowie zur Argumentation über die menschliche Natur. Mehrere Veröffentlichungen.

Katrin Grüber studierte die Fächer Biologie und Chemie für das Lehramt an Gymnasien und promovierte am Lehrstuhl für Entwicklungsphysiologie der Universität Tübingen. In den Jahren 1990 bis 2000 war sie Mitglied des Landtags Nordrhein-Westphalen. Von 1995 bis 2000 war sie Lehrbeauftragte der Heinrich-Heine-Universität Düsseldorf im Fach Politikwissenschaft an der Fakultät für Philosophie und im Sommersemester 2001 Lehrbeauftragte für Politikwissenschaft am Institut für Pflegewissenschaft, Universität Witten-Herdecke. Seit Oktober 2001 leitet sie das Institut Mensch, Ethik und Wissenschaft in Berlin. Das gemeinnützige Institut wurde 2001 von neun Verbänden der Behindertenhilfe und –selbsthilfe in Deutschland gegründet und berücksichtigt bei seiner Arbeit die besondere Perspektive von Menschen mit Behinderung bzw. chronischen Erkrankungen. Ziel der unabhängigen, umsetzungsorientierten Forschungseinrichtung ist es, die Perspektive von Menschen mit Behinderung in Wissenschaft, Politik und Gesellschaft zu verankern (www.imew.de). Thematische Schwerpunkte ihrer wissenschaftlichen Arbeit an der Schnittstelle zwischen Wissenschaft und Praxis sind Disability Mainstreaming, die Umsetzung der UN-Konvention für die Rechte von Menschen mit Behinderung, Forschungspolitik, Partizipation, Technikfolgenabschätzung. Sie verbindet bei ihrer Forschung politikwissenschaftliche Methoden, STS und Disability Studies.

Jackie Leach Scully studierte zunächst Biochemie an der University of Oxford und promovierte in Molekularpathologie an der University of Cambridge. Sie forschte von 1996-2006 an der Arbeitsstelle für Ethik in den Biowissenschaften

(Universität Basel) und lehrt seit 2006 an der Newcastle University, seit 2012 als Professorin für Social Ethics and Bioethics. Sie war Vorstandsmitglied der Schweizerischen Gesellschaft für Biomedizinische Ethik und Mitglied der Kommission der Schweizerischen Akademie für Medizinische Wissenschaften, welche die Richtlinien für die Behandlung und Pflege von Menschen mit Behinderungen erarbeitete. Ihre Forschungsinteressen umfassen Behinderung und Bioethik, biomedizinische Technologien und deren Einfluss sowohl auf Aspekte von Identität als auch auf das Körperverständnis, sowie auf den Prozess moralischer Meinungsbildung. Sie ist Autorin der Bücher Disability Bioethics: Moral bodies, moral difference (Rowman & Littlefield 2008) sowie Quaker approaches to moral issues in genetics (Edwin Mellen Press 2002) und war als Mitherausgeberin zahlreicher Bücher zu feministischer Bioethik, der Institutionalisierung von Bioethik und zur Frage nach dem Guten und dem Bösen tätig.

Nikolai Münch studierte Politische Wissenschaften, Neuere und Neueste Geschichte und Wirtschaftswissenschaften in Erlangen und Salamanca. Sein Studium schloss er mit einer Magisterarbeit zu Hermeneutik und Anthropologie bei Charles Taylor ab. Seit 2009 ist er Stipendiat der Doktorandenschule Laboratorium Aufklärung der Universität Jena, wo er zum Thema Menschenbilder in der Biopolitik promoviert. Außerdem beschäftigt er sich mit Fragen der Politischen Philosophie, zuletzt mit dem politischen Denken bei Martin Heidegger. Publikationen u.a.: Zur Anatomie des biopolitical turn. Mit Giorgio Agamben auf zu „neuen Königreichen der Forschung"? In: Gubo, Michael / Kypta, Martin / Öchsner, Florian (Hrsg.): Kritische Perspektiven: „Turns", Trends und Theorien. Münster, 2011, S. 150-173.

Alfred Nordmann studierte Philosophie, Neuere Deutsche Literatur und Wissenschaftsgeschichte in Tübingen, Hamburg und New York. Von 1988 bis 2002 lehrte er an der University of South Carolina und blieb dort weiterhin assoziiert. Seit 2002 ist er Professor für Philosophie und Geschichte von Wissenschaft und Technowissenschaft an der Technischen Universität Darmstadt. Seine wissenschaftsphilosophischen Arbeiten gelten insbesondere der Herausbildung spezifischer Wissens- und Objektivitätsbegriffe in einer erkenntnistheoretischen Tradition, die von Immanuel Kant über Heinrich Hertz zu Ludwig Wittgenstein und heutigen Analysen wissenschaftlicher Modelle, Bildgebungsverfahren und Simulationen führt. Gegen diese Tradition richtet sich der Versuch, eine Technowissenschaftsphilosophie zu begründen und auszuarbeiten. Die wesentlichen Arbeiten hierzu beziehen sich auf Chemie, Materialwissenschaft, Nanotechnologie und synthetische Biologie. Hieraus ergibt sich auch die Beschäftigung mit den an Zukunftstechnologien gerichteten Erwartungen.

Christoph Rehmann-Sutter studierte zuerst Molekularbiologie und dann Philosophie und Soziologie in Basel, Freiburg i.Brsg. und Darmstadt. Er leitete 1996-2009 an der Universität Basel die Arbeitsstelle für Ethik in den Biowissenschaften und war 2001-2009 Präsident der Schweizerischen Nationalen Ethikkommission im Bereich Humanmedizin. Seit 2009 ist er Professor für Theorie und Ethik in den Biowissenschaften an der Universität zu Lübeck. Gastprofessuren an der London School of Economics, am King's College London und an der Newcastle University. In einer Reihe von Forschungsprojekten zur Ethik somatischer Gentherapie, zu Entscheidungen über genetische Tests, über die Spende von überzähligen Embryonen für die Stammzellforschung und über die Wünsche von Menschen am Lebensende im Hinblick auf das Sterben arbeitet er mit einer Kombination von qualitativer empirischer Forschung und normativer ethischer Analyse. Daneben beschäftigen ihn die philosophischen Grundlagen der Bioethik. Zahlreiche Publikationen.

Christina Schües ist Professorin für Anthropologie und Ethik am Institut für Medizingeschichte und Wissenschaftsforschung, Universität zu Lübeck, und apl. Professorin für Philosophie am Institut für Kulturtheorie, Kulturforschung und Künste an der Leuphana Universität, Lüneburg. Sie hat in Hamburg und Philadelphia (USA) Philosophie, Politik- und Literaturwissenschaften studiert. Ihre Forschungsbereiche liegen in der Anthropologie, Ethik, Erkenntnistheorie, Phänomenologie, politische Philosophie, Zeitdimensionen des Ethischen, Geburt, Alter(n) und Generativität, Philosophie und Bildung, Minderjährige im medizinethischen Kontext der fremdnützigen Intervention. Thematisch einschlägige Publikationen umfassen u.a. Der Traum vom „besseren" Menschen. Zum Verhältnis von praktischer Philosophie und Biotechnologie, hrsg. mit R. Rehn, Frankfurt /Bern/New York 2003; Philosophie des Geborenseins, Freiburg 2008; Time in Feminist Phenomenology, hrsg. mit D. Olkowski, H. Fielding, Bloomington 2011.

Birgit Stammberger wurde in Erfurt geboren und studierte zunächst an der Kunsthochschule Burg Giebichenstein in Halle/S., lernte dann den Beruf der Goldschmiedin, in dem sie einige Jahre arbeitete. Von 1998-2003 studierte sie Angewandte Kulturwissenschaften in Lüneburg und wurde 2010 in Vechta im Fach Philosophie mit einer Arbeit über Monster und Freaks. Eine Wissensgeschichte außergewöhnlicher Körper im 19. Jahrhundert promoviert. Seit 2010 ist sie Projektmitarbeiterin für „Philosophy" im Rahmen des Innovations-Inkubators am Leuphana College der Leuphana Universität Lüneburg und lehrt zudem dort am Institut für Kultur und Ästhetik Digitaler Medien. Daneben ist sie Lehrbeauftragte der Universität Flensburg am Institut für Philosophie. Ihre Forschungsschwerpunkte sind Körpergeschichte, Gender- und Wissenschaftsforschung, Gender Studies, Theorien und Geschichte Digitaler Medien sowie Diskurstheorie.

Praktische Philosophie *kontrovers*

Herausgegeben von Rudolf Rehn und Christina Schües

Band 1 Rudolf Rehn / Christina Schües / Frank Weinreich (Hrsg.): Der Traum vom *besseren* Menschen. Zum Verhältnis von praktischer Philosophie und Biotechnologie. 2003.

Band 2 Hans Friesen / Karsten Berr (Hrsg.): Angewandte Ethik im Spannungsfeld von Begründung und Anwendung. 2004.

Band 3 Frank Weinreich: Anspruchsvolle Schlüsse. Zur Reichweite ethischer Konzepte in Anwendungsfragen der neuen Biotechnologien. 2005.

Band 4 Christian Zeuch: Die Realität des moralischen Bewußtseins. Über die Möglichkeit einer subjektivitätstheoretisch begründeten Ethik im Anschluß an Kant und Fichte. 2005.

Band 5 Miriam Eilers / Katrin Grüber / Christoph Rehmann-Sutter (Hrsg.): Verbesserte Körper – gutes Leben? Bioethik, Enhancement und die Disability Studies. 2012.

www.peterlang.de

Printed by
CPI books GmbH, Leck